Ausgewählte rechnerische Methoden
der Verfahrenstechnik

Berechnung von fluiden Mischphasen und Mischphasengleichgewichten

AUSGEWÄHLTE RECHNERISCHE METHODEN DER VERFAHRENSTECHNIK

Berechnung von fluiden Mischphasen und Mischphasengleichgewichten

Dr.-Ing. RALF KÖPSEL
Bergakademie Freiberg

Mit 77 Abbildungen und 42 Tabellen

AKADEMIE-VERLAG · BERLIN
1974

Erschienen im Akademie-Verlag, 108 Berlin, Leipziger Straße 3—4

Lizenznummer: 202 · 100/485/74
Einband und Schutzumschlag: Rolf Kunze
Gesamtherstellung: VEB Druckhaus „Maxim Gorki", 74 Altenburg
Bestellnummer: 761 912 6 (6172) · LSV 1205, 3605
Printed in GDR
EVP 68,—

Vorwort

Die chemische Verfahrenstechnik zeichnet sich als technische Wissenschaft u. a. dadurch aus, daß ständig Ergebnisse von Grundlagenwissenschaften wie der chemischen Thermodynamik übernommen werden und bereits nach kurzer Zeit zum notwendigen Handwerkszeug des Verfahrensingenieurs gehören. In den zurückliegenden Jahren wurde dieser Prozeß noch durch die schnelle Einführung der elektronischen Rechentechnik gefördert, da mit zunehmender Exaktheit der rechnerischen Methoden auch der Umfang der durchzuführenden Berechnungen anwächst. Die Einführung verbesserter rechnerischer Methoden für Teilgebiete der chemischen Verfahrenstechnik erfolgt nicht kontinuierlich, sondern immer dann, wenn deren Grundlagen den erforderlichen Reifegrad erreicht haben. Der Verfahrensingenieur steht somit vor der Notwendigkeit, sich nicht nur mit den Verbesserungen eingeführter rechnerischer Methoden in Form eleganterer Lösungen, exakterer Korrelationsgleichungen oder von Korrelationsgleichungen für neue konstruktive Lösungen vertraut zu machen, sondern sich darüber hinaus von Zeit zu Zeit grundsätzlich neue Lösungswege und rechnerische Methoden aneignen zu müssen. Diese Aufgabe ist für den in der Praxis tätigen Verfahrensingenieur nur dann lösbar, wenn die Einarbeitung durch geeignete Monographien erleichtert wird. Vordringlich dieser Aufgabe soll die vorliegende zusammenfassende Darstellung zur Realberechnung von Mischphasen und Mischphasengleichgewichten dienen. In die Darstellung sind mehrjährige Erfahrungen mit eingeflossen, die bei der Vorausberechnung halbtechnischer und technischer Anlagen für neue oder verbesserte chemische Verfahren und bei der Rekonstruktion bestehender Anlagen gesammelt werden konnten.

Bei der Gliederung wie bei der Stoffbegrenzung standen Aspekte der verfahrenstechnischen Berechnung im Vordergrund. Ohne daß Anspruch auf vollständige Behandlung der Mischphasenthermodynamik erhoben wird, mußten notwendigerweise die Definitionen und die erforderlichen Zusammenhänge mit behandelt werden. Der Anwendung von Zustandsgleichungen zur Ermittlung der Fugazitätskoeffizienten und der partiellen molaren Eigenschaften der Gemischkomponenten wurde ein umfangreiches Kapitel gewidmet. Ebenso umfangreich wurde die Darstellung der Aktivitätskoeffizienten und der hierzu erforderlichen Parameter behandelt, wobei auf die zugrunde liegenden Theorien nur im notwendigen Umfange eingegangen worden ist. Weiterhin fanden die für die Konsistenzprüfung experimentell oder rechnerisch ermittelter Werte geeigneten Methoden Berücksichtigung. Für alle Kapitel wurde auf die Beifügung der für die Durchführung von Hand- oder Maschinenrechnung erforderlichen Diagramme und Tabellen Wert gelegt. Gleiches gilt für die zur Aufstellung von Rechenprogrammen erforderlichen Korrelationsgleichungen. Zahlenbeispiele wurden nur dort eingefügt, wo diese zum Verständnis der stets ausführlich beschriebenen Rechenmethodik notwendig waren. Da die Behandlung von Fragen der Programmierung und des Aufbaus von Rechenprogrammen den vorgegebenen Rahmen gesprengt hätten, mußte auf Zahlenbeispiele für die Berechnung von Mischphasengleichgewichten verzichtet werden. Ebenso wurde auf die Behandlung von Reaktionsgleichgewichten verzichtet.

Als Voraussetzung für das Verständnis und die Anwendung des behandelten Stoffes werden keine über die Grundlagen der technischen Thermodynamik hinausgehenden Anforderungen gestellt.

Ich möchte an dieser Stelle nicht versäumen, allen Mitarbeitern, die mich bei der Ausfertigung des Manuskriptes und der Diagramme unterstützt haben, meinen herzlichen Dank auszusprechen.

Der Autor

Freiberg, 1973

Inhalt

Symbolverzeichnis XIII

1. Zustandsbeschreibung für reale Gase und Flüssigkeiten 1

1.1. Die Verwendung von Zustandsgleichungen 1
1.1.1. Realfaktor und Restvolumen 1
1.1.2. Zustandsgleichungen 2
1.1.3. Das Theorem korrespondierender Zustände 6
1.2. Definition und Anwendung des azentrischen Faktors 10
1.2.1. Beschreibung des Realverhaltens von Dämpfen und Flüssigkeiten 10
1.2.2. Dampfdruckberechnung 17
1.3. Anwendung des Realfaktors bzw. der Zustandsgleichungen 17
1.3.1. Molvolumen reiner Gase oder Flüssigkeiten 17
1.3.2. Thermischer Ausdehnungskoeffizient und isotherme Kompressibilität . 19
1.3.3. Anwendung der MAXWELLschen Koeffizienten zur Berechnung der partiellen Druckdifferentiale von Enthalpie, Entropie und freier Enthalpie . 20
1.3.4. Berechnung der Idealgasabweichungen von Enthalpie, Entropie und freier Enthalpie 24
1.3.5. JOULE-THOMSON-Koeffizient 30
1.4. Berechnung des Molvolumens reiner siedender Flüssigkeiten 31
1.5. Berechnung des 2. Virialkoeffizienten von unpolaren und polaren reinen Gasen und Gasgemischen 35
1.5.1. Reine unpolare Gase 35
1.5.2. Reine polare Gase nach O'CONELL und PRAUSNITZ 36
1.5.3. Gasgemische 38
1.5.4. Reine polare Gase und Gasgemische nach HALM und STIEL 40
1.6. Berechnung der kritischen Konstanten 42
1.6.1. Methode auf der Basis der VAN DER WAALS-Konstanten 42
1.6.2. Ermittlung über Strukturgruppenbeiträge 47
1.6.3. Meßwert-Korrelationen 49

2. Thermodynamische Grundlagen der Realbeschreibung homogener Systeme 51

2.1. GIBBSsche Hauptgleichung und chemisches Potential 51
2.2. Zusatzgrößen 54
2.3. Partielle molare Zustandsgrößen 55
2.4. Zusammenhang zwischen chemischem Potential und den partiellen molaren Größen 58

2.5. Fugazität und Fugazitätskoeffizient 60
2.6. Berechnung des Gasphasenfugazitätskoeffizienten 62
2.6.1. Reine Gase und Dämpfe 63
2.6.2. Reine siedende Flüssigkeiten 72
2.6.3. Hypothetische Dampfphase eines reinen Stoffes 77
2.6.4. Gas- und Dampfgemische 78
2.6.5. Ermittlung des Fugazitätskoeffizienten im Gasgemisch über die Virialkoeffizienten-Zustandsgleichung 81
2.7. Aktivität und Aktivitätskoeffizient 83
2.7.1. Definition der Aktivität und des Aktivitätskoeffizienten 83
2.7.2. Fugazität einer Komponente eines flüssigen Gemisches 84
2.7.3. Wahl der Bezugsbasis des Aktivitätskoeffizienten 85
2.7.4. Der rationelle Aktivitätskoeffizient 86
2.8. Zusammenhang zwischen Aktivitätskoeffizient und Zusatzgrößen 87
2.8.1. Zusatzvolumen v^E 88
2.8.2. Zusatzenthalpie 88
2.8.3. Zusatzentropie 90
2.8.4. Zusatzbetrag der freien Enthalpie 90
2.8.5. Berechnung des Aktivitätskoeffizienten über den Zusatzbetrag der freien Enthalpie 91
2.8.6. Anwendung auf den Ansatz von REDLICH und KISTER für den Zusatzbetrag der freien Enthalpie 93
2.8.7 Ermittlung der Konstanten in Modellansätzen für den Zusatzbetrag der freien Enthalpie 95
2.9. Partielle molare Zusatzgrößen und die Abhängigkeit des Fugazitäts- und Aktivitätskoeffizienten von den Zustandsvariablen 98
2.9.1. Aktivitätskoeffizient, partieller molarer Zusatzbetrag der freien Enthalpie und partielle molare freie Enthalpie 98
2.9.2. Partielle molare Zusatzenthalpie, partielle molare Enthalpie und die Temperaturabhängigkeit des Aktivitäts- und der Fugazitätskoeffizienten . . 100
2.9.3. Berechnung der isothermen Enthalpiedifferenz einer reinen Flüssigkeit 102
2.9.4. Berechnung der isothermen Enthalpiedifferenz und der partiellen molaren Enthalpie einer Gemischkomponente 103
2.9.5. Die Druckabhängigkeit des Aktivitätskoeffizienten 106
2.10. Berechnung des Aktivitätskoeffizienten bei unendlicher Verdünnung . . 107
2.10.1. Berechnungsbedingungen und -methoden 107
2.10.2. Empirische Berechnung von γ_1^∞ 107
2.10.3. Geradkettige und verzweigte Kohlenwasserstoffe mit funktionellen Gruppen 110
2.10.4. Homologe Reihen von Kohlenwasserstoffen in verschiedenen Lösungsmitteln 118
2.10.5. Genauigkeit und Anwendbarkeit der empirischen Methode 124
2.11. Die GIBBS-DUHEM-Gleichung und das Konsistenzkriterium von REDLICH und KISTER 125
2.11.1. Die GIBBS-DUHEM-Gleichung für isotherm-isobare Bedingungen 125
2.11.2. Anwendung der GIBBS-DUHEN-Gleichung auf den Ansatz von REDLICH und KISTER für den Zusatzbetrag der freien Enthalpie eines flüssigen Gemisches 127
2.11.3. Das Konsistenzkriterium von REDLICH und KISTER 128

2.11.4. Anwendung der Gibbs-Duhem-Gleichung zur Extrapolation experimentell ermittelter Aktivitätskoeffizienten binärer Gemische 130
2.11.5. Die uneingeschränkte Gibbs-Duhem-Gleichung 133

3. Das chemische Gleichgewicht 138

3.1. Die allgemeine Gleichgewichtsbedingung 138
3.2. Fugazität und chemisches Gleichgewicht 140
3.2.1. Berechnung der Flüssigphasenfugazität über die Gleichgewichtsbedingung 140
3.2.2. Druckumrechnung der Fugazität für Dampf-Flüssigkeits-Gleichgewichte 141
3.2.3. Berechnung und Anwendung der reduzierten Fugazität eines reinen Stoffes bei $P = 0$ 144
3.3. Formulierung der Gleichgewichtskonstanten für Dampf-Flüssigkeits-Gleichgewichte 148
3.3.1. Berechnung der Gleichgewichtskonstanten über die Druckimperfektionskorrektur 148
3.3.2. Direkte Berechnung der Gleichgewichtskonstanten 150
3.3.3. Ideale und reale Gemische 152
3.3.4. Berechnung der Aktivitätskoeffizienten aus experimentell ermittelten Gleichgewichtskonstanten 154
3.3.5. Die Abhängigkeit der Gleichgewichtskonstanten vom Flüssigphasenaktivitätskoeffizienten 156
3.4. Clausius-Clapeyron-Gleichung für Mehrkomponentengemische 163
3.5. Die Anwendung der Clausius-Clapeyron-Gleichung für Gemische . . . 166
3.5.1. Ermittlung der integralen Verdampfungswärme eines binären Gemisches 166
3.5.2. Ermittlung des Einflusses von Spurenkomponenten auf Dampfzusammensetzung und Siedepunkt 167
3.5.3. Anwendung als Konsistenztest für Mehrkomponentengemische 168
3.6. Prüfmethoden für die Werte-Konsistenz bei Dampf-Flüssigkeits-Gleichgewichten 170
3.6.1. Konsistenzprüfung für binäre Gemische 170
3.6.2. Konsistenzprüfung für Vielstoffgemische 173
3.6.3. Schrittfolge der Konsistenzprüfung für Vielstoffgemische 176
3.7. Einfache Korrelationen der Dampf-Flüssigkeits-Gleichgewichtskonstanten für Kohlenwasserstoffgemische 180
3.7.1. Berechnung der idealen Gleichgewichtskonstanten in einer homologen Reihe (Paraffinkohlenwasserstoffe) 180
3.7.2. Dampf-Flüssigkeits-Gleichgewichtskonstanten binärer Kohlenwasserstoffgemische 183
3.8. Berechnung der partiellen molaren Verdampfungswärme 190

4. Einige Zustandsgleichungen für Gemische 192

4.1. Die Redlich-Kwong-Gleichung 192
4.1.1. Zustandsbeschreibung gasförmiger Gemische 192
4.1.2. Berechnung der Fugazitätskoeffizienten der Komponenten gasförmiger Gemische 193
4.1.3. Berechnung der Partialenthalpien der Komponenten gasförmiger Gemische 193

4.1.4. Berechnung der Fugazitätskoeffizienten der Komponenten dampfförmiger Gemische 196
4.1.5. Berechnung der partiellen molaren Volumina der Komponenten flüssiger Gemische 203
4.1.6. Verbesserte REDLICH-KWONG-Gleichungen 208
4.2. Verbesserte REDLICH-KWONG-Gleichung für überkritische unpolare Gasgemische 208
4.2.1. Zustandsbeschreibung überkritischer unpolarer Gasgemische 208
4.2.2. Berechnung der isothermen Enthalpieabweichung vom Idealgaszustand (Residualenthalpie) 211
4.3. Die JOFFE-Gleichung 211
4.3.1. Zustandsbeschreibung gasförmiger reiner Stoffe und Gemische 211
4.3.2. Berechnung der Fugazitätskoeffizienten 215
4.3.3. Berechnung der isothermen Enthalpieabweichung vom Idealgaszustand (Residualenthalpie) 217
4.4. Die Zustandsgleichung von LEE und EDMISTER 218
4.4.1. Zustandsbeschreibung gasförmiger reiner Stoffe und Gemische 218
4.4.2. Berechnung des zweiten Virialkoeffizienten 219
4.4.3. Berechnung des Dampfphasenfugazitätskoeffizienten eines reinen Stoffes. 220
4.4.4. Berechnung des Dampfphasenfugazitätskoeffizienten einer Gemischkomponente 220
4.4.5. Berechnung der isothermen Enthalpiedifferenz reiner Gase und von Gasgemischen 223
4.5. Berechnung des Druckimperfektionskoeffizienten und verwandter Größen über die modifizierte VAN DER WAALS-Gleichung nach BLACK 223
4.5.1. Berechnung des Attraktionskoeffizienten ξ und des Dampfvolumens . . 223
4.5.2. Berechnung des partiellen molaren Volumens, der Fugazitätskoeffizienten φ_i und $\overline{\varphi}_i$ und des Druckimperfektionskoeffizienten Θ_i 228

5. Methoden der Korrelation und Berechnung des Flüssigphasenaktivitätskoeffizienten und der Gleichgewichtskonstanten K_i 234

5.1. Anwendung der Theorie regulärer Lösungen 234
5.1.1. Berechnung des Zusatzbetrages der freien Enthalpie und des Aktivitätskoeffizienten über den Löslichkeitsparameter — ursprüngliche Theorie. . 234
5.1.2. Berechnung der VAN LAAR-Konstanten über den Löslichkeitsparameter . 239
5.1.3. Berechnung der Dampf-Flüssigkeits-Gleichgewichtskonstanten nach CHAO und SEADER 240
5.1.4. Einführung binärer Konstanten 242
5.1.5. Berechnung des Zusatzvolumens v^E 247
5.1.6. Berechnung des Aktivitätskoeffizienten bei unendlicher Verdünnung für binäre Gemische unpolarer und polarer Kohlenwasserstoffe 248
5.1.7. Berechnung der Löslichkeit von Wasser in Paraffinkohlenwasserstoffen . 260
5.1.8. Berechnung der partiellen molaren Zusatzenthalpie, der Zusatzenthalpie und der Enthalpie flüssiger Gemische 261
5.2. Korrelation der Aktivitätskoeffizienten über eine erweiterte VAN LAAR-Gleichung nach BLACK 263
5.2.1. Formulierung für binäre Gemische 263
5.2.2. Erweiterung auf Vielstoffgemische 266

5.2.3. Anwendung auf begrenzt mischbare Flüssigkeiten 268
5.3. Die WILSON-Gleichung 270
5.3.1. Die WILSON-Gleichung für athermische Gemische in der Formulierung von ORYE und PRAUSNITZ 270
5.3.2. Aktivitätskoeffizienten bei unendlicher Verdünnung 275
5.3.3. Die enthalpische WILSON-Gleichung 277
5.3.4. Kombination der athermischen mit der enthalpischen WILSON-Gleichung 280
5.4. Die *NRTL*-Gleichung 281
5.4.1. Formulierung für binäre Gemische 281
5.4.2. Bestimmung der *NRTL*-Parameter über die Aktivitätskoeffizienten bei unendlicher Verdünnung 285
5.4.3. Bestimmung der *NRTL*-Parameter aus den Löslichkeitsgrenzen 288
5.4.4. *NRTL*-Beziehungen für den Zusatzbetrag der freien Enthalpie und die Aktivitätskoeffizienten in Vielkomponentengemischen 290
5.4.5. Molvolumen — korrigierte *NRTL*-Gleichung 291
5.5. Berechnung von Dampf/Gas-Flüssigkeitsgleichgewichten bei hohem Druck 301
5.5.1. Die unsymmetrische Konvention der Flüssigphasenaktivitätskoeffizienten 301
5.5.2. Korrelation der Aktivitätskoeffizienten für Hochdruckgleichgewichte über ein erweitertes VAN LAAR-Modell für binäre flüssige Gemische . . . 304

6. Adsorption — Thermodynamische Grundlagen und deren Anwendung 307

6.1. Besonderheiten der Thermodynamik der Adsorption 307
6.2. Einige thermodynamische Grundgleichungen für eine zweidimensionale Mischphase 308
6.3. GIBBSsche Adsorptionsisotherme und Adsorptionsgleichgewicht 310
6.4. Thermodynamische Beschreibung des realen und des idealen Verhaltens der Adsorbatphase 313
6.5. Adsorptionsgleichgewicht bei sehr niedrigen Spreizungsdrücken 316
6.6. Anwendung einer Zustandsgleichung 321

7. Literatur 330

Symbolverzeichnis

(Durchgängig verwendete Symbole, zusätzliche Bezeichnungen für Konstanten, Funktionen und nicht aufgeführte Symbole in den einzelnen Abschnitten beachten!)

A	Gesamtoberfläche des Adsorbens
B	2. Virialkoeffizient
C	3. Virialkoeffizient
Fe	freie Energie
G	freie Enthalpie
H	Enthalpie
H^*	HENRYsche Konstante
K_i	Dampf-Flüssigkeits-Gleichgewichtskonstante
$K_{i,\mathrm{ideal}}$	ideale Dampf-Flüssigkeits-Gleichgewichtskonstante
$K_{i,\mathrm{RAOULT}}$	Dampf-Flüssigkeits-Gleichgewichtskonstante bei Gültigkeit des RAOULTschen Gesetzes
M	Molekulargewicht
P	Gesamtdruck
P^+	Bezugsdruck
P_{krit}	kritischer Druck
P^*_{krit}	effektiver kritischer Druck für Quantum-Gase
P_r	reduzierter Druck
P_γ	Bestimmungsdruck des Aktivitätskoeffizienten
R	allgemeine Gaskonstante
S	Entropie
T	Temperatur
T_{krit}	kritische Temperatur
T^*_{krit}	effektive kritische Temperatur für Quantum-Gase
T_r	reduzierte Temperatur
U	innere Energie
$(\Delta u^V/v)$	Molare kohäsive Energiedichte
V	Volumen
a	Aktivität
a	molare Adsorbatfläche (Abschnitt 6)
f_i	Fugazität des reinen Stoffes
$\bar{f}_i$	Fugazität der Gemischkomponente i
fe	molare freie Energie
g	molare freie Enthalpie
$\bar{g}_i$	partielle molare freie Enthalpie der Gemischkomponente i
g^E	Zusatzbetrag der molaren freien Enthalpie des Gemischs

$\bar{g}_i^E$	partieller molarer Zusatzbetrag der freien Enthalpie der Gemischkomponente i
g^{ideal}	molare freie Enthalpie im Idealgaszustand
h	molare Enthalpie
$\bar{h}_i$	partielle molare Enthalpie der Gemischkomponente
h^E	molare Zusatzenthalpie des Gemischs
$\bar{h}_i^E$	partielle molare Zusatzenthalpie der Gemischkomponente i
h^{ideal}	molare Idealgasenthalpie
n	Molzahl
m	Masse
p_i	Partialdruck der Gemischkomponente i
p_i^0	Dampfdruck
s	molare Entropie
$\bar{s}_i$	partielle molare Entropie der Gemischkomponente i
s^E	molare Zusatzentropie des Gemischs
$\bar{s}_i^E$	partielle molare Zusatzentropie der Gemischkomponente i
s^{ideal}	molare Idealgasentropie
u	molare innere Energie
v	Molvolumen
$\bar{v}_i$	partielles molares Volumen der Gemischkomponente i
$\bar{v}_i^\infty$	partielles molares Volumen bei unendlicher Verdünnung
v^E	molares Zusatzvolumen des Gemischs
$\bar{v}_i^E$	partielles molares Zusatzvolumen der Gemischkomponente i
$\bar{v}_i^{E\infty}$	partielles molares Zusatzvolumen bei unendlicher Verdünnung
v_{krit}	kritisches Volumen
v_r	reduziertes Volumen
v_r^*	pseudo-ideales reduziertes Volumen
x_i	Molanteile der Komponente i in der flüssigen Phase
y_i	Molanteile der Komponente i in der Gasphase
z	Realfaktor

Indices

i, j, k, l	Komponenten i, j, k, l
krit	kritischer Zustand
r	reduzierter Zustand
P	konstanter Druck
T	konstante Temperatur
n	konstante Molzahl
x	konstante Molanteile der flüssigen Phase
y	konstante Molanteile der Gasphase

Exponenten

A	Adsorbatphase
G	Gasphase
dampf	Dampfphase
flüssig	flüssige Phase
ideal	Idealgaszustand

s	Siedezustand
I, II	beliebige Phasen
(o)	„einfacher" Stoff
$(I), (II)$	Abweichung vom einfachen Stoff
∞	unendliche Verdünnung
$+$	Bezugszustand

Griechische Buchstaben

α	Restvolumen
α_{krit}	kritisches Restvolumen
α_r	reduziertes Restvolumen
$\alpha_p{}^*$	thermischer Ausdehnungskoeffizient
β_{12}^*	isotherme Kompressibilität
γ	Aktivitätskoeffizient
γ_0	rationeller Aktivitätskoeffizient
γ^∞	Aktivitätskoeffizient bei unendlicher Verdünnung
δ	Löslichkeitsparameter
Θ	Druckimperfektionskoeffizient
μ	chemisches Potential
μ^+	Standardpotential
$\mu_i{}^\infty$	chemisches Potential der Gemischkomponente i bei unendlicher Verdünnung
π	Spreizungsdruck
ϱ	Dichte
Φ_i	Volumenanteile der Gemischkomponente i
φ	Fugazitätskoeffizient des reinen Stoffes
$\bar{\varphi}_i$	Fugazitätskoeffizient der Gemischkomponente i
ω	azentrischer Faktor

1. Zustandsbeschreibung für reale Gase und Flüssigkeiten

1.1. Die Verwendung von Zustandsgleichungen

1.1.1. *Realfaktor und Restvolumen*

Die einfachste bekannte Zustandsgleichung für Gase ist die *Idealgasgleichung*. Diese lautet für ein beliebiges Gasvolumen V:

$$V = \frac{n \cdot R \cdot T}{P} \tag{1a}$$

V [m³] — Gasvolumen
P [kp/m²] — Gasdruck
T [°K] — Temperatur
R = 848 [kp m/kmol grad] — allgemeine Gaskonstante
n [kmol] — Molzahl

Für das Gasvolumen bei den Zustandsbedingungen P und T gilt ebenfalls:

Reine Gase: $V = n \cdot v$ (2a)

Gasgemische: $V = \sum_i n_i \cdot v_i$ (2b)

v [m³/kmol] — Molvolumen

Für $n = 1$ [kmol] eines reinen Gases folgt aus der Kombination der Gleichungen (1a) und (2a) die für 1[kmol] gültige Formulierung der Idealgasgleichung.

$$v = \frac{R \cdot T}{P} \tag{1b}$$

Die in den Gleichungen (1a) und (1b) enthaltene allgemeine Gaskonstante R ist stoffunabhängig. Damit folgt aus Gleichung (1b), daß für ein vorgegebenes Wertepaar P und T alle idealen Gase das gleiche Molvolumen v haben müssen. Angewandt auf ein Gemisch idealer Gase heißt das, daß alle Gemischkomponenten das gleiche Molvolumen v haben, so daß Gleichung (2b) mit $n = \sum_i n_i$ in Gleichung (2a) übergeht.

Allgemein beschreibt die Idealgasgleichung (1a) oder (1b) das PVT-Verhalten reiner Gase bzw. von Gasgemischen nur bei sehr kleinen Drücken

($P \to 0$) bzw. ausreichend überkritischen Temperaturen ($T > T_{krit}$) zufriedenstellend. Beträchtliche Abweichungen zwischen den über die Gleichungen (1a) oder (1b) berechneten Idealvolumina und den bei gleichen Werten P und T experimentell ermittelten Volumina realer Gase treten bei höheren und höchsten Drücken oder bei Annäherung an den Taupunkt eines Dampfes ($T < T_{krit}$) auf. Zur Darstellung der Abweichung zwischen Idealgasverhalten und Realgasverhalten sind zwei methodisch unterschiedliche Wege üblich.

Verwendung des Realfaktors z:

Realgasverhalten $$\frac{v}{\frac{R \cdot T}{P}} = z \tag{3a}$$

Idealgasverhalten $$\frac{v}{\frac{R \cdot T}{P}} = 1, \text{ d. h. } z = 1 \tag{3b}$$

Verwendung des Restvolumens α:

Realgasverhalten $$\frac{RT}{P} - v = \alpha \tag{4a}$$

$$P \cdot v = R \cdot T - P \cdot \alpha \tag{5}$$

Idealgasverhalten $$\alpha = 0 \tag{4b}$$

Das Restvolumen ist definiert als Differenz zwischen dem Idealgasvolumen $R \cdot T/P$ und dem Realgasvolumen v.

Für Gase und Dämpfe ist die Verwendung des Realfaktors günstiger, da alle Zustandsgleichungen für reale Gase leicht in eine Realfaktor-explizite Form umgewandelt werden können.

1.1.2. *Zustandsgleichungen*

Einige Zustandsgleichungen für reale Gase sind in Tab. 1 zusammengestellt. In Tab. 1 wurden nicht alle vorgeschlagenen, sondern nur die für die PVT-Berechnung meist verwendeten Zustandsgleichungen aufgenommen. Weitere Zustandsgleichungen, die sich insbesondere für die Ermittlung thermodynamischer Eigenschaften von Gemischen gut bewährt haben, werden einschließlich der Mischungsregeln unter Punkt 4 angegeben. Die in der Spalte 2 von Tab. 1 angegebenen Mischungsregeln wurden in allen Fällen empirisch ermittelt. Auf die Angabe von Mischungsregeln wurde verzichtet, wenn deren Gültigkeit nicht durch Anwendung der Zustandsgleichung auf eine ausreichend große Zahl von Gemischen genügend gesichert ist. Die in der letzten Spalte angegebenen Konstanten wurden durch Anwendung der Zustandsgleichungen auf den kritischen Punkt ermittelt. Am kritischen Punkt hat die Isotherme einen Wendepunkt mit waagerechter Tangente, so daß die erste und die zweite Ableitung des Drucks nach dem Volumen bei konstanter Temperatur gleich null sein müssen. Zusätzlich zur verwendeten Zustandsgleichung, die ebenfalls am kritischen Punkt erfüllt sein muß, können somit durch Ermittlung von $(\partial P/\partial v)_T = 0$ und $(\partial^2 P/\partial v^2)_T = 0$ zwei weitere Gleichungen gewonnen werden. Durch Lösung des Gleichungssystems für den kritischen Punkt werden die Konstanten auf die kritischen Größen zurückgeführt. Die Anwendung dieser Methode zur Bestimmung der Konstanten für die VAN DER WAALSsche Gleichung wird von SCHMIDT [1] gezeigt. Eine weitere Methode zur Bestimmung der Konstanten wird von FALTIN [2] angegeben. Nach dieser Methode wird die Zustandsgleichung als Potenzreihe des Volumens v entwickelt. Die Konstanten können danach durch Koeffizientenvergleich mit den drei Lösungen der kubischen Gleichung für die VAN DER WAALS-Gleichung bzw. mit den vier Lösungen für die WOHL-Gleichung ermittelt werden. Die von SCHMIDT [1] und FALTIN [2] ermittelten Ausdrücke für die Konstanten der VAN DER WAALSschen Gleichung stimmen nicht mit den in Tab. 1 angegebenen überein. In Tab. 1 wurden die von EDMISTER [32] angegebenen verbesserten Ausdrücke aufgenommen. FALTIN [2] gibt für einige reine Gase auch Konstanten für die Zustandsgleichung von BEATTIE und BRIDGEMAN an.

Durch Anwendung der Zustandsgleichungen auf den kritischen Punkt zur Ermittlung von Ausdrücken für die Konstanten wird gleichzeitig gesichert, daß die Zustandsgleichungen in der Umgebung des kritischen Punktes die experimentell ermittelten Werte gut wiedergeben. Eine Ausnahme ist nur die Wohl-Gleichung, die besser für $v \geqq 4 \cdot v_{\text{krit}}$ gilt. Für das Naßdampf-Gebiet liefern jedoch sowohl die in Tabelle 1 aufgeführten ersten drei Gleichungen als auch die WOHL-Gleichung nicht sehr zufriedenstellende Ergebnisse, wenn die durch Anwendung der Gleichungen auf den kritischen Punkt ermittelten Konstanten verwendet werden. Die relativ beste Übereinstimmung mit experimentell ermittelten Werten zeigt im Naßdampfgebiet die REDLICH-KWONG-Gleichung. Speziell für die Anwendung in Zusammenhang mit der Berechnung von Dampf-Flüssigkeits-Gleichgewichten werden unter Punkt 4. für die REDLICH-KWONG-Gleichung einige Verbesserungen angegeben.

Die Zustandsgleichungen von VAN DER WAALS, BERTHELOT und REDLICH und KWONG sind außer für Gase auch auf Flüssigkeiten anwendbar. Die Zustandsgleichungen von WOHL, von BEATTIE und BRIDGEMAN, von BENEDICT, WEBB und RUBIN, von MARTIN und HOU und die Virialkoeffizienten-Zustandsgleichung gelten nicht für Flüssigkeiten.

Tabelle 1

Zusammenstellung einiger Zustandsgleichungen

Zustandsgleichungen:	Mischungsregeln	Konstanten aus kritischen Daten
VAN DER WAALS-Gleichung		
$P = \frac{RT}{v-b} - \frac{a}{v^2}$;	$\sqrt{a} = \sum x_i \sqrt{a_i}$	$a = \frac{27}{64} \frac{R^2T^2_{\text{krit}}}{P_{\text{krit}}}$
$\left(P + \frac{a}{v^2}\right)(v-b) = RT$	$b = \sum x_i b_i$	$b = \frac{RT_{\text{krit}}}{8P_{\text{krit}}}$
$z = 1 + \frac{b}{v-b} - \frac{a}{RTv}$		
BERTHELOT-Gleichung		
$P = \frac{RT}{v-b} - \frac{a}{Tv^2}$;		$a = \frac{27}{64} \frac{R^2T^3_{\text{krit}}}{P_{\text{krit}}}$
$\left(P + \frac{a}{Tv^2}\right)(v-b) = RT$		$b = \frac{9}{128} \frac{RT_{\text{krit}}}{P_{\text{krit}}}$
$z = 1 + \frac{b}{v-b} - \frac{a}{RT^2v}$		
REDLICH-KWONG-Gleichung		
$P = \frac{RT}{v-b} - \frac{a}{T^{0,5}v(v-b)}$	$\sqrt{a} = \sum x_i \sqrt{a_i}$	$a = 0{,}4278 \frac{R^2T^{2,5}_{\text{krit}}}{P_{\text{krit}}}$
$z = \frac{1}{1-d} - \left(\frac{A^2}{B}\right)\frac{d}{1+d}$ mit	$b = \sum x_i b_i$	$b = 0{,}0867 \frac{RT_{\text{krit}}}{P_{\text{krit}}}$
$A^2 = \frac{a}{R^2T^{2,5}} = \frac{0{,}4278}{P_{\text{krit}}T_r^{2,5}}$	$A = \sum x_i A_i$	
$B = \frac{b}{RT} = \frac{0{,}0867}{P_{\text{krit}}T_r}$	$B = \sum x_i B_i$	
$d = \frac{BP}{z} = \frac{b}{v}$		
WOHL-Gleichung		$a = 6P_{\text{krit}}T_{\text{krit}}v^2_{\text{krit}}$
$P = \frac{RT}{v-b} - \frac{a}{Tv(v-b)} + \frac{c}{T^2v^3}$		$b = \frac{v_{\text{krit}}}{4}$
$z = \frac{v}{v-b} - \frac{a}{RT^2(v-b)} + \frac{c}{RT^3v^2}$		$c = 4P_{\text{krit}}T^2_{\text{krit}}v^3_{\text{krit}}$
		$\frac{RT_{\text{krit}}}{P_{\text{krit}}v_{\text{krit}}} = \frac{15}{4}$

Tabelle 1 (Fortsetzung)

Zustandsgleichungen:	Mischungsregeln	Konstanten aus kritischen Daten
BEATTIE-BRIDGEMAN-Gleichung $P = \frac{RT(1 - e_1)}{v^2}(v + B) - \frac{A}{v^2}$; $A = A_0\left(1 - \frac{a}{v}\right)$ $B = B_0\left(1 - \frac{b}{v}\right) \qquad e_1 = \frac{c}{vT^3}$ $z = 1 + \left(B_0 - \frac{A_0}{RT} - \frac{c}{T^2}\right)\frac{1}{v} + \left(-B_0 b + \frac{A_0 a}{RT} - \frac{B_0 c}{T^3}\right)\frac{1}{v^2} + \frac{B_0 bc}{T^3}\frac{1}{v^3}$		Konstanten: A_0, B_0, a, b, c
BENEDICT-WEBB-RUBIN-Gleichung $P = RT\varrho + \left(B_0 RT - A_0 + \frac{C_0}{T^2}\right)\varrho^2 + (bRT - a)\,\varrho^3 + ad\varrho^6 + c\varrho^3\frac{1 + e_0\varrho^2}{T^2}\exp(-e_0\varrho^2)$ ϱ = Dichte; $\varrho = \frac{1}{v}\left[\frac{\mathrm{kmol}}{\mathrm{m}^3}\right]$ $z = 1 + \left(B_0 - \frac{A_0}{RT} - \frac{C_0}{RT^3}\right)\varrho + \left(b - \frac{a}{RT}\right)\varrho^2 + \frac{ad}{RT}\varrho^5 + \frac{c}{RT^3}\varrho^2(1 + e_0\varrho^2)\exp(-e_0\varrho^2)$	$A_0 = [\sum x_i(A_{0i})^{0,5}]^2$ $B_0 = \sum x_i B_{0i}$ $C_0 = [\sum x_i(C_{0i})^{0,5}]^2$ $a = [\sum x_i(a_i)^{1/3}]^3$ $b = [\sum x_i(b_i)^{1/3}]^3$ $c = [\sum x_i(c_i)^{1/3}]^3$ $d = [\sum x_i(d_i)^{1/3}]^3$ $e = [\sum x_i(e_i)^{1/2}]^2$	Konstanten: A_0, B_0, C_0 a, b, c, d, e_0
MARTIN-HOU-Gleichung $P = \frac{RT}{v - b} + \frac{A_2 + B_2 T + C_2\exp(-5{,}475 e_2)}{(v - b)^2} + \frac{A_3 + B_3 + C_3\exp(-5{,}475 e_2)}{(v - b)^3} + \frac{A_4}{(v - b)^4} + \frac{B_5 T}{(v - b)^5}$		Konstanten: A_2, B_2, C_2, e_2 A_3, B_3, C_3 A_4, B_5 b

Tabelle 1 (Fortsetzung)

Zustandsgleichungen	Mischungsregeln	Konstanten aus kritischen Daten
Virialkoeffizienten-Zustandsgleichung		
Druck-explizite Form $P = \frac{RT}{v}\left(1 + \frac{B}{v} + \frac{C}{v^2} + \frac{D}{v^3} + \dots\right)$ $z = 1 + \frac{B}{v} + \frac{C}{v^2} + \frac{D}{v^3} + \dots$ Druck-explizite = genauere Form Volumen — explizite Form $v = \frac{RT}{P} + B' + C'P + D'P^2 + \dots$ $z = 1 + \frac{1}{RT}(B'P + C'P^2 + D'P^3 + \dots)$	$B_M = \sum_i \sum_j y_i y_j B_{ij}$ $C_M = \sum_i \sum_j \sum_k y_i y_j y_k \cdot C_{ijk}$ Gesonderte Ermittlung der Kreuzungskoeffizienten erforderlich $B_{ij} = B_{ji}$ $C_{ijk} = C_{jki} = C_{kij} = C_{ikj} = C_{kji}$	Alle Virialkoeffizienten sind Temperaturfunktionen $B' = B$ $C' = RT(C - B')$ $D' = \frac{D - 3BC + 2B^3}{(RT)^2}$

1.1.3. *Das Theorem korrespondierender Zustände*

Durch Anwendung des Theorems korrespondierender Zustände können die Zustandsgleichungen in eine reduzierte Schreibweise überführt werden. Das Theorem korrespondierender Zustände besagt, daß sich alle Stoffe bei Verwendung der zum kritischen Punkt zugehörigen Werte der Zustandsvariablen als Bezugsgrößen für P, T und v ähnlich verhalten. Die auf die stoffcharakteristischen kritischen Werte bezogenen Größen bezeichnet man als reduzierte Größen.

$$P_{\text{krit}} = \text{kritischer Druck}$$

$$P_r = \frac{P}{P_{\text{krit}}} = \text{reduzierter Druck}$$

$$T_{\text{krit}} = \text{kritische Temperatur}$$

$$T_r = \frac{T}{T_{\text{krit}}} = \text{reduzierte Temperatur}$$

$$v_{\text{krit}} = \text{molares kritisches Volumen}$$

$$v_r = \frac{v}{v_{\text{krit}}} = \text{reduziertes Volumen}$$

Unter dem Begriff „reduziertes Volumen“ ist immer das molare reduzierte Volumen zu verstehen. Das kritische Volumen ist experimentell nicht nur schwierig, sondern auch nur unter Hinnahme eines größeren Fehlers bestimmbar. Aus diesem Grund verwendet man statt des wahren oft ein ideales kritisches Volumen.

$$v^*_{\text{krit}} = \frac{R \cdot T_{\text{krit}}}{P_{\text{krit}}} = \text{ideales kritisches Volumen}$$

$$v_r^* = \frac{v}{\dfrac{R \cdot T_{\text{krit}}}{P_{\text{krit}}}} = \text{ideales reduziertes Volumen}$$

Unter Verwendung der Definitionen für P_r, T_r und v_r oder v_r^* lassen sich alle Zustandsgleichungen in eine reduzierte Schreibweise überführen, wobei die in Tab. 1, Spalte 3 angegebenen Ausdrücke für die Konstanten mit einbezogen werden. Einige reduzierte Zustandsgleichungen sind in Tab. 2 angegeben. Die für die Durchführung von PVT-Berechnungen auf elektronischen Rechenmaschinen oft verwendete Benedict-Webb-Rubin-Gleichung hat sich in der reduzierten Schreibweise insofern nicht bewährt, als der Vorteil der großen Genauigkeit verlorengeht. Eine Darstellung der 8 *BWR*-Konstanten als Funktion der reduzierten Temperatur wurde von Canjar, Smith, Voliantis, Galluzo und Carbarcor [3] veröffentlicht. Die in Tab. 1 für die *BWR*-Gleichung angegebenen Mischungsregeln gelten nur, wenn bei der Vermischung weder eine Volumenänderung noch eine Wärmetönung auftritt [4].

Für die reduzierten Gleichungen gilt in noch stärkerem Maße die bereits getroffene Aussage, daß durch die Verwendung des kritischen Punktes als Bezugspunkt eine gute Genauigkeit in der Nähe des kritischen Punktes erreicht wird, im Naßdampfgebiet jedoch die Genauigkeit nachläßt.

Das Theorem korrespondierender Zustände ist auch Grundlage der von Edmister [5] angegebenen Darstellung des reduzierten Restvolumens α_r von Kohlenwasserstoffen, die als Abb. 1 angegeben ist.

$$\alpha_{\text{krit}} = \frac{R \cdot T_{\text{krit}}}{P_{\text{krit}}} - v_{\text{krit}} \tag{6}$$

α_{krit} — kritisches Restvolumen

$\alpha_r = \dfrac{\alpha}{\alpha_{\text{krit}}}$ — reduziertes Restvolumen

Kritische Restvolumina werden für alle Kohlenwasserstoffe angegeben. Diese Werte liegen in den Grenzen

$$1{,}35 \leqq \frac{R \cdot T_{\text{krit}}}{P_{\text{krit}} \cdot \alpha_{\text{krit}}} \leqq 1{,}41, \tag{7a}$$

Tabelle 2

Zusammenstellung einiger reduzierter Zustandsgleichungen

Reduzierte Zustandsgleichungen:
VAN DER WAALS-Gleichung $\left(P_r + \frac{3}{v_r^2}\right)(3v_r - 1) = 8T_r$ Verwendung des idealen reduzierten Volumens v_r^* $\left(P_r + \frac{27}{64\,(v_r^*)^2}\right)\left(v_r^* - \frac{1}{8}\right) = T_r; \qquad v_r^* = \frac{v}{\frac{RT_{\text{krit}}}{P_{\text{krit}}}}$
BERTHELOT-Gleichung Vereinfachte Form für größere Volumina $z = 1 + \frac{9P_r}{128T_r}\left(1 - \frac{6}{T_r^2}\right); \qquad \text{Annahmen: } \frac{9}{128}\,\frac{RT_{\text{krit}}}{P_{\text{krit}}} \ll v$ $\frac{RT_{\text{krit}}}{P_{\text{krit}}\,v} \approx \frac{P_r}{T_r}$
REDLICH-KWONG-Gleichung $P_r = \frac{T_r}{v_r^* - 0{,}087} - \frac{0{,}4278}{T_r^{0,5}v_r^*\,(v_r^* + 0{,}0867)}; \qquad v_r^* = \frac{v}{\frac{RT_{\text{krit}}}{P_{\text{krit}}}}$
WOHL-Gleichung $P_r = \frac{15T_r}{4v_r - 1} - \frac{24}{T_r v_r\,(4v_r - 1)} - \frac{4}{T_r^2 v_r^3}$
BEATTIE-BRIDGEMAN-Gleichung $P_r = \frac{T_r(1 - e_1')}{(v_r^*)^2}\,(v_r^* + B') - \frac{A'}{(v_r^*)^2};$ $A' = 0{,}4758\,\frac{1 - 0{,}1127}{v_r^*} \qquad B' = 0{,}1867\,\frac{1 - 0{,}03833}{v_r^*}$ $e_1' = \frac{0{,}050}{T_r^3 v_r^*} \qquad v_r^* = \frac{v}{\frac{RT_{\text{krit}}}{P_{\text{krit}}}}$

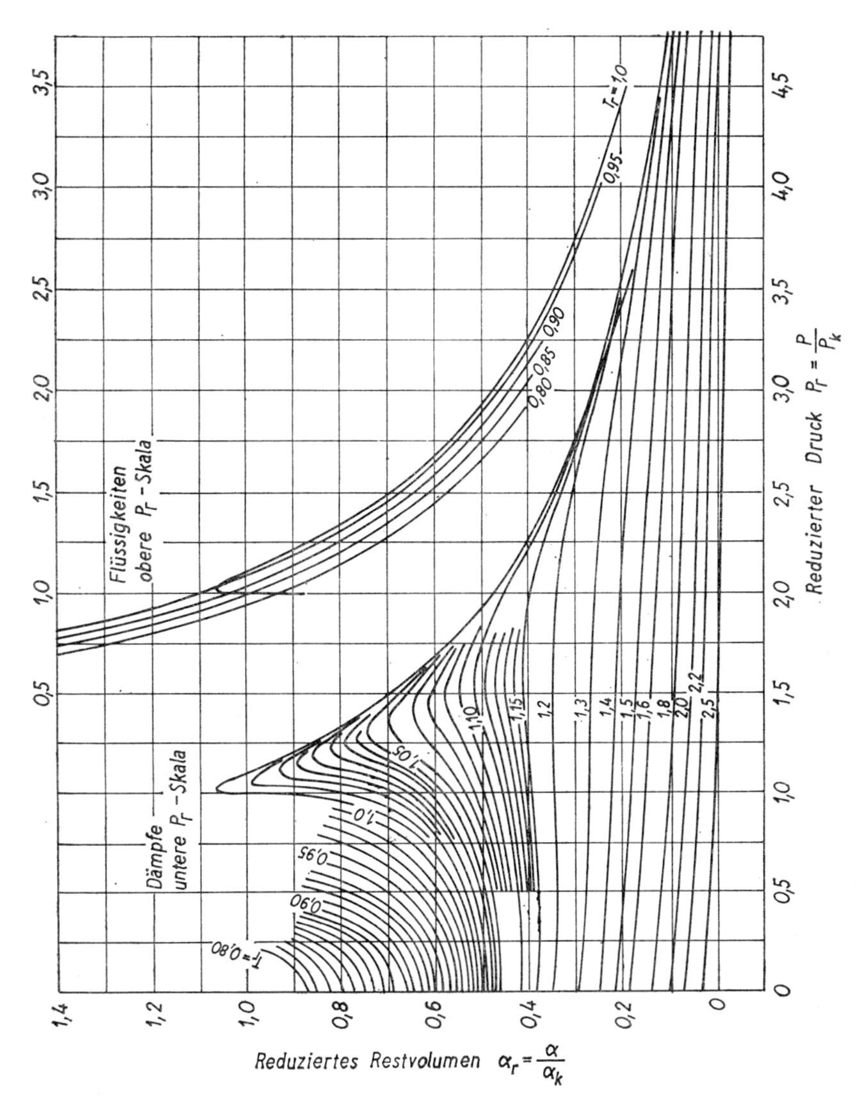

Abb. 1: Reduziertes Restvolumen reiner flüssiger und gasförmiger Kohlenwasserstoffe

so daß als gute Näherung mit folgendem Mittelwert gerechnet werden kann:

$$\frac{R \cdot T_{krit}}{P_{krit} \cdot \alpha_{krit}} \cong 1{,}38 \quad \text{oder} \quad \frac{P_{krit} \cdot \alpha_{krit}}{R \cdot T_{krit}} \cong 0{,}724 \tag{7b}$$

Das reduzierte Restvolumen ist zur Ermittlung des realen PVT-Verhaltens, insbesondere aber zur Ermittlung der Dichte sowohl dampfförmiger als auch flüssiger Kohlenwasserstoffe geeignet. Während für Dämpfe der Realfaktor z vorzuziehen ist, wird das Volumen bzw. die Dichte unterkühlter flüssiger Kohlenwasserstoffe günstiger über das reduzierte Restvolumen bestimmt. Zur Ermittlung der isothermen Druckkoeffizienten thermodynamischer Größen (Enthalpie, Entropie und Molwärme) wird Gleichung (4a) so umgeformt, daß der erzielte Ausdruck außer dem Volumen nur kritische bzw. reduzierte Zustandsvariable und das reduzierte Restvolumen enthält.

$$\frac{v}{\alpha_{krit}} = \frac{R \cdot T}{P \cdot \alpha_{krit}} - \frac{\alpha}{\alpha_{krit}} \tag{4c}$$

$$\frac{v}{\alpha_{krit}} = \frac{R \cdot T_{krit}}{P_{krit} \cdot \alpha_{krit}} \cdot \frac{T_r}{P_r} - \alpha_r \tag{8}$$

1.2. Definition und Anwendung des azentrischen Faktors

1.2.1. Beschreibung des Realverhaltens von Dämpfen und Flüssigkeiten unter Verwendung des azentrischen Faktors

Die Anwendung reduzierter Zustandsgleichungen für den Realfaktor z zur Beschreibung des *PVT*-Verhaltens eines Dampfes ist stets mit der Hinnahme einer nur begrenzten Genauigkeit verbunden, da in Wirklichkeit die Realfaktoren z bei gleichem P_r und T_r nicht für alle Stoffe übereinstimmen. Zur Erhöhung der Genauigkeit ist die Einführung eines zusätzlichen molekülcharakteristischen Parameters erforderlich. Eine Verbesserung konnten Lydersen, Greenkorn und Hougen [6] und Meissner und Seferian [7] durch zusätzliche Verwendung des kritischen Realfaktors z_{krit} und Riedel [8] durch zusätzliche Verwendung der Neigung der Dampfdruckkurve am kritischen Punkt erreichen. Die Anwendung dieser Größen kann insbesondere für den unterkritischen Bereich nur zu einer begrenzten Verbesserung der Genauigkeit führen, da in beiden Fällen wiederum eine Eigenschaft des kritischen Punktes als zusätzlicher Parameter herangezogen wird. Um die Übereinstimmung der Realfaktoren verschiedener Stoffe im unterkritischen

Bereich entscheidend zu verbessern, muß der zusätzliche molekülcharakteristische Parameter auch für einen gewählten Zustandspunkt in diesem Bereich definiert werden. PITZER und Mitarbeiter [28] wählten eine reduzierte Temperatur von $T_r = 0{,}7$ und definierten den als azentrischen Faktor bezeichneten zusätzlichen Parameter über den reduzierten Dampfdruck der reinen Stoffe.

$$\omega = -\log (p^0_{r,i})_{0,7} - 1{,}000 \quad \text{bei} \quad T_r = 0{,}7 \tag{9}$$

ω — azentrischer Faktor

Für „einfache" Stoffe mit nahezu kugelförmigen Molekülen wie Argon, Krypton, Xenon oder Methan gilt $p^0_{r,i} = 0{,}1$, d. h. diese Stoffe haben einen reduzierten Druck von 0,1 bei der reduzierten Temperatur $T_r = 0{,}7$. Für diese „einfachen" Stoffe wird der azentrische Faktor null. Alle Stoffe, deren reduzierter Dampfdruck vom Wert 0,1 bei der reduzierten Temperatur $T_r = 0{,}7$ abweicht, haben einen endlichen azentrischen Faktor. Der azentrische Faktor ist somit ein stoff- oder molekülcharakteristischer Parameter, der die Abweichung des *PVT*-Verhaltens in reduzierter Darstellung von dem eines „einfachen" Stoffes charakterisiert. Ausgehend von dieser Überlegung formulierten Pitzer und Mitarbeiter folgenden Ansatz für den Realfaktor:

$$z = z^{(0)} + \omega \cdot z^{(\mathrm{I})} \tag{10}$$

$z^{(0)}$ — Realfaktor eines „einfachen" Stoffes

$z^{(\mathrm{I})}$ — Realfaktor für die Abweichung vom „einfachen" Stoff

Gleichung (10) geht auf eine über den azentrischen Faktor entwickelte Potenzreihe für den Realfaktor zurück, die nach dem ersten Glied abgebrochen wurde. PITZER und Mitarbeiter berechneten z für eine große Zahl von Stoffen über die *BWR*-Gleichung mit 8 stoffabhängigen Konstanten. $z^{(0)}$ wurde auf die gleiche Weise ermittelt. Die Vereinheitlichung der Ergebnisse in den Bereichen $0{,}8 \leqq T_r \leqq 4{,}0$ und $0 \leqq P_r \leqq 9$ zeigte, daß die Potenzreihe Gleichung (10) bereits nach dem 2. Glied abgebrochen werden kann, da die für verschiedene Stoffe bei vorgegebenen Werten P_r ermittelten Realfaktoren durch Geraden mit Abweichungen von nur zehntel Prozent für $T_r = konst.$ wiedergegeben werden konnten.

In den Abb. 2 und 3 sind die Realfaktoranteile $z^{(0)}$ und $z^{(\mathrm{I})}$ als Funktion des reduzierten Drucks und der reduzierten Temperatur dargestellt. Die Ermittlung des Realfaktors z ist mit diesen Anteilen über Gleichung (10) sowohl für die Dampf- als auch die flüssige Phase durchzuführen. Azentrische Faktoren einiger Stoffe sind in Tab. 3 angegeben. Nicht angegebene azentrische Faktoren können über Gleichung (9) mit dem Dampfdruck des betrachteten Stoffes bei $T_r = 0{,}7$ berechnet werden. Die in Tab. 20 angegebenen ω-Werte dürfen nicht zur Ermittlung von z verwendet werden.

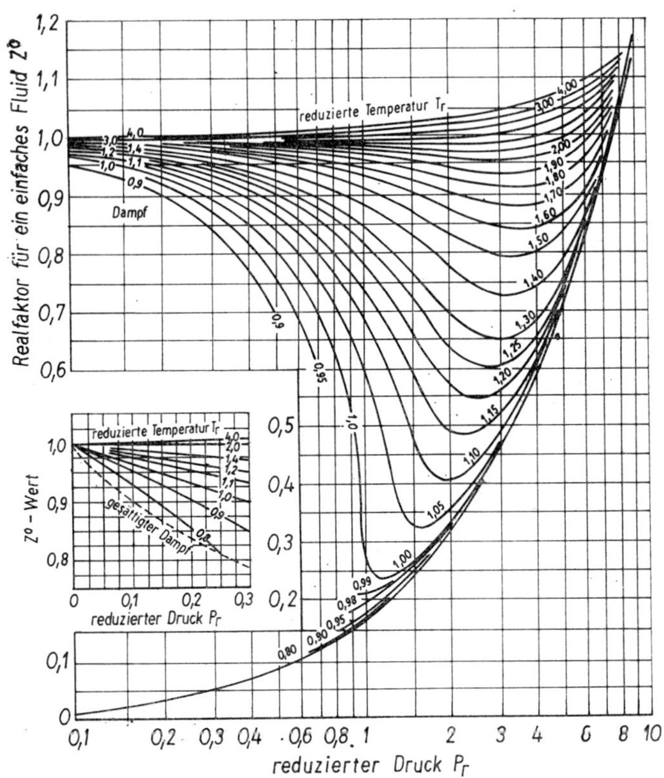

Abb. 2: Reduzierte Darstellung des Realfaktors $z^{(0)}$ „einfacher“ fluider Stoffe

Tabelle 3

Normalsiedepunkte, azentrische Faktoren und Löslichkeitsparameter einiger Stoffe nach EDMISTER [32]

Verbindung	T^{Siede} [°K]	T_{krit} [°K]	P_{krit} [atm]	ω	δ [kcal/l]^{0,5}
Normalparaffine					
Methan	111,67	191,06	45,80	0,0130	5,45
Äthan	184,53	305,56	48,30	0,1050	5,88
Propan	231,08	369,97	42,01	0,1520	6,00
Butan	272,66	425,17	37,47	0,2010	6,70
Pentan	309,23	469,77	33,31	0,2520	7,05
Hexan	341,89	507,88	29,94	0,2899	7,30
Heptan	371,60	540,17	27,00	0,3520	7,45
Oktan	398,83	569,06	24,64	0,3992	7,55

Tabelle 3 (Fortsetzung)

Verbindung	T^{Siede} [°K]	T_{krit} [°K]	P_{krit} [atm]	ω	δ [kcal/l]^{0,5}
Nonan	423,97	596,1	22,60	0,4439	7,65
Dekan	447,29	619,3	20,70	0,4869	7,75
Undekan	469,06	640,9	19,20	0,5009	7,79
Dodekan	489,45	659,8	17,80	0,5394	7,84
Tridekan	508,60	678,2	17,00	0,5818	7,89
Tetradekan	526,69	694,8	16,00	0,6165	7,92
Pentadekan	543,78	709,8	14,97	0,6494	7,96
Hexadekan	559,96	723,9	14,02	0,6748	7,99
Heptadekan	575,32	737,8	13,00	0,6866	8,03
Oktadekan	589,08	749,8	11,98	0,6959	8,04
Isoparaffine					
Isobutan	261,43	408,13	36,00	0,1918	6,25
Isopentan	301,01	460,99	32,90	0,2060	6,75
Neopentan	282,66	433,76	31,57	0,1950	6,25
Isohexan	333,53	498,1	29,95	0,2824	7,10
3-Methylpentan	336,44	504,4	30,83	0,3678	6,35
2,2-Dimethylbutan	322,89	489,4	30,67	0,2041	7,00
2,3-Dimethylbutan	331,15	500,3	30,99	0,2510	6,96
Methylhexan	363,21	531,1	27,20	0,3299	7,20
Aromaten					
Benzol	353,26	562,6	48,60	0,2150	9,15
Toluol	383,78	594,0	40,15	0,2518	8,90
o-Xylol	417,58	632,2	36,06	0,2979	8,99
m-Xylol	412,28	619,2	34,70	0,3164	8,82
p-Xylol	411,52	618,2	34,02	0,3068	8,77
Äthylbenzol	410,36	619,9	36,74	0,3173	8,79
Styrol	418,29	647,5	39,47	0,2484	9,30
Olefine					
Äthylen	169,45	647,6	50,5	0,0887	6,08
Propylen	225,46	365,1	45,4	0,1427	6,43
1-Buten	266,89	419,6	39,7	0,2027	6,76
cis-2-Buten	276,88	427,8	41,0	0,2725	7,20
trans-2-Buten	274,04	427,8	41,0	0,2336	7,00
2-Methylpropylen	266,26	417,9	39,5	0,2012	6,70
1-Penten	303,12	473,8	39,9	0,2180	7,06
1-Hexen	336,67	511,1	32,1	0,2463	7,40
Zykloparaffine					
Zyklopentan	322,5	511,8	44,55	0,205	8,10
Methylzyklopentan	345,2	532,8	37,36	0,235	7,85
Zyklohexan	353,9	554,3	38,17	0,203	8,19
Methylzyklohexan	374,1	572,3	34,32	0,242	7,83

Tabelle 3 (Fortsetzung)

Verbindung	T^{Siede} [°K]	T_{krit} [°K]	P_{krit} [atm]	ω	δ [kcal/l]^{0,5}
Verschiedene					
Ammoniak	239,4	405,6	111,3	0,266	2,01
Argon	87,3	150,7	48,0	−0,006	9,96
Kohlendioxid		304,3	72,8	0,225	7,24
Kohlenmonoxid	73,1	134,0	35,0	0,0162	6,30
Äthylalkohol	351,6	516,1	63,1	0,649	
Helium	4,2	5,2	2,26	−0,354	
Wasserstoff	20,4	33,2	12,8	−0,237	0,24
Schwefelwasserstoff	212,8	373,6	88,9	0,106	10,92
Krypton	119,8	209,4	54,2	−0,006	21,35
Methylalkohol	337,7	513,1	78,7	0,565	
Stickstoff	77,4	126,3	33,54	0,035	7,60
Sauerstoff	90,2	154,8	50,14	0,0169	6,64
Xenon	166,0	289,9	57,62	−0,0125	6,06

δ: Löslichkeitsparameter bei 25 °C
ω: Azentrischer Faktor

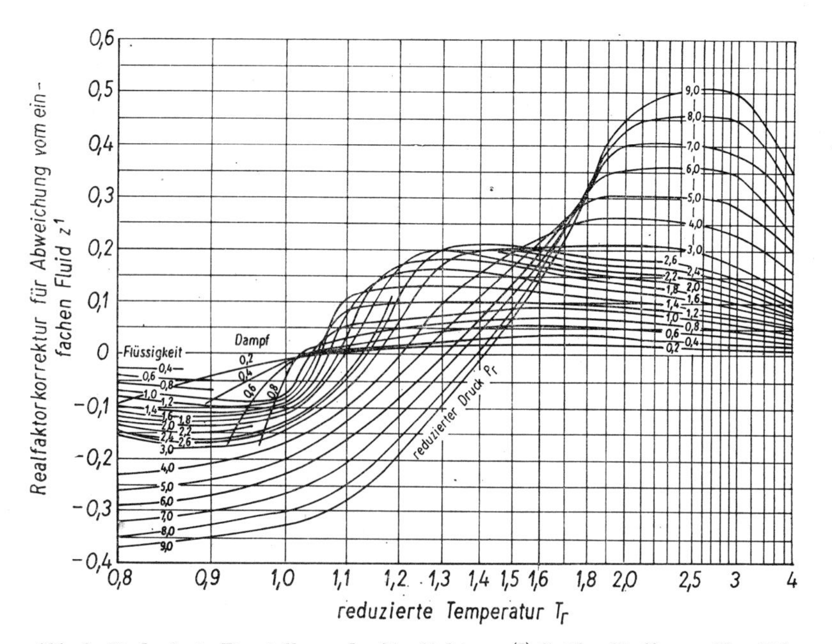

Abb. 3: Reduzierte Darstellung des Realfaktors $z^{(1)}$ fluider Stoffe zur Ermittlung des Korrekturgliedes für die Abweichung vom „einfachen" Stoff

Der Realfaktor z dampfförmiger Gemische wird üblicherweise über die pseudokritischen Konstanten und den molaren Mittelwert des azentrischen Parameters bestimmt.

$$T_{\text{krit}}^{\text{Gem}} = \sum_i y_i \cdot T_{\text{krit},i} \tag{11}$$

$$P_{\text{krit}}^{\text{Gem}} = \sum_i y_i \cdot P_{\text{krit},i} \tag{12}$$

$$\omega^{\text{Gem}} = \sum y_i \omega_i \tag{13}$$

y_i — Molanteile der Komponenten i im Gemisch

Tabelle 4

Beiträge zur Dampfdruckbestimmung und zur Ermittlung des Realfaktors einer siedenden reinen Flüssigkeit bzw. des Gleichgewichtsdampfes nach PITZER u. a. [87] als Funktion der reduzierten Siedetemperatur

T_r^{Siede}	$-(\log p_r^0)^0$	$-\left(\frac{\partial \log p_r^0}{\partial \omega}\right)_T$	Flüssigkeit $z^{(0)}$	$z_T^{(\text{I})}$	Dampf $z^{(0)}$	$z_T^{(\text{I})}$
1,00	0,000	0,000	0,291	−0,080	0,291	−0,080
0,99	0,025	0,021	0,202	−0,090	0,43	−0,030
0,98	0,050	0,042	0,179	−0,093	0,47	0,000
0,97	0,076	0,064	0,162	−0,095	0,51	+0,020
0,96	0,102	0,086	0,148	−0,095	0,54	0,035
0,95	0,129	0,109	0,136	−0,095	0,556	0,045
0,94	0,156	0,133	0,125	−0,094	0,59	0,055
0,92	0,212	0,180	0,108	−0,092	0,63	0,075
0,90	0,270	0,230	0,0925	−0,087	0,67	0,095
0,88	0,330	0,285	0,0790	−0,080	0,70	0,110
0,86	0,391	0,345	0,0680	−0,075	0,73	0,125
0,84	0,455	0,405	0,0585	−0,068	0,756	0,135
0,82	0,522	0,475	0,0498	−0,062	0,781	0,140
0,80	0,592	0,545	0,0422	−0,057	0,804	0,144
0,78	0,665	0,620	0,0360	−0,053	0,826	0,144
0,76	0,742	0,705	0,0300	−0,048	0,846	0,142
0,74	0,823	0,800	0,0250	−0,043	0,864	0,137
0,72	0,909	0,895	0,020	−0,037	0,881	0,131
0,70	1,000	1,00	0,0172	−0,032	0,897	0,122
0,68	1,096	1,12	0,0138	−0,027	0,911	0,113
0,66	1,198	1,25	0,0111	−0,022	0,922	0,104
0,64	1,308	1,39	0,0088	−0,018	0,932	0,097
0,62	1,426	1,54	0,0068	−0,015	0,940	0,090
0,60	1,552	1,70	0,0052	−0,012	0,947	0,083
0,58	1,688	1,88	0,0039	−0,009	0,953	0,077
0,56	1,834	2,08	0,0028	−0,007	0,959	0,070

$\log p_r^0 = (\log p_r^0)^{(0)} + \omega \cdot \left(\frac{\partial \log p_r^0}{\partial \omega}\right)_T$ $\quad z_T = z^{(0)} + \omega \cdot z_T^{(\text{I})}$

Am kritischen Punkt eines reinen Stoffes gelten folgende Werte:

$$z^{(0)}_{\mathrm{krit},i} = 0{,}291 \qquad z^{(\mathrm{I})}_{\mathrm{krit},i} = -0{,}080$$

Die Realfaktoranteile zur Ermittlung von z für eine siedende reine Flüssigkeit und für den mit der siedenden Flüssigkeit im Gleichgewicht stehenden Dampf sind in den Tab. 4 und 5 angegeben. Da im Gleichgewichtszustand ein Freiheitsgrad entfällt, sind $z^{(0)}$ und $z^{(\mathrm{I})}$ nur von der reduzierten Siedetemperatur (Tab. 4) bzw. nur vom reduzierten Siededruck (Tab. 5) abhängig.

Tabelle 5

Beiträge zur Realfaktorermittlung für die siedende reine Flüssigkeit bzw. den Gleichgewichtsdampf nach PITZER u. a. [87] als Funktion des reduzierten Siededrucks

P_r^{Siede}	Flüssigkeit		Dampf	
	$z^{(0)}$	$z_P^{(\mathrm{I})}$	$z^{(0)}$	$z_P^{(\mathrm{I})}$
1,00	0,291	−0,080	0,291	−0,080
0,99	0,244	−0,074	0,35	−0,083
0,98	0,228	−0,071	0,38	−0,085
0,97	0,218	−0,069	0,40	−0,087
0,96	0,210	−0,067	0,41	−0,088
0,95	0,203	−0,065	0,42	−0,089
0,94	0,197	−0,063	0,43	−0,089
0,92	0,188	−0,060	0,45	−0,090
0,90	0,180	−0,058	0,47	−0,091
0,85	0,164	−0,055	0,50	−0,090
0,80	0,150	−0,053	0,53	−0,087
0,75	0,137	−0,050	0,56	−0,081
0,70	0,125	−0,047	0,59	−0,075
0,65	0,114	−0,044	0,615	−0,069
0,60	0,104	−0,041	0,64	−0,063
0,55	0,0945	−0,038	0,665	−0,056
0,50	0,0850	−0,036	0,688	−0,049
0,45	0,0758	−0,033	0,711	−0,041
0,40	0,0670	0,030	0,734	−0,033
0,35	0,0584	−0,027	0,758	−0,025
0,30	0,0500	−0,023	0,783	−0,018
0,25	0,0416	−0,020	0,809	−0,012
0,20	0,0334	−0,017	0,835	−0,008
0,15	0,0253	−0,013	0,864	−0,005
0,10	0,0175	−0,010	0,896	−0,002
0,05	0,0093	−0,06	0,935	0,000
0,00	0,0000	0,00	1,000	0,000

$z_P = z^{(0)} + \omega \cdot z_P^{(\mathrm{I})}$

Eine weitere Verbesserung der Genauigkeit speziell für polare Stoffe erreichen HALM und STIEL [11] durch Einbeziehung eines weiteren Korrekturgliedes für die Darstellung der Dichte gesättigter Flüssigkeiten und des Realfaktors des gesättigten Dampfes.

1.2.2. Dampfdruckberechnung unter Verwendung des azentrischen Faktors

In Tab. 4 sind ebenfalls der Logarithmus des reduzierten Dampfdruckes eines „einfachen" Stoffes und das partielle Differential $(\partial \log p^0_{r,i}/\partial\omega)_T$ zur Dampfdruckberechnung nach Gleichung (14) angegeben.

$$\log p^0_{r,i} = (\log p^0_{r,i})^{(0)} + \omega \cdot \left(\frac{\partial \log p^0_{r,i}}{\partial \omega}\right)_T \tag{14}$$

$p^0_{r,i}$ — reduzierter Dampfdruck bei T bzw. T_r

$p^0_{r,i} = \dfrac{p_i{}^0}{p_{i,\mathrm{krit}}}$

$p_i{}^0$ — Dampfdruck des Stoffes i bei der Temperatur T

Bei Kenntnis eines experimentell ermittelten Dampfdruckwertes bei einer beliebigen Temperatur kann über Gleichung (14) in Kombination mit Tab. 4 ebenfalls der azentrische Faktor bestimmt werden. Das Wertepaar Normaldruck — Normalsiedetemperatur ist für alle Stoffe bekannt und kann hierfür verwendet werden. Gleichung (9) ist ein Spezialfall von Gleichung (14).

1.3. Anwendung des Realfaktors bzw. der Zustandsgleichungen

1.3.1. Molvolumen reiner Gase oder Flüssigkeiten

Für das Molvolumen eines reinen Stoffes als einer extensiven thermodynamischen Größe kann man folgenden Ansatz für die Abhängigkeit von Temperatur und Druck formulieren:

$$dv = \left(\frac{\partial v}{\partial T}\right)_P \mathrm{d}T + \left(\frac{\partial v}{\partial P}\right)_T \mathrm{d}P \tag{15}$$

Die partiellen Differentiale sind bei $P =$ konst. bzw. bei $T =$ konst. zu ermitteln. Ist der Realfaktor z für die interessierende Phase (Gas oder Flüssigkeit) bekannt, dann können die partiellen Differentiale ausgehend von Gleichung (3a) bestimmt werden.

$$v = \frac{R \cdot T}{P} \cdot z \tag{3a}$$

$$P = \text{konst.}: \quad \left(\frac{\partial v}{\partial T}\right)_P = \frac{R}{P}\left[z + T\left(\frac{\partial z}{\partial T}\right)_P\right] \tag{16}$$

$$T = \text{konst.}: \quad \left(\frac{\partial v}{\partial P}\right)_T = R \cdot T\left[\frac{1}{P}\left(\frac{\partial z}{\partial P}\right)_T - \frac{z}{P^2}\right] \tag{17a}$$

$$\left(\frac{\partial v}{\partial P}\right)_T = -\frac{R \cdot T}{P}\left[\frac{z}{P} - \left(\frac{\partial z}{\partial P}\right)_T\right] \tag{17b}$$

Gleichung (15) lautet nach Ersatz der partiellen Differentiale durch (16) und (17b)

$$dv = \frac{R}{P}\left[z + T\left(\frac{\partial z}{\partial T}\right)_P\right] dT - \frac{R \cdot T}{P}\left[\frac{z}{P} - \left(\frac{\partial z}{\partial P}\right)_T\right] dP \tag{18}$$

Zur Ermittlung der Volumendifferenz Δv für den Übergang von der Zustandsbedingung P_1, T_1 auf die Bedingung P_2, T_2 ist das erste Glied bei P = konst. und das zweite Glied bei T = konst. zu integrieren.

Erstes Glied, rechts von (18):

$$z = f(T) \quad \text{und} \quad \left(\frac{\partial z}{\partial T}\right) = f(T) \quad \text{bei} \quad P = \text{konst.}$$

Zweites Glied, rechts von (18):

$$z = f(P) \quad \text{und} \quad \left(\frac{\partial z}{\partial P}\right) = f(P) \quad \text{bei} \quad T = \text{konst.}$$

z und $\left(\frac{\partial z}{\partial T}\right)_P$ bzw. $\left(\frac{\partial z}{\partial P}\right)_T$ können sowohl über eine geeignete Zustandsgleichung als auch über die Abb. 2 und 3 für $z^{(0)} = f(P_r, T_r)$ und $z^{(I)} = f(P_r, T_r)$ bestimmt werden. Ein Vergleich mit Tab. 1 zeigt, daß mit Ausnahme der über den Druck entwickelten Zustandsgleichung, deren Genauigkeit jedoch unbefriedigend ist, alle anderen Zustandsgleichungen über das Molvolumen v entwickelt wurden. Bei Verwendung einer Zustandsgleichung kann (18) somit nur iterativ gelöst werden. Für die Verwendung von $z = f(P_r, T_r)$ ist es günstiger, Gleichung (18) in eine reduzierte Darstellung zu überführen. Mit

$$T = T_{\text{krit}} \cdot T_r \qquad dT = T_{\text{krit}} \cdot dT_r$$

$$P = P_{\text{krit}} \cdot P_r \qquad dP = P_{\text{krit}} \cdot dP_r$$

$$v = \frac{R \cdot T_{\text{krit}}}{P_{\text{krit}}} \cdot v_r^* \qquad dv = \frac{R \cdot T_{\text{krit}}}{P_{\text{krit}}}\, dv_r^* \tag{19}$$

folgt aus Gleichung (18):

$$dv_r^* = \frac{1}{P_r}\left[z + T_r\left(\frac{\partial z}{\partial T_r}\right)_{P_r}\right] dT_r - \frac{T_r}{P_r}\left[\frac{z}{P_r} - \left(\frac{\partial z}{\partial P_r}\right)_{T_r}\right] dP_r \tag{21}$$

Für $z = f(P_r, T_r)$ ist die rechte Seite von Gleichung (21) nur eine Funktion des reduzierten Drucks und der reduzierten Temperatur. Wird die z-Darstellung nach dem Vorschlag von Pitzer und Mitarbeitern verwendet, dann kommt der azentrische Faktor ω noch als dritter Parameter hinzu. Gleichung (21) ermöglicht die Erarbeitung von Diagrammen für $v_r^* = f(P_r, T_r)$, wobei v_r^* über ω aus den Anteilen für einen „einfachen" Stoff und für die Abweichung vom „einfachen" Stoff ermittelt werden müßte. Eine derartige Darstellung ist nicht bekannt. Hinsichtlich der Anwendung ist die Darstellung von $z = f(P_r, T_r, \omega)$ gleichwertig, da diese ebenfalls v explizit über z liefert.

1.3.2. Thermischer Ausdehnungskoeffizient und isotherme Kompressibilität

Gleichung (15) kann ebenfalls in Zusammenhang mit dem thermischen Ausdehnungskoeffizienten und der isothermen Kompressibilität verwendet werden.

$$\alpha_P^* = \frac{1}{v}\left(\frac{\partial v}{\partial T}\right)_P \tag{22}$$

α_P^* — thermischer Ausdehnungskoeffizient

$$\beta_T = -\frac{1}{v}\left(\frac{\partial v}{\partial P}\right)_T \tag{23}$$

β_T — isotherme Kompressibilität

Gleichung (15) führt mit (22) und (23) zu:

$$dv = \alpha_P^* \cdot v \cdot dT - \beta_T \cdot v \cdot dP \tag{24a}$$

$$d \ln v = \alpha_P^* \cdot dT - \beta_T \, dP \tag{24b}$$

$$\alpha_P^* = f(T) \quad \beta_T = f(P)$$

Bei Kenntnis der stoffspezifischen Funktionen $\alpha_P^* = f(T)$ und $\beta_T = f(P)$ kann Gleichung (24b) integriert werden. Neben den bereits bekannten Wegen über die Gleichungen (18) und (21) für die einfache und für die reduzierte z-Darstellung liefert Gleichung (24b) einen unabhängigen dritten Weg zur Ermittlung von v. Dieser Weg hat bisher wenig Bedeutung, da die erforderlichen stoffspezifischen Funktionen $\alpha_P^* = f(T)$ und $\beta_T = f(P)$ meist nicht bekannt sind. Ein Vergleich der Gleichungen (24a) und (18) ergibt:

$$\alpha_P^* \cdot v = \frac{R}{P}\left[z + T\left(\frac{\partial z}{\partial T}\right)_P\right] \tag{25}$$

$$\beta_T \cdot v = \frac{R \cdot T}{P}\left[\frac{z}{P} - \left(\frac{\partial z}{\partial P}\right)_T\right] \tag{26}$$

Die Gleichungen (25) und (26) können zu den in Tabelle 8 angegebenen Beziehungen für $\alpha_P^* \cdot T = f(T_r, z)$ und $\beta_T \cdot P = f(P_r, z)$ umgewandelt werden. Diese Beziehungen machen die Ähnlichkeit zwischen beiden Koeffizienten deutlich. Zur Darstellung des thermischen Ausdehnungskoeffizienten α_P^* gesättigter Flüssigkeiten über den azentrischen Faktor wählten Reid und Valbert [9] und Ellis, Lin und Chao [10] die aus Gleichung (25) unmittelbar folgende Form

$$\alpha_P^* \cdot \frac{P \cdot v}{R} = z_T^* = z + T_r\left(\frac{\partial z}{\partial T_r}\right) \tag{25a}$$

mit

$$z_T^* = (z_T^*)^{(0)} + \omega(z_T^*)^{(\mathrm{I})} \tag{26}$$

z_T^* – Realfaktorfunktion der gesättigten reinen Flüssigkeit.

Werte für $(z_T^*)^{(0)}$ und $(z_T^*)^{(\mathrm{I})}$ der gesättigten reinen Flüssigkeit sind als Funktion der reduzierten Temperatur T_r in Tab. 9 angegeben. Durch Kombination der Gleichungen (26) und (25a) kann das für die Lösung des ersten Gliedes der Gleichung (24a) erforderliche Produkt $\alpha_P^* \cdot v$ ermittelt werden.

Eine Korrelationsbeziehung, die zur analytischen Integration des ersten Gliedes von Gleichung (24a) Anwendung finden könnte, wird nicht angegeben.

Eine von Chueh und Prausnitz [59] angegebene Korrelationsgleichung für die isotherme Kompressibilität β_T wird unter Punkt 2.8.2. angegeben. Damit ist es möglich, Gleichung (24a) zur Beschreibung des PVT-Verhaltens, insbesondere zur Umrechnung des Molvolumens v einer gesättigten reinen Flüssigkeit heranzuziehen.

1.3.3. *Anwendung der Maxwellschen Koeffizienten zur Berechnung der partiellen Druckdifferentiale von Enthalpie, Entropie und freier Enthalpie*

Enthalpie, Entropie und freie Enthalpie sind ebenso wie das Volumen extensive thermodynamische Größen, so daß für einen reinen Stoff in Analogie zu Gleichung (15) folgende Ansätze erlaubt sind:

$$dh = \left(\frac{\partial h}{\partial T}\right)_P dT + \left(\frac{\partial h}{\partial P}\right)_T dP \tag{27}$$

$$ds = \left(\frac{\partial s}{\partial T}\right)_P ds + \left(\frac{\partial s}{\partial P}\right)_T dP \tag{28}$$

$$dg = \left(\frac{\partial g}{\partial T}\right) dg + \left(\frac{\partial g}{\partial P}\right)_T dP \tag{29}$$

h — molare Enthalpie

s — molare Entropie

g — molare freie Enthalpie

Wie erst später bewiesen werden kann, entfällt für ideale Gase — Bedingung: $P \to 0$ — der Druckkoeffizient in Gleichung (27). In Lehrbüchern der chemischen oder technischen Thermodynamik werden folgende Temperaturkoeffizienten angegeben:

$$\left(\frac{\partial h}{\partial T}\right)_P = c_p \tag{30}$$

$$\left(\frac{\partial s}{\partial T}\right)_P = \frac{c_p}{T} \tag{31}$$

$$\left(\frac{\partial g}{\partial T}\right)_P = -s \tag{32}$$

Die Differentialquotienten von Gleichung (15) konnten durch partielle Differentiation der Definitionsgleichung (3a) des Realfaktors z auf diesen zurückgeführt werden. Die partiellen Differentiale der Enthalpie, der Entropie und der freien Enthalpie nach dem Druck in den Gleichungen (27) bis (29) können ebenfalls durch den Realfaktor z ausgedrückt werden. Hierzu sind diese partiellen Differentiale über die von Maxwell vorgeschlagene Methode des Koeffizientenvergleichs durch partielle Differentiale der Zustandsgrößen P, v oder T auszudrücken. Der *Maxwellsche Koeffizientenvergleich* fußt mathematisch darauf, daß die gemischten Ableitungen einer Größe Q nach den Variablen X und Y unabhängig von Reihenfolge der Differentiation gleich sind.

$$dQ = D_N \cdot dL + W_L \cdot dN \tag{33}$$

$$dQ = \left(\frac{\partial Q}{\partial L}\right)_N dL + \left(\frac{\partial Q}{\partial N}\right)_L dN \tag{34}$$

$$D_N = \left(\frac{\partial Q}{\partial L}\right)_N \qquad W_L = \left(\frac{\partial Q}{\partial N}\right)_L \tag{35}$$

$$\left[\frac{\partial}{\partial L}\left(\frac{\partial Q}{\partial N}\right)_L\right]_N = \left[\frac{\partial}{\partial N}\left(\frac{\partial Q}{\partial L}\right)_N\right]_L \tag{36}$$

$$\left(\frac{\partial W_L}{\partial L}\right)_N = \left(\frac{\partial D_N}{\partial N}\right)_L \tag{37}$$

Gleichung (34) ist eine allgemeine Formulierung der Gleichungen (27) bis (29) mit Q als beliebiger extensiver thermodynamischer Größe und L und N als beliebige Zustandsvariable. Gleichung (33) ist die allgemeine Formulierung der als bekannt vorausgesetzten Funktion $Q = f(L, N)$ mit den Koeffizienten D_N und W_L. In Lehrbüchern der chemischen oder technischen Thermodynamik wie [12] findet man die in der ersten Spalte von Tab. 6 angegebenen Gleichungen für die molare innere Energie u, die molare Enthalpie h, die molare freie Enthalpie g und die maximale Arbeit a. Die Anwendung der Bedingung (37) auf diese Gleichungen liefern die in Spalte 2 von Tab. 6 angegebenen Maxwellschen Beziehungen zwischen den Differentialquotienten. Zur Ermittlung des Druckkoeffizienten der Enthalpie ist noch die ebenfalls in Tab. 6 angegebene Umformung durchzuführen.

Tabelle 6
MAXWELLsche Koeffizienten

MAXWELLsche Koeffizienten:		
Allgemeine Formulierung		
$dQ = D_N dL + W_L dN$	$\left(\frac{\partial W_L}{\partial L}\right)_N = \left(\frac{\partial D_N}{\partial N}\right)_L$	$Q = f(L, N)$ $D_N = \left(\frac{\partial Q}{dL}\right)_N$ $W_L = \left(\frac{\partial Q}{\partial N}\right)_L$
Anwendung		
$du = Tds - Pdv$	$\left(\frac{\partial P}{\partial s}\right)_v = -\left(\frac{\partial T}{\partial v}\right)_s$	u = molare innere Energie s = molare Entropie
$dh = Tds + vdP$	$\left(\frac{\partial v}{\partial s}\right)_P = \left(\frac{\partial T}{\partial P}\right)_s$	h = molare Enthalpie
$dg = -sdT + vdP$	$\left(\frac{\partial v}{\partial T}\right)_P = -\left(\frac{\partial s}{\partial P}\right)_T$	g = molare freie Enthalpie a = molare maximale Arbeit
$da = -sdT - Pdv$	$\left(\frac{\partial P}{\partial T}\right)_v = \left(\frac{\partial s}{\partial v}\right)_T$	$a = u - Ts$
Umformungen		
$\left(\frac{\partial h}{\partial P}\right)_T = T\left(\frac{\partial s}{\partial P}\right)_T + v$	$\left(\frac{\partial h}{\partial P}\right)_T = v - T\left(\frac{\partial v}{\partial T}\right)_P$	2. Gleichung 1. Spalte: T = konst.
$\left(\frac{\partial T}{\partial P}\right)_h = -\frac{\left(\frac{\partial h}{\partial P}\right)_T}{\left(\frac{\partial h}{\partial T}\right)_P}$	$\left(\frac{\partial T}{\partial P}\right)_h = -\frac{v - T\left(\frac{\partial v}{\partial T}\right)_P}{\left(\frac{\partial h}{\partial T}\right)_P}$	folgt aus Gleichung (27)

Die partiellen Differentiale der Enthalpie und der Entropie nach P können über die folgenden in Tabelle 6 angegebenen Beziehungen ermittelt werden.

$$\left(\frac{\partial h}{\partial P}\right)_T = v - T\left(\frac{\partial v}{\partial T}\right)_P \tag{38}$$

$$\left(\frac{\partial s}{\partial P}\right)_T = -\left(\frac{\partial v}{\partial T}\right)_P \tag{39}$$

Durch Kombination der Gleichungen (38) und (39) mit Gleichung (16) erhält man die in der mittleren Spalte von Tab. 7 angegebenen Differentialquotienten. In der rechten Spalte von Tab. 7 ist zusätzlich eine stoffunabhängige dimensionslose Form angegeben. Die sich mit diesen Differentialquotienten für die Enthalpie und die Entropie ergebenden Beziehungen sind in der linken Spalte von Tab. 10 angegeben. Die reduzierten Formen können verwendet werden, um die isotherme Abweichung vom Idealgas für die Enthalpie und die Entropie stoffunabhängig darzustellen.

Tabelle 7

Normale und reduzierte Darstellung einiger Zustandskoeffizienten über den Realfaktor

Ausgangs- gleichung	Zustandskoeffizient	reduzierter Zustandskoeffizient
$v = \frac{R}{P} zT$	$\left(\frac{\partial v}{\partial T}\right)_P = \frac{R}{P}\left[z + T\left(\frac{\partial z}{\partial T}\right)_P\right]$	$\left(\frac{\partial v}{\partial T}\right)_P P_{\text{krit}} = \frac{R}{P_r}\left[z + T_r\left(\frac{\partial z}{\partial T_r}\right)_{P_r}\right]$
$v = RT\frac{z}{P}$	$\left(\frac{\partial v}{\partial P}\right)_T = -\frac{RT}{P}\left[\frac{z}{P} - \left(\frac{\partial z}{\partial P}\right)_T\right]$	$\left(\frac{\partial v}{\partial P}\right)_T \frac{P_{\text{krit}}}{v^*_{\text{krit}}} = -\frac{T_r}{P_r}\left[\frac{z}{P_r} + \left(\frac{\partial z}{\partial P_r}\right)_{T_r}\right]$
$P = \frac{R}{v} zT$	$\left(\frac{\partial P}{\partial T}\right)_v = \frac{R}{v}\left[z + T\left(\frac{\partial z}{\partial T}\right)_v\right]$	$\left(\frac{\partial P}{\partial T}\right)_v \frac{T_{\text{krit}}}{P_{\text{krit}}} = \frac{1}{v_r^*}\left[z + T_r\left(\frac{\partial z}{\partial T_r}\right)_{vr}\right]$
	$\left(\frac{\partial h}{\partial P}\right)_T = -\frac{RT^2}{P}\left(\frac{\partial z}{\partial T}\right)_P$	$\left(\frac{\partial h}{\partial P}\right)_T \frac{P_{\text{krit}}}{T_{\text{krit}}} = -\frac{RT_r^2}{P_r}\left(\frac{\partial z}{\partial T_r}\right)_{P_r}$
	$\left(\frac{\partial s}{\partial P}\right)_T = -\frac{R}{P}\left[z + T\left(\frac{\partial z}{\partial T}\right)_P\right]$	$\left(\frac{\partial s}{\partial P}\right)_T P_{\text{krit}} = -\frac{R}{P_r}\left[z + T_r\left(\frac{\partial z}{\partial T_r}\right)_{P_r}\right]$
	$\left(\frac{\partial T}{\partial P}\right)_h = \frac{\frac{RT^2}{P}\left(\frac{\partial z}{\partial P}\right)_P}{\left(\frac{\partial h}{\partial T}\right)_P}$	$\left(\frac{\partial T}{\partial P}\right)_h \left(\frac{\partial h}{\partial T}\right)_P \frac{P_{\text{krit}}}{T_{\text{krit}}} = \frac{RT_r^2}{P_r}\left(\frac{\partial z}{\partial T_r}\right)_{P_r}$

Überführung von mittlerer auf letzte Spalte mit $T = T_{\text{krit}} T_r \quad dT = T_{\text{krit}} dT_r$

$$P = P_{\text{krit}} P_r \qquad dP = P_{\text{krit}} dP_r$$

$$v = \frac{RT_{\text{krit}}}{P_{\text{krit}}} v_r^* \qquad dv = \frac{RT_{\text{krit}}}{P_{\text{krit}}} dv_r^*$$

1.3.4. *Berechnung der Idealgasabweichungen von Enthalpie, Entropie und freier Enthalpie*

Curl und Pitzer [30] geben ausführliche Tabellen für die folgenden dimensionslosen Formen der *Idealgasabweichungen von Enthalpie und Entropie* in der Darstellung über den azentrischen Faktor ω an:

$$\frac{h^{\text{ideal}} - h}{R \cdot T_{\text{krit}}} = \left(\frac{h^{\text{ideal}} - h}{R \cdot T_{\text{krit}}}\right)^{(0)} + \omega \cdot \left(\frac{h^{\text{ideal}} - h}{R \cdot T_{\text{krit}}}\right)^{(\text{I})} \tag{40}$$

$$\frac{s^{\text{ideal}} - s}{R} = \left(\frac{s^{\text{ideal}} - s}{R}\right)^{(0)} + \omega \cdot \left(\frac{s^{\text{ideal}} - s}{R}\right)^{(\text{I})} \tag{41}$$

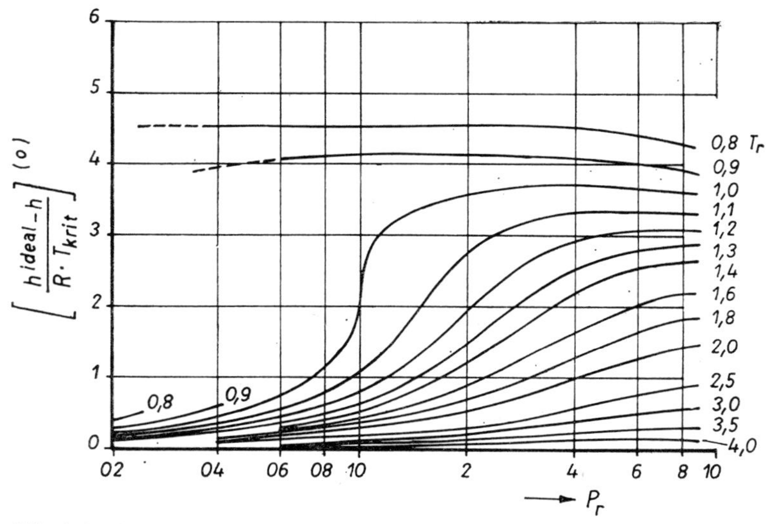

Abb. 4: Reduzierte Darstellung der dimensionslosen Differenz zwischen Idealgas- und Realenthalpie „einfacher“ fluider Stoffe

Grenzen: $0{,}80 \leqq T_r \leqq 4{,}0$ für Gleichungen (40) und (41).

$0{,}2 \leqq P_r \leqq 9{,}0$

Die Kopfnoten (0) und (I) in den Gleichungen (40) und (41) bezeichnen die dimensionslosen Anteile der Idealgasabweichung für den „einfachen“ Stoff und für die Abweichung vom „einfachen“ Stoff. Für die Enthalpie sind diese Anteile von Gleichung (40) in den Abb. 4 und 5 dargestellt.

Unter Verwendung der von Pitzer ermittelten und unter Punkt 1.5. angegebenen Beziehung für den zweiten Virialkoeffizienten unpolarer fluider

Stoffe wurden ebenfalls von PITZER und CURL [29] Gleichungen zur Berechnung der Idealgasabweichung von Enthalpie und Entropie ermittelt. Diese besonders für die Anwendung auf elektronischen Rechenmaschinen geeigneten Gleichungen sind nicht anwendbar für Metalle und Stoffe mit Wasserstoffbindungen.

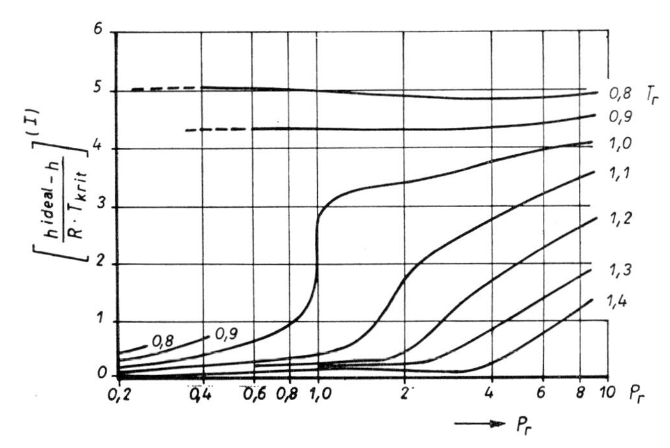

Abb. 5: Reduzierte Darstellung des Korrekturfaktors der dimensionslosen Differenz zwischen Idealgas- und Realenthalpie für die Abweichung vom „einfachen" fluiden Stoff

$$\frac{h^{\text{ideal}} - h}{RT} = P_r[-(0{,}1445 + 0{,}073 \cdot \omega) \cdot T_r^{-1} + (0{,}660 - 0{,}92 \cdot \omega)\, T_r^{-2} + (0{,}4155 + 1{,}50 \cdot \omega)\, T_r^{-3} + (0{,}0484 + 0{,}388 \cdot \omega)\, T_r^{-4} + 0{,}0657 \cdot \omega \cdot T_r^{-9}] \tag{42}$$

$$\frac{s^{\text{ideal}} - s}{R} = P_r[(0{,}330 - 0{,}46 \cdot \omega)\, T_r^{-2} + (0{,}2770 + 1{,}00 \cdot \omega)\, T_r^{-3} + (0{,}0363 + 0{,}29 \cdot \omega)\, T_r^{-4} + 0{,}0584 \cdot \omega \cdot T_r^{-9}] \tag{43}$$

Die Differenz zwischen Idealgas- und Realbetrag der *freien Enthalpie* kann sowohl über das Restvolumen α als auch über den Realfaktor z ermittelt werden. Die hierzu erforderlichen Beziehungen sind ebenfalls in Tab. 10 angegeben.

$$\frac{(g^{\text{ideal}} - g)_{P,T}}{P_{\text{krit}}} = -\int_0^{P_r} \alpha\, dP_r \tag{44}$$

$$\frac{(g^{\text{ideal}} - g)_{P,T}}{T_{\text{krit}}} = R \cdot T_r \int_0^{P_r} (1 - z)\, d \ln P_r \tag{45}$$

Mit Gleichung (45) als Basis kann die Idealgasabweichung der freien Enthalpie ebenfalls als Funktion der reduzierten Temperatur T_r, des reduzierten Drucks P_r und des azentrischen Faktors stoffunabhängig dargestellt werden. Darüber hinaus kann die Idealgasabweichung der freien Enthalpie auch über die Definitionsgleichung der freien Enthalpie berechnet werden.

$$g = h - T \cdot s \tag{46}$$

$$g^{\text{ideal}} - \Delta g^{\text{ideal}} = h^{\text{ideal}} - \Delta h^{\text{ideal}} - T(s^{\text{ideal}} - \Delta s^{\text{ideal}}) \tag{47}$$

mit $\Delta g^{\text{ideal}} = g^{\text{ideal}} - g$

$$\Delta h^{\text{ideal}} = h^{\text{ideal}} - h \tag{48}$$

Tabelle 8

Normale und reduzierte Darstellung des thermischen Ausdehnungskoeffizienten, der isothermen Kompressibilität und des JOULE-THOMSON-Koeffizienten über den Realfaktor

thermischer Ausdehnungskoeffizient		
$\alpha_P^* = \frac{1}{v}\left(\frac{\partial}{\partial T}\right)_P$	$\alpha_P^* = \frac{1}{T} + \frac{1}{z}\left(\frac{\partial z}{\partial T}\right)_P$	$\alpha_P^* T = 1 + T_r\left(\frac{\partial \ln z}{\partial T_r}\right)_{P_r}$
isotherme Kompressibilität		
$\beta_T = -\frac{1}{v}\left(\frac{\partial v}{\partial P}\right)_T$	$\beta_T = \frac{1}{P} - \frac{1}{z}\left(\frac{\partial z}{\partial P}\right)_T$	$\beta_T P = 1 - P_r\left(\frac{\partial \ln z}{\partial P_r}\right)_{T_r}$
$\frac{\alpha_P^*}{P\beta_T} = \frac{1}{P}\left(\frac{\partial P}{\partial T}\right)_v$	$\frac{\alpha_P^*}{P\beta_T} = \frac{1}{T} + \frac{1}{z}\left(\frac{\partial z}{\partial T}\right)_v$	$\frac{\alpha_P^* T}{\beta_T P} = 1 + T_r\left(\frac{\partial \ln z}{\partial T_r}\right)_{v_r}$
JOULE-THOMSON-Koeffekt		
$\mu = \left(\frac{\partial T}{\partial P}\right)_h$	$\mu c_P = \frac{RT^2}{P}\left(\frac{\partial z}{\partial T}\right)_P$	$\mu c_P \frac{P}{T} = RT_r\left(\frac{\partial z}{\partial T_r}\right)_{P_r}$
	mit $c_P = \left(\frac{\partial h}{\partial T}\right)_P$	

$$\Delta s^{\text{ideal}} = s^{\text{ideal}} - s$$

$$\Delta g^{\text{ideal}} = g^{\text{ideal}} - [(h^{\text{ideal}} - \Delta h^{\text{ideal}}) - T(s^{\text{ideal}} - \Delta s^{\text{ideal}})] \tag{49}$$

$$g = (h^{\text{ideal}} - \Delta h^{\text{ideal}}) - T(s^{\text{ideal}} - \Delta s^{\text{ideal}}) \tag{50}$$

$$\left(\frac{g}{R \cdot T}\right)_{P,T} = \left(\frac{h^{\text{ideal}} - \Delta h^{\text{ideal}}}{R \cdot T_{\text{krit}}}\right)_{P,T} \cdot \left(\frac{T_{\text{krit}}}{T}\right) - \left(\frac{s^{\text{ideal}} - \Delta s^{\text{ideal}}}{R}\right)_{P,T} \tag{51}$$

Tabelle 9

Beiträge zur Ermittlung des thermischen Ausdehnungskoeffizienten einer reinen siedenden Flüssigkeit

T_r	$(z_T{}^*)^0 \cdot 10^3$	$-(z_T{}^*)^{(I)} \cdot 10^3$
0,98	1240	770
0,97	890	650
0,96	690	550
0,95	545	460
0,94	440	390
0,92	285	275
0,90	188	200
0,88	130	148
0,86	97	110
0,84	72	84
0,82	54	66
0,80	41	52
0,78	31	41,5
0,76	23,8	33,5
0,74	18,1	27,2
0,72	13,8	22,0
0,70	10,2	17,9
0,68	7,6	14,0
0,66	5,7	11,0
0,64	4,2	8,6
0,62	3,0	6,5
0,60	2,2	4,9
0,58	1,6	3,6
0,56	1,1	2,6

Die Idealgasgleichungen der Enthalpie und der Entropie erhält man durch Einsetzen der in der letzten Spalte von Tab. 10 angegebenen Idealgasbedingungen in die zugehörigen Ausgangsgleichungen.

Weniger gebräuchlich sind die *Darstellungen der Enthalpie und der Entropie über den thermischen Ausdehnungskoeffizienten* $\alpha_P{}^*$. Durch Kombination

Tabelle 10:

Zustandskoeffizienten und isotherme Idealgasabweichung der Enthalpie, der Entropie und der freien Enthalpie

Ansatz für extensive thermodynamische Variable	Isotherme Abweichung vom Idealgaszustand	Bedingung für Idealgaszustand
Enthalpie		
$dh = \left(\frac{\partial h}{\partial T}\right)_P dT + \left(\frac{\partial h}{\partial P}\right)_T dP$	$(h - h^{\text{ideal}})_{P,T} = \int_0^P \left(\frac{\partial h}{\partial P}\right)_T dP$	$\left(\frac{\partial h}{\partial P}\right)_T = 0$
$\left(\frac{\partial h}{\partial T}\right)_P = c_P$		
$dh = c_P dT + \left[v - T\left(\frac{\partial v}{\partial T}\right)_P\right] dP$	$(h - h^{\text{ideal}})_{P,T} = \int_0^P \left[v - T\left(\frac{\partial v}{\partial T}\right)_P\right] dP$	$\lim_{P\to 0} T\left(\frac{\partial v}{\partial T}\right)_P = v$
$dh = c_P dT - \frac{RT^2}{P}\left(\frac{\partial z}{\partial T}\right)_P dP$	$(h - h^{\text{ideal}})_{P,T} = -RT^2 \int_0^P \left(\frac{\partial z}{\partial T}\right)_P d\ln P$	$\lim_{P\to 0} \left(\frac{\partial z}{\partial T}\right)_P = 0$
$dh = c_P dT - RT_{\text{krit}} T_r^2 \left(\frac{\partial z}{\partial T_r}\right)_{P_r} d\ln P_r$	$\frac{(h - h^{\text{ideal}})_{P,T}}{T_{\text{krit}}} = -RT_r^2 \int_0^P \left(\frac{\partial z}{\partial T_r}\right)_{P_r} d\ln P_r$	
Entropie		
$ds = \left(\frac{\partial s}{\partial T}\right)_P dT + \left(\frac{\partial s}{\partial P}\right)_T dP$	$(s - s^{\text{ideal}})_{P,T} = \int_0^P \left[\frac{R}{P} + \left(\frac{\partial s}{\partial P}\right)_T\right] dP$	$\lim_{P\to 0} \left(\frac{\partial s}{\partial P}\right)_T = -\frac{R}{P}$
$\left(\frac{\partial s}{\partial T}\right)_P = \frac{c_P}{T}$		
$ds = \frac{c_P}{T} dT - \left(\frac{\partial v}{\partial T}\right)_P dP$	$(s - s^{\text{ideal}})_{P,T} = \int_0^P \left[\frac{R}{P} - \left(\frac{\partial v}{\partial T}\right)_P\right] dP$	$\lim_{P\to 0} \left(\frac{\partial v}{\partial T}\right)_P = \frac{R}{P}$
$ds = \frac{c_P}{T} dT - \frac{R}{P}\left[z + T\left(\frac{\partial z}{\partial T}\right)_P\right] dP$	$(s - s^{\text{ideal}})_{P,T} = -R \int_0^P \left[z - 1 + T \frac{\partial z}{\partial T}\Big)_P\right] d\ln P$	$\lim_{P\to 0} z = 1$

$$ds = \frac{c_P}{T}\,dT - \frac{R}{P_r}\left[z + T_r\left(\frac{\partial z}{\partial T_r}\right)_{P_r}\right]dP_r$$

$$(s - s^{\text{ideal}})_{P,T} = -R\int_0^{P_r}\left[z - 1 + T_r\left(\frac{\partial z}{\partial T_r}\right)_{P_r}\right]d\ln P_r \qquad \lim_{P\to 0}\left(\frac{\partial z}{\partial T_r}\right)_{P_r} = 0$$

$$(s - s^{\text{ideal}})_{P,T} - \frac{(h - h^{\text{ideal}})_{P,T}}{T_{\text{krit}}\,T_r} = R\int_0^{P_r}(1 - z)\,d\ln P_r$$

Freie Enthalpie

$$dg = \left(\frac{\partial g}{\partial T}\right)_P dT + \left(\frac{\partial g}{\partial P}\right)_T dP \qquad (g - g^{\text{ideal}})_{P,T} = \int_0^P\left[\left(\frac{\partial g}{\partial P}\right)_T - \frac{RT}{P}\right]dP \qquad \lim_{P\to 0}\left(\frac{\partial g}{\partial P}\right)_T = \frac{RT}{P}$$

$$\left(\frac{\partial g}{\partial T}\right)_P = -s \qquad \left(\frac{\partial g}{\partial P}\right)_T = v$$

$$dg = -s\,dT + v\,dP \qquad (g - g^{\text{ideal}})_{P,T} = \int_0^P\left(v - \frac{RT}{P}\right)dP \qquad \lim_{P\to 0} v = \frac{RT}{P}$$

Berechnung über Restvolumen α

$$(g - g^{\text{ideal}})_{P,T} = -\int_0^P \alpha\,dP \qquad \lim_{P\to 0}\alpha = 0$$

$$\frac{(g - g^{\text{ideal}})_{P,T}}{P_{\text{krit}}} = -\int_0^P \alpha\,dP_r$$

$$dg = -s\,dT + RTz\,d\ln P \qquad (g - g^{\text{ideal}})_{P,T} = RT\int_0^P (z - 1)\,d\ln P \qquad \lim_{P\to 0} z = 1$$

$$dg = -s\,dT + RT_{\text{krit}}T_r z\,d\ln P_r \qquad \frac{(g - g^{\text{ideal}})_{P,T}}{T_{\text{krit}}} = RT_r\int_0^{P_r}(z - 1)\,d\ln P_r$$

$$\frac{(g - g^{\text{ideal}})_{P,T}}{T_{\text{krit}}T_r} = \frac{(h - h^{\text{ideal}})_{P,T}}{T_{\text{krit}}T_r} - (s - s^{\text{ideal}})_{P,T}$$

der Definitionsgleichung (22) mit den Gleichungen (38), (27) und (30), für die Enthalpie bzw. den Gleichungen (39), (28) und (31) für die Entropie erhält man:

$$dh = c_P \cdot dT + v(1 - \alpha_P^*)\, dP \tag{52}$$

$$ds = \frac{c_p}{T}\, dT + \alpha_P^* \cdot v \cdot dP \tag{53}$$

Das Produkt $\alpha_P^* \cdot v$ kann über Gleichung (25) und für eine siedende Flüssigkeit über (25a) und Tab. 9 ermittelt werden.

1.3.5. *Joule-Thomson-Koeffizient*

Die bisher ermittelten Zusammenhänge können ebenfalls zur stoffunabhängigen Darstellung des JOULE-THOMSON-*Koeffizienten* verwendet werden. Der JOULE-THOMSON-Koeffizient μ gibt die mit einer Druckänderung (Entspannung) bei konstanter Enthalpie auftretende Temperaturänderung an.

$$\mu = \left(\frac{\partial T}{\partial P}\right)_h \tag{54}$$

Für $h =$ konst., d. h. $dh = 0$ folgt aus Gleichung (27):

$$\left(\frac{\partial T}{\partial P}\right)_h = -\frac{\left(\frac{\partial h}{\partial P}\right)_T}{\left(\frac{\partial h}{\partial T}\right)_P} \tag{55}$$

$$\left(\frac{\partial T}{\partial P}\right)_h = -\frac{v - T\left(\frac{\partial v}{\partial T}\right)_P}{\left(\frac{\partial h}{\partial T}\right)_P} \tag{56}$$

Gleichung (56) folgt mit der in Tab. 6 angegebenen Umrechnungsbeziehung aus Gleichung (55). Unter Verwendung von (54) und (30) kann Gleichung (56) in die folgende Form überführt werden:

$$\mu \cdot c_p = -\left[v - T\left(\frac{\partial v}{\partial T}\right)_P\right] \tag{57}$$

Zur weiteren Überführung auf eine Schreibweise mit dem Realfaktor z

ist eine der beiden in der ersten Zeile von Tab. 7 angegebenen Gleichungen zu verwenden. Im Ergebnis der Umformung erhält man die in der letzten Zeile von Tab. 8 angegebenen Beziehungen.

$$\mu \cdot \frac{c_p \cdot P}{R \cdot T} = T_r \cdot \left(\frac{\partial z}{\partial T_r}\right)_{P_r} \tag{58}$$

Die linke Seite von Gleichung (56) ist dimensionslos und kann stoffunabhängig als Funktion von T_r, P_r und dem azentrischen Faktor ω dargestellt werden.

1.4. Berechnung des Molvolumens reiner siedender Flüssigkeiten

Das Molvolumen siedender Flüssigkeiten kann über Gleichung (10) in Kombination mit den Tab. 4 und 5 bestimmt werden. Die Tab. 4 und 5 sind für den Bereich $0{,}56 \leqq T_r \leqq 1{,}00$ anwendbar. Die gleichen Grenzen gelten für ähnliche Korrelationen von LYCKMANN, ECKERT und PRAUSNITZ [88] — siehe Abschnitt 4.1.5. — und von HALM und STIEL [11]. Bei Kenntnis des Realfaktors z für die reine siedende Flüssigkeit ist das Molvolumen über die folgende umgewandelte Definitionsgleichung (3a) für z zu berechnen:

$$v = z \cdot \frac{R \cdot T}{P} \tag{3a}$$

Eine verbesserte Methode für den Bereich

$$0{,}2 \leqq T_r \leqq 1{,}00$$

wird von GUNN und YAMADA [13] vorgeschlagen. Nach der folgenden Korrelation ist das über ein Bezugsvolumen reduzierte Molvolumen eine lineare Funktion des azentrischen Faktors ω.

$$\frac{v}{v_B} = v_r^{(0)}\,(1{,}0 - \omega \cdot \varkappa) \tag{59}$$

Die verallgemeinerten Funktionen $v_r^{(0)}$ und $\varkappa$ hängen nur von der reduzierten Temperatur T_r ab. Werte für $v_r^{(0)}$ und $\varkappa$ sind in Tab. 11 angegeben. Das Bezugsvolumen wurde über das Molvolumen $v_{0,6}$ bei der reduzierten Temperatur $T_r = 0{,}6$ definiert.

$$v_B = \frac{v_{0,6}}{0{,}3862 - 0{,}0866 \cdot \omega} \tag{60}$$

Die Ermittlung des Bezugsvolumens v_B über Gleichung (60) setzt die Kenntnis des Molvolumens der reinen Flüssigkeit bei $T_r = 0{,}6$ voraus. Oftmals ist ein experimentell ermittelter Wert des Molvolumens oder der Dichte nur bei Normalbedingungen bekannt. In diesem Fall ist das Bezugsvolumen durch Anwendung von Gleichung (59) auf die Bedingungen zu ermitteln, bei denen v experimentell ermittelt wurde. Für einige Stoffe ist das Bezugsvolumen v_B bei $T_r = 0{,}6$ zusammen mit dem kritischen Volumen in Tab. 12 angegeben.

Zur Anwendung auf elektronischen Rechenmaschinen geben Gunn und Yamada zusätzlich zu Tab. 11 die folgenden Gleichungen für die Funktionen $v_r^{(0)}$ und $\varkappa$ an:

$$0{,}80 \leqq T_r \leqq 1{,}00$$

$$v_r^{(0)} = 1{,}0 + 1{,}3\,(1 - T_r)^{0,5} \log (1 - T_r) - 0{,}50879\,(1 - T_r) - 0{,}91534\,(1 - T_r)^2 \tag{61}$$

$$0{,}20 \leqq T_r \leqq 0{,}80$$

$$v_r^{(0)} = 0{,}33593 - 0{,}33953 \cdot T_r + 1{,}51941 \cdot T_r^2 - 2{,}02512 \cdot T_r^3 + 1{,}11422 \cdot T_r^4 \tag{62}$$

$$0{,}20 \leqq T_r \leqq 1{,}00$$

$$\varkappa = 0{,}29607 - 0{,}09045 \cdot T_r - 0{,}04842 \cdot T_r^2 \tag{63}$$

Für unpolare Stoffe liegen die mittleren Fehler bei 0,5% und die maximalen Fehler bei 2,2%. Die Korrelation ist auch anwendwar für schwach

Tabelle 11

$v_r^{(0)}$ und $\varkappa$ zur Ermittlung des Molvolumens reiner siedender Flüssigkeiten über Gleichung (59)

T_{krit}	$v_r^{(0)}$	$\varkappa$	T_{krit}	$v_r^{(0)}$	$\varkappa$
0,20	0,3113	0,2760	0,90	0,5289	0,1754
0,30	0,3252	0,2646	0,92	0,5501	0,1719
0,40	0,3421	0,2521	0,94	0,5771	0,1683
0,50	0,3625	0,2387	0,95	0,5941	0,1664
0,60	0,3862	0,2244	0,96	0,6147	0,1646
0,70	0,4157	0,2090	0,97	0,6410	0,1628
0,75	0,4341	0,2010	0,98	0,6771	0,1609
0,80	0,4562	0,1927	0,99	0,7348	0,1591
0,85	0,4883	0,1842	1,00	1,000	0,000

polare Stoffe wie Alkohole, für Essigsäure und Azetonitril. Für stärker polare Stoffe ist die von HALM und STIEL [11] angegebene Methode zur Bestimmung des Molvolumens bzw. der Dichte der siedenden Flüssigkeit anzuwenden. Nach dieser Methode werden weitere Polaritätsparameter eingeführt (siehe hierzu Punkt 1.5.).

Tabelle 12

Bezugsvolumina gemäß Gleichung (60) und molare kiritische Volumina einiger Stoffe

Verbindung	v_B [l/kmol]	v_{krit} [l/kmol]
Argon	75,25	75,20
Stickstoff	89,64	90,1
Methan	99,10	99,0
Äthan	145,42	148,0
Propan	199,79	203,0
n-Butan	254,07	255,0
Isobutan	256,72	263,0
n-Pentan	310,97	304,0
Isopentan	308,17	306,0
Neopentan	311,09	303,0
n-Hexan	368,48	370,0
2,3 Dimethylbutan	360,35	358,0
n-Heptan	429,28	432,0
2,2,3 Trimethylbutan	411,87	398,0
n-Oktan	490,30	492,0
Zyklohexan	307,98	308,0
Azetylen	116,38	113,0
Äthylen	130,41	129,0
Propylen	183,02	181,0
Butylen	235,95	240,0
Benzol	255,53	259,0
Toluol	313,67	316,0
Äthylbenzol	373,55	374,0
o-Xylol	365,67	369,0
Brombenzol	320,09	324,0
Chlorbenzol	305,18	308,0
Tetrachlorkohlenstoff	274,84	276,0
Ameisensäuremethylester	168,92	172,0
Äthylazetat	284,61	286,0
Äthyläther	281,15	280,0
Kohlenmonoxid	91,79	93,1
Kohlendioxid	93,55	94,0

Auf der Basis der statistischen Thermodynamik ermittelten Renon, Eckert und Prausnitz über ein Zellenmodell eine Flüssigphasenzustandsgleichung mit den drei Parametern v^*, T^* und u^*.

$$v^* = \frac{v'}{1{,}3138} \tag{64}$$

v^* – charakteristisches Volumen

$$T^* = \frac{T'}{0{,}66188} \tag{65}$$

T^* – charakteristische Temperatur

$$u^* = \frac{u'}{-0{,}88203} \tag{66}$$

u^* – charakteristische innere Energie

Tabelle 13

Gleichungen zur Ermittlung des charakteristischen Volumens, der charakteristischen Temperatur und der charakteristischen inneren Energie nach Gunn und Yamada [13]

Definitionsgleichung nach [14]	Gleichzeitige Lösung von (67) und (59)	Ergebnisgleichung	Bezeichnungen
$v^* = \frac{v'}{1{,}3138}$	$v' = v_B(0{,}386 - 0{,}106\,\omega)$	$v^* = v_B(0{,}293 - 0{,}018\,\omega)$	$*$ = charakterist. Größe
			$'$ = Größe bei
$T^* = \frac{T'}{0{,}66188}$	$T' = T_{\text{krit}}(0{,}60 - 0{,}072\,\omega)$	$T^* = T_{\text{krit}}(0{,}906 - 0{,}109\,\omega)$	$\frac{\partial \ln v_r}{\partial \ln T_r} = 0{,}4$
$u^* = -\frac{u'}{0{,}88203}$		$u^* = RT_{\text{krit}}(5{,}243 + 8{,}692\,\omega)$	v_B = Bezugsvolumen nach (60)
		u^*: Ermittelt durch Anpassung an Kurve von [14]	ω = azentrischer Faktor

In den Gleichungen (64) bis (66) sind v', T' und u' die bei $(\partial \ln v_r/\partial \ln T_r) = 0{,}4$ ermittelten Flüssigphaseneigenschaften. Die Anwendung dieser Bedingung auf Gleichung (59) liefert die folgende Beziehung:

$$\frac{\partial \ln v_r}{\partial \ln T_r} = \frac{T_r}{v_r} \cdot \frac{\partial v_r^{(0)}}{\partial T_r} + \frac{\omega \cdot \partial (v_r^{(0)} \cdot \varkappa)}{\partial T_r} = 0{,}4 \tag{67}$$

Die gleichzeitige Lösung der Gleichungen (67) und (59) liefert die in Tab. 13 angegebenen Gleichungen für das charakteristische Volumen v^*, die charakteristische Temperatur T^* und die charakteristische innere Energie u^*. Diese charakteristischen Größen werden unter Punkt 4.1.4. zur Ermittlung der Mischphaseneingenschaften benötigt.

1.5. Berechnung des 2. Virialkoeffizienten von unpolaren und polaren reinen Gasen und Gasgemischen

1.5.1. Reine unpolare Gase

Zur Darstellung des Realfaktors z hat sich mit Gleichung (10) ein in bezug auf den azentrischen Faktor ω linearer Ansatz bewährt. Ein analoger Ansatz wurde von PITZER und CURL [29] für den reduzierten dimensionslosen zweiten Virialkoeffizienten B gemacht.

$$\frac{B \cdot P_{\text{krit}}}{R \cdot T_{\text{krit}}} = \frac{B^{(0)} \cdot P_{\text{krit}}}{R \cdot T_{\text{krit}}} + \omega \cdot \frac{B^{(I)} \cdot P_{\text{krit}}}{R \cdot T_{\text{krit}}} \tag{68}$$

$B^{(0)}$ — 2. Virialkoeffizient für einen „einfachen" Stoff
$B^{(I)}$ — Anteil des 2. Virialkoeffizienten für die Abweichung vom „einfachen" Stoff

$B^{(0)}$ und $B^{(I)}$ in Gleichung (68) sind Funktionen der reduzierten Temperatur T_r. Die Eigenschaften „einfacher" Stoffe wie Argon, Krypton und Xenon, für die $\omega = 0$ ist, können gut durch das LENNARD-JONES-Wechselwirkungspotential beschrieben werden. Dementsprechend verwendeten PITZER und CURL die Gleichung von STOCKMAYER und BEATTIE [15] als Ausgangspunkt für die Bestimmung der Funktion $B^{(0)} = f(T_r)$. Die durch Transformation von den Molekularpotential-Konstanten auf die kritischen Konstanten und Anpassung an experimentell ermittelte Werte bei niedrigen Temperaturen ermittelte Gleichung lautet:

$$\frac{B^{(0)} \cdot P_{\text{krit}}}{R \cdot T_{\text{krit}}} = 0{,}1445 - \frac{0{,}330}{T_r} - \frac{0{,}1385}{T_r^2} - \frac{0{,}0121}{T_r^3} \tag{69}$$

Der zweite Anteil auf der rechten Seite von Gleichung (68) wurde durch Anpassung an eine große Zahl von Substanzen ermittelt. Der azentrische Faktor ω ist gemäß Definition eine vom reduzierten Druck P_r bei der reduzierten Temperatur $T_r = 0{,}7$ abhängige Stoffkonstante.

$$\frac{B^{(I)} \cdot P_{\text{krit}}}{R \cdot T_{\text{krit}}} = 0{,}073 + \frac{0{,}46}{T_r} - \frac{0{,}50}{T_r^2} - \frac{0{,}097}{T_r^3} - \frac{0{,}0073}{T_r^8} \tag{70}$$

Werden die Gleichung (69) und (70) in Gleichung (68) eingesetzt, dann erhält man die folgende *Gleichung für den 2. Virialkoeffizienten reiner unpolarer Gase:*

$$\frac{B \cdot P_{krit}}{R \cdot T_{krit}} = (0{,}1445 + 0{,}073 \cdot \omega) - (0{,}330 - 0{,}46 \cdot \omega) \cdot T_r^{-1} - (0{,}1385 + 0{,}50 \cdot \omega)\, T_r^{-2} - (0{,}0121 + 0{,}097 \cdot \omega)\, T_r^{-3} - 0{,}0073 \cdot \omega \cdot T_r^{-8} \tag{71}$$

1.5.2. Reine polare Gase nach O'Conell und Prausnitz

Zur Berechnung des 2. Virialkoeffizienten reiner polarer Gase und Dämpfe erweitern O'Conell und Prausnitz [16] die Gleichung (68) um zwei weitere Glieder, die die polaren Wechselwirkungen auf der Basis des Dipolmoments μ und spezielle Wechselwirkungskräfte wie bei Assoziation infolge Wasserstoffbrückenbildung berücksichtigen.

$$\frac{B \cdot P_{krit}}{R \cdot T_{krit}} = \frac{B^{(0)} \cdot P_{krit}}{R \cdot T_{krit}} + \omega_h \cdot \frac{B^{(I)} \cdot P_{krit}}{R \cdot T_{krit}} + f_\mu(\mu_r, T_r) + \eta_i \cdot f_a(T_r) \tag{72}$$

ω_h — azentrischer Faktor des Homomorphen der polaren Substanz

μ_r — reduziertes Dipolmoment

η_i — Assoziationskonstante

Voraussetzung für die Erweiterung von Gleichung (68) zu Gleichung (72) ist die Verwendung der Homomorphen-Konzeption. Das Homomorphe eines polaren Moleküls ist ein unpolares Molekül mit annähernd gleicher Größe und Gestalt wie das polare Molekül. So ist z. B. Isobutan das unpolare Homomorphe zu Azeton als polarem Stoff. Durch Verwendung des azentrischen Faktors ω_h für das unpolare Homomorphe im zweiten Glied von Gleichung (72) berücksichtigt dieses Glied weder polare noch Assoziationseinflüsse auf den 2. Virialkoeffizienten. Die auf diese Art abgetrennten Einflüsse werden im dritten und vierten Glied getrennt erfaßt. In Tab. 14 sind azentrische Faktoren ω_h der unpolaren Homomorphen für eine Reihe polarer Substanzen angegeben.

Das im dritten Glied verwendete reduzierte Dipolmoment ist durch folgende Gleichung definiert:

$$\mu_r = 10^5 \cdot \frac{\mu_i^2 \cdot P_{krit}}{T_{krit}^2} \tag{73}$$

μ_i — Dipolmoment des reinen Stoffes i in Debye-Einheiten

P_{krit} — kritischer Druck des reinen Stoffes ln [atm]

T_{krit} — kritische Temperatur in [°K]

Tabelle 14

Konstanten für die Berechnung des 2. Virialkoeffizienten reiner polarer Stoffe nach O'CONNEL und PRAUSNITZ [16]

Substanz	ω_h	μ [DEBYE]	η	Substanz	ω_h	μ [DEBYE]	η
Methylfluorid	0,105	1,82	0,00	Azeton	0,187	2,88	0,00
Phosphin	0,010	0,55	0,30	Dichlormethan	0,152	1,54	0,32
Dichlordifluormethan	0,201	0,55	0,00	Methanol	0,105	1,66	1,21
				Äthanol	0,152	1,69	1,00
Dimethyläther	0,152	1,30	0,55	Äthylazetat	0,278	1,78	0,50
Ammoniak	0,010	1,47	0,00	Methyljodid	0,105	1,60	0,00
Methylchlorid	0,105	1,86	0,00	Methyl-n-propylketon	0,278	2,80	0,55
Methylamin	0,105	1,25	0,72				
Schwefeldioxid	0,105	1,61	0,00	Methylpropionat	0,326	1,69	0,49
Trimethylamin	0,187	0,65	0,20	Methyläthylketon	0,187	2,70	0,30
Dimethylamin	0,152	1,03	0,56	Triäthylamin	0,310	0,66	0,27
Dichlormonofluormethan	0,187	1,29	0,30	sek. Butylalkohol	0,215	1,60	0,58
				Chloroform	0,187	1,02	0,28
Äthylamin	0,152	1,22	0,62	Ameisensäurepropylester	0,297	1,89	0,39
Azetaldehyd	0,152	2,70	0,00				
Methylbromid	0,105	1,80	0,00	1-Propanol	0,201	1,68	0,57
Äthylchlorid	0,152	2,05	0,00	Azetonitril	0,152	3,94	0,00
Äthyläther	0,252	1,16	0,28	Isobutylalkohol	0,215	1,64	0,49
Trichlormonofluormethan	0,201	0,50	0,00	Fluorbenzol	0,233	1,58	0,00
				1-Butanol	0,252	1,65	0,45
Ameisensäuremethylester	0,201	1,37	0,58	Methylisobutylketon	0,302	1,65	0,50
1,1,2-Trichlor-1,2,2-trifluoräthan	0,240	1,40	0,00	Nitromethan	0,187	3,44	0,00
				Pyridin	0,215	2,20	0,20
Diäthylamin	0,201	0,92	0,28	2-Pikolin	0,233	1,95	0,36
Äthylmerkaptan	0,152	1,58	0,31	3-Pikolin	0,233	2,40	0,34
Äthylbromid	0,152	2,03	0,00	4-Pikolin	0,233	2,60	0,28
tert. Butylalkohol	0,201	1,60	0,54	Wasser	0,010	1,84	0,00
Methylazetat	0,215	1,72	0,62				
2-Propanol	0,187	1,60	0,65				
Ameisensäureäthylester	0,252	1,93	0,36				

Ausgehend von 17 polaren Stoffen, die keine spezifischen chemischen Kräfte aufwiesen, ermittelten O'CONNELL und PRAUSNITZ folgende Beziehung für das dritte Glied auf der rechten Seite von Gleichung (72):

$$f_\mu(\mu_r, T_r) = -5{,}237220 + 5{,}665807 \cdot \ln \mu_r - 2{,}133816 \cdot (\ln \mu_r)^2 + 0{,}2525373\,(\ln \mu_r)^3 + \frac{1}{T_r}\,[5{,}769770 - 6{,}181427 \cdot \ln \mu_r + 2{,}283270 \cdot (\ln \mu_r)^2 - 0{,}2649074 \cdot (\ln \mu_r)^3] \tag{74}$$

gültig für $\mu_r > 4$ und $T_r \leqq 0{,}95$; $\mu_r < 4$: $f_\mu(\mu_r, T_r) = 0$

Zur Berechnung des reduzierten Dipolmoments nach Gleichung (73) sind die kritischen Konstanten der polaren Substanz zu verwenden. Dipolmomente μ_i sind für einige polare Substanzen in Tab. 14 angegeben.

Die im 4. Glied von Gleichung (72) enthaltene Assoziationsfunktion $f_a(T_r)$ lautet für $T_r \leqq 0{,}95$:

$$f_a(T_r) = \exp[6{,}6(0{,}7 - T_r)] \tag{75}$$

Mit dieser Beziehung wurden die in Tab. 14 angegebenen Assoziationskonstanten η_i durch Anwendung von Gleichung (72) auf experimentell ermittelte Werte empirisch ermittelt. Die Form von Gleichung (75) wurde durch das Verhalten der meisten assoziierenden Substanzen bestimmt. Die Assoziationsfunktion leistet generell einen bedeutenden Beitrag zum reduzierten zweiten Virialkoeffizienten bei Temperaturen nahe und unterhalb des Normalsiedepunktes. Fehlende Assoziationskonstanten η_i können bei Kenntnis eines Dampfdruckwertes der assoziierenden reinen Substanz leicht ermittelt werden. Hierzu ist Gleichung (72) in Kombination mit der in Tab. 1 angegebenen druckexpliziten und nach dem 2. Glied abgebrochenen Virialkoeffizienten-Zustandsgleichung auf den bekannten Dampfdruckwert anzuwenden.

1.5.3. Gasgemische

Der 2. Virialkoeffizient eines Gemisches ist über folgende Beziehung zu ermitteln:

$$B^{\text{Gemisch}} = \sum_i \sum_j y_i y_j \cdot B_{ij} \quad \text{mit} \quad B_{ij} = B_{ji} \tag{76}$$

Die Anwendung von Gleichung (76) auf ein binäres Gemisch ergibt:

$$B^{\text{Gemisch}} = y_1^2 B_{11} + 2 y_1 y_2 B_{12} + y_2^2 B_{22} \tag{76a}$$

Die 2. Virialkoeffizienten B_{ii} und B_{jj} sind die der reinen Stoffe i und j. B_{ij} bezeichnet man als Kreuz-Koeffizienten. Zur Ermittlung von B_{ij} sind spezielle Mischungsregeln erforderlich. Fehlen experimentell ermittelte Werte für das Gemisch zur Ermittlung von B_{ij}, dann sind nach PRAUSNITZ und GUNN [85] folgende Näherungen möglich:

Beide Gase i und j unpolar

Die Gleichungen (68), (69) und (70) sind anzuwenden mit

$P_{\text{krit},ij}$ anstelle von $P_{\text{krit},i}$

$T_{\text{krit},ij}$ anstelle von $T_{\text{krit},i}$

ω_{ij} anstelle von ω_i,

wobei $P_{\text{krit},ij}$, $T_{\text{krit},ij}$ und ω_{ij} zu ermitteln sind über

$$T_{\text{krit},ij} = (T_{\text{krit},i} \cdot T_{\text{krit},j})^{1/2} \quad \text{— geometrisches Mittel —} \tag{77}$$

$$\omega_{ij} = \frac{1}{2}(\omega_i + \omega_j) \quad \text{— arithmetisches Mittel —} \tag{78}$$

$$P_{\text{krit},ij} = \frac{4T_{\text{krit},ij}\left[\dfrac{P_{\text{krit},i} \cdot v_{\text{krit},i}}{T_{\text{krit},i}} + \dfrac{P_{\text{krit},j} \cdot v_{\text{krit},j}}{T_{\text{krit},j}}\right]}{[(v_{\text{krit},i})^{1/3} + (v_{\text{krit},j})^{1/3}]^3} \tag{79}$$

Ist das kritische Volumen v_{krit} einer Komponente oder beider Komponenten nicht bekannt, dann kann es über Gleichung (80) berechnet werden.

$$v_{\text{krit}} = \frac{R \cdot T_{\text{krit}}}{P_{\text{krit}}} \cdot (0{,}293 - 0{,}08 \cdot \omega) \tag{80}$$

Für unpolare Gemische, deren Komponenten stark unterschiedlich in der Größe sind, müssen das geometrische Mittel der kritischen Temperaturen und das Kubikwurzel-Mittel der kritischen Volumina im Nenner von Gleichung (79) auf niedrigere Werte korrigiert werden. Geeignete Korrekturen werden von BENSON und PRAUSNITZ [17] angegeben.

Gemisch eines polaren Gases i mit einem unpolaren Gas j

Die Gleichungen (77), (79) und (80) bleiben gültig. Anstelle von Gleichung (78) ist als neue Mischungsregel zu verwenden:

$$\omega_{ij} = \frac{1}{2}(\omega_{h,i} + \omega_j) \tag{81}$$

Beide Gase i und j polar

Anstelle von Gleichung (78) bzw. (81) ist die entsprechende Beziehung für die azentrischen Faktoren der Homomorphen zu verwenden.

$$\omega_{h,ij} = \frac{1}{2}(\omega_{h,i} + \omega_{h,j}) \tag{82}$$

$$\mu_{r,ij} = \frac{10^5 \mu_i \mu_j \cdot P_{\text{krit},ij}}{(T_{\text{krit},ij})^2} \tag{83}$$

$$\eta_{ij} = \frac{1}{2}(\eta_i + \eta_j) \tag{84}$$

Diese Mischungsregeln ergeben für den 2. Virialkoeffizienten eines Gemisches mit unpolaren Komponenten gute Übereinstimmung mit dem experimentell ermittelten Wert, wenn die Komponenten ähnlich in der Molekülgröße sind. Für extrem unterschiedliche Moleküle wie Stickstoff und Dekan werden die unpolaren Beiträge etwas zu negativ. In solchen Fällen ist ebenfalls eine Verbesserung durch Verwendung der von Benson und Prausnitz [17] angegebenen empirischen Korrekturen zu erzielen.

1.5.4. Reine polare Gase und Gasgemische nach Halm und Stiel

Eine weitere Methode zur Ermittlung des 2. Virialkoeffizienten reiner polarer Stoffe und von Gemischen mit polaren Komponenten wird von Halm und Stiel angegeben. Neben dem azentrischen Faktor wird nur der folgende Parameter verwendet:

$$\zeta = (\log P_r)_{T_r=0,6} + 1{,}552 + 1{,}7 \cdot \omega \tag{85}$$

Der reduzierte Virialkoeffizient wird als Reihe von ω und ζ angesetzt.

$$B_r = B_r^{(0)} + \omega \cdot B_r^{(\mathrm{I})} + \zeta \cdot B_r^{(\mathrm{II})} + \zeta^2 B_r^{(\mathrm{III})} + \omega^6 B_r^{(\mathrm{IV})} + \omega \cdot \zeta \cdot B_r^{(\mathrm{V})} \tag{86}$$

$$B_r = \frac{B \cdot P_{\mathrm{krit}}}{R \cdot T_{\mathrm{krit}}}$$

Die reduzierten Virialkoeffizienten in den ersten beiden Gliedern auf der rechten Seite von Gleichung (86) sind mit den Ausdrücken (69) und (70) identisch. Die reduzierten Virialkoeffizienten $B_r^{(\mathrm{II})}$ bis $B_r^{(\mathrm{V})}$ sind in Tab. 15 für den Bereich $0{,}64 \leqq T_r \leqq 0{,}94$ angegeben. Gleichung (86) weist mit einem relativen Fehler von 18,6% für Wasser die größte Abweichung auf, während der bei $T_r = 0{,}64$ für die anderen verglichenen Substanzen ermittelte mittlere relative Fehler 8,5% beträgt.

Zur Ermittlung von B_{12} sind folgende Mischungsregeln anzuwenden.

$$\omega_{12} = \frac{\omega_1 + \omega_2}{2} \tag{87}$$

$$\zeta_{12} = \frac{\zeta_1 + \zeta_2}{2} \tag{88}$$

$$T_{\mathrm{krit},12} = \frac{[T_{\mathrm{krit},1} \cdot T_{\mathrm{krit},2} \cdot \varepsilon^*(\omega_1, \zeta_1)\, \varepsilon^*(\omega_2, \zeta_2)]^{0,5}}{\varepsilon^*(\omega_{12}, \zeta_{12})} \tag{89}$$

$$\varepsilon^*(\omega, \zeta) = \varepsilon^*(\omega) - 73{,}7 \cdot \zeta$$

$$\varepsilon^*(\omega) = 1{,}0 + 2{,}84 \cdot \omega$$

Unpolare Gemische:

$$P_{\mathrm{krit},12} = T_{\mathrm{krit},12} \left[\frac{2\tau^*(\omega_{12})}{\tau^*(\omega_1) \left(\dfrac{T_{\mathrm{krit},1}}{P_{\mathrm{krit},1}}\right)^{1/3} + \tau^*(\omega_2) \left(\dfrac{T_{\mathrm{krit},2}}{P_{\mathrm{krit},2}}\right)^{1/3}} \right]^3$$

$$\tau^*(\omega) = 2{,}17 - 3{,}44 \cdot \omega \tag{90}$$

Gemische mit polaren Komponenten:

$$P_{\mathrm{krit},12} = T_{\mathrm{krit},12} \left[\frac{2\sigma^*(\omega_{12}, \zeta_{12})}{\sigma^*(\omega_1, \zeta_1) \left(\dfrac{T_{\mathrm{krit},1}}{P_{\mathrm{krit},1}}\right)^{1/3} + \sigma^*(\omega_2, \zeta_2) \left(\dfrac{T_{\mathrm{krit},2}}{P_{\mathrm{krit},2}}\right)^{1/3}} \right]^3$$

$$\sigma^*(\omega, \zeta) = 2{,}39 + 4{,}25 \cdot \omega - 12{,}7\, \omega^2 - 71{,}4 \cdot \zeta \tag{91}$$

Die angegebenen Mischungsregeln wurden über die Parameter des KIHARA-Potentials ermittelt. Die zum Vergleich mit experimentellen Werten herangezogenen binären Gemische enthielten keine stark polaren Substanzen mit hohen Werten für ω und ζ, so daß in solchen Fällen größere Fehler auftreten können.

Tabelle 15

Reduzierte Virialkoeffizienten — Beiträge zu Gleichung (86)

T_r	$B_r^{(\mathrm{II})}$	$B_r^{(\mathrm{III})}$	$B_r^{(\mathrm{IV})}$	$B_r^{(\mathrm{V})}$
0,64	−26,4	+50,8	−18,7	+16,7
0,66	−16,9	−6,2	−14,0	+3,80
0,68	−9,88	−55,2	−9,55	−4,67
0,70	−6,77	−77,5	−6,29	−6,57
0,72	−5,64	−85,0	−3,48	−4,53
0,74	−5,54	−79,4	−2,09	−1,97
0,76	−5,33	−70,1	−1,15	+0,13
0,78	−5,51	−58,0	−0,34	+2,82
0,80	−5,09	−50,1	+0,24	+3,82
0,82	−4,72	−43,9	+0,79	+4,77
0,84	−4,45	−34,7	+1,09	+5,60
0,86	−3,94	−27,9	+1,27	+5,65
0,88	−3,63	−19,9	+1,36	+5,96
0,90	−3,56	−12,1	+1,40	+6,52
0,92	−3,12	−8,85	+1,50	+6,29
0,94	−3,12	−3,5	+1,55	+6,88

1.6. Berechnung der kritischen Konstanten

1.6.1. Methode auf der Basis der van der Waals-Konstanten

Die von THODOS [19, 20] vorgeschlagene Methode zur Berechnung des kritischen Drucks und der kritischen Temperatur durch vorhergehende Berechnung der VAN DER WAALS-Konstanten aus Strukturbeiträgen wird unverändert nur für aromatische Kohlenwasserstoffe beibehalten. Für gesättigte aliphatische Kohlenwasserstoffe wurde von STIEL und THODOS [21] eine verbesserte Variante vorgeschlagen. Diese wird hier übernommen.

Aromatische Kohlenwasserstoffe

In der letzten Spalte von Tab. 1 sind Ausdrücke für die VAN DER WAALS-Konstanten angegeben, die durch Anwendung der VAN DER WAALSschen Zustandsgleichung auf den kritischen Punkt ermittelt worden sind. Durch Umformung dieser Ausdrücke erhält man:

$$T_{\text{krit}} = \frac{8 \cdot a}{27 \cdot R \cdot b} \tag{92}$$

$$P_{\text{krit}} = \frac{a}{27b^2} \tag{93}$$

Durch Vergleich mit experimentell ermittelten Werten der VAN DER WAALS-Konstanten a und b konnte ein linearer Zusammenhang zwischen der für den Aufbau eines Paraffin-Moleküls notwendigen Zahl von Wasserstoffatom-Substitutionen durch CH_3-Gruppen und $a^{0,626}$ bzw. $b^{0,76}$ gefunden werden. Aus dem linearen Zusammenhang folgt, daß für jede Substitution eines Wasserstoffatoms durch eine CH_3-Gruppe der gleiche Betrag $\Delta a^{0,626}$ zum Grundwert $a^{0,626}$ bzw. von $\Delta b^{0,76}$ zum Grundwert $b^{0,76}$ hinzuzuaddieren ist. Diese ursprünglich für unverzweigte gesättigte Kettenkohlenwasserstoffe abgeleitete Methode wurde auf verzweigte Kohlenwasserstoffe und Ringkohlenwasserstoffe ausgedehnt. Nach Ermittlung von a und b werden die *kritische Temperatur* über Gleichung (92) und der *kritische Druck* über Gleichung (93) berechnet.

Ermittlung der Grundwerte für Aromaten mit verschmolzenen Benzolringen:

$$\begin{aligned} a^{0,626} &= 35385 + 22662\,(r - 1) \\ b^{0,76} &= 37{,}707 + 17{,}549\,(r - 1) \end{aligned} \tag{94}$$

a [(cm³/g-mol)² · (atm)] — VAN DER WAALS-Konstante
b [cm³/g-mol] — VAN DER WAALS-Konstante
r — Zahl der verschmolzenen Ringe im aromatischen Kohlenwasserstoff

Beispiel: Benzol: $r = 1$ Naphtalin: $r = 2$

Für die Substitutionen von H-Atomen durch CH_3-Gruppen in der Seitenkette werden folgende Typen von C—C-Bindungen unterschieden:

Typ:	1	2	3
Bindung:	$-CH_3$	$-\overset{\vert}{C}H_2$	$-\underset{\vert}{\overset{\vert}{C}}H$

Die Zahlenwerte von $\Delta a^{0,626}$ bzw. $\Delta b^{0,76}$ sind weiterhin von der bei der Seitenkettenverlängerung auftretenden Kombination der Bindungstypen abhängig. Hierfür werden folgende Symbole verwendet:

Tabelle 16

Gruppenbeiträge für die Substitution von H-Atomen durch CH_3-Gruppen an Aromaten und deren Seitenketten

Methylgruppenbeitrag		$\Delta a^{0,626}$	$\Delta b^{0,76}$
— Ringsubstitutionsbeitrag			
Erste H-Substitution durch Methylgruppe		6384	6,548
Zweite H-Substitution durch Methylgruppe in			
ortho-Stellung		6975	6,632
meta-Stellung		7072	7,188
para-Stellung		7168	7,749
Dritte H-Substitution durch Methylgruppe			
unsymmetrisch (1, 2, 3)		6023	6,717
unsymmetrisch (1, 2, 4)		6120	7,024
symmetrisch (1, 3, 5)		5776	7,159
Vierte, fünfte und sechste Substitution		6945	7,530
— H-Substitution durch Methylgruppe an Alkyl-C-Atomen			
A←1	(Die Substitution erfolgt jeweils an dem Bindungstyp, von dem die Pfeile wegweisen)	5700	5,987
2←1		6417	6,686
A←2→1		5432	6,535
A←2→2		5050	5,300
2←2→1		5261	5,879
A←3→1 (↓ 1)		5185	5,050
Phenylgruppenbeitrag			
Erste Phenylgruppensubstitution		32899	28,321
A←1		32049	28,189

Symbol	Erläuterung
$A \leftarrow 1$	CH_3-Anlagerung an CH_3-Gruppe am Aromatenring
$2 \leftarrow 1$	CH_3-Anlagerung an CH_3-Gruppe an CH_2-Gruppe
$A \leftarrow 2 \rightarrow 1$	CH_3-Anlagerung an CH_2-Gruppe zwischen Aromatenring und einer CH_3-Gruppe
$A \leftarrow 2 \rightarrow 2$	CH_3-Anlagerung an CH_2-Gruppe zwischen Aromaten und CH_2-Gruppe
$2 \leftarrow 2 \rightarrow 2$	CH_3-Anlagerung an CH_2-Gruppe zwischen zwei CH_2-Gruppen
$A \leftarrow 3 \rightarrow 1$ $\downarrow$ 1	CH_3-Anlagerung an CH-Gruppe mit 2 CH_3-Gruppen, wobei die CH-Gruppe direkt am Aromatenring sitzt

Zusätzliche Beiträge sind für die Anlagerung der ersten CH_3-Gruppen am am Aromatenring in Abhängigkeit vom Ort und von der Zahl der Anlagerungen zu berücksichtigen.

Beispiel: 1 — Methyl — 2 — isopropylbenzol	$\Delta a^{0,626}$	$\Delta b^{0,76}$
Benzol-Grundbetrag	35385	37,707
Erste Methylgruppenanlagerung	6384	6,548
Zweite Methylgruppenanlagerung (ortho)	6975	6,632
Seitenkettenverlängerung zu $-CH_2-CH_3$	5700	5,987
CH_3-Anlagerung an $-CH_2-$	5432	6,535
	59876	63,409

Umrechnung: $a = 42{,}795 \cdot 10^6$ [(cm³/g-mol)² · (atm)]

$b = 235{,}11$ [cm³/g-mol]

Rechnerisches Ergebnis: $T_{\text{krit}} = 657{,}3\,°K$ $\quad P_{\text{krit}} = 28{,}67$ atm

Experimenteller Vergleichswert: 651,8 °K $\quad$ 28,6 atm

Eine über Tab. 16 hinausgehende Aufstellung von Methylgruppenbeiträgen für die Substitution von H-Atomen an Alkyl-Kohlenstoffatomen wird von THODOS in [19] angegeben.

Grundlage für die *Berechnung des kritischen Volumens* ist die Gleichung (95):

$$v_{\text{krit}} = 3 \cdot \beta \cdot b \tag{95}$$

β — Volumenfaktor

Für einzelne und verschmolzene Ringe mit unverzweigten und verzweigten Seitenketten gilt

$$\beta = 0{,}7315 - 0{,}0409\,(r - 1) - 0{,}0084\,(\nu_n + \nu_i) - 0{,}01337\,(n_n - \nu_n) - 0{,}0138\,(n_i - \nu_i) \tag{96}$$

ν_n — Zahl der unverzweigten Seitenketten am aromatischen Kern

n_n — Zahl der Kohlenstoffatome in der unverzweigten Seitenkette

ν_i — Zahl der verzweigten Seitenketten am aromatischen Kern

n_i — Zahl der Kohlenstoffatome in der verzweigten Seitenkette

Die Faktoren der einzelnen Glieder von Gleichung (96) wurden durch Vergleich von Benzol mit Naphtalin bzw. Benzol mit verschiedenen Alkylbenzolen ermittelt.

Gesättigte aliphatische Kohlenwasserstoffe

In Anlehnung an eine von WIENER [22] vorgeschlagene und von PLATT [23] weitergeführte sehr genaue Korrelation der Normalsiedepunkte aliphatischer Kohlenwasserstoffe ermittelten STIEL und THODOS [21] die folgenden Gleichungen für die kritische Temperatur T_{krit}, den kritischen Druck P_{krit}, das kritische Volumen v_{krit} und den kritischen Realfaktor z_{krit} unverzweigter Paraffine (Fußnote N):

$$T_{\text{krit},N} = 2321{,}7 \cdot \frac{\lambda_N}{{n_C}^2} - 363{,}17 \cdot \pi_N - 660{,}98 \quad [^\circ\text{K}] \tag{97}$$

$$P_{\text{krit},N} = -294{,}64 \frac{\lambda_N}{{n_C}^2} + 47{,}39 \cdot \pi_N + 174{,}21 \quad [\text{atm}] \tag{98}$$

$$\frac{1}{v_{\text{krit},N}} = -0{,}070896 \frac{\lambda_N}{{n_C}^2} + 0{,}011719 \cdot \pi_N + 0{,}036497 \quad \left[\frac{l}{\text{kmol}}\right] \tag{99}$$

$$\frac{1}{z_{\text{krit},N}} = 1{,}421 \cdot \frac{\lambda_N}{{n_C}^2} + 0{,}1769 \cdot \pi_N + 2{,}9375 \tag{100}$$

λ — Wegzahl = Summe aller möglichen Produkte aus der Zahl der Kohlenstoffatome auf einer Seite jeder C—C-Bindung multipliziert mit denen der anderen Seite der C—C-Bindung

π — Polaritätszahl = Zahl der Paare von Kohlenstoffatomen, die durch drei C—C-Bindungen getrennt sind

n_C — Zahl der Kohlenstoffatome im Molekül

Für Normalparaffine können die Wegzahl λ_N und die Polaritätszahl π_N über folgende Gleichungen ermittelt werden:

$$\lambda_N = \frac{1}{6}(n_C - 1) \cdot n_C \cdot (n_C + 1) \tag{101}$$

$$\pi_N = n_C - 3$$

Die Differenzen zwischen der Wegzahl eines Normalparaffins λ_N und der des Isoparaffins λ_i und zwischen der Polaritätszahl eines Normalparaffins π_N und der des Isoparaffins π_i sind zur Darstellung der Differenzen zwischen den kritischen Größen des Normal- und des zugehörigen Isoparaffins geeignet. Trägt man z. B. $\Delta T_{\text{krit}}/\Delta\pi$ über $\frac{\Delta(\lambda/{n_C}^2)}{\Delta\pi}$ auf, erhält man eine Gerade. Die so ermittelten Geradengleichungen sind zur Berechnung der

Differenzen zwischen den kritischen Größen von Normal- und Isoparaffin mit gleicher Zahl der Kohlenstoffatome geeignet.

$$T_{\text{krit},N} - T_{\text{krit},i} = 109{,}25 \frac{\lambda_N - \lambda_i}{n_C^2} + 9{,}61\,(\pi_N - \pi_i) \tag{102}$$

$$P_{\text{krit},N} - P_{\text{krit},i} = -6{,}667 \frac{\lambda_N - \lambda_i}{n_C^2} + 0{,}283\,(\pi_N - \pi_i) \tag{103}$$

$$\frac{1}{v_{\text{krit},N}} - \frac{1}{v_{\text{krit},i}} = -5{,}604 \cdot 10^{-4} \frac{\lambda_N - \lambda_i}{n_C^2} + 2{,}84 \cdot 10^{-6}\,(\pi_N - \pi_i) \tag{104}$$

$$\frac{1}{z_{\text{krit},N}} - \frac{1}{z_{\text{krit},i}} = 0{,}5333 \frac{\lambda_N - \lambda_i}{n_C^2} + 0{,}00951\,(\pi_N - \pi_i) \tag{105}$$

Die Wegzahl λ_i und die Polaritätszahl π_i des Isoparaffins sind durch Auszählen zu ermitteln.

Beispiel: 2, 3, 4 Trimethylpentan

Struktur:

```
    C   C   C
    |   |   |
C — C — C — C — C
```

Ermittlung von λ_i: Jede Bindung zwischen einer außenliegenden CH_3-Gruppe und einem der drei inneren C-Atome trennt das außenliegende C-Atom von den sieben restlichen C-Atomen, so daß daraus ein Beitrag von $5 \cdot (1 \cdot 7) = 35$ resultiert. Die zwei Bindungen zwischen den drei inneren CH-Gruppen trennen je 3 C-Atome von 5 C-Atomen ab.

$$\lambda_i = 5 \cdot (1 \cdot 7) + 2 \cdot (3 \cdot 5) = 35 + 30 = 65$$

Ermittlung von π_i: Hierzu kennzeichnet man am besten die C-Atome durch Nummerung wie folgt:

```
    6   7   8
    |   |   |
1 — 2 — 3 — 4 — 5
```

Folgende Paare sind durch drei C—C-Bindungen getrennt:

1—4	2—5	6—4	7—5
1—7	2—8	6—7	7—8

Ergebnis: $\pi_i = 8$

Zugehöriges Normalparaffin: Oktan mit $\lambda_N = 84$, $\pi_N = 5$

1.6.2. Ermittlung über Strukturgruppenbeiträge

Eine Methode zur Ermittlung der kritischen Temperatur und des kritischen Drucks über Strukturgruppenbeiträge wurde von LYDERSEN [24] erarbeitet. Nach dieser Methode wird nicht unmittelbar die kritische Temperatur, sondern das Verhältnis von Normalsiedetemperatur T^{Siede} zu kritischer Temperatur bestimmt.

$$\frac{T^{\text{Siede}}}{T_{\text{krit}}} = 0{,}567 + \sum \Delta_T - \left(\sum \Delta_T\right)^2 \tag{106}$$

$$P_{\text{krit}} = \frac{M}{\left(0{,}34 + \sum \Delta_p\right)^2} \tag{107}$$

T^{Siede} [°K] — Normalsiedetemperatur
M — Molmasse
Δ_T — Gruppenbeitrag zu $(T^{\text{Siede}}/T_{\text{krit}})$
Δ_p — Gruppenbeitrag zu $(M/P_{\text{krit}})^{0,5}$

Die zur Anwendung der Gleichungen (106) und (107) erforderlichen Gruppenbeiträge sind in Tab. 17 zusammengestellt. An den in Tab. 17 angegebenen freien Bindungen dürfen nur weitere Strukturgruppen oder Elemente außer Wasserstoff sitzen. Die eingeklammerten Gruppenbeiträge sind ausgehend von nur wenigen oder nur einer Verbindung bestimmt worden und deshalb unsicher. Mit einem größeren Fehler muß bei anorganischen Stoffen gerechnet werden. Der zu erwartende Fehler wächst ebenfalls mit zunehmender Zahl der anorganischen Elemente im Molekül. Ungeachtet dessen ist diese Methode bisher durch eine ähnlich universell anwendbare Methode in der Genauigkeit nicht übertroffen.

Beispiel: Benzol

Siedetemperatur: 80,1 °C $\quad T^{\text{Siede}} = 353{,}3\,°\text{K}$

Molmasse: $M = 78$

exp. ermittelte Werte: $T_{\text{krit}} = 288{,}5\,°\text{C} \quad P_{\text{krit}} = 47{,}7$ atm

Strukturgruppe: $=\!\text{CH}\!-$ (‖ CH |) Gruppenbeiträge: $\Delta_T = 0{,}011 \quad \Delta_p = 0{,}154$

$\sum \Delta_T = 0{,}066 \quad \sum \Delta_p = 0{,}924$

$\left(\sum \Delta_T\right)^2 = 0{,}04$

$$\frac{T^{\text{Siede}}}{T_{\text{krit}}} = 0{,}567 + 0{,}066 - 0{,}004 = 0{,}629$$

$$T_{\text{krit}} = 288\,°\text{C}$$

$$P_{\text{krit}} = \frac{78}{(0{,}34 + 0{,}92)^2} = 49 \text{ atm}$$

Tabelle 17

Gruppenbeiträge zur Ermittlung der kritischen Temperatur und des kritischen Drucks über die Gleichungen (106) bzw. (107)

Strukturgruppe	Bemerkung	Δ_T	Δ_P
$-CH_3$ oder $-CH_2-$		0,020	0,227
$-CH_2-$	im Ring	0,023	0,184
$-\overset{\vert}{\underset{\vert}{C}}H$		0,012	0,210
	im Ring	0,012	0,192
$-\overset{\vert}{\underset{\vert}{C}}-$		0,000	0,210
	im Ring	(0,007)	(0,154)
$=\overset{\vert}{C}H$ oder $=CH_2$		0,018	0,198
$=\overset{\vert}{C}H$	im Ring	0,011	0,154
$=\overset{\vert}{C}-$ oder $=C=$		0,000	0,198
	im Ring	0,011	0,154
$\equiv C-$ oder $\equiv CH$		0,005	0,153
$-F$		0,018	0,224
$-Cl$		0,017	0,320
$-Br$		0,010	(0,50)
$-J$		(0,012)	(0,83)
$-O-$		0,021	0,16
	im Ring	(0,014)	(0,12)
$-OH$	Alkohole	0,082	0,06
	Phenole	(0,035)	(−0,02)
$>CO$		0,040	0,29
	im Ring	(0,033)	(0,2)
$-CHO$		0,048	0,33
$-COO-$		0,047	0,47
$-COOH$		0,085	(0,4)
$-NH_2$		0,031	0,095
$>NH$		0,031	0,135
	im Ring	(0,024)	(0,09)
$>N-$		0,014	0,17
	im Ring	(0,007)	(0,13)
$-CN$		(0,060)	(0,36)
$-SH$ oder $-S-$		0,015	0,27
$-S-$	im Ring	0,008	0,24

1.6.3. Meßwert-Korrelationen

Mit den unter Punkt 1.2.1 angegebenen kritischen Realfaktorbeiträgen für unpolare Stoffe zu Gleichung (10) erhält man eine Beziehung für den kritischen Realfaktor.

$$z_{\text{krit}} = 0{,}291 - 0{,}080 \cdot \omega \tag{108}$$

$$z_{\text{krit}} = \frac{P_{\text{krit}} \cdot v_{\text{krit}}}{R \cdot T_{\text{krit}}} \tag{109}$$

Ausgehend von den in Tab. 12 angegebenen 26 Stoffen ermittelten GUNN und YAMADA [13] geringfügig abweichende Koeffizienten der Gleichung (108)

$$z_{\text{krit}} = 0{,}2918 - 0{,}0928 \cdot \omega \tag{108a}$$

Die Gleichungen (109) und (108a) können — unter Beachtung des Geltungsbereiches — bei Kenntnis von T_{krit} und P_{krit} zur Ermittlung des kritischen Volumens herangezogen werden. Das kritische Volumen v_{krit} ist experimentell nur schwierig zu bestimmen, so daß die experimentell ermittelten Werte v_{krit} stets mit einem relativ großen Fehler verbunden sind. Aus diesem Grund verwendeten GUNN und YAMADA in Gleichung (59) statt des kritischen Volumens das Molvolumen bei $T_r = 0{,}6$. Gerade dadurch ist es möglich, über Gleichung (59) sowohl die kritische Temperatur als auch den kritischen Druck zu berechnen. Voraussetzung hierfür ist die Kenntnis von zwei Flüssigkeitsdichten (oder Molvolumina) bei möglichst weit auseinanderliegenden Temperaturen. Setzt man diese Werte in Gleichung (59) ein, dann erhält man zwei Gleichungen, in denen v_B und das Wertepaar ($v_r^{(0)}$ und $\varkappa$) unbekannt sind. Wertepaare $v_r^{(0)}$ und $\varkappa$ sind in Tab. 11 in Abhängigkeit von der kritischen Temperatur angegeben, d. h. zu einem Wertepaar $v_r^{(0)}$ und $\varkappa$ gehört stets eine bestimmte kritische Temperatur. Durch gleichzeitige Lösung der zwei Gleichungen mit der Unbekannten v_B und dem unbekannten Wertepaar ($v_r^{(0)}$ und $\varkappa$) kann die kritische Temperatur bestimmt werden.

Das Bezugsvolumen v_B unterscheidet sich nur geringfügig von dem kritischen Volumen, wie ein Vergleich der in Tab. 12 angegebenen Werte zeigt. Für unpolare Verbindungen betragen der mittlere Fehler 1,1% und der maximale Fehler 3,5%. Infolgedessen kann v_B ebenso wie das kritische Volumen als Definitionsbasis eines kritischen Realfaktors Anwendung finden.

$$z_{B,\text{krit}} = \frac{P_{\text{krit}} \cdot v_B}{R \cdot T_{\text{krit}}} \tag{110}$$

GUNN und YAMADA [13] ermittelten durch lineare Regression die folgende

Funktion $z_{B,\mathrm{krit}} = f(\omega)$ für unpolare Stoffe:

$$z_{B,\mathrm{krit}} = 0{,}2920 - 0{,}0967\,\omega \tag{111}$$

Zusätzlich zur oben beschriebenen Ermittlung von v_B und T_{krit} ist $z_{B,\mathrm{krit}}$ über Gleichung (111) zu bestimmen. In Gleichung (110) ist dann nur noch der kritische Druck unbekannt, so daß dieser durch Umformung von Gleichung (110) berechnet werden kann.

$$P_{\mathrm{krit}} = \frac{z_{B,\mathrm{krit}} \cdot R \cdot T_{\mathrm{krit}}}{v_B} \tag{110a}$$

Für unpolare Stoffe geben GUNN und YAMADA folgende mittlere Fehler für die beschriebene Methode und für die unter 1.6.2. beschriebene Methode von LYDERSEN an:

Mittlerer Fehler für:	T_{krit}	P_{krit}
LYDERSEN-Methode	0,4%	3,0%
GUNN-YAMADA	0,2%	1,0%

Die LYDERSEN-Methode ist jedoch nicht nur universell anwendbar, sondern auch wesentlich einfacher zu handhaben.

2. Thermodynamische Grundlagen der Realbeschreibung homogener Systeme

Die thermodynamische Beschreibung sowohl fluider reiner Stoffe als auch homogener fluider Mischungen wird in einer Reihe ausgezeichneter Lehr- und Fachbücher behandelt. Diese Fachbücher zeichnen sich dadurch aus, daß Wert auf eine vollständige Darstellung der Grundlagen der Thermodynamik und der ableitbaren Beziehungen und Zusammenhänge zwischen den Variablen gelegt wurde. In den für Ingenieure verfaßten Lehrbüchern wird die Thermodynamik realer Gemische meist nur mit erheblichen Vereinfachungen behandelt. Die rasche Entwicklung der Verfahrenstechnik hat jedoch einerseits zur Entwicklung von Modellvorstellungen und rechnerischen Methoden geführt, die das thermodynamische Verhalten von reinen Komponenten und Gemischen mit guter Genauigkeit vorausberechnen lassen, und erfordert auch andererseits deren Anwendung für die Dimensionierung verfahrenstechnischer Apparate und Systeme. Voraussetzung für die Vermittlung dieser Modellvorstellungen und rechnerischen Methoden ist eine gedrängte Darstellung der Definitionen und der thermodynamischen Zusammenhänge, die Grundlage der nachfolgenden Anwendungen sind. Die Kenntnis der normalen Ingenieurthermodynamik wird dabei vorausgesetzt. Des weiteren wird auf Ableitung der verwendeten Ausgangsgleichungen verzichtet, da diese in jedem guten Lehr- oder Fachbuch der Thermodynamik zu finden sind. Im Interesse einer sowohl gedrängten als auch übersichtlichen Darstellung gelten folgende Einschränkungen:

- Beschreibung nur von dreidimensionalen homogenen und fluiden Phasen; die Adsorbatphase wird in Zusammenhang mit dem Adsorptionsgleichgewicht gesondert behandelt.
- In den Phasen laufen keine chemischen Reaktionen ab. Die angegebenen Beziehungen sind zwar auch für diesen Fall gültig, jedoch wären für die Beschreibung von Systemen mit chem. Reaktionen noch weitere Beziehungen erforderlich.
- Als Arbeitskoeffizient wird nur der Druck und als Arbeitskoordinate nur das Volumen berücksichtigt.

2.1. Gibbssche Hauptgleichung und chemisches Potential

In der Technik liegen fast immer offene Systeme vor. Die Grundgleichung für ein homogenes offenes System, das aus einem Gemisch mehrerer Komponenten besteht, ist die *Gibbssche Hauptgleichung:*

$$dU = T \cdot dS - P \cdot dV - T \cdot \sum_i \left(\frac{\partial S}{\partial n_i}\right)_{U,V,n_{k \neq i}} \cdot dn_i \tag{112}$$

In dieser Gleichung sind

U — innere Energie des Systems
T — Temperatur [°K]
P — Gesamtdruck
V — Gesamtvolumen
S — Entropie
n_i — Anzahl der kmol der Komponente i

Die tiefgestellten Indizes am partiellen Differential bedeuten, daß dieses unter den Bedingungen konstanter innerer Energie, konstanten Volumens und konstanter Molzahl aller Komponenten außer der Komponente i zu bilden ist.

Mit der Definitionsgleichung des chemischen Potentials μ_i der Komponente i:

$$\mu_i = -T \cdot \left(\frac{\partial S}{\partial n_i}\right)_{U,V,n_{k \neq i}} \tag{113}$$

erhält man folgende Form der GIBBSschen Hauptgleichung, die oft als Grundgleichung für ein homogenes offenes System bezeichnet wird:

$$\partial U = T \cdot dS - P \cdot dV + \sum_i \mu_i \cdot dn_i \tag{114}$$

Führt man in diese Gleichung die Definitionen der folgenden Zustandsgrößen ein:

Enthalpie	$H = U + P \cdot V$
freie Energie	$Fe = U - T \cdot S$
freie Enthalpie	$G = H - T \cdot S$

erhält man weitere Differentialbeziehungen zwischen den Zustandsgrößen und dem chemischen Potential:

$$dH = T \cdot dS + V \cdot dP + \sum_i \mu_i dn_i \tag{115}$$

$$dFe = -S \cdot dT - P \cdot dV + \sum_i \mu_i dn_i \tag{116}$$

$$dG = -S \cdot dT + V \cdot dP + \sum_i \mu_i dn_i \tag{117}$$

Besteht die homogene fluide Phase aus nur einer reinen Komponente, dann entfällt in den Gleichungen (114) bis (117) jeweils das letzte Glied.

Alle bisher formulierten Beziehungen gelten für die Zustandsgrößen des Gesamtsystems. Wählt man als Bezugsgröße 1 [kmol] (bzw. 1 [mol]) der Mischung, dann lauten die analogen Beziehungen zu (114) bis (117):

$$du = T \cdot ds - P \cdot dv + \sum_i \mu_i \cdot dx_i \tag{118}$$

$$dh = T \cdot ds + v \cdot dP + \sum_i \mu_i \cdot dx_i \tag{119}$$

$$dfe = -s \cdot dT - P \cdot dv + \sum_i \mu_i \cdot dx_i \tag{120}$$

$$dg = -s \cdot dT + v \cdot dP + \sum_i \mu_i \cdot dx_i \tag{121}$$

mit

u —	molare innere Energie des Gemisches	$U = n \cdot u$
s —	molare Entropie des Gemisches	$S = n \cdot s$
v —	molares Volumen des Gemisches	$V = n \cdot v$
h —	molare Enthalpie des Gemisches	$H = n \cdot h$
fe —	molare freie Energie des Gemisches	$Fe = n \cdot fe$
g —	molare freie Enthalpie des Gemisches	$G = n \cdot g$
x_i —	Molanteile der Komponente i	$\sum_i x_i = 1$

Zur Beschreibung offener Systeme bieten sich die Enthalpie und die freie Enthalpie an, da die Enthalpie die für einen Stofftransport über die Systemgrenzen hinweg erforderliche Ein- und Ausschubarbeit mit enthält. Aus diesem Grund ist es für die Berechnung des chemischen Potentials bzw. von diesem abgeleiteter Größen (Fugazität, Aktivität) wichtig, einen Zusammenhang zwischen zumindest einer der erstgenannten Größen und dem chemischen Potential zu finden. Wir wählen dazu die freie Enthalpie. Für den Zusammenhang zwischen der freien Enthalpie des Systems als extensiver Zustandsgröße und Druck, Temperatur und Zusammensetzung kann man folgende Differentialgleichung ansetzen:

$$dG = \left(\frac{\partial G}{\partial T}\right)_{P,n_i} \cdot dT + \left(\frac{\partial G}{\partial P}\right)_{T,n_i} \cdot dP + \sum_i \left[\left(\frac{\partial G}{\partial n_i}\right)_{P,T,n_{k \neq i}} \cdot dn_i\right] \tag{122}$$

Ein Vergleich mit der Gleichung (117) führt zu folgenden Identitäten:

$$\left(\frac{\partial G}{\partial T}\right)_{P,n_i} = -S \tag{123}$$

$$\left(\frac{\partial G}{\partial P}\right)_{T,n_i} = V \tag{124}$$

$$\left(\frac{\partial G}{\partial n_i}\right)_{P,T,n_{k \neq i}} = \mu_i \tag{125}$$

Alle drei Beziehungen haben eine große Bedeutung für die Bescheibung des Realverhaltens homogener Mischphasen. Gleichung (125) stellt den gesuchten Zusammenhang zwischen der freien Enthalpie des Systems und dem chemischen Potential der Komponente i dar.

2.2. Zusatzgrößen

Der naheliegende Gedanke, die thermodynamischen Eigenschaften von Gemischen aus den Eigenschaften der reinen Komponenten zu ermitteln, führte zur Definition der Zusatzgrößen. Als Bezugsbasis wählt man am günstigsten 1 [kmol] Gemisch, so daß die molaren Eigenschaften der reinen Komponenten wie Molvolumen unmittelbar zur Berechnung herangezogen werden können. Die Zusatzgrößen werden für Vermischung der Komponenten bei den Bedingungen konstante Temperatur und konstanter Druck bestimmt.

$$v = \sum_i x_i \cdot v_i(P, T) + v^E(P, T, x_i) \tag{126}$$

v_i — Molvolumina der Komponenten bei dem Druck P und der Temperatur T
v^E — molares Zusatzvolumen bei den Vermischungsbedingungen und der durch die Molanteile x_i der Komponenten gekennzeichneten Zusammensetzung des Gemisches.

$$c_p = \sum_i x_i \cdot c_{p_i}(P, T) + c_p{}^E(P, T, x_i) \tag{127}$$

c_p — Molwärme des Gemisches
c_{pi} — Molwärme der Komponenten bei P und T
$c_p{}^E$ — Zusatzmolwärme bei den Vermischungsbedingungen und der durch die Molanteile x_i der Komponenten gekennzeichneten Zusammensetzung des Gemisches.

$$h = \sum_i x_i \cdot h_i(P, T) + h^E(P, T, x_i) \tag{128}$$

h_i — molare Enthalpie der Komponenten bei P und T
h^E — molare Zusatzenthalpie bei den Vermischungsbedingungen und der durch die Molanteile x_i der Komponenten gekennzeichneten Zusammensetzung des Gemisches.

Das Auftreten der Zusatzenthalpie h^E bei einem realen Gemisch besagt, daß die Vermischungsbedingung T = konst. nur durch Enthalpiezu- oder -abführung gewährleistet werden kann. Die Zusatzenthalpie für die Herstellung von 1 [kmol] bzw. 1 [mol] realen Gemisch aus den reinen Komponenten ist identisch mit der integralen Mischungswärme.

Bei idealen Gemischen bzw. idealen Lösungen sind das molare Zusatzvolumen v^E, die Zusatzmolwärme $c_p{}^E$ und die molare Zusatzenthalpie h^E null. Die molaren Eigenschaften idealer Gemische können somit durch Summierung der entsprechenden Eigenschaften der reinen Komponenten über deren Molanteile ermittelt werden. Diese letzte Aussage gilt nicht für die Entropie und die über die Entropie definierten Zustandsgrößen freie Energie Fe und freie Enthalpie G. Die Vermischung ist als irreversibler Vorgang stets mit einer Entropiezunahme verbunden — auch dann, wenn sich das hergestellte Gemisch ideal verhält. Die Entropiezunahme bei der Herstellung von 1 [kmol] bzw. 1 [mol] eines idealen Gemisches mit einer durch die Molanteile x_i gekennzeichneten Zusammensetzung aus den reinen Komponenten beträgt $-R \sum x_i \cdot \ln x_i > 0$. Diesen Ausdruck bezeichnen wir als Mischungsentropie. Bei realen Gemischen tritt zusätzlich zur Mischungsentropie noch eine Zusatzentropie s^E auf. Nur die Zusatzentropie ist bei idealen Gemischen gleich null. In Analogie zu (126) bis (128) gilt unter Berücksichtigung der Mischungsentropie für die molare Entropie eines realen Gemisches:

$$s = \sum_i x_i \cdot s_i(P, T) - R \cdot \sum_i x_i \ln x_i + s^E(P, T, x_i) \tag{129}$$

s_i — molare Entropie der Komponenten bei P und T
s^E — molare Zusatzentropie bei den Vermischungsbedingungen und der durch die Molanteile x_i der Komponenten gekennzeichneten Zusammensetzung des Gemisches.

Eine analoge Gleichung läßt sich durch Einsetzen in die Definition für die freie Enthalpie ableiten:

$$g = \sum_i x_i \cdot g_i(P, T) + R \cdot T \cdot \sum_i x_i \ln x_i + g^E(P, T, x_i) \tag{130}$$

g_i — molare freie Enthalpie der Komponenten bei P und T
g^E — Zusatzbetrag der molaren freien Enthalpie bei den Vermischungsbedingungen und der durch die Molanteile x_i der Komponenten gekennzeichneten Zusammensetzung des Gemisches.

Bei idealen Gemischen ist nur g^E gleich null. Der irreversible Vorgang der Vermischung führt selbst bei idealen Gemischen zu einer Abnahme der freien Enthalpie um $R \cdot T \cdot \sum x_i \ln x_i < 0$. Dieser Ausdruck wird als freie Mischungsenthalpie bezeichnet.

Die Zusatzgrößen eines idealen Gemisches verschwinden auch dann, wenn sich die einzelnen Komponenten real, d. h. nicht-ideal verhalten.

2.3. Partielle molare Zustandsgrößen

Eine weitere Möglichkeit zur Beschreibung der Eigenschaften eines Gemisches ergibt sich durch die Einführung der partiellen molaren Zustandsgrößen. Als Grundlage wählt man ein System (Gemisch) bestehend aus $n = \sum_i n_i$ [kmol] oder [mol]. Dieses System soll unter isotherm-isobaren

Bedingungen vorliegen, so daß die Zustandsgrößen des Systems nur von den Beiträgen der einzelnen Komponenten abhängen. Bei realem, d. h. nichtidealem Verhalten des Systems sind die molaren Beiträge der einzelnen Komponenten abhängig von der Konzentration bzw. der Molzahl der einzelnen Komponente und damit nicht identisch mit den molaren Zustandsgrößen der reinen Komponenten. Die molaren Beiträge der einzelnen Komponenten zu jeder Zustandsgröße eines Systems bestimmter Zusammensetzung werden als partielle molare Größen bezeichnet.

$$V(P, T, n_i) = \sum_i n_i \cdot \bar{v}_i(P, T, x_i) \tag{131}$$

$$H(P, T, n_i) = \sum_i n_i \cdot \bar{h}_i(P, T, x_i) \tag{132}$$

$$S(P, T, n_i) = \sum_i n_i \cdot \bar{s}_i(P, T, x_i) \tag{133}$$

$$G(P, T, n_i) = \sum_i n_i \cdot \bar{g}_i(P, T, x_i) \tag{134}$$

$\bar{v}_i$ — partielles molares Volumen der Komponente i
$\bar{h}_i$ — partielle molare Enthalpie der Komponente i
$\bar{s}_i$ — partielle molare Entropie der Komponente i
$\bar{g}_i$ — partielle molare freie Enthalpie der Komponente i

Die partiellen molaren Zustandsgrößen sind nur Funktionen von Druck, Temperatur und der durch die Molanteile x_i gekennzeichneten Zusammensetzung, nicht aber der insgesamt im System vorhandenen Stoffmenge. Damit gilt:

$$\bar{v}_i(P, T, x_i) = \left(\frac{\partial V}{\partial n_i}\right)_{P,T,n_{k \neq i}} \tag{135}$$

$$\bar{h}_i(P, T, x_i) = \left(\frac{\partial H}{\partial n_i}\right)_{P,T,n_{k \neq i}} \tag{136}$$

$$\bar{s}\,(P, T, x_i) = \left(\frac{\partial S}{\partial n_i}\right)_{P,T,n_{k \neq i}} \tag{137}$$

$$\bar{g}_i(P, T, x_i) = \left(\frac{\partial G}{\partial n_i}\right)_{P,T,n_{k \neq i}} \tag{138}$$

Für alle extensiven Zustandsgrößen können analoge Differentialgleichungen zu (122) angesetzt werden. Unter isotherm-isobaren Bedingungen entfallen in diesen Differentialgleichungen die ersten beiden Glieder auf der rechten Seite des Gleichheitszeichens:

$$dV_{P,T} = \sum_i \left[\left(\frac{\partial V}{\partial n_i}\right)_{P,T,n_{k \neq i}} \cdot dn_i\right] = \sum_i \bar{v}_i(P, T, x_i) \cdot dn_i \tag{139}$$

$$dH_{P,T} = \sum_i \left[\left(\frac{\partial H}{\partial n_i}\right)_{P,T,n_k \neq i} \cdot dn_i\right] = \sum_i \bar{h}_i(P, T, x_i) \cdot dn_i \quad (140)$$

$$dS_{P,T} = \sum_i \left[\left(\frac{\partial S}{\partial n_i}\right)_{P,T,n_k \neq i} \cdot dn_i\right] = \sum_i \bar{s}_i(P, T, x_i) \cdot dn_i \quad (141)$$

$$dG_{P,T} = \sum_i \left[\left(\frac{\partial G}{\partial n_i}\right)_{P,T,n_k \neq i} \cdot dn_i\right] = \sum_i \bar{g}_i[P, T, x_i) \cdot dn_i \quad (142)$$

Nach diesen Gleichungen geben die partiellen molaren Zustandsgrößen an, wie sich das Volumen V, die Enthalpie H, die Entropie S und die freie Enthalpie G des Systems bei isotherm-isobarer Zugabe von dn_i [kmol] bzw. [mol] der Komponente i zum Gemisch ändern.

Häufig ist es günstiger, die Konzentrationen x_i statt der Molzahlen n_i als Variable zu verwenden. Die über die Gleichungen (139) bis (142) definierten partiellen molaren Größen bleiben bei diesem Übergang unverändert. Zu beachten sind die Nebenbedingungen

$$\sum_i x_i = 1 \text{ und } \sum_i dx_i = 0$$

Nach Einführung der Nebenbedingungen erhält man folgende, für die Berechnung der partiellen molaren Größen aus den Gemischeigenschaften geeignete Beziehungen:

$$\bar{v}_i = v + \left(\frac{\partial v}{\partial x_i}\right)_{T,P,x_j \neq i} - \sum_j x_j \left(\frac{\partial v}{\partial x_j}\right)_{T,P,x_k \neq j} \quad (143)$$

v — Molvolumen des Gemisches

$$\bar{h}_i = h + \left(\frac{\partial h}{\partial x_i}\right)_{T,P,x_j \neq i} - \sum_j x_j \left(\frac{\partial h}{\partial x_j}\right)_{T,P,x_k \neq j} \quad (144)$$

h — molare Enthalpie des Gemisches

$$\bar{s}_i = s + \left(\frac{\partial s}{\partial x_i}\right)_{T,P,x_j \neq i} - \sum_j x_j \left(\frac{\partial s}{\partial x_j}\right)_{T,P,x_k \neq j} \quad (145)$$

s — molare Entropie des Gemisches

$$\bar{g}_i = g + \left(\frac{\partial g}{\partial x_i}\right)_{T,P,x_j \neq i} - \sum_j x_j \left(\frac{\partial g}{\partial x_j}\right)_{T,P,x_k \neq j} \quad (146)$$

g — molare freie Enthalpie des Gemisches

Die Summierung ist in allen Gleichungen über sämtliche Komponenten j

einschließlich der Komponente i durchzuführen. Für binäre Gemische können infolge der Kopplungsbedindung $x_1 + x_2 = 1$ die Komponenten nicht unabhängig voneinander variiert werden. In diesem Fall lauten die Gleichungen

$$\bar{v}_1 = v - x_2 \left(\frac{\partial v}{\partial x_2}\right)_{T,P} \tag{147}$$

$$\bar{h}_1 = h - x_2 \left(\frac{\partial h}{\partial x_2}\right)_{T,P} \tag{148}$$

$$\bar{s}_1 = s - x_2 \left(\frac{\partial s}{\partial x_2}\right)_{T,P} \tag{149}$$

$$\bar{g}_1 = g - x_2 \left(\frac{\partial g}{\partial x_2}\right)_{T,P} \tag{150}$$

Für die Anwendung von (147) bis (150) sind die Gemischeigenschaften v, h, s und g als Funktionen nur der einzigen unabhängigen Variablen x_2 zu verwenden.

Für ideale Gemische sind die partiellen molaren Größen nur für Volumen, innere Energie und Enthalpie gleich den molaren Größen der reinen Komponenten.

Ideale Gemische: $\bar{v}_i = v_i$

$\bar{h}_i = h_i$

Da auch bei idealen Gemischen die Mischungsentropie ungleich null ist, gilt diese Aussage für die Entropie, die freie Energie und die freie Enthalpie nicht.

Ideale Gemische: $\bar{s}_i \neq s_i \qquad \bar{s}_i = s_i - R \cdot \ln x_i$

$\bar{g}_i \neq g_i \qquad \bar{g}_i = g_i + R \cdot T \cdot \ln x_i$

2.4. Zusammenhang zwischen chemischem Potential und den partiellen molaren Größen

Wie ein Vergleich der Beziehungen (125) und (138) zeigt, ist das chemische Potential identisch mit der partiellen molaren freien Enthalpie:

$$\mu_i = \bar{g}_i = \left(\frac{\partial G}{\partial n_i}\right)_{T,P,n_{k \neq i}} \tag{151}$$

Einen weiteren Zusammenhang liefert Gleichung (117). Differenziert man diese Gleichung bei konstantem Druck in unterschiedlicher Reihenfolge nach der Temperatur bei konstanter Molzahl und nach der Molzahl bei konstanter Temperatur, dann erhält man:

$$\left[\frac{\partial}{\partial n_i}\left(\frac{\partial G}{\partial T}\right)_{P,n_i}\right]_{T,P,n_{k \neq i}} = -\left(\frac{\partial S}{\partial n_i}\right)_{T,P,n_{k \neq i}} = -\bar{s}_i \tag{152}$$

$$\left[\frac{\partial}{\partial T}\left(\frac{\partial G}{\partial n_i}\right)_{T,P,n_{k \neq i}}\right]_{P,n_i} = \left(\frac{\partial \mu_i}{\partial T}\right)_{P,n_i} \tag{153}$$

Da die freie Enthalpie eine Zustandsgröße ist, müssen die gemischten partiellen Ableitungen gleich sein:

$$\left(\frac{\partial \mu_i}{\partial T}\right)_{P,n_i} = -\bar{s}_i \tag{154}$$

Die analoge Operation mit dP anstelle dT und konstanter Temperatur liefert

$$\left(\frac{\partial \mu_i}{\partial P}\right)_{T,n_i} = \bar{v}_i \tag{155}$$

Das partielle molare Volumen ist somit gleich dem partiellen Differential des chemischen Potentials nach dem Druck bei konstanter Temperatur und konstanter Molzahl aller Komponenten im System.

Einen Zusammenhang zwischen dem chemischen Potential und der partiellen molaren Enthalpie erhält man über den zur Definitionsgleichung der freien Enthalpie $G = H - T \cdot S$ analogen Ansatz für die partiellen molaren Größen:

$$\bar{g}_i = \bar{h}_i - T \cdot \bar{s}_i$$

Unter Verwendung von (151) und (154) folgt:

$$\bar{h}_i = \mu_i - T \cdot \left(\frac{\partial \mu_i}{\partial T}\right)_{P,n_i} = -T^2 \cdot \left[\frac{\partial(\mu_i/T)}{\partial T}\right]_{P,n_i} \tag{156}$$

Alle partiellen molaren Größen lassen sich auf das chemische Potential zurückführen. Ist das chemische Potential bekannt, können alle Zustandsgrößen des Systems, darunter Volumen, Enthalpie, Entropie und freie Enthalpie nach (131) bis (134) berechnet werden. In diesen Aussagen ist die Schlüsselstellung des chemischen Potentials bzw. der mit dem chemischen Potential identischen partiellen molaren freien Enthalpie begründet. Da das chemische Potential keine unmittelbar meßbare bzw. durch eine Zustandsgleichung unmittelbar beschreibbare Größe ist, müssen im folgenden Wege gefunden werden, Zusammenhänge zwischen dem chemischen Potential und meßbaren bzw. über eine Zustandsgleichung beschreibbaren Größen herzustellen.

2.5. Fugazität und Fugazitätskoeffizient

Für Gase ist ein Zusammenhang gemäß vorgenannter Zielstellung über (155) herstellbar. Betrachten wir zum Vergleich mit einem Gemisch zunächst ein reales reines Gas. Für ein reales reines Gas gilt:

Reine Gase: $\bar{v}_i = v_i$

d. h. partielles molares und molares Volumen sind bei reinen Gasen identisch. Für einen willkürlich gewählten Bezugsdruck P^+, den wir als Standarddruck bezeichnen, folgt aus (155):

$$\mu_i^{\text{rein}} = \int\limits_{P^+}^{P} v_i dP_T + \mu_i^+(T, P^+) \tag{157}$$

Die Integrationskonstante $\mu_i^+(T, P^+)$ bezeichnet man als Standardpotential. Das Standardpotential ist identisch mit der molaren freien Enthalpie des idealen Gases bei dem Druck P^+ und der Temperatur T und somit für reine Gase direkt berechenbar. Für das reale Gas wählen wir den Bezugsdruck so niedrig, daß das reale Gas unterhalb des Bezugsdruckes mit guter Näherung durch ein ideales Gas angenähert werden kann. Eine Differenz zwischen dem realen molaren Volumen v_i des reinen Gases und dem molaren Volumen $\frac{R \cdot T}{P}$ eines idealen Gases bei gleicher Temperatur und gleichem Druck ist somit erst oberhalb P^+ zu berücksichtigen. Gleichung (157) liefert für diese Betrachtung:

$$\mu_i^{\text{rein}}(T, P) = \int\limits_{P^+}^{P} \frac{R \cdot T}{P} dP_{T^+} + \mu_i^+(T, P^+) + \int\limits_{P^+}^{P} \left(v_i - \frac{R \cdot T}{P}\right) dP_T \tag{158}$$

Hier stoßen wir auf bereits bekannte Größen:

Restvolumen: $\alpha_i = \frac{R \cdot T}{P} - v_i$

$$\text{Fugazitätskoeffizient:} \quad \varphi_i = \exp. \left[\int\limits_{P^+}^{P} \left(\frac{v_i}{R \cdot T} - \frac{1}{P} \right) dP_T \right] \tag{159}$$

Fugazität: $f_i = P \cdot \varphi_i$ (160)

$$\mu_i^{\text{rein}}(T, P) = \mu_i^+(T, P^+) + R \cdot T \cdot \ln \frac{P}{P^+} + R \cdot T \ln \varphi_i$$

$$= \mu_i^+(T, P^+) + R \cdot T \ln \frac{f_i}{P^+} \quad (161)$$

Der Fugazitätskoeffizient φ_i idealer Gase ist gleich 1. Bei realen Gasen ist er ein Maß der Abweichung des PVT-Verhaltens von dem Verhalten eines idealen Gases. Die Fugazität besitzt den Charakter eines korrigierten Drucks.

Der gleiche Gedankengang läßt sich auch auf *Gemische* anwenden. Zugehörig zum chemischen Potential der Komponente i tritt jedoch an die Stelle des Gesamtdruckes P der Partialdruck p_i der Komponente i. Unter Beachtung von $p_i = P \cdot y_i$, wobei mit y_i die Molanteile der Komponente i in der Gasphase bezeichnet werden, erhält man

$$\mu_i(P, T, y_i) = \mu_i^+(T, P^+) + R \cdot T \cdot \ln \frac{P}{P^+} + R \cdot T \cdot \ln y_i + R \cdot T \cdot \ln \bar{\varphi}_i \quad (162)$$

Fugazitätskoeffizient: $\bar{\varphi}_i = \exp \left[\int\limits_{P^+}^{P} \left(\frac{\bar{v}_i}{R \cdot T} - \frac{1}{P} \right) dP_{T,y_i} \right]$ (163)

Fugazität einer realen Komponente i in einem realen Gemisch:

$$\bar{f}_i = p_i \cdot \bar{\varphi}_i = P \cdot y_i \cdot \bar{\varphi}_i \quad (164)$$

Der Fugazitätskoeffizient $\bar{\varphi}_i$ ist für ideale Gase in idealen Gemischen gleich 1. Für ein reales Gas in einem idealen Gemisch ist der Gemischfugazitätskoeffizient gleich dem Fugazitätskoeffizienten der reinen Komponente $\bar{\varphi}_i = \varphi_i$ bei der gleichen Temperatur und dem Gesamtdruck der Gasmischung. Damit ist für ein reales Gas in einem idealen Gemisch die Gemischfugazität gleich dem Produkt der Fugazität der reinen Komponente mit den Molanteilen $\bar{f}_i = y_i \cdot f_i$ bei gleicher Temperatur und dem Gesamtdruck der Gasmischung (Systemdruck). In einem idealen Gemisch verhält sich jede Komponente so, als seien die anderen Komponenten nicht vorhanden.

Ideales Gemisch idealer Gase:

$$\mu_i(T, P, y_i) = \mu_i^+(T, P^+) + R \cdot T \cdot \ln \frac{p_i}{P^+} = \mu_i^+(T, P^+) + RT \ln \frac{y_i \cdot P}{P^+} \quad (166)$$

p_i — Partialdruck der Komponente i

Ideales Gemisch realer Gase:

$$\mu_i(T, P, y_i) = \mu_i^+(T, P^+) + R \cdot T \cdot \ln \frac{f_i}{P^+} = \mu_i^+(T, P^+) + RT \ln \frac{y_i \cdot f_i}{P^+} \quad (167)$$

f_i — Fugazität der Komponente i bei der Temperatur T und dem Systemdruck P, ermittelt über $f_i = \varphi_i(P, T) \cdot y_i \cdot P$

Reales Gemisch realer Gase:

$$\mu_i(T, P, y_i) = \mu_i^+(T, P^+) + R \cdot T \cdot \ln \frac{\bar{f}_i}{P^+} \quad (167)$$

$\bar{f}_i$ — Fugazität der Komponente i bei der Temperatur T, dem Systemdruck P und der durch die Molanteile y_i charakterisierten Zusammensetzung, ermittelt über $\bar{f}_i = \bar{\varphi}_i(P, T, y_i) \cdot y_i \cdot P$.

Durch Übergang vom Druck zur Fugazität wird es möglich, den für ideale Gase hergeleiteten Ausdruck für das chemische Potential auch bei realen Gasen zu verwenden. Zur Berechnung der Fugazität ist die Bestimmung des Fugazitätskoeffizienten erforderlich.

2.6. Berechnung des Gasphasenfugazitätskoeffizienten

Voraussetzung für die Berechnung des Gasphasenfugazitätskoeffizienten φ_i eines reinen Stoffes ist die Kenntnis bzw. Auswahl einer Gleichung, die das PVT-Verhalten des reinen gasförmigen Stoffes mit der erforderlichen Genauigkeit wiedergibt. Für die praktische Anwendung werden solche Gleichungen bevorzugt, deren Konstanten aus charakteristischen Stoffwerten wie den kritischen Größen berechnet werden können und die — wenn nicht allgemein — zumindest für ganze Stoffgruppen mit der erforderlichen Genauigkeit gültig sind.

Für den Fugazitätskoeffizienten $\bar{\varphi}_i$ einer Komponente in einem Gasgemisch ist analog eine exakte Gleichung für das PVT-Verhalten des Gemisches erforderlich. Darüber hinaus muß es jedoch möglich sein, die Konstanten für das PVT-Verhalten des Gasgemisches aus den Konstanten der reinen Stoffe über Mischungsregeln zu bestimmen. Die Genauigkeitsansprüche für die Bestimmung von $\bar{\varphi}_i$ sind noch größer als für die Bestimmung des Fugazitätskoeffizienten einer reinen Komponente φ_i, da die Ausgangsgleichung nach dem Anteil der Komponente i im Gemisch differenziert werden muß. Ein fehlerhafter Anstieg der Gleichung für das PVT-Verhalten des Gemisches bei dem interessierenden Zustand bzw. nicht ausreichende Exaktheit der Mischungsregeln führen zu erheblichen Abweichungen des berechneten Fugazitätskoeffizienten von den realen, experimentell bestimmten Werten. Aus diesem Grund dürfen zur Bestimmung von $\bar{\varphi}_i$ nur solche $PVTy$-Beziehungen ausgewählt werden, deren Anwendbarkeit sowohl für den PVT-Bereich als auch die Stoffgruppe, zu der die Gemischkomponente gehört, bereits nachgewiesen wurde.

Im folgenden werden nur die Ansätze für die Berechnung der Fugazitätskoeffizienten sowohl reiner gasförmiger und flüssiger Stoffe als auch von Komponenten in Gasgemischen bzw. dampfförmigen Gemischen angegeben. Die Anwendung wird in späteren Abschnitten behandelt. Dort werden auch die Geltungsbereiche der verwendeten *PVT*-Gleichungen und Mischungsregeln für die Berechnung des Fugazitätskoeffizienten angegeben.

2.6.1. *Reine Gase und Dämpfe*

Grundgleichung für die Berechnung von φ_i ist Gleichung (159) in der folgenden Schreibweise:

$$R \cdot T \cdot \ln \varphi_i = \int_0^P \left(v_i - \frac{R \cdot T}{P} \right) dP \tag{168}$$

Mit dem Übergang $P^+ \to 0$ wurde in o.g. Gleichung der Bezugsdruck von 0 [atm] gewählt. Dieser Bezugsdruck wird auch bei Gasgemischen beibehalten. Unter Einführung des Restvolumens α lautet die Gleichung:

$$R \cdot T \cdot \ln \varphi_i = -\int_0^P \alpha_i \, dP \text{ mit } \alpha_i = \frac{R \cdot T}{P} - v_i \tag{169}$$

Diese Form der Grundgleichung führte zur ersten allgemeinen Lösung des Integrals für den Fugazitätskoeffizienten reiner Gase. Nach Untersuchungen von LEWIS und KAY [25] und von NEWTON [26] gilt für alle leichten Kohlenwasserstoffe am kritischen Punkt (siehe Punkt 1.1.3.)

$$\frac{P_{\text{krit}} \cdot \alpha_{\text{krit}}}{R \cdot T_{\text{krit}}} = 0{,}724 \tag{7b}$$

α_{krit} — kritisches Restvolumen

mit nur geringen Abweichungen. Die Definitionsgleichung des Restvolumens $P \cdot v_i = R \cdot T - P \cdot \alpha_i$ liefert bei Übergang zur reduzierten Darstellung und nach Einführung von α_r als reduziertes Restvolumen eine volumenexplizite Gleichung für das *PVT*-Verhalten leichter Kohlenwasserstoffe, die eine Lösung des Integrals ermöglicht:

$$\frac{v_i}{\alpha_{\text{krit}}} = \frac{R \cdot T_{\text{krit}}}{P_{\text{krit}} \cdot \alpha_{\text{krit}}} \cdot \frac{T_r}{P_r} - \alpha_r \tag{8}$$

$\alpha_r = \frac{\alpha_i}{\alpha_{\text{krit},i}}$ — reduziertes Restvolumen

Die so ermittelten Fugazitätskoeffizienten $\varphi_i = \frac{f_i}{P}$ sind in Abb. 6 als Funktion der reduzierten Temperatur T_r und des reduzierten Druckes P_r dargestellt.

Spätere Untersuchungen von EDMISTER [27] ergaben, daß für Kohlenwasserstoffe das in obiger Gleichung enthaltene kritische Verhältnis nur innerhalb folgender Grenzen angenähert konstant bleibt:

$$1{,}35 \leqq \frac{R \cdot T_{\text{krit}}}{P_{\text{krit}} \cdot \alpha_{\text{krit}}} \leqq 1{,}41 \tag{7a}$$

Damit stellt Abb. 6 eine relativ gute Näherung dar. Die Fugazitätskoeffizienten, die für leichte Kohlenwasserstoffe nach Abb. 6 ermittelt worden sind, dürfen nur zur Ermittlung des *PVT*-Verhaltens oder der Dichte leichter Kohlenwasserstoffe, nicht aber zur Bestimmung der Bezugsfugazitäten für Gleichgewichtsberechnungen verwendet werden. Zur Ermittlung des Realvolumens und der Dichte leichter Kohlenwasserstoffe ist die von EDMISTER [27] veröffentlichte Darstellung des reduzierten Restvolumens α_r als Funktion der reduzierten Temperatur T_r und des reduzierten Drucks P_r, Abb. 1 geeigneter. Diese Darstellung basiert auf der gleichen Grundlage wie Abb. 6. Abb. 1 ist auch geeignet zur Ermittlung der Volumina unterkühlter Flüssigkeiten. Abb. 1 liefert für das Sattdampfgebiet und leicht überhitzte Dämpfe nur relativ ungenaue Werte und sollte für diesen Bereich nur für grobe Abschätzungen verwendet werden.

Zur Ermittlung exakterer Werte des Fugazitätskoeffizienten φ_i ist die Lösung von (168) unter Verwendung genauerer *PVT*-Korrelationen erforderlich. Alle für eine exakte Berechnung brauchbaren Zustandsgleichungen sind explizit nach dem Druck. Als Beispiel sei hier nur auf die bekannte Virialkoeffizientendarstellung verwiesen:

$$P = R \cdot T \cdot \left(\frac{1}{v_i} + \frac{B}{v_i^2} + \cdots\right)$$

Diese Darstellungsform ist leicht in die Realfaktordarstellung überführbar:

$$z = \frac{P \cdot v_i}{R \cdot T} = 1 + \frac{B}{v_i}$$

z — Realfaktor

Für die Umformung wurde die Virialkoeffizientendarstellung nach dem 2. Glied abgebrochen.

Die Ausgangsgleichung für die Berechnung des Fugazitätskoeffizienten eines reinen Gases (168) läßt sich ebenfalls leicht auf eine Form überführen,

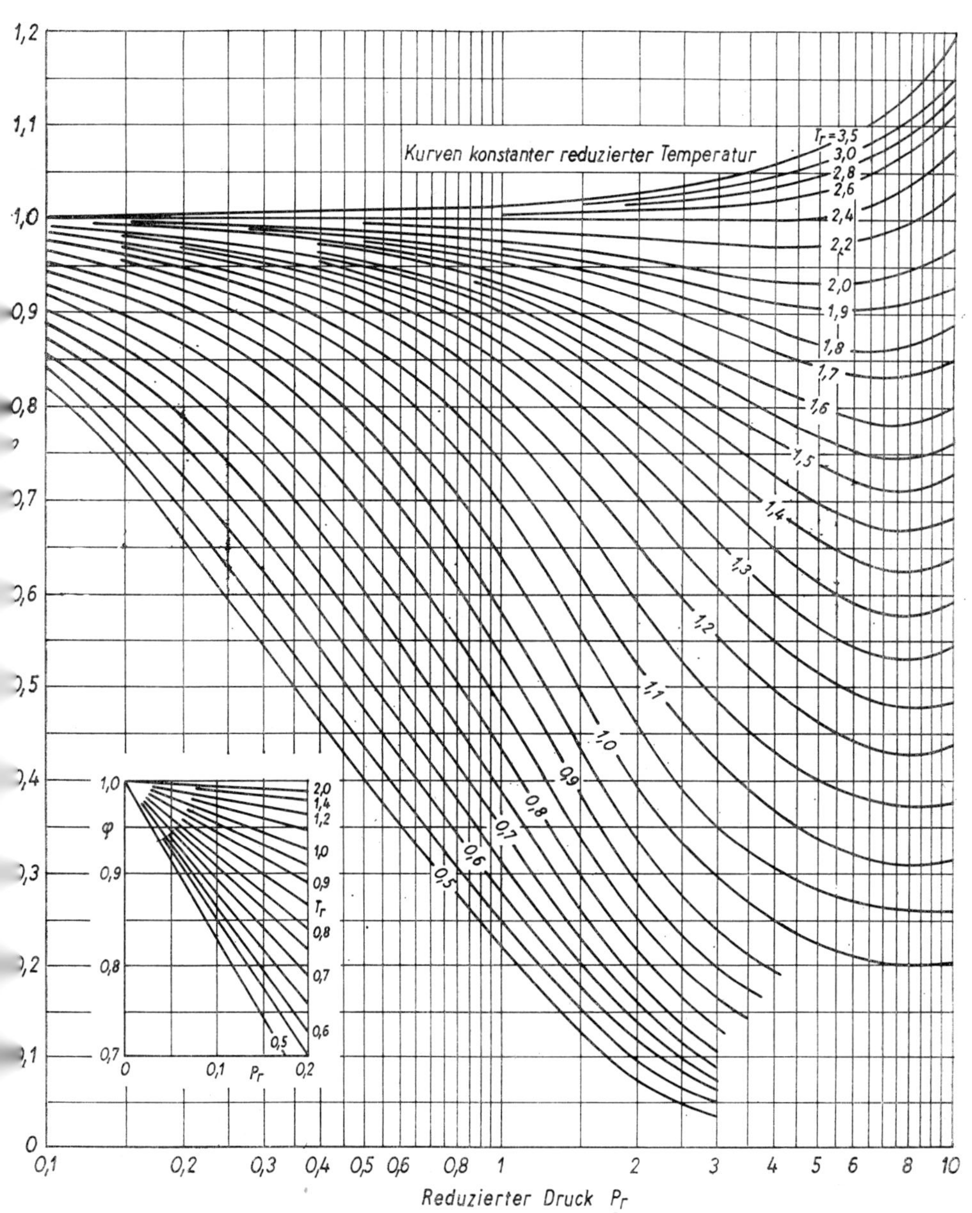

Abb. 6: Fugazitätskoeffizient reiner dampfförmiger Stoffe

(Darstellung nach LEWIS und KAY [25] und NEWTON [26])

in der statt des Molvolumens v_i der Realfaktor z enthalten ist:

$$\left(\frac{v_i}{R \cdot T} - \frac{1}{P}\right) dP = \left(\frac{v_i \cdot P}{R \cdot T} - 1\right) \cdot \frac{dP}{P} = (z - 1)\, d \ln P$$

$$\frac{dP}{P} = \frac{dP_r}{P_r} = d \ln P_r \quad d \ln P = d \ln P_r$$

$$\ln \varphi_i = \int_0^{P_r} (z - 1)\, d \ln P_r \text{ für } T = \text{konst. und } z = f(P_r) \tag{170}$$

Bei Verwendung von Gleichung (170) ist somit jede Realfaktordarstellung reiner Gase, die den erforderlichen Genauigkeitsansprüchen genügt, für die Berechnung des Fugazitätskoeffizienten geeignet. Als sehr exakte Darstellung des Realfaktors reiner Stoffe ist in Abschnitt 1.2.1. bereits die Darstellung von Pitzer und Mitarbeitern [28] unter Verwendung des azentrischen Faktors ω als charakteristischen dritten Parameter behandelt worden. Der Ansatz für den Realfaktor lautete:

$$z = z^{(0)} + \omega \cdot z^{(\mathrm{I})} \tag{10}$$

$z^{(0)}$ und $z^{(\mathrm{I})}$ sind Funktionen der reduzierten Temperatur T_r und des reduzierten Drucks P_r. Die Verwendung dieses Ansatzes zur Bestimmung der Fugazitätskoeffizienten führt zu (171) bzw. (171a):

$$\log \varphi_i = [\log \varphi_i]^0 + \omega \cdot [\log \varphi_i]^{(\mathrm{I})} \tag{171}$$

$$\varphi_i = \varphi_i^0 \cdot [\varphi^{(\mathrm{I})}]^\omega \tag{171a}$$

Pitzer und Curl [29, 30] veröffentlichten Darstellungen zur Ermittlung von $\varphi_i^{(0)}$, $\varphi_i^{(\mathrm{I})}$ und $[\varphi_i^{(\mathrm{I})}]^\omega$, bei deren Verwendung die Fugazitätskoeffizienten reiner Gase und Dämpfe mit großer Genauigkeit über Gleichung (171) oder Gleichung (171a) berechnet werden kann. Die Ermittlung des azentrischen Faktors ω wurde in Abschnitt 1.2.1. behandelt. Darüber hinaus sind in Tab. 3 die azentrischen Faktoren für eine Reihe von Stoffen angegeben. In Abb. 7 ist $\varphi_i^{(0)}$ als Funktion von P_r und T_r, in Abb. 8 $\varphi_i^{(\mathrm{I})}$ als Funktion von P_r und T_r angegeben. Abb. 9 ermöglicht, den Wert $[\varphi_i^{(\mathrm{I})}]^\omega$ als Funktion von $\varphi_i^{(\mathrm{I})}$ und ω abzulesen. Zur Ermittlung von φ_i sind die Werte $\varphi_i^{(0)}$ aus Abb. 7 und $[\varphi_i^{(\mathrm{I})}]^\omega$ aus Abb. 9 gemäß Gleichung (171a) miteinander zu multiplizieren. Da die Darstellung über den azentrischen Faktor bis in das Naßdampfgebiet sehr exakte Ergebnisse liefert, können die Abb. 7 bis 9 zur Ermittlung der Bezugsfugazität bei Berechnung des Mischphasengleichgewichtes verwendet werden.

Gleichung (170) ist ebenfalls Grundlage der von Cooper [44] angegebenen

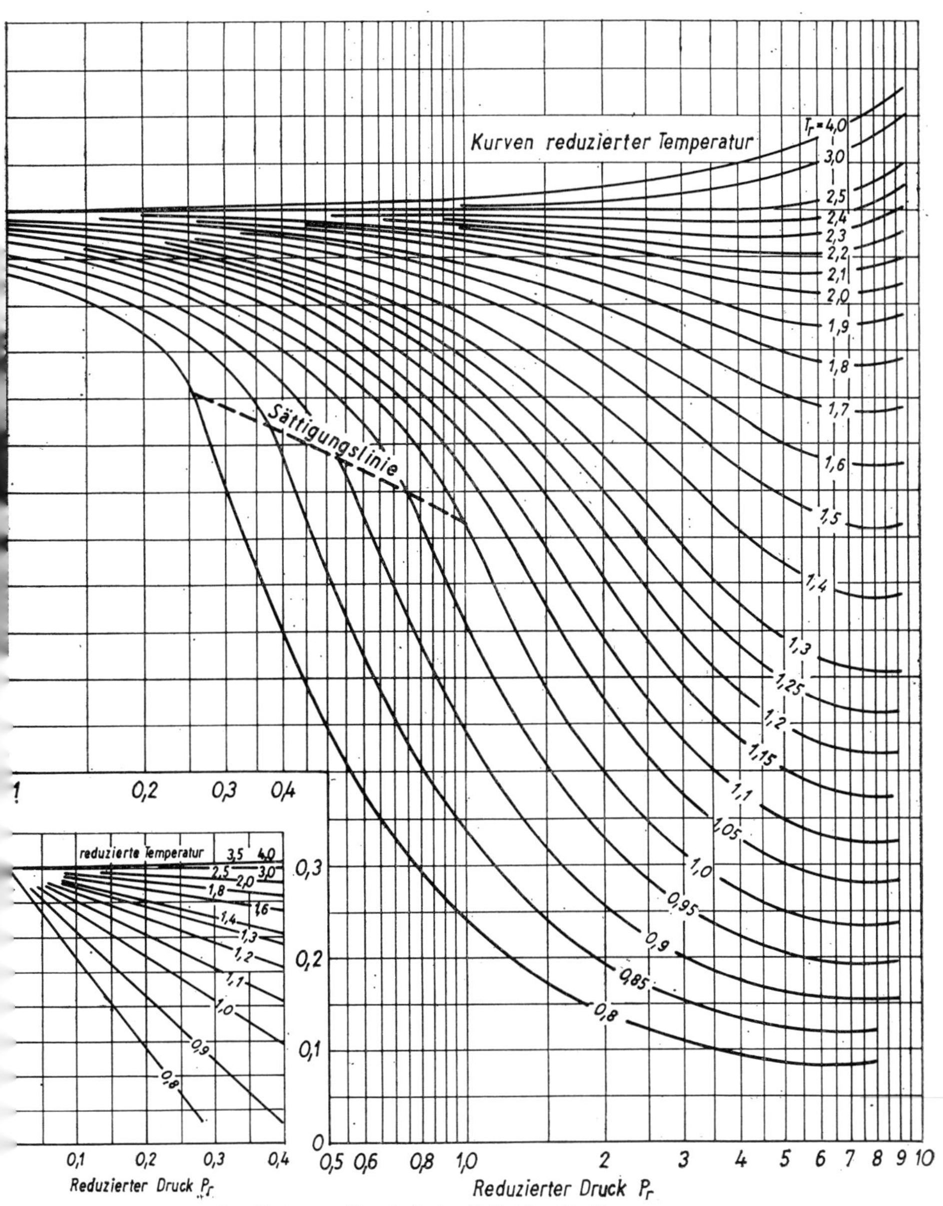

Abb. 7: Fugazitätskoeffizient $\varphi_i^{(0)}$ „einfacher“ fluider Stoffe

(Darstellung nach PITZER und CURL [30])

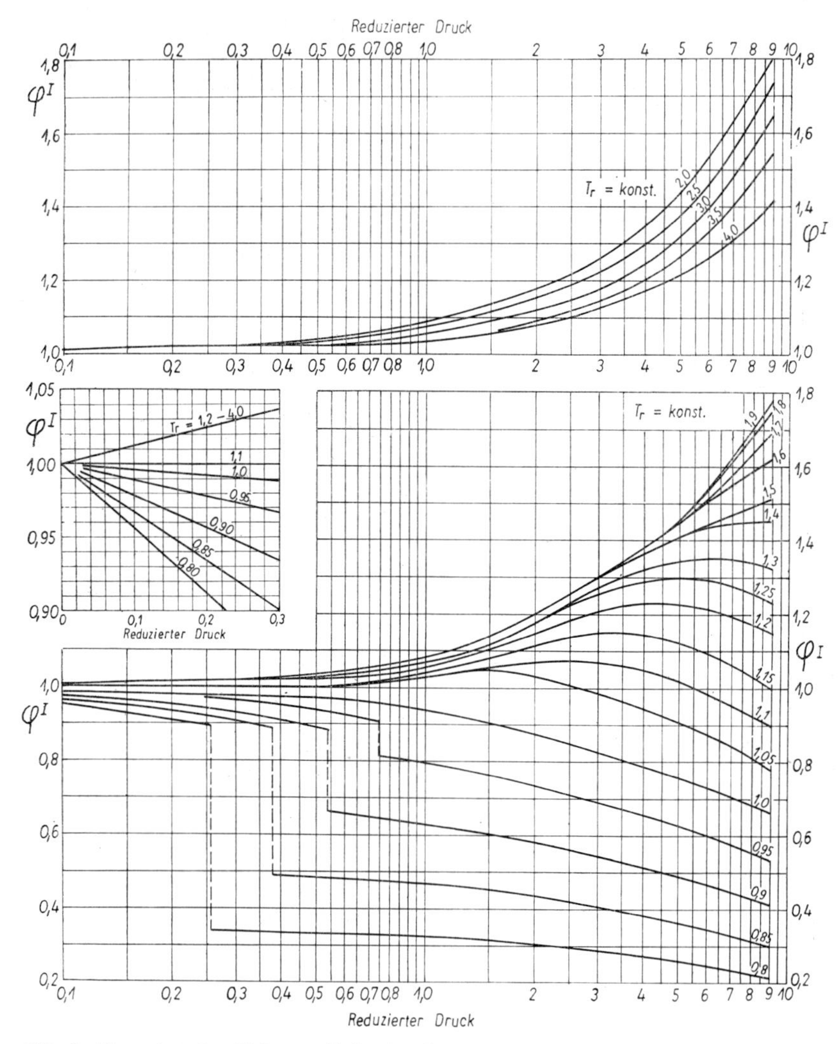

Abb. 8: Fugazitätskoeffizient $\varphi_i^{(I)}$ fluider Stoffe zur Ermittlung des Korrekturgliedes für die Abweichung vom „einfachen" Stoff

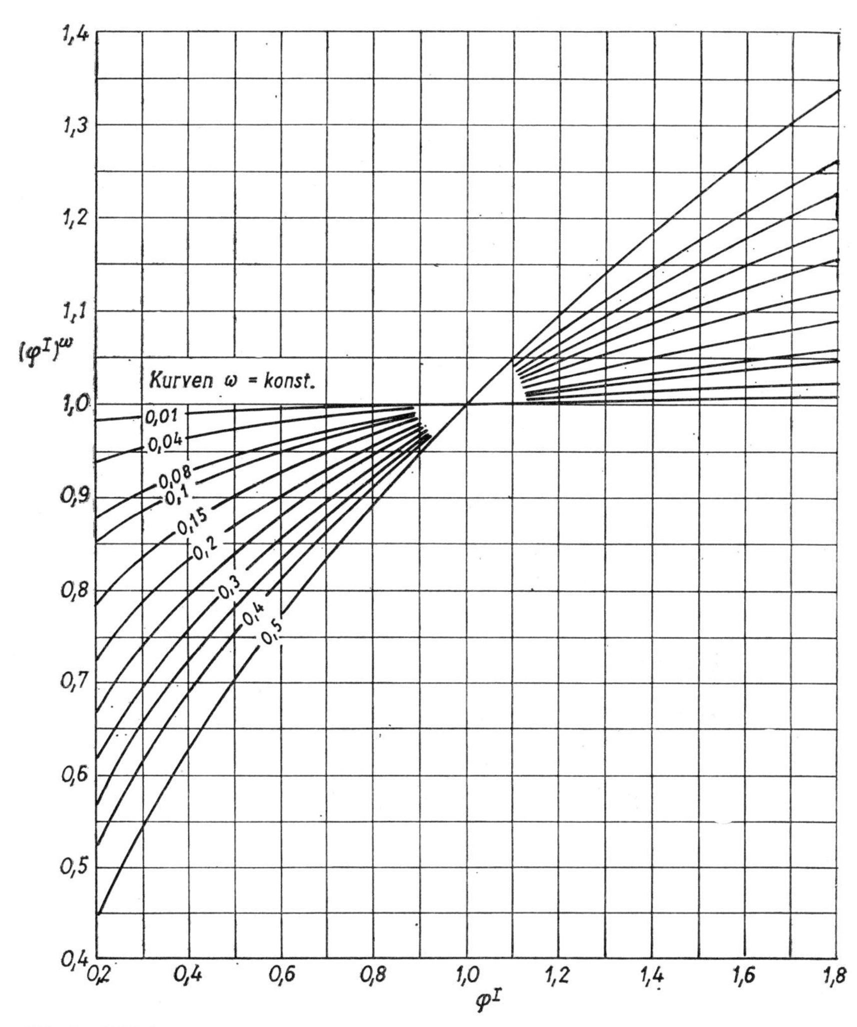

Abb. 9: Hilfsdiagramm zur Ermittlung des Korrekturfaktors für die Abweichung vom „einfachen" fluiden Stoff

und in Abb. 10 bis 12 dargestellten Diagramme zur Ermittlung der Fugazitätskoeffizienten für hohe Drücke und Temperaturen. Für die Ermittlung des Fugazitätskoeffizienten von Wasserstoff über diese Diagramme müssen die effektiven kritischen Konstanten nach LENOIR [46] zur Berechnung des reduzierten Drucks und der reduzierten Temperatur herangezogen werden.

Eine Korrelation zur Berechnung des Fugazitätskoeffizienten unpolarer reiner Stoffe wird von PITZER und CURL [29] angegeben. In dieser Korrelation sind die beiden Teilbeträge für den „einfachen“ fluiden Stoff und

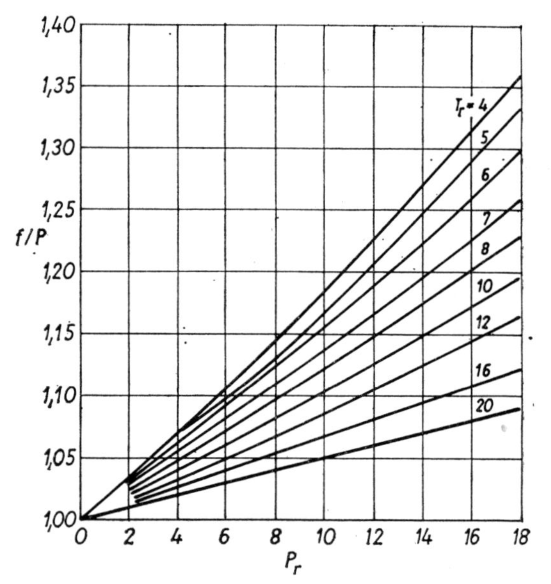

Abb. 10: Fugazitätskoeffizient reiner gasförmiger Stoffe — Niederdruckbereich —

für die Abweichung vom „einfachen“ fluiden Stoff unter Einbeziehung des azentrischen Faktors ω bereits zusammengefaßt.

$$\log \varphi_i = \frac{P_r}{2{,}303} [(0{,}1445 + 0{,}073 \cdot \omega)\, T_r^{-1} - (0{,}330 - 0{,}46\, \omega)\, T_r^{-2} - (0{,}1385 + 0{,}50\, \omega)\, T_r^{-3} - (0{,}0121 + 0{,}097\, \omega)\, T_r^{-4} - 0{,}0073\, \omega\, T_r^{-9}] \quad (172)$$

Die dieser Korrelation gemäß Gleichung (171) zugrundeliegenden Einzelbeiträge wurden von CURL und PITZER [30] in Tabellenform für den Bereich

$$0{,}80 \leqq T_r \leqq 4{,}0$$

$$0{,}2 \leqq P_r \leqq 9{,}0$$

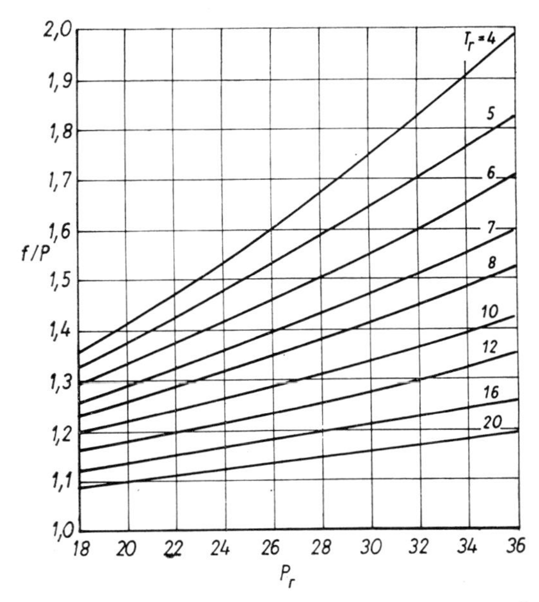

Abb. 11: Fugazitätskoeffizient reiner gasförmiger Stoffe — Mitteldruckbereich —

veröffentlicht. Der bereits behandelte Zusammenhang zwischen Virialkoeffizient und Fugazitätskoeffizient kommt am Beispiel dieser Korrelation dadurch zum Ausdruck, daß die Faktoren in den runden Klammern von Gleichung (172) mit denen der Virialkoeffizient-Korrelation (71) von PITZER und CURL [29] übereinstimmen.

Speziell für die Berechnung der Fugazität von Wasserstoff geben SHAW und WONES [45] die folgende für einen weiten Temperatur- und Druckbereich gültige Gleichung an:

$$\ln \varphi_i = C_1 \cdot P - C_2 \cdot P^2 + C_3 \cdot \left[\exp\left(-\frac{P}{300} - 1\right)\right] \quad \text{mit}$$

$$C_1 = \exp(-3{,}8402 \cdot T^{1/8} + 0{,}5410)$$

$$C_2 = \exp(-0{,}1263 \cdot T^{1/2} - 15{,}980) \qquad T\,[°\mathrm{K}],\ P\,[\mathrm{atm}] \qquad (173)$$

$$C_3 = 300 \exp(-0{,}011901\, T - 5{,}941)$$

Weitere für die Anwendung auf EDV-Anlagen geeignete Korrelationen für den Fugazitätskoeffizienten werden später bei der Behandlung verschiedener Zustandsgleichungen angegeben.

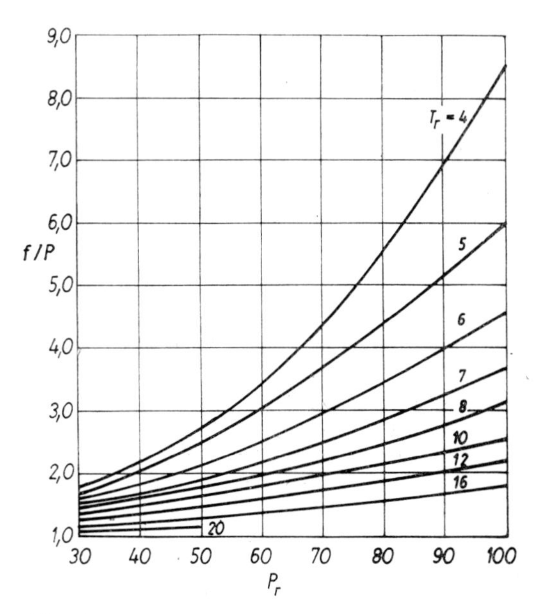

Abb. 12: Fugazitätskoeffizient reiner gasförmiger Stoffe — Hochdruckbereich —

2.6.2. *Reine siedende Flüssigkeiten*

Stehen zwei Phasen eines reinen Stoffs, z. B. die siedende Flüssigkeit und die reine Dampfphase beim Dampfdruck, in Gleichgewicht miteinander, dann haben — wie für das chemische Gleichgewicht noch gezeigt wird — beide Phasen die gleiche Fugazität. Die Fugazität einer siedenden Flüssigkeit kann als Folge dieser Aussage über den Fugazitätskoeffizienten des reinen Stoffs bei Siedetemperatur und Dampfdruck berechnet werden. Gleichung (170) in Kombination mit der Realfaktordarstellung über den azentrischen Faktor ω nach PITZER [28] wurde von LYCKMAN, ECKERT und PRAUSNITZ [70] als Ausgangspunkt gewählt, um den Fugazitätskoeffizienten φ_i als Funktion des reduzierten Dampfdrucks des reinen Stoffes zu berechnen. Da in der reduzierten Darstellung Dampfdruck und Siedetemperatur unmittelbar miteinander verbunden sind, genügt die reduzierte

Siedetemperatur $T_r^s = T^s/T_{\mathrm{krit}}$ als einzige unabhängige Variable, so daß die Ergebnisse tabellarisch als Funktion von T_r^s angegeben werden konnten. Der Fugazitätskoeffizient φ_i^s eines reinen Stoffes bei dessen Siedetemperatur und Dampfdruck ist unter Verwendung der in Tab. 19 angegebenen Beiträge und der in Tab. 3 angegebenen azentrischen Faktoren ω nach Gleichung (171) zu berechnen. Durch Multiplikation des Fugazitätskoeffizienten mit dem Dampfdruck erhält man die Fugazität des Dampfes bzw. der siedenden Flüssigkeit.

Für die Berechnung des Siedegleichgewichtes zwischen einem dampfförmigen Gemisch und der zugehörigen flüssigen Mischphase ist die Berechnung des Fugazitätskoeffizienten der reinen Flüssigkeit bei Systembedingungen erforderlich. Ist der Systemdruck P kleiner als der Dampfdruck p_i^0 des betrachteten reinen Stoffes, so daß dieser bei Gemischsiedetemperatur real nur als Dampf existend sein kann, dann muß der Fugazitätskoeffizient des betrachteten Stoffes als hypothetische Flüssigkeit berechnet werden.

Für die Berechnung der Fugazitäten reiner realer oder hypothetischer Flüssigkeiten bei beliebigem Druck, auch in Zusammenhang mit der Berechnung von Gleichgewichten, ist folgende von Chao und Seader [43] vorgeschlagene Korrelation von $[\log \varphi_i]^{(0)}$ und $[\log \varphi_i]^{(\mathrm{I})}$ geeignet:

$$[\log \varphi_i]^{(0)} = A_0 + \frac{A_1}{T_r} + A_2 \cdot T_r + A_3 T_r^2 + A_4 T_r^3 + (A_5 + A_6 T_r + A_7 T_r^2)\, P_r + (A_8 + A_9 \cdot T_r) \cdot P_r^2 - \log P_r \quad (174)$$

$$[\log \varphi_i]^{(\mathrm{I})} = -4{,}23893 + 8{,}65808 \cdot T_r - \frac{1{,}22060}{T_r} - 3{,}15224 \cdot T_r^3 - 0{,}25(P_r - 0{,}6) \quad (175)$$

T_r — reduzierte Temperatur
P_r — reduzierter Druck
A_i — Konstanten

Werte für die Konstanten sind in Tab. 18 angegeben. Soweit bisher aus der Literatur ersichtlich, sind die in der ersten Spalte angegebenen Konstanten außer für Methan und Wasserstoff allgemein anwendbar. Für die Anwendung der Methode nach Chao und Seader [43] zur Berechnung von Dampf-Flüssigkeits-Gleichgewichten für Vielstoffsysteme sind nicht die in Tab. 18 angegebenen azentrischen Faktoren ω, sondern die in Tab. 20 angegebenen, für die Gleichgewichtsberechnung von Chao und Seader angepaßten azentrischen Faktoren zu verwenden. Infolge der Anpassung für diesen speziellen Anwendungsfall unterscheiden sich die ω-Werte geringfügig.

Tabelle 18

Korrelationskonstanten für die Berechnung der Fugazität reiner realer oder hypothetischer Flüssigkeiten über Gleichung (174)

Konstanten	„einfache“ Flüssigkeit	Methan	Wasserstoff
A_0	5,75748	2,43840	1,96718
A_1	−3,01761	−2,24550	1,02972
A_2	−4,98500	−0,34084	−0,054009
A_3	2,02299	0,00212	0,0005288
A_4	0	−0,00223	0
A_5	0,08427	0,10486	0,008585
A_6	0,26667	−0,03691	0
A_7	−0,31138	0	0
A_8	−0,02655	0	0
A_9	0,02883	0	0

Tabelle 19

Beiträge zur Berechnung des reduzierten Fugazitätskoeffizienten einer reinen siedenden Flüssigkeit über Gleichung (171)

T_r	$(\log \varphi^{\text{siede}})^{(0)}$	$(\log \varphi^{\text{siede}})^{(\text{I})}$	T_r	$(\log \varphi^{\text{siede}})^{(0)}$	$\log \varphi^{\text{siede}})^{(\text{I})}$
0,56	−0,0142	0,0262	0,79	−0,0734	0,0504
0,57	−0,0156	0,0282	0,80	−0,0774	0,0493
0,58	−0,0170	0,0300	0,81	−0,0815	0,0478
0,59	−0,0185	0,0317	0,82	−0,0856	0,0459
0,60	−0,0200	0,0333	0,83	−0,0899	0,0439
0,61	−0,0217	0,0351	0,84	−0,0943	0,0418
0,62	−0,0234	0,0369	0,85	−0,0987	0,0392
0,63	−0,0253	0,0386	0,86	−0,1031	0,0361
0,64	−0,0273	0,0402	0,87	−0,1078	0,0327
0,65	−0,0294	0,0418	0,88	−0,1127	0,0290
0,66	−0,0317	0,0432	0,89	−0,1174	0,0252
0,67	−0,0341	0,0447	0,90	−0,1221	0,0213
0,68	−0,0366	0,0463	0,91	−0,1273	0,0169
0,69	−0,0393	0,0476	0,92	−0,1329	0,0122
0,70	−0,0422	0,0489	0,93	−0,1382	0,0075
0,71	−0,0453	0,0500	0,94	−0,1432	0,0027
0,72	−0,0485	0,0510	0,95	−0,1488	−0,0023
0,73	−0,0517	0,0516	0,96	−0,1540	−0,0074
0,74	−0,0551	0,0520	0,97	−0,1593	−0,0133
0,75	−0,0585	0,0522	0,98	−0,1648	−0,0201
0,76	−0,0620	0,0522	0,99	−0,1680	−0,0275
0,77	−0,0657	0,0519	1,00	−0,1642	−0,332
0,78	−0,0695	0,0512			

Eine ähnliche, für reale und hypothetische Flüssigkeiten gültige, ebenfalls empirisch ermittelte Gleichung wird von LEE und EDMISTER [137] angegeben:

$$\ln \varphi_i = A_1 + \frac{A_2}{T_r} + A_3 \ln T_r + A_4 T_r^2 + A_5 T_r^6$$

$$+ \left(\frac{A_6}{T_r} + A_7 \ln T_r + A_8 T_r^2\right) P_r + A_9 T_r^3 P_r^2 - \ln P_r$$

$$+ \omega \left[(1 - T_r)\left(A_{10} + \frac{A_{11}}{T_r}\right) + A_{12} \frac{P_r}{T_r} + A_{13} T_r^3 P_r^2\right] \quad (176)$$

Gleichung (176) gilt für Kohlenwasserstoffe außer Methan im Bereich $0{,}4 \leqq T_r \leqq 1{,}0$ und für $P_r < 10$ einschließlich des Druckbereiches unterhalb des Siededrucks (hypothetische Flüssigkeit). Die zu den Konstanten zugehörigen Zahlenwerte lauten:

$A_1 = 6{,}32873$
$A_2 = -8{,}45167$
$A_3 = -6{,}90287$
$A_4 = 1{,}87895$
$A_5 = -0{,}33448$
$A_6 = -0{,}018706$
$A_7 = -0{,}286517$
$A_8 = 0{,}18940$
$A_9 = -0{,}002584$
$A_{10} = 8{,}7075$
$A_{11} = -11{,}201$
$A_{12} = -0{,}05044$
$A_{13} = 0{,}002255$

Die zugehörige Gleichung für den Fugazitätskoeffizienten der überkritischen hypothetischen, reinen Flüssigkeit ($T_r > 1{,}0$) lautet [138]:

$$\ln \varphi_i = B_1 + \frac{B_2}{T_r} + B_3 \ln T_r + B_4 T_r^2 + B_5 T_r^3$$

$$+ \left(\frac{B_6}{T_r} + B_7 \ln T_r + B_8 T_r^2\right) P_r + A_9 T_r P_r^2 - \ln P_r$$

$$+ \omega \left[(1 - T_r)\left(A_{10} + \frac{A_{11}}{T_r}\right) + A_{12} \frac{P_r}{T_r} + A_{13} T_r P_r^2\right] \quad (177)$$

Die Konstanten B_1 bis B_8 sind in Tab. 21 angegeben. Für die Konstanten A_9 bis A_{13} gelten die zu Gleichung (176) angegebenen Zahlenwerte. Bei $T_r = 1{,}0$ stimmen die über die Gleichungen (176) und (177) berechneten Fugazitätskoeffizienten innerhalb geringer Abweichungen bei allen reduzierten Drücken P_r überein.

Tabelle 20

Azentrische Faktoren, Löslichkeitsparameter und Molvolumina einiger Stoffe für die Berechnung des Dampf-Flüssigkeits-Gleichgewichtes nach CHAO und SEADER [43]

Verbindung	ω angepaßter azentrischer Faktor	δ Löslichkeits-parameter $[\mathrm{kcal}/l]^{0,5}$	$v^{\text{flüssig}}$ Molvolumen flüssig $[l/\mathrm{kmol}]$
Wasserstoff	0,0000	3,25	31
Paraffine			
Methan	0,0000	5,68	52
Äthan	0,1064	6,05	68
Propan	0,1538	6,40	84
i-Butan	0,1825	6,73	105,5
n-Butan	0,1953	6,73	101,4
i-Pentan	0,2104	7,02	117,4
n-Pentan	0,2387	7,02	116,1
Neopentan	(0,195)	7,02	123,3
n-Hexan	0,2927	7,27	131,6
n-Heptan	0,3403	7,430	147,5
n-Oktan	0,3992	7,551	163,5
n-Nonan	0,4439	7,65	179,6
n-Dekan	0,4869	7,72	196,0
n-Undekan	0,5210	7,79	212,2
n-Dodekan	0,5610	7,84	228,2
n-Tridekan	0,6002	7,89	244,9
n-Tetradekan	0,6339	7,92	261,3
n-Pentadekan	0,6743	7,96	277,8
n-Hexadekan	0,7078	7,99	294,1
n-Heptadekan	0,7327	8,03	310,4
Olefine			
Äthylen	0,0948	6,08	61
Propylen	0,1451	6,43	79
1-Buten	0,2085	6,76	95,3
cis-2-Buten	0,2575	6,76	91,2
trans-2-Buten	0,2230	6,76	93,8
i-Buten	0,1975	6,76	95,4
1,3-Butadien	0,2028	6,94	88,0
1-Penten	0,2198	7,05	110,4
cis-2-Penten	(0,206)	7,05	107,6
trans-2-Penten	(0,209)	7,05	109,0
2-Methyl-1-Buten	(0,200)	7,05	108,7
3-Methyl-1-Buten	(0,149)	7,05	112,8
2-Methyl-2-Buten	(0,212)	7,05	106,7
1-Hexen	0,2463	(7,40)	125,8

Tabelle 20 (Fortsetzung)

Verbindung	ω angepaßter azentrischer Faktor	δ Löslichkeits-parameter $[\text{kcal}/l]^{0,5}$	$v^{\text{flüssig}}$ Molvolumen flüssig $[l/\text{kmol}]$
Naphtene			
Zyklopentan	0,2051	8,11	94,7
Methylzyklopentan	0,2346	7,85	113,1
Zyklohexan	0,2032	8,20	108,7
Methylzyklohexan	0,2421	7,83	128,3
Aromaten			
Benzol	0,2130	9,16	89,4
Toluol	0,2591	8,92	106,8
o-Xylol	0,2904	8,99	121,2
m-Xylol	0,3045	8,82	123,5
p-Xylol	0,2969	8,77	124,0
Äthylbenzol	0,2936	8,79	123,1

Tabelle 21

Konstanten zur Berechnung des Fugazitätskoeffizienten einer reinen hypothetischen Flüssigkeit über Gleichung (177)

	Wasserstoff	Stickstoff	CO_2	H_2S	Methan	Äthylen und höhere Kohlen-wasserstoffe
B_1	1,45610	9,82866	23,2166	14,5790	4,48018	7,83420
B_2	8,68977	−11,2767	−24,6427	−18,6046	−3,64274	−9,54010
B_3	0,60461	−3,65750	−25,5662	−22,7804	2,24320	−7,92000
B_4	−0,00375	0,18236	0,27361	3,77412	−1,40489	1,43018
B_5	0,0	0,0	1,10841	−0,17797	0,31421	−0,30278
B_6	0,09453	−0,13227	1,15963	−0,08928	−0,006910	0,22371
B_7	0,00491	0,0	7,81163	0,39462	0,95059	0,36252
B_8	0,0	−0,00715	−1,69703	0,01698	−0,12945	−0,05302

2.6.3. *Hypothetische Dampfphase eines reinen Stoffes*

Für die Berechnung des Gleichgewichtes zwischen einem dampfförmigen Gemisch und der zugehörigen flüssigen Mischphase ist die Ermittlung der Fugazität der reinen Dämpfe bei Systembedingungen als Bezugsfugazität erforderlich. Ist der Systemdruck P größer als der Dampfdruck des reinen Stoffes p_i^0, dann kann der Fall auftreten, daß die Fugazität eines reinen

Stoffes für den dampfförmigen Zustand ermittelt werden muß, der reine Stoff jedoch bei Systemdruck und -temperatur als Flüssigkeit vorliegt. Ein Weg, diese Komplikation zu überwinden, führt über die Definition des „hypothetischen" Dampfzustandes (siehe hierzu Abschnitt 3.). Zur Bestimmung der Fugazitätskoeffizienten wurden von PRAUSNITZ [31] auf der Basis von Gleichung (170) und unter Verwendung der PITZER-Korrelation für den Realfaktor z Darstellungen $\varphi_i = f(P_r, T_r)$ für $\omega = 0$, $\omega = 0{,}2$ und $\omega = 0{,}4$ bis zu $T_r = 0{,}5$ ermittelt. Der Fugazitätskoeffizient $\varphi_i^{(0)}$ bei $\omega = 0$ ist in Abb. 13 für die hypothetische Dampfphase dargestellt. Die Darstellungen für $\omega = 0{,}2$ und $\omega = 0{,}4$ wurden von Edmister [32] für die Anwendung von Gleichung (172) in der Form $\varphi_i^{(\mathrm{I})} = f(P_r, T_r)$ ebenfalls bis herab zu $T_r = 0{,}5$ überarbeitet. Abb. 14 zeigt $\varphi_i^{(\mathrm{I})} = f(P_r, T_r)$ für die hypothetische Damfphase. Aus Abb. 13 und Abb. 14 kann die zur Berechnung von Mischphasengleichgewichten zwischen Dampf und Flüssigkeit erforderliche Bezugsfugazität auch für den hypothetischen Dampfzustand ermittelt werden.

2.6.4. *Gas- und Dampfgemische*

Grundgleichung für die Berechnung des Fugazitätskoeffizienten $\bar{\varphi}_i$ einer Komponente in einem Gas- oder Dampfgemisch ist Gleichung (163) in der folgenden Schreibweise:

$$R \cdot T \cdot \ln \bar{\varphi}_i = \int_0^P \left(\bar{v}_i - \frac{RT}{P} \right) dP_{T,y_i} \tag{178}$$

Mit dem Übergang $P^+ \to 0$ wurde der Bezugsdruck mit 0 [atm] festgelegt. Die Fugazität der Komponente i im Gemisch $\bar{f}_i$ wird nach Bestimmung von $\bar{\varphi}_i$ über Gleichung (164) berechnet.

Ein Vergleich der Gleichung zur Berechnung des Fugazitätskoeffizienten $\bar{\varphi}_i$ einer Gemischkomponente (178) mit der Grundgleichung zur Berechnung des Fugazitätskoeffizienten φ_i eines reinen Gases oder Dampfes (168) zeigt, daß bei dem Gemisch das partielle molare Volumen $\bar{v}_i$ an die Stelle des Molvolumens v_i tritt. Obwohl dieser Unterschied nur gering zu sein scheint, ändert sich die Berechnungsmethodik wesentlich, da das partielle molare Volumen $\bar{v}_i$ eine konzentrationsabhängige Mischungseigenschaft ist und nicht wie das Molvolumen v_i durch eine Zustandsgleichung unmittelbar wiedergegeben werden kann. Der durch Gleichung (155) gegebene Zusammenhang zwischen chemischem Potential und partiellen molaren Volumen führte zur Grundgleichung für den Fugazitätskoeffizienten $\bar{\varphi}_i$ einer Gemischkomponente. Zur Bestimmung des partiellen molaren Volumens $\bar{v}_i$ steht noch Gleichung (135) zur Verfügung:

$$\bar{v}_i = \left(\frac{\partial V}{\partial n_i} \right)_{P,T,n_{k \neq i}} = \left[\frac{\partial (n \cdot v)}{\partial n_i} \right]_{P,T,n_{k \neq i}} \tag{135}$$

Die rechnerische Ermittlung des partiellen molaren Volumens $\bar{v}_i$ der Komponente i in einem Gemisch ist nach Gleichung (143) durchzuführen:

$$\bar{v}_i = v + \left(\frac{\partial v}{\partial y_i}\right)_{T,P,y_{k \neq i}} - \sum_{j=1}^{N} y_j \left(\frac{\partial v}{\partial y_j}\right)_{T,P,y_{k \neq j}} \tag{143}$$

v — Molvolumen des Gemisches

wobei j für alle Gemischkomponenten einschließlich der Komponente i steht. Bei binären Gemischen ist zu beachten, daß y_i und y_j nicht unabhängig voneinander, sondern durch die Gleichung $y_i = 1 - y_j$ miteinander verbunden sind.

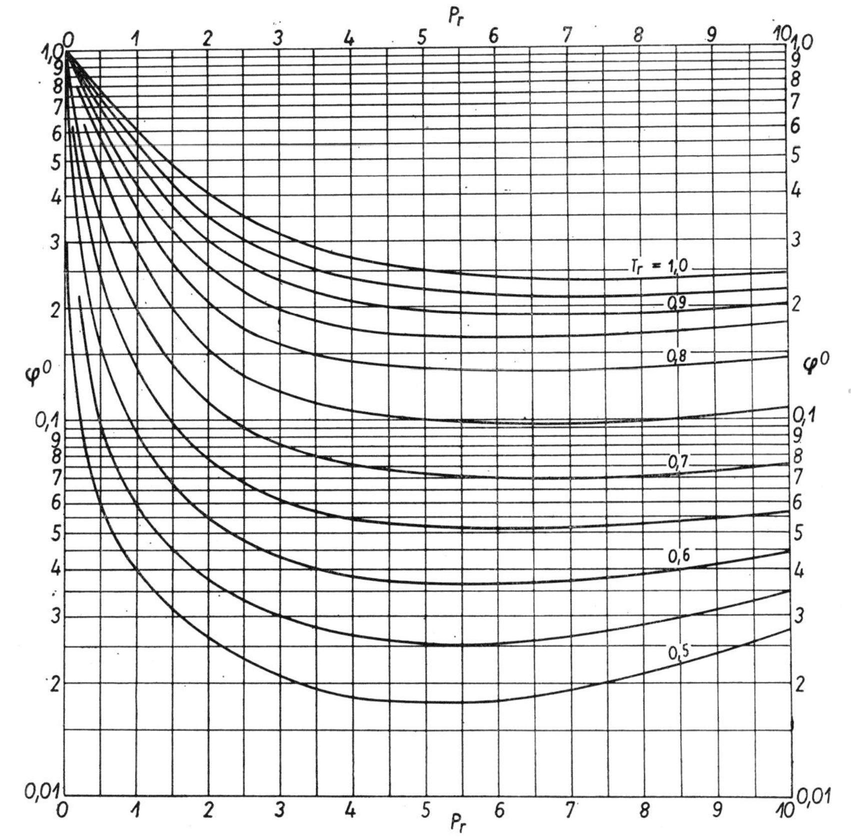

Abb. 13: Fugazitätskoeffizient $\varphi_i^{(0)}$ „einfacher“ Stoffe im „hypothetischen“ Gaszustand

Da jedoch die überwiegende Zahl der Zustandsgleichungen explizit zum Druck und nicht zum Volumen sind, ist es vorteilhafter, Gleichung (135) wie folgt umzuschreiben [33]:

$$\bar{v}_i = \frac{-\left(\frac{\partial P}{\partial n_i}\right)_{T,v,n_{k \neq i}}}{\left(\frac{\partial P}{\partial v}\right)_{T,n_i\,(\text{alle } i)}} \tag{179}$$

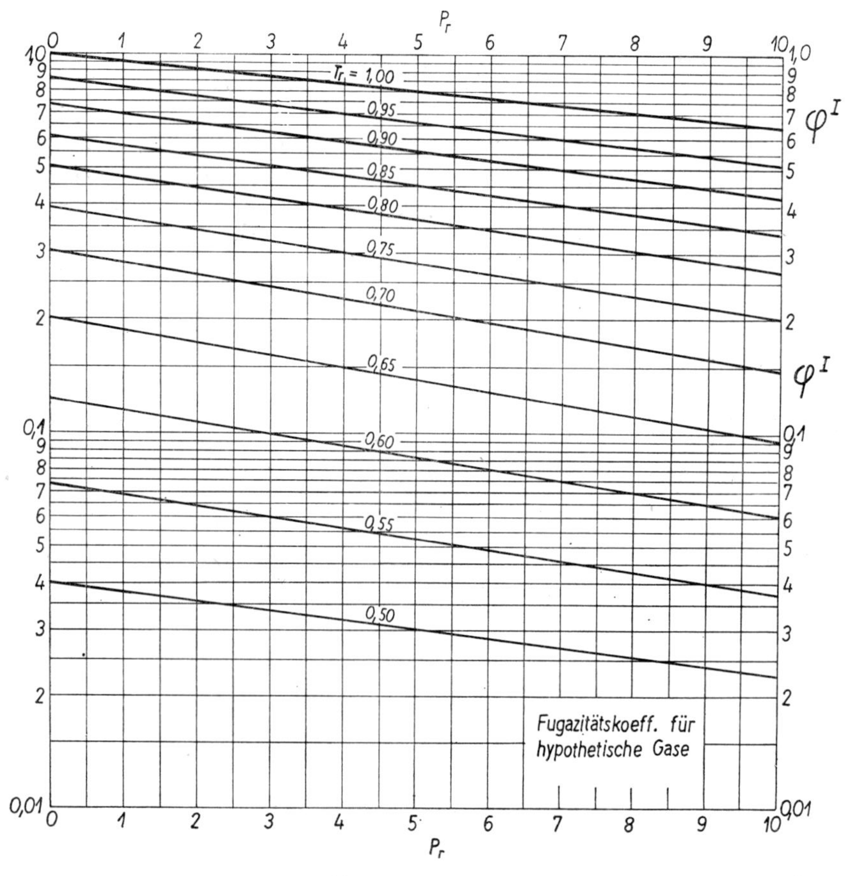

Abb. 14: Fugazitätskoeffizient $\varphi_i^{(\mathrm{I})}$ „hypothetischer“ Gase zur Ermittlung des Korrekturgliedes für die Abweichung vom „einfachen“ Stoff im „hypothetischen“ Gaszustand

Die unmittelbare Anwendung von (179) wird in Abschnitt 4.1.5. am Beispiel der Ermittlung einer Beziehung für das partielle molare Volumen der Komponenten eines flüssigen Gemisches unter Verwendung der Zustandsgleichung von REDLICH und KWONG dargestellt. Für die Ermittlung des Fugazitätskoeffizienten $\bar{\varphi}_i$ einer Gasgemischkomponente wird $\bar{v}_i$ in Gleichung (178) durch die sich aus der Verbindung von (135) und (179) bei $P =$ konst. ergebende Beziehung ersetzt. Durch gleichzeitigen Übergang vom Integral über dP zum Integral über dV unter Verwendung von $P \cdot v = z \cdot R \cdot T$ bei $T =$ konst. erhält man dann die folgende für die Verwendung druckexpliziter Zustandsgleichungen geeignete Beziehung zur Berechnung von $\bar{\varphi}_i$ [34, 35]:

$$RT \ln \bar{\varphi}_i = \int_V^\infty \left[\left(\frac{\partial P}{\partial n_i} \right)_{T, V, n_{k \neq i}} - \frac{R \cdot T}{V} \right] dV - R \cdot T \cdot \ln z \qquad (180)$$

V — Gesamtvolumen

z — Realfaktor $z = \dfrac{P \cdot V}{n \cdot R \cdot T}$

2.6.5. *Ermittlung des Fugazitätskoeffizienten im Gasgemisch über den Virialkoeffizienten-Zustandsgleichung*

Eine Zustandsgleichung, die relativ einfach ist und doch mit guter Genauigkeit bei mäßigem Druck P und gleichzeitig genügender Entfernung vom kritischen Druck gilt, ist die Virialkoeffizienten-Zustandsgleichung (siehe Tab. 1). Die für die zufriedenstellende Anwendung dieser Zustandsgleichung vorauszusetzenden Bedingungen sind bei der überwiegenden Zahl der Trennoperationen eingehalten. Angewandt auf Gemische lautet diese Zustandsgleichung

$$\frac{P \cdot v_M}{R \cdot T} = 1 + \frac{B_M}{v_M} \qquad (181)$$

v_M — Molvolumen der Mischung
B_M — 2. Virialkoeffizient des Gemisches

Der zweite Virialkoeffizient B_M ist nur eine Funktion der Temperatur und der Zusammensetzung, nicht aber des Drucks. Zur Bestimmung des partiellen Differentialquotienten in Gleichung (180) bei $T =$ konst. ist somit nur ein Ansatz für die Zusammensetzungsabhängigkeit von B_M erforderlich. Für den zweiten Virialkoeffizienten gilt für die Konzentrationsabhängigkeit in einem Gemisch aus N Komponenten

$$B_M = \sum_{i=1}^{N} \sum_{j=1}^{N} y_i y_j B_{ij} \text{ mit } B_{ij} = B_{ji} \qquad (182)$$

wobei B_{ii} und B_{jj} die zweiten Virialkoeffizienten der reinen Stoffe und $B_{ij}(i \neq j)$ die zweiten Virialkoeffizienten für die aus jeweils 2 Komponenten gebildeten Paare sind. Für ein binäres Gemisch gilt:

$$B_M = y_1^2 B_{11} + 2 y_1 y_2 B_{12} + y_2^2 B_{22} \tag{183}$$

Die hier verwendete Form der Virial-Zustandsgleichung und die Mischungsregel gelten für 1 [kmol] bzw. [mol] Gemisch. Die Ermittlung des partiellen Differentials in Gleichung (180) ist über einen zu den Beziehungen (143) bis (146) analogen Ansatz durchzuführen,

$$\left(\frac{\partial P}{\partial n_i}\right)_{T, v_M \cdot y_{k \neq i}} = P + \left(\frac{\partial P}{\partial y_i}\right)_{T, v_M} - \sum_j y_j \left(\frac{\partial P}{\partial y_j}\right)_{T, v_M, y_{k \neq j}} \tag{184}$$

wobei in die Summierung über alle Komponenten j die Komponente i mit einzubeziehen ist. Die Anwendung auf die durch Kombination von (181) mit (183) und Umformung gewonnene Form der Zustandsgleichung ergibt

$$P = \frac{R \cdot T}{v_M} + \frac{R \cdot T}{v^2{}_M} \cdot (y_1^2 B_{11} + 2 y_1 y_2 B_{12} + y_2^2 B_{22})$$

$$\left(\frac{\partial P}{\partial y_i}\right)_{T, v_M, y_{k \neq i}} = \frac{R \cdot T}{v_M^2} (2 y_1 B_{11} + 2 y_2 B_{12})$$

$$P - \sum_j \left(\frac{\partial P}{\partial y_j}\right)_{T, v_M, x_{k \neq j}} = \frac{R \cdot T}{v_M}$$

$$\left(\frac{\partial P}{\partial n_i}\right)_{T, v_M, n_{k \neq i}} = \frac{R \cdot T}{v_M} - \frac{R \cdot T}{v_M^2} \cdot 2(y_1 B_{11} + y_2 B_{12})$$

$$\left(\frac{\partial P}{\partial n_i}\right)_{T, v_M, n_{k \neq i}} - \frac{R \cdot T}{v_M} = \frac{R \cdot T}{v_M^2} \cdot 2(y_1 B_{11} + y_2 B_{12}) \tag{185}$$

Dieser Ausdruck ist bei konstanter Temperatur und konstanter Zusammensetzung in den Grenzen v_M bis $v_M = \infty$ zu integrieren. Das Ergebnis lautet für den Fugazitätskoeffizienten der Komponente 1 in einem binären Gemisch:

$$\ln \bar{\varphi}_1 = \frac{2}{v_M} (y_1 \cdot B_{11} + y_2 \cdot B_{12}) - \ln \frac{P \cdot v_M}{R \cdot T} \tag{186}$$

Für den Fugazitätskoeffizienten $\bar{\varphi}_i$ in einem Gemisch bestehend aus N Komponenten erhält man

$$\ln \bar{\varphi}_i = \frac{2}{v_M} \sum_{j=1}^{N} y_j B_{ij} - \ln \frac{P \cdot v_M}{R \cdot T} \tag{187}$$

wobei j alle Zählgrößen von 1 bis N einschließlich i annehmen kann. Die Berechnung des Fugazitätskoeffizienten $\bar{\varphi}_i$ nach (186) oder (187) setzt die Ermittlung von v_M aus der in bezug auf v_M quadratischen Zustandsgleichung (181) voraus, wobei B_M über (182) bzw. (183) zu berechnen ist. Die Ermittlung der Virialkoeffizienten B_{ij} für die aus den Komponenten i und j gebildeten Paare wurde in Abschnitt 1.5. behandelt.

Bei Verwendung einer anderen Zustandsgleichung als der Virialkoeffizientengleichung zur Berechnung des Fugazitätskoeffizienten $\bar{\varphi}_i$ sind die gleichen mathematischen Operationen in der gleichen Reihenfolge abzuarbeiten.

2.7. Aktivität und Aktivitätskoeffizient

2.7.1. Definition der Aktivität und des Aktivitätskoeffizienten

Aktivität und Aktivitätskoeffizient werden allgemein verwendet, um das Realverhalten flüssiger Gemische zu beschreiben, können jedoch sowohl für gasförmige als auch flüssige Gemische Anwendung finden. Das chemische Potential nimmt eine Schlüsselstellung nicht nur für Gase, sondern auch für reine flüssige Substanzen und flüssige Gemische ein. Die Gleichungen (161) für reine Stoffe und (162) für Gemische sind unabhängig vom Aggregatzustand und werden zur Definierung des Aktivitätskoeffizienten und der Aktivität herangezogen:

Reiner Stoff:

$$\mu_i^{\text{rein}}(T, P) = \mu_i^+(T, P^+) + R \cdot T \cdot \ln \frac{P}{P^+} + R \cdot T \cdot \ln \varphi_i \tag{161}$$

Gemisch:

$$\mu_i(T, P, x_i) = \mu_i^+(T, P^+) + R \cdot T \cdot \ln \frac{P}{P^+} + R \cdot T \cdot \ln x_i + R \cdot T \cdot \ln \bar{\varphi}_i \tag{162}$$

x_i — Molanteile der Komponente i im Gemisch, bei gasförmigen Gemischen identisch mit y_i

Durch Kombination beider Gleichungen läßt sich das chemische Potential der Substanz i als Gemischkomponente $\mu_i(T, P, x_i)$ als Funktion des chemischen Potentials des reinen Stoffes i $\mu_i^{\text{rein}}(T, P)$, der Molanteile x_i und des Verhältnisses der Fugazitätskoeffizienten φ_i und $\bar{\varphi}_i$ ausdrücken:

$$\mu_i(T, P, x_i) = \mu_i^{\text{rein}}(T, P) + R \cdot T \cdot \ln \frac{\bar{\varphi}_i}{\varphi_i} \cdot x_i \tag{188}$$

Das Verhältnis des Fugazitätskoeffizienten $\bar{\varphi}_i$ des Stoffes i im Gemisch zum Fugazitätskoeffizienten φ_i des reinen Stoffes i bei gleicher Temperatur und gleichem Druck wird als Aktivitätskoeffizient bezeichnet.

Definition:

$$\frac{\bar{\varphi}_i}{\varphi_i} = \gamma_i \tag{189}$$

$$\gamma_i \cdot x_i = a_i \tag{190}$$

γ_i — Aktivitätskoeffizient der Komponente i im Gemisch
a_i — Aktivität der Komponente i im Gemisch

Der Aktivitätskoeffizient γ_i läßt sich als ein Maß für die Abweichung zwischen einem realen Gemisch und einem idealen Gemisch aus realen oder idealen Komponenten deuten.

$$\mu_i(T, P, x_i) = \mu_i^{\text{rein}}(T, P) + R \cdot T \cdot \ln \gamma_i \cdot x_i \tag{191}$$

Das Produkt aus Aktivitätskoeffizient γ_i und Konzentration, hier ausgedrückt über die Molanteile x_i, erhält die Bezeichnung Aktivität a_i. Die Aktivität besitzt den Charakter einer korrigierten Konzentration. Bei Verwendung der Aktivität a_i zur Beschreibung des Einflusses der Gemischzusammensetzung auf das Realverhalten des Gemisches anstelle der Konzentration, können alle für ideale Gemische hergeleiteten Beziehungen auf reale Gemische angewandt werden.

Reale Gemische:

$$\mu_i(P, T, x_i) = \mu_i^{\text{rein}}(P, T) + R \cdot T \cdot \ln a_i \tag{192}$$

Sowohl für reale als auch ideale Gemische kennzeichnet $\mu_i^{\text{rein}}(P, T)$ das Realverhalten der reinen Komponente. Anders ausgedrückt: Das chemische Potential der Komponente i im Gemisch wird beschrieben, wobei die reale reine Komponente bei dem Systemdruck P und der Temperatur T als Bezugszustand verwendet wird.

2.7.2. Fugazität einer Komponente eines flüssigen Gemisches

Die Definitionsgleichung des Aktivitätskoeffizienten (189) bietet die Möglichkeit, eine Beziehung zwischen der Fugazität einer Komponente i in einem flüssigen Gemisch $\bar{f}_i^{\text{flüssig}}$ und der Fugazität dieser Komponente im reinen Zustand $f_i^{\text{flüssig}}$ bei gleichem Druck und gleicher Temperatur herbeizuführen. Die Fugazitätskoeffizienten für eine reine Flüssigkeit $\varphi_i^{\text{flüssig}}$ und für eine Komponente in einem flüssigen Gemisch $\bar{\varphi}_i^{\text{flüssig}}$ lauten in Analogie zu den Gleichungen (160) und (164)

Reine Flüssigkeit: $\varphi_i^{\text{flüssig}} = \left(\frac{f_i}{P}\right)^{\text{flüssig}}$

Komponente im flüssigen Gemisch:

$$\bar{\varphi}_i^{\text{flüssig}} = \left(\frac{\bar{f}_i}{P \cdot x_i}\right)^{\text{flüssig}}$$

Die Verbindung der beiden Definitionen durch den Aktivitätskoeffizienten liefert

$$\gamma_i = \left(\frac{\bar{f}}{x_i \cdot f_i}\right)^{\text{flüssig}}$$

$$\bar{f}_i^{\text{flüssig}} = \gamma_i \cdot x_i \cdot f_i^{\text{flüssig}} \tag{193}$$

Gleichung (193) ist der gesuchte Zusammenhang der Fugazität einer Komponente in einem flüssigen Gemisch $\bar{f}_i^{\text{flüssig}}$ und der Fugazität der Komponente i als reine Flüssigkeit $f_i^{\text{flüssig}}$. Gleichung (193) kann dann angewandt werden, wenn die Fugazität der reinen Flüssigkeit bei der Temperatur und dem Druck bekannt ist, für die die Fugazität der Komponente im flüssigen Gemisch bestimmt werden soll. Andernfalls ist noch zusätzlich eine Umrechnung von $\bar{f}_i^{\text{flüssig}}$ auf den abweichenden Druck bei isothermer Betrachtungsweise oder auf die abweichende Temperatur bei isobarer Betrachtungsweise vorzunehnen.

2.7.3. *Wahl der Bezugsbasis des Aktivitätskoeffizienten*

Die Verwendung der Beziehungen (192), (188) bzw. (193) setzt voraus, daß zur Beschreibung einer Komponente in einem flüssigen Gemisch diese auch in reinem Zustand bei dem Gesamtdruck des Gemisches (Systemdruck) und Gemischtemperatur als Flüssigkeit existend ist. Bei Anwendung der gleichen Beziehungen auf die Dampf- oder Gasphase gilt eine entsprechende Aussage. Sowohl für siedende flüssige Gemische als auch kondensierende dampfförmige Gemische ist diese Bedingung jeweils nur für einen Teil der Komponenten erfüllbar. Eine Komponente i in einem siedenden Gemisch kann bei Systemdruck und -temperatur nur dann zugleich auch als reine Flüssigkeit existent sein, wenn die Siedetemperatur des reinen Stoffes i bei Systemdruck des Gemisches größer oder gleich der Siedetemperatur des Gemisches ist. Entsprechend kann eine Komponente i eines dampfförmigen Gemisches am Taupunkt nur dann zugleich als reiner Dampf existieren, wenn die Siedetemperatur des reinen Stoffes i kleiner oder gleich ist der Tautemperatur des dampfförmigen Gemisches bei dem Systemdruck des Gemisches.

Flüssige Gemische können weiterhin folgende Komponenten enthalten, die bei Systemdruck und -temperatur als reine Stoffe nicht flüssig sind:

— gelöste permanente (überkritische) Gase,
— gelöste Salze,
— Ionen (als reine Stoffe nicht existent).

2.7.4. *Der rationelle Aktivitätskoeffizient*

In solchen Fällen ist es nützlich, als Bezugszustand statt der reinen flüssigen Phase die unendlich verdünnte Flüssigkeit zu verwenden: Die betrachtete Komponente liegt mit unendlich kleiner Konzentration im flüssigen Lösungsmittel vor (Zustandskennzeichnung: ∞). Formal gilt zunächst

$$\mu_i(P, T, x_i) = \mu_i^{\infty}(P, T, \textit{Lösungsmittel}) + RT \ln \gamma_{0i} \cdot x_i \tag{194}$$

$\mu_i^{\infty}(P, T, Lsgm.)$ — chemisches Potential der Komponente i in dem jeweiligen Lösungsmittel bei unendlicher Verdünnung und dem durch den Druck P und die Temperatur T festgelegten Zustand.

γ_{0i} — rationeller Aktivitätskoeffizient, zugehörige zu der durch die Molanteile x_i charakterisierten Zusammensetzung, dem Druck P und der Temperatur T.

Der rationelle Aktivitätskoeffizient γ_{0i} ist nicht identisch mit dem Aktivitätskoeffizienten der Komponente i bei unendlicher Verdünnung γ_i^{∞}.

γ_i^{∞} — Aktivitätskoeffizient bei unendlicher Verdünnung, P und T.

Der Aktivitätskoeffizient bei unendlicher Verdünnung ist eine Funktion des Lösungsmittels, der Temperatur und Drucks, nicht aber der Konzentration. Daraus folgt die Möglichkeit, γ_i^{∞} für festgelegte Werte des Drucks P und der Temperatur T als Funktion von Strukturparametern bei ähnlich aufgebauten Molekülen (homologen Reihen) zu korrelieren. Diese Möglichkeit der Bestimmung von γ_i^{∞} wird in Abschnitt 2.10. behandelt.

Zu einem Ansatz für die Berechnung des rationellen Aktivitätskoeffizienten γ_{0i} aus dem normalen Aktivitätskoeffizienten γ_i — oder umgekehrt — kommt man, wenn man bedenkt, daß die Gleichungen (191) und (194) sinnvollerweise zum gleichen Resultat für das chemische Potential führen müssen. Setzt man die rechten Seiten beider Gleichungen zueinander gleich, dann folgt:

$$\ln \frac{\gamma_i}{\gamma_{0i}} = \frac{\mu_i^{\infty}(P, T, \text{Lsgm.}) - \mu_i^{\text{rein}}(P, T)}{R \cdot T} \tag{195}$$

Gleichung (195) hängt nur von Druck P, Temperatur T und Art des Lösungsmittels, nicht aber von der Konzentration des gelösten Stoffes ab. Diese Gleichung muß unabhängig von der Konzentration, also auch bei unendlicher Verdünnung der gelösten Komponente gültig ein. Der Grenzwert des Aktivitätskoeffizienten für unendliche Verdünnung ist γ_i^∞. Im Bezugszustand muß der rationelle Aktivitätskoeffizient γ_{0i} ebenso wie der normale Aktivitätskoeffizient γ_i gleich 1 sein:

$$\lim_{x_i \to 0} \gamma_{0i} = 1 \qquad \text{Bezugszustand: Unendliche Verdünnung}$$

$$\lim_{x_i \to 1} \gamma_i = 1 \qquad \text{Bezugszustand: Reiner Stoff } i$$

Der Übergang zu unendlicher Verdünnung liefert, ausgehend von der linken Seite von (195):

$$\lim_{x_i \to 0} \left(\ln \frac{\gamma_i}{\gamma_{0i}} \right) = \lim_{x_i \to 0} (\ln \gamma_i) = \ln \gamma_i^\infty \tag{196}$$

Damit folgt als Zusammenhang zwischen den Bezugszuständen

$$\mu_i^\infty(T, P, \text{Lsgm.}) = \mu_i^{\text{rein}}(T, P) + RT \cdot \ln \gamma_i^\infty \tag{197}$$

Gleicherweise kann der Übergang $x_i \to 1$ durchgeführt werden. Er liefert

$$\lim_{x_i \to 1} \left(\ln \frac{\gamma_{0i}}{\gamma_i} \right) = \lim_{x_i \to 1} (\ln \gamma_{0i}) = \ln \gamma_{0i}^1 \tag{198}$$

$$\mu_i^\infty(T, P, \text{Lsgm.}) = \mu_i^{\text{rein}}(T, P) - R \cdot T \cdot \ln \gamma_{0i}^1 \tag{199}$$

$$\ln \gamma_{0i}^1 = -\ln \gamma_i^\infty \tag{200}$$

γ_{0i}^1 — rationeller Aktivitätskoeffizient des reinen Stoffes i

Damit ist es möglich, das in Gleichung (188) als Bezugspotential verwendete chemische Potential einer reinen Flüssigkeit über Gleichung (197) bei Kenntnis des normalen Aktivitätskoeffizienten bei unendlicher Verdünnung γ_i^∞ für den Fall zu berechnen, daß der Stoff i bei Systemdruck P und Systemtemperatur T nicht als reine Flüssigkeit existent ist. Weiterhin zeigen Gleichung (199) und (200), daß der rationelle Aktivitätskoeffizient des reinen Stoffes i nicht den Wert 1 annimmt, sondern daß der Logarithmus von γ_{0i}^1 identisch ist mit dem negativen Logarithmus des normalen Aktivitätskoeffizienten bei unendlicher Verdünnung γ_i^∞.

2.8. Zusammenhang zwischen Aktivitätskoeffizient und Zusatzgrößen

In Abschnitt 2.2. waren thermodynamische Zusatzgrößen wie das Zusatzvolumen v^E, die Zusatzenthalpie h^E und der Zusatzbetrag der freien Enthalpie g^E definiert worden, welche die Abweichung eines realen Gemisches von einem idealen Gemisch angeben. Der im vorangegangenen Abschnitt behandelte Aktivitätskoeffizient war ebenfalls ein Maß für die Abweichung zwischen einem realen und einem idealen Gemisch. Zwischen dem Aktivitätskoeffizienten und den Zusatzgrößen müssen Beziehungen vorhanden sein, die hier ermittelt werden sollen. Hierzu geht man von dem Zusammenhang zwischen den partiellen molaren Größen und dem chemischen Potential aus, das mit den Aktivitätskoeffizienten unmittelbar verbunden ist. Die partiellen molaren Größen werden als letzter Schritt durch die Zusatzgrößen ersetzt. Dieser Weg wird nur einmal am Beispiel des Zusatzvolumens demonstriert.

2.8.1. Zusatzvolumen v^E

$$\bar{v}_i = \left(\frac{\partial \mu_i}{\partial P}\right)_{T,x_i} \tag{155}$$

$$\bar{v}_i = \frac{\partial}{\partial P}\left[\mu_i^{\text{rein}}(T, P) + R \cdot T \cdot \ln x_i + R \cdot T \cdot \ln \gamma_i\right]_{T,x_i} \tag{201}$$

$$\bar{v}_i = v_i + 0 + R \cdot T \cdot \left(\frac{\partial \ln \gamma_i}{\partial P}\right)_{T,x_i}$$

$$\sum_i x_i v_i + v^E = \sum_i x_i \bar{v}_i$$

$$\sum_i x_i v_i + v^E = \sum_i x_i v_i + R \cdot T \cdot \sum_i x_i \left(\frac{\partial \ln \gamma_i}{\partial P}\right)_{T,x_i}$$

$$v^E = R \cdot T \cdot \sum_i x_i \cdot \left(\frac{\partial \ln \gamma_i}{\partial P}\right)_{T,x_i} \tag{202}$$

Gleichung (202) ermöglicht die Berechnung des Zusatzvolumens eines Gemisches v^E [m³/kmol] oder [l/mol] aus der Druckabhängigkeit der Aktivitätskoeffizienten γ_i aller Komponenten. Zur numerischen Durchführung der Rechnung ist es erforderlich, $\ln \gamma_i$ in (202) durch eine nach dem Druck differenzierbare Funktion zu ersetzen und den Differentialquotienten durch partielle Differentation bei konstanter Temperatur und Zusammensetzung zu ermitteln. Ein Ansatz für flüssige Gemische zur Berechnung von v^E wird in Zusammenhang mit der Anwendung der Theorie regulärer Lösungen auf die Gleichgewichtsberechnung angegeben.

2.8.2. Zusatzenthalpie

$$h^E = -R \cdot T^2 \cdot \sum_i x_i \cdot \left(\frac{\partial \ln \gamma_i}{\partial T}\right)_{P,x_i} \tag{203}$$

Zur Berechnung der Zusatzenthalpie ist $\ln \gamma_i$ durch eine nach der Temperatur differenzierbare Funktion zu ersetzen. Der Differentialquotient ist bei konstantem Druck und bei konstanter Zusammensetzung zu ermitteln. Gleichung (203) wird zur Ermittlung der Zusatzenthalpie sowohl von flüssigen als auch gasförmigen Gemischen verwendet. Für gasförmige Gemische wird die geforderte nach der Temperatur differenzierbare Funktion ermittelt, indem der Aktivitätskoeffizient durch das Verhältnis der Fugazitätskoeffizienten $\bar{\varphi}_i$ für den Stoff i als Gemischkomponente zu φ_i für das reine Gas i ersetzt wird.

Der Differentialquotient wird damit ersetzt durch:

Gase und Dämpfe:
$$\left(\frac{\partial \ln \gamma_i}{\partial T}\right)_{P,x_i} = \left(\frac{\partial \ln \bar{\varphi}_i}{\partial T}\right)_{P,x_i} - \left(\frac{\partial \ln \varphi_i}{\partial T}\right)_P \tag{204}$$

Die Fugazitätskoeffizienten sind über Zustandsgleichungen zu ermitteln wie in Abschnitt 2.6. gezeigt wurde. Die Virialkoeffizientenzustandsgleichung ist für die Ermittlung der Zusatzenthalpie nur bedingt geeignet, da die Virialkoeffizienten Funktionen der Temperatur sind.

Allgemeingültiger und damit auch für die flüssige Phase anwendbar ist die Berechnung der Zusatzenthalpie h^E über den Zusatzbetrag der freien Enthalpie g^E. Ersetzt man die Summierung auf der rechten Seite von Gleichung (203) unter Verwendung von Gleichung (211) durch $g^E/R \cdot T$, dann folgt

$$h^E = -RT^2 \left(\frac{\partial \dfrac{g^E}{R \cdot T}}{\partial T}\right)_{P,x_i} \tag{205}$$

Unter Verwendung eines geeigneten Modellansatzes für $\dfrac{g^E}{R \cdot T}$ und bei Kenntnis der Temperaturfunktion der Konstanten des Modellansatzes kann das partielle Differential ermittelt werden. Die ursprüngliche Theorie regulärer Lösungen von Scatchard und Hildebrand führt infolge der Annahmen $v^E = 0$ und $s^E = 0$ zu $g^E = h^E$. Dieses Ergebnis ist praktisch nicht brauchbar. Im Ergebnis ihrer verbesserten Theorie regulärer Lösungen erhalten HILDEBRAND und SCOTT [58] bei konstantem Druck folgenden Zusammenhang zwischen Zusatzenthalpie h^E und Zusatzbetrag der freien Enthalpie:

$$h_P{}^E = g_P{}^E + v^E \left(\frac{\alpha_P{}^* \cdot T}{\beta_T}\right)_M + \cdots \tag{206}$$

v^E — Zusatzvolumen
$\alpha_p{}^*$ — thermischer Ausdehnungskoeffizient
β_T — isotherme Kompressibilität des Gemisches

Für reine Flüssigkeiten kann $\alpha_P{}^*$ aus volumetrischen Werten wie der

Dichte bestimmt werden. Für β_T geben CHUEH und PRAUSNITZ [59] folgende Gleichung für eine reine siedende Flüssigkeit an:

$$\frac{R \cdot \beta_{T^s} \cdot T_{\text{krit}}}{v_{\text{krit}}} = [1{,}0 - 0{,}89 \cdot \omega^{0{,}5}] \exp (6{,}9547 - 76{,}2853 \times T_r + 191{,}3060 \cdot T_r^2 - 203{,}5472 \cdot T_r^3 + 82{,}7631 \cdot T_r^4) \tag{207}$$

ω — azentrischer Faktor
T_r — (T/T_{krit}) = reduzierte Temperatur
T_{krit} — kritische Temperatur
v_{krit} — kritisches Volumen
Gültigkeitsbereich: $0{,}4 \leq T_r \leq 0{,}98$

Für Gemische sind die über die Volumenanteile gebildeten Mittelwerte zu verwenden. Das Zusatzvolumen v^E kann ebenfalls über die Theorie regulärer Lösungen ermittelt werden — siehe Gleichungen (526) und (527).

2.8.3. *Zusatzentropie*

$$s^E = \frac{h^E}{T} - R \cdot \sum_i x_i \ln \gamma_i \tag{208}$$

$$s^E = -R \cdot \sum_i x_i \cdot \left[\ln \gamma_i + T \cdot \left(\frac{\partial \ln \gamma_i}{\partial T}\right)_{P, x_i}\right] \tag{209}$$

Alle für die Zusatzenthalpie h^E genannten Voraussetzungen und Hinweise treffen auch auf die Ermittlung der Zusatzentropie s^E zu.

2.8.4. *Zusatzbetrag der freien Enthalpie*

$$g^E = h^E - T \cdot s^E \tag{210}$$

$$g^E = R \cdot T \sum_i x_i \ln \gamma_i \tag{211}$$

Gleichung (211) wird nicht zur Berechnung des Zusatzbetrages der freien Enthalpie g^E angewandt — obwohl diese Anwendung bei Kenntnis der Aktivitätskoeffizienten aller Komponenten im System möglich wäre —, sondern ist Ausgangspunkt für die Berechnung der Aktivitätskoeffizienten in flüssigen Gemischen. Der Zusatzbetrag der freien Enthalpie g^E ist die Differenz zwischen der freien Mischungsenthalpie eines realen Gemisches und der freien Mischungsenthalpie für ein ideales Gemisch. Betrachtet man zur Vereinfachung ein „einfaches" oder „reguläres" Gemisch, bei dem gemäß Definition die Zusatzentropie s^E null ist, dann ist g^E gleich der Differenz zwischen der Mischungswärme eines realen Gemisches und der eines idealen Gemisches. Diese Differenz der Mischungswärmen ist bedingt durch unterschiedliche Wechselwirkungskräfte zwischen den Molekülen zweier verschiedener Stoffe im Vergleich zu den Wechselwirkungskräften zwischen zwei gleichartigen Molekülen (für binäre Gemische). Sie ist damit abhängig sowohl von den Stoffen, die miteinander vermischt werden, als auch von den Konzentrationen der Komponenten im Gemisch. Gelingt es, diese funktionellen Zusammenhänge durch ein geeignetes Modell und die Anwendung stoffspezifischer Parameter mathematisch zu beschreiben, dann ist — zumindest für reguläre Gemische — die Berechnung des Zusatzbetrages der freien Enthalpie möglich. Weiterhin besteht dann die Möglichkeit, die Aktivitätskoeffizienten der Komponenten eines flüssigen Gemisches durch Umformung von Gleichung (211) zu berechnen.

2.8.5. *Berechnung des Aktivitätskoeffizienten über den Zusatzbetrag der freien Enthalpie*

Gleichung (211) gibt den Zusammenhang zwischen dem Zusatzbetrag der freien Enthalpie g^E eines Gemisches einerseits, den Molanteilen x_i und den Aktivitätskoeffizienten γ_i aller Komponenten andererseits wieder. Für ein beliebiges System mit einer Gesamtmolzahl von n [kmol] bzw. [mol] geht Gleichung (211) über in

$$\frac{n \cdot g^E}{R \cdot T} = \sum_i \mathrm{n}_i \cdot \ln \gamma_i \qquad (212)$$

Die Molzahl der Komponente i, deren Aktivitätskoeffizient ermittelt werden soll, wird um den differentiellen Betrag dn_i bei konstantem Druck P, konstanter Temperatur T und konstanter Molzahl aller anderen Komponenten k erhöht, wobei die differentielle Änderung so klein sein soll, daß sich die Gesamtmolzahl praktisch nicht ändert. Weiterhin soll sich der Aktivitätskoeffizient der Komponente i ebenfalls praktisch nicht ändern. Als partielles Differential für diese Bedingungen geschrieben, lautet der aus dieser Vorstellung resultierende Ansatz für die Berechnung des Aktivitätskoeffizienten der Komponente i:

$$R \cdot T \cdot \ln \gamma_i = \left(\frac{\partial n \cdot g^E}{\partial n_i}\right)_{T,P,n_{k \neq i}} = \left(\frac{\partial G^E}{\partial n_i}\right)_{T,P,n_{k \neq i}} = \bar{g}_i^E \qquad (213)$$

$\bar{g}_i^E$ — partieller molarer Zusatzbetrag der freien Enthalpie der Komponente im Gemisch i

Nicht g^E unmittelbar, sondern der dimensionslose Ausdruck $g^E/R \cdot T$ ist das Ergebnis der zur Berechnung des Zusatzbetrages der freien Enthalpie heranzuziehenden Modellvorstellungen. Unter Berücksichtigung dessen und bei Anwendung der Beziehung (146) für die partielle molare freie Enthalpie auf $\bar{g}_i^E$ erhält man die oft vorzuziehende folgende Schreibweise:

$$\ln \gamma_i = \frac{g^E}{R \cdot T} + \left[\frac{\partial\left(\frac{g^E}{R \cdot T}\right)}{\partial x_i}\right]_{T,P,x_{k \neq i}} - \sum_j x_j \left[\frac{\partial\left(\frac{g^E}{R \cdot T}\right)}{\partial x_j}\right]_{T,P,x_{k \neq j}} \tag{214}$$

Ist der Zusatzbetrag der freien Enthalpie eine Funktion von zwei unabhängigen Variablen x_1 und x_2, geht Gleichung (214) über in

$$\ln \gamma_1 = \frac{g^E}{R \cdot T} + \left(\frac{\partial \frac{g^E}{R \cdot T}}{\partial x_1}\right)_{T,P,x_2} - x_1 \left(\frac{\partial \frac{g^E}{R \cdot T}}{\partial x_1}\right)_{T,P,x_2} - x_2 \left(\frac{\partial \frac{g^E}{R \cdot T}}{\partial x_2}\right)_{T,P,x_1} \tag{215}$$

$$\ln \gamma_2 = \frac{g^E}{R \cdot T} + \left(\frac{\partial \frac{g^E}{R \cdot T}}{\partial x_2}\right)_{T,P,x_1} - x_1 \left(\frac{\partial \frac{g^E}{R \cdot T}}{\partial x_1}\right)_{T,P,x_2} - x_2 \left(\frac{\partial \frac{g^E}{R \cdot T}}{\partial x_2}\right)_{T,P,x_1} \tag{216}$$

In einem binären Gemisch können x_1 und x_2 nicht unabhängig voneinander variiert werden, sondern sind durch die Bedingungen $x_1 = 1 - x_2$ bzw. $x_2 = 1 - x_1$ miteinander verbunden. Führt man diese Bedingungen ein, dann erhält man die für binäre Gemische gültigen Beziehungen:

$$\ln \gamma_1 = \frac{g^E}{R \cdot T} - x_2 \left(\frac{\partial \frac{g^E}{R \cdot T}}{\partial x_2}\right)_{T,P} \tag{217}$$

$$\ln \gamma_2 = \frac{g^E}{R \cdot T} - x_1 \left(\frac{\partial \frac{g^E}{R \cdot T}}{\partial x_1}\right)_{T,P} \tag{218}$$

In diesem Fall ist g^E als Funktion nur einer unabhängigen Variablen x_1 oder x_2 zu behandeln.

Wird zur Ermittlung von g^E ein Ausdruck verwendet, in dem alle Molanteile $x_1, x_2 \ldots$ enthalten sind, dann ist zur Berechnung der Aktivitätskoeffizienten Gleichung (214) so anzuwenden, wie es am Beispiel von 2 unabhängigen Variablen mit (215) und (216) gezeigt wurde.

2.8.6. *Anwendung auf den Ansatz von Redlich und Kister für den Zusatzbetrag der freien Enthalpie*

Zur Beschreibung des Zusatzbetrages der freien Enthalpie eines binären Gemisches wurde von Redlich und Kister [36] der folgende empirische Potenzansatz vorgeschlagen, der oft zur Ermittlung der Aktivitätskoeffizienten aus experimentellen Werten herangezogen wird:

$$\frac{g^E}{RT} = x_1 \cdot x_2 \, [A + B(x_1 - x_2) + C \cdot (x_1 - x_2)^2 + \ldots] \tag{219}$$

$A, B, C, \ldots$ — Konstanten

Dieser Potenzansatz soll hier verwendet werden, um die Anwendung der Gleichungen (217) bzw. (218) zur Ermittlung der Aktivitätskoeffizienten γ_1 bzw. γ_2 für ein binäres System zu zeigen.

Zur Ermittlung einer Funktion zwischen den Aktivitätskoeffizienten und der Zusammensetzung des binären Gemisches genügen die ersten drei Glieder in der eckigen Klammer. Für die Anwendung der Beziehung (217) zur Bestimmung von $\ln \gamma_1$ ist der Redlich-Kister-Ansatz zunächst auf eine Darstellung mit x_2 als einzige unabhängige Variable zu überführen. Hierzu wird x_1 durch $(1 - x_2)$ ersetzt. Das Ergebnis lautet:

$$\begin{aligned} \frac{g^E}{R \cdot T} &= (1 - x_2) \cdot x_2 \cdot [A + B \cdot (1 - 2x_2) + C \cdot (1 - 2x_2)^2] \\ &= (A + B + C) \cdot x_2 - (A + 3B + 5C) \cdot x_2^2 + (2B + 8C) \\ &\quad \times x_2^3 - 4C \cdot x_2^4 \end{aligned} \tag{220}$$

Für das zweite Glied auf der rechten Seite von (217) erhält man:

$$\left(\frac{\partial \dfrac{g^E}{R \cdot T}}{\partial x_2}\right)_{T,P} = (A + B + C) - 2x_2(A + 3B + 5C) + 3x_2^2(2B + 8C) - 16x_2^3 \cdot C$$

$$x_2 \cdot \left(\frac{\partial \dfrac{g^E}{R \cdot T}}{\partial x_2}\right)_{T,P} = (A + B + C) \cdot x_2 - (2A + 6B + 10C) \cdot x_2^2 + (6B + 24C)\, x_2^3 - 16C x_2^3 \tag{221}$$

Durch Einsetzen von (220) und (221) in die Beziehung (217) findet man die gesuchte Funktion zwischen $\ln \gamma_1$ und den Molanteilen x_2:

$$\ln \gamma_1 = x_2^2 \, [(A + 3B + 5C) - (4B + 16C)\, x_2 + 12C \cdot x_2^2] \tag{222}$$

Zur Ermittlung von $\ln \gamma_2$ sind nach Umformung des REDLICH-KISTER-Ansatzes auf x_1 als einzige unabhängige Variable die gleichen Operationen durchzuführen. Das Ergebnis lautet nach Rücktransformation auf x_2 als unabhängige Variable:

$$\ln \gamma_2 = (1 - x_2)^2 \left[(A + B + C) - (4B + 8C) \cdot x_2 + 12C \cdot x_2^2\right] \qquad (223)$$

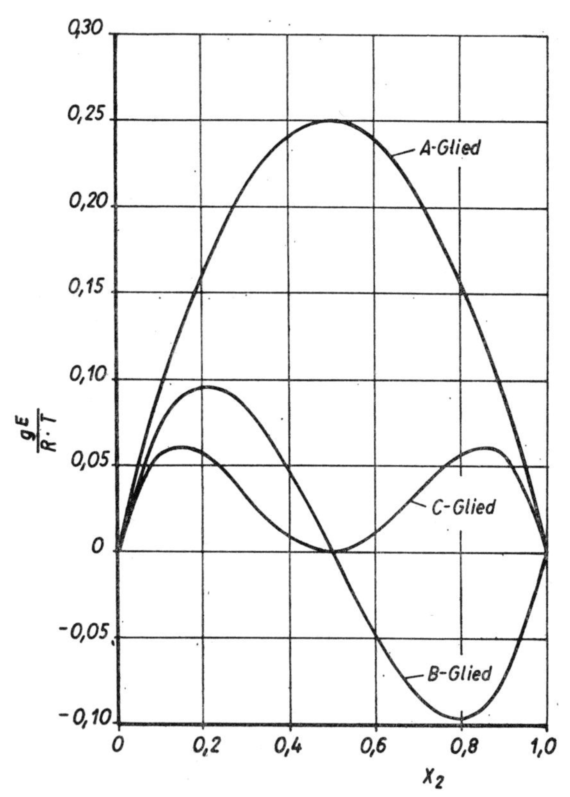

Abb. 15: Beiträge der REDLICH-KISTER-Gleichung zum dimensionslosen Zusatzbetrag der freien Enthalpie; $A = B = C = 1$

Obwohl der Potenzansatz (219) von REDLICH und KISTER rein empirisch gefunden wurde, haben die mit den Konstanten A, B und C in der eckigen Klammer verbundenen Glieder eine eindeutige funktionelle Bedeutung. In Abb. 15 sind nach PRAUSNITZ und SHAIN [37] die Beiträge dieser Glieder dargestellt. Für $B = 0$ erhält man stets eine symmetrische Funktion mit dem Maximalwert bei $x_1 = x_2 = 0{,}5$. Der Fall $B = C = 0$ entspricht dem eines „einfachen“ oder „regulären“ Gemisches [38].

2.8.7. *Ermittlung der Konstanten in Modellansätzen für den Zusatzbetrag der freien Enthalpie*

Zur Ermittlung der Konstanten A, B und C des Redlich-Kister-Ansatzes können mehrere Wege eingeschlagen werden:

- Anpassung an experimentelle Werte über die Methode des kleinsten Fehlerquadrates;
- Vergleich mit analytischen Ausdrücken für drei ausgewählte Punkte;
- Vergleich mit analytischen Ausdrücken für eine Kombination von Punkten und Steigungen.

Wählt man für den dritten Weg den Mittelpunkt $x_1 = x_2 = 0{,}5$ und die Steigung an den Endpunkten, dann erhält man folgende Ausdrücke für die Konstanten [37]:

$$A = 4 \cdot \frac{g^E}{R \cdot T} \quad \text{bei} \quad x_1 = x_2 = 0{,}5 \tag{224}$$

$$B = \frac{RT}{2} \cdot (\ln \gamma_2^\infty - \ln \gamma_1^\infty) \tag{225}$$

$$C = \frac{RT}{2} \cdot (\ln \gamma_2^\infty + \ln \gamma_1^\infty) - A \tag{226}$$

Einige Redlich-Kister-Konstanten sind in Tab. 22 angegeben.

Die Beziehungen (224) bis (226) ermöglichen unter Berücksichtigung von (211) die Ermittlung der Konstanten A, B und C aus experimentellen Werten für γ_1 und γ_2. Können die Aktivitätskoeffizienten bei unendlicher Verdünnung γ_1^∞ und γ_2^∞ auf anderem Wege vorausberechnet werden, genügt ein experimenteller Wert zur Ermittlung der Konstanten für einen Ansatz mit drei Konstanten. Für die Durchführung verfahrenstechnischer Berechnungen lassen sich aus dieser Betrachtung des Redlich-Kister-Ansatzes drei Zielstellungen ableiten:

- Ermittlung von rechnerischen Methoden zur Bestimmung der Aktivitätskoeffizienten bei unendlicher Verdünnung γ_1^∞ und γ_2^∞.
- Ermittlung von Ansätzen mit nur zwei Konstanten für den Zusammenhang zwischen dem Zusatzbetrag der freien Enthalpie g^E und der Zusammensetzung eines binären Systems, für die definierte Beziehung zwischen den Konstanten und den Größen γ_1^∞ und γ_2^∞ hergestellt werden können.
- Erweiterungsfähigkeit der Ansätze auf Systeme mit beliebig vielen Komponenten, ohne daß zusätzliche Mehrstoffkonstanten erforderlich sind.

Bei Erfüllung dieser Zielstellung können die Aktivitätskoeffizienten vorausberechnet werden, ohne daß experimentelle Werte für das jeweilige System erforderlich sind.

Tabelle 22

REDLICH-KISTER-Konstanten binärer Gemische gesättigter aromatischer Kohlenwasserstoffe

System	Nr.	T [°C]	A	B	C
		25	0,6769	−0,0309	0,0295
Benzol(2)-		50	0,5842	−0,0161	0,0373
Pentan(1)	1	75	0,5221	0,0167	0,0737
Benzol(2)-		25	0,9250	0,0271	0,0031
Neopentan(1)	2	50	0,8351	0,0365	0,0041
		25	0,4694	0,0383	0,0071
Benzol(2)-		50	0,3966	0,0500	0,0188
Zyklopentan(1)	3	75	0,3511	0,0696	0,0558
		25	0,6208	−0,1306	0,1509
Benzol(2)-		50	0,5133	−0,1043	−0,0153
Hexan(1)	4	75	0,4349	−0,0795	0,0304
		25	0,7688	−0,1247	−0,0527
Benzol(2)-		50	0,6471	−0,1539	−0,0571
2-Methylpentan (1)	5	75	0,5594	−0,1764	−0,0681
		25	0,7974	−0,1753	0,1769
Benzol(2)-	6	50	0,7037	−0,2108	0,0430
2,2-Dimethylbutan (1)		75	0,6224	−0,2521	−0,0865
Benzol(2)-		25	0,7096	−0,0902	0,0542
2,3-Dimethylbutan (1)	7	50	0,5806	−0,1209	0,0379
		75	0,4779	−0,1609	0,0214
Benzol(2)-		25	0,5339	−0,0733	0,0495
Zyklohexan(1)	8	50	0,4433	0,0095	0,0500
		75	0,3740	0,1115	0,0535
Benzol(2)-		25	0,5349	0,0063	0,0128
Methylzyklopentan (1)	9	50	0,4455	0,0145	0,0309
		75	0,3852	0,0276	0,0708
Benzol(2)-		25	0,5711	−0,1721	0,0241
Heptan(1)	10	50	0,4532	−0,1480	0,0261
		75	0,3646	−0,1317	0,0291
Benzol(2)-		25	0,6123	−0,1221	−0,0118
3-Methylhexan (1)	11	50	0,5050	−0,1309	−0,0290
		75	0,4032	−0,1390	−0,0362
Benzol(2)-		25	0,8084	−0,1702	0,0805
2,4-Dimethylpentan (1)	12	50	0,6915	−0,1651	0,0775
		75	0,6100	−0,1567	0,0750

Tabelle 22 (Fortsetzung)

System	Nr.	T [°C]	A	B	A
Benzol(2)-		25	0,6157	−0,1611	−0,0681
2,2,3-Trimethylbutan	13	50	0,5240	−0,1594	0,0695
		75	0,4588	−0,1572	0,0719
Benzol(2)-		25	0,5120	−0,0114	0,0643
Methylzyklohexan (1)	14	50	0,4143	−0,0202	0,0670
		75	0,3406	−0,0295	0,0735
Benzol(2)-		25	0,5866	−0,0800	0,0422
Oktan(1)	15	50	0,4808	−0,0847	0,0484
		75	0,3918	−0,0883	0,0517
Benzol(2)-		25	0,6600	−0,1724	0,0444
2,2,4-Trimethylpentan (1)	16	50	0,5190	−0,1673	0,0416
		75	0,4238	−0,1432	0,0406
Toluol(2)-		25	0,5362	−0,0273	0,0010
Hexan(1)	17	50	0,4669	−0,0178	0,0038
		75	0,4209	−0,0100	0,0099
Toluol(2)-		25	0,5488	0,0420	−0,0581
3-Methylpentan (1)	18	50	0,4810	0,0730	−0,0708
		75	0,4330	0,1007	−0,0749
Toluol(2)-		25	0,4875	0,0311	0,0318
Zyklohexan(1)	19	50	0,4072	0,0381	0,0333
		75	0,3476	0,0516	0,0379
Toluol(2)-		25	0,4305	0,0212	0,0129
Methylzyklopentan (1)	20	50	0,3679	0,0242	0,0112
		75	0,3225	0,0309	0,0105
Toluol(2)-		25	0,3236	−0,1146	0,0120
Heptan(1)	21	50	0,2872	−0,0613	0,0121
		75	0,2642	−0,0114	0,0123
Toluol(2)-		25	0,3317	0,0488	0,0685
Methylzyklohexan(1)	22	50	0,2640	0,0501	0,0649
		75	0,2134	0,0521	0,0590
Toluol(2)-		25	0,5708	−0,0483	0,0159
2,2,4-Trimethylpentan (1)	23	50	0,4785	−0,0499	0,0086
		75	0,4058	−0,0513	0,0033

2.9. Partielle molare Zusatzgrößen und die Abhängigkeit des Fugazitäts- und Aktivitätskoeffizienten von den Zustandsvariablen

2.9.1. *Aktivitätskoeffizient, partieller molarer Zusatzbetrag der freien Enthalpie und partielle molare freie Enthalpie*

Den Zusatzbetrag der freien Enthalpie eines Gemisches mit einer beliebigen Zahl von Komponenten erhält man nach Gleichung (212) durch Summierung über das für jede Komponente gebildete Produkt aus Molzahl der Komponente i mit dem natürlichen Logarithmus des Aktivitätskoeffizienten der Komponente im Gemisch und $R \cdot T$:

$$\frac{n \cdot g^E}{R \cdot T} = \frac{G^E}{R \cdot T} = \sum_i n_i \cdot \ln \gamma_i \tag{212}$$

Der Zusatzbetrag der freien Enthalpie eines Gemisches ergibt sich aus den Beiträgen aller im Gemisch enthaltenen Komponenten zum nichtidealen Verhalten des Gemisches. Setzt man den Zusatzbetrag der freien Enthalpie des Gemisches als bekannt voraus, dann kann der Beitrag einer einzelnen Komponente zum nichtidealen Verhalten des Gemisches durch Bilden des partiellen Differentials ermittelt werden, wobei gemäß Gleichung (213) außer Druck und Temperatur die Molzahlen aller anderen im Gemisch enthaltenen Komponenten konstant zu halten sind:

$$\left(\frac{\partial n \cdot g^E}{\partial n_i}\right)_{P,T,n_{k \neq i}} = \left(\frac{\partial G^E}{\partial n_i}\right)_{P,T,n_{k \neq i}} = \bar{g}_i{}^E \tag{213}$$

Der Beitrag der Komponente i zum nichtidealen Verhalten des Gemisches ist gleich dem partiellen molaren Zusatzbetrag der freien Enthalpie $\bar{g}_i{}^E$ der Komponente i. Der natürliche Logarithmus des für die praktische Berechnung des nichtidealen Verhaltens einer Komponente im Gemisch verwendeten Aktivitätskoeffizienten γ_i und der partielle molare Zusatzbetrag der freien Enthalpie dieser Komponente im Gemisch unterscheiden sich nur durch den Faktor $R \cdot T$.

$$R \cdot T \cdot \ln \gamma_1 = \bar{g}_i{}^E \tag{213}$$

Die Berechnung des partiellen molaren Zusatzbetrages der freien Enthalpie der Komponente i im Gemisch kann über eine zu (214) analoge Gleichung durchgeführt werden:

$$\bar{g}_i{}^E = g^E + \left(\frac{\partial g^E}{\partial x_i}\right)_{P,T,x_{k \neq i}} - \sum_j x_j \left(\frac{\partial g^E}{\partial x_j}\right)_{P,P,x_{k \neq j}} \tag{227}$$

Nach der hier gewählten Bezeichnung steht j für alle Komponenten im

Gemisch einschließlich Komponente i. Für die Bildung des Differentials der jeweils mit j bezeichneten Komponente sind die Molanteile der restlichen k Komponenten konstant zu halten. Gleichung (227) bzw. die Kombination der Gleichungen (213) mit (214) liefert auch eine Möglichkeit zur Berechnung der partiellen molaren freien Enthalpie $\bar{g}_i$ (siehe Abschnitt 2.3. – unterschiedlich von $\bar{g}_i^E$!) der Komponente i im Gemisch. Definitionsgemäß ist bei positiven Werten des Zusatzbetrages der freien Enthalpie eines Gemisches die partielle molare freie Enthalpie $\bar{g}_i$ der Komponente i im Gemisch größer als die molare freie Enthalpie g_i der reinen Komponente bei gleichem Druck und gleicher Temperatur. Der Zusammenhang zwischen den drei Größen ist gegeben durch

$$\bar{g}_i^E = (\bar{g}_i - g_i)_{P,T} \tag{228}$$

bzw.

$$\bar{g}_i = \bar{g}_i^E + g_i \tag{229}$$

g_i – molare freie Enthalpie der reinen Komponente i bei P und T
$\bar{g}_i$ – partielle molare freie Enthalpie der Komponente i im Gemisch bei gleichem P und T und den Molanteilen x_i
$\bar{g}_i^E$ – partieller molarer Zusatzbetrag der freien Enthalpie der Komponente i im Gemisch bei gleichem P und T und den Molanteilen x_i

Gemäß Definition ist die Differenz $\bar{g}_i - g_i$ nur durch das nichtideale Verhalten der Komponente i im Gemisch, nicht aber durch das nichtideale Verhalten des reinen Stoffes bedingt. Falls der reine Stoff sich nichtideal verhält, ist das schon bei der Ermittlung von g_i zu berücksichtigen. Bei einem idealen Gemisch verschwindet der Unterschied zwischen der partiellen molaren freien Enthalpie $\bar{g}_i$ der Komponente i und der molaren freien Enthalpie g_i der Komponente i als reiner Stoff auch dann, wenn sich der reine Stoff nichtideal verhält. Mathematisch ist die Bedingung $\bar{g}_i^E = 0$ für ideales Verhalten der Komponente i im Gemisch gemäß Gleichung (213) nur dann erfüllt, wenn $\ln \gamma_i = 0$ ist, d. h. wenn der Aktivitätskoeffizient der Komponente i den Wert $\gamma_i = 1$ annimmt. Dieser Zusammenhang ergibt sich eindeutig aus der Verbindung der Gleichungen (229) mit (213):

$$\bar{g}_i = g_i + R \cdot T \cdot \ln \gamma_i \tag{230}$$

Gleichung (230) ist allgemeingültig und beschreibt den Zusammenhang zwischen partieller molarer freier Enthalpie $\bar{g}_i$ der Komponente i im Gemisch, der molaren freien Enthalpie der Komponente i als reiner Stoff bei gleichem Druck und gleicher Temperatur und dem Aktivitätskoeffizienten γ_i bei Gemischzusammensetzung.

Analoge Zusammenhänge zu den für die freie Enthalpie dargelegten lassen sich für alle anderen Gemischeigenschaften ableiten. Ausgangspunkt hierfür sind Gleichung (202) für das Zusatzvolumen, Gleichung (203) für die Zusatzenthalpie und Gleichung (208) für die Zusatzentropie. Nicht angegeben sind die entsprechenden Gleichungen für die Zusatzmolwärme, den Zusatzbetrag der inneren Energie und den Zusatzbetrag der freien Energie. Wichtige Aussagen für die Realberechnung von Gemischen liefern die Zusatzenthalpie h^E und das Zusatzvolumen v^E des Gemisches.

2.9.2. *Partielle molare Zusatzenthalpie, partielle molare Enthalpie und die Temperaturabhängigkeit des Aktivitäts- und der Fugazitätskoeffizienten*

Wie im Abschnitt 2.8.2. gezeigt, gilt sowohl für die Dampf- als auch für die flüssige Phase

$$h^E = -R \cdot T^2 \cdot \sum_i x_i \left(\frac{\partial \ln \gamma_i}{\partial T}\right)_{P,x_i} \tag{203}$$

Die zu (213) und (228) analogen Gleichungen für die Zusatzenthalpie lauten

$$\bar{h}_i^E = -R \cdot T^2 \cdot \left(\frac{\partial \ln \gamma_i}{\partial T}\right)_{P,x_i} \tag{231}$$

$$\bar{h}_i^E = \left(\bar{h}_i - h_i\right)_{P,T} \tag{232}$$

wobei

h_i — molare Enthalpie der reinen Komponente i bei P und T

$\bar{h}_i$ — partielle molare Enthalpie der Komponente i im Gemisch bei gleichem P und T und den Molanteilen x_i

$\bar{h}_i^E$ — partielle molare Zusatzenthalpie der Komponente i im Gemisch bei gleichem P und T und den Molanteilen x_i

Die Verbindung dieser beiden Gleichungen liefert

$$\left(\bar{h}_i - h_i\right)_{P,T} = -RT^2 \cdot \left(\frac{\partial \ln \gamma_i}{\partial T}\right)_{P,x_i} \tag{233}$$

$$\left(\frac{\partial \ln \gamma_i}{\partial T}\right)_{P,x_i} = -\left(\frac{\bar{h}_i - h_i}{RT^2}\right)_{P,T} \tag{234}$$

$$\bar{h}_i = h_i - RT^2 \left(\frac{\partial \ln \gamma_i}{\partial T}\right)_{P,x_i} \tag{235}$$

Gleichung (234) verbindet das partielle Differential des Aktivitätskoeffizienten nach der Temperatur mit der Differenz zwischen der partiellen molaren Enthalpie der Komponente i im Gemisch und der molaren Enthalpie der reinen Komponente. Bei Kenntnis der partiellen molaren Enthalpie der

Komponente i im Gemisch kann über Gleichung (234) die Temperaturabhängigkeit des Aktivitätskoeffizienten bei konstanter Zusammensetzung vorausberechnet werden. Für reguläre Lösungen, bei denen infolge der Annahme: Zusatzentropie $s^E = 0$ die Lösungswärme die gesamte Nichtidealität wiedergibt, kann Gleichung (234) unmittelbar Anwendung finden. Bei nicht-regulären Gemischen ist eine Anwendung nur bei Bestimmung der Zusatzenthalpie bei unendlicher Verdünnung über Strukturparameter möglich. Verfahren hierzu werden angegeben von REDLICH, DERR und PIEROTTI [39] und PAPADOPOULOS und DERR [40]. Gleichung (234) ist für beliebige Konzentrationen, also auch für unendliche Verdünnung der Komponente i im Gemisch gültig:

$$\left(\frac{\partial \ln \gamma_i^\infty}{\partial T}\right)_{P,x_i} = -\left(\frac{\bar{h}_i - h_i}{RT^2}\right)_{P,T}^\infty = -\frac{1}{RT^2} \cdot \left(\bar{h}_i^E\right)_{P,T}^\infty \tag{236}$$

$(\bar{h}_i^E)^\infty$ — partielle molare Zusatzenthalpie der Komponente i im Gemisch bei unendlicher Verdünnung.

Im vorangegangenen Abschnitt war am Beispiel des empirischen Potenzansatzes von REDLICH und KISTER [36] gezeigt worden, daß Beziehungen zwischen den Aktivitätkoeffizienten bei unendlicher Verdünnung γ_i^∞ und den Konstanten in den Konzentrationsfunktionen des Zusatzbetrages der freien Enthalpie bestehen. Neben der Bestimmung der Temperaturabhängigkeit des Aktivitätskoeffizienten bei unendlicher Verdünnung γ_i^∞ ist damit über Gleichung (236) auch die Bestimmung der Temperaturabhängigkeit der oben genannten Konstanten möglich. Bei Kenntnis der Temperaturabhängigkeit der Konstanten in den Konzentrationsfunktionen des Zusatzbetrages der freien Enthalpie kann jedoch andererseits Gleichung (236) auch angewandt werden, um Beziehungen zur Ermittlung von $(\partial \ln \gamma_i^\infty/\partial T)_{P,x}$ abzuleiten. Solche Beziehungen werden u. a. von BRUIN [41] angegeben (siehe auch Abschnitt 5.3.3.).

Bei Kenntnis des Aktivitätskoeffizienten der Komponente i im Gemisch als Funktion der Temperatur ermöglicht Gleichung (235) die Berechnung der partiellen molaren Enthalpie der Komponente i im Gemisch. Für die Anwendung auf flüssige Gemische bei beliebigen Konzentrationen ist es jedoch günstiger über Gleichung (213) den partiellen molaren Zusatzbetrag der freien Enthalpie $\bar{g}_i^E$ in Gleichung (235) einzuführen:

$$\bar{h}_i = h_i - R \cdot T^2 \cdot \left[\frac{\partial \left(\frac{\bar{g}_i^E}{RT}\right)}{\partial T}\right]_{P,x_i} \tag{237}$$

Zur Berechnung von $\bar{g}_i^E$ ist Gleichung (227) heranzuziehen. Die Anwendung von Gleichung (237) auf flüssige Gemische setzt voraus, daß die Temperaturabhängigkeit der Konstanten in dem für den Zusatzbetrag der freien

Enthalpie g^E herangezogenen Modellansatz bekannt ist. Für gasförmige Gemische ist es günstiger, in Übereinstimmung mit der Definitionsgleichung (189) für den Aktivitätskoeffizienten γ_i den Differentialquotienten $(\partial \ln \gamma_i/\partial T)$ gemäß Gleichung (204) durch diejenigen für den Fugazitätskoeffizienten des reinen Stoffes φ_i und für den Fugazitätskoeffizienten des Stoffes i als Gemischkomponente $\bar{\varphi}_i$ zu ersetzen:

$$\left(\frac{\partial \ln \gamma_i}{\partial T}\right)_{P,x_i} = \left(\frac{\partial \ln \bar{\varphi}_i}{\partial T}\right)_{P,x_i} - \left(\frac{\partial \ln \varphi_i}{\partial T}\right)_P \tag{204}$$

Berücksichtigt man, daß der Fugazitätskoeffizient φ_i ein Maß für das Abweichen des PVT-Verhaltens des realen Gases von dem eines idealen Gases ist, dann folgt [42]:

$$h_i = h_i^{\text{ideal}} - R \cdot T^2 \left(\frac{\partial \ln \varphi_i}{\partial T}\right)_P \tag{238}$$

$$\bar{h}_i = h_i^{\text{ideal}} - R \cdot T^2 \left(\frac{\partial \ln \bar{\varphi}_i}{\partial T}\right)_{P,y_i} \tag{239}$$

h_i^{ideal} — Idealgasenthalpie des reinen Stoffes i bei dem Druck P
h_i — Enthalpie des realen reinen Stoffes i bei dem Druck P
$\bar{h}_i$ — partielle molare Enthalpie des Stoffes i als Gemischkomponente bei dem Druck P und der durch die Molanteile y_i charakterisierten Gemischzusammensetzung.

Setzt man die Gleichungen (238) und (239) in (204) ein, dann ergibt sich (235). Ebenso wie der Fugazitätskoeffizient des reinen Stoffes φ_i läßt sich auch die isotherme Enthalpiedifferenz zwischen idealem und realem Gas durch Übergang auf reduzierte Größen allgemeingültig darstellen:

$$\frac{h_i - h_i^{\text{ideal}}}{R \cdot T_{\text{krit,i}}} = -T_r^2 \left(\frac{\partial \ln \varphi_i}{\partial T_r}\right)_{P_r} \tag{240}$$

$T_{\text{krit,i}}$ — kritische Temperatur der Komponente i
T_r — reduzierte Temperatur
P_r — reduzierter Druck

2.9.3. *Berechnung der isothermen Enthalpiedifferenz einer reinen Flüssigkeit*

Eine einfache, aber trotzdem sehr genaue Lösung von Gleichung (240) wurde von Edmister [42] unter Verwendung des azentrischen Faktors für die Darstellung des Fugazitätskoeffizienten φ_i nach Pitzer und Curl [28] und der Korrelationen für $[\log \varphi_i]^{(0)}$ und $[\log \varphi_i]^{(1)}$ für den Flüssigphasenfugazitätskoeffizienten von Chao und Seader [43] vorgeschlagen. Zur Ermittlung der isothermen Enthalpiedifferenz einer reinen Flüssigkeit wird Gleichung (240) unter Verwendung von (171) wie folgt umgeschrieben:

$$\frac{h_i - h_i^{\text{ideal}}}{R \cdot T_{\text{krit},i}} = 2{,}303 \cdot T_r^2 \left[\left(\frac{\partial \log \varphi_i^{(0)}}{\partial T_r}\right)_{Pr} + \omega \cdot \left(\frac{\partial \log \varphi_i^{(\text{I})}}{\partial T_r}\right)_{Pr}\right] \quad (241)$$

ω — azentrischer Faktor

Die beiden partiellen Differentiale in der rechteckigen Klammer von (241) können unter Verwendung der Gleichungen (174) und (175) ermittelt werden. Deren Differenzierung bei $P_r =$ konst. ergibt:

$$\left(\frac{\partial \log \varphi_i^{(0)}}{\partial T_r}\right)_{Pr} = -A_1 \cdot T_r^{-2} + A_2 + 2 \cdot A_3 \cdot T_r + 3 \cdot A_4 \cdot T_r^2$$

$$+(A_6 + 2A_7 \cdot T_r) \cdot Pr + A_9 \cdot P_r^2 \quad (242)$$

$$\left(\frac{\partial \log \varphi_i^{(\text{I})}}{\partial T_r}\right)_{Pr} = 8{,}65808 + 1{,}22060 \cdot T_r^{-2} - 9{,}45672 \cdot T_r^2 \quad (243)$$

Die Konstanten A_1 bis A_9 sind in Tab. 19 angegeben. Für die Verwendung der in Tab. 3 und 20 angegebenen azentrischen Faktoren gelten die in Zusammenhang mit der Anwendung von Gleichungen (174) und (175) getroffenen Aussagen. Weitere azentrische Faktoren können über die in Zusammenhang mit der Ermittlung des Realfaktors z nach Curl und Pitzer [28] im Abschnitt 1.2.1. angegebene Gleichung (9) berechnet werden. Diese azentrischen Faktoren sind dann allerdings nicht wie die in Tab. 20 angegebenen an das von Chao und Seader [43] zur Gleichgewichtsbeschreibung gewählte Modell — Verwendung des Löslichkeitsparameters — angepaßt. Darauf ist zu achten, wenn Gleichung (238) in Kombination mit Gleichung (239) angewandt werden soll: Wird für Gleichung (239) der von Edmister und Mitarbeitern [42] gewählte Lösungsweg über die Löslichkeitsparameter verwendet, dann sind bei Durchführung der Rechnung für Gleichgewichtsbedingungen die angepaßten azentrischen Faktoren zu wählen, andernfalls können größere Fehler auftreten.

2.9.4. Berechnung der isothermen Enthalpiedifferenz und der partiellen molaren Enthalpie einer Gemischkomponente

Die Anwendung von Gleichung (239) ist nur in Zusammenhang mit Zustandsgleichungen für Gemische möglich, deren Konstanten aus den kritischen Größen der Gemischkomponenten über geeignete Mischungsregeln berechnet werden können. Bei der Wahl der Zustandsgleichung ist aus folgendem Grund Vorsicht geboten: Die empirisch aufgestellten Mischungsregeln wurden in vielen Fällen nur in bezug auf die Anwendbarkeit der Zustandsgleichungen zur Ermittlung des Fugazitätskoeffizienten $\bar{\varphi}_i$ einer Komponente i im Gemisch geprüft. Die Gleichung (239) wurde dagegen in den Vergleich mit experimentellen Werten oftmals nicht oder nicht ausreichend einbezogen. Ausnahmen sind u. a. die von BARNER und ADLER [48] auf die Anwendbarkeit zur Berechnung der Gemischenthalpien geprüfte Yoffe-Gleichung und die von SUGIE und LU [47] auf die Anwendbarkeit zur Berechnung der Zusatzenthalpie h^E von Gemischen geprüfte REDLICH-KWONG-Gleichung. Die Zusatzenthalpie von Gemischen wurde unter Verwendung von Gleichung (238) wie folgt berechnet:

$$h^E = (h - h^{\text{ideal}})^{\text{Gemisch}} - \sum_i y_i(h_i - h_i^{\text{ideal}}) \tag{232a}$$

Für reine Stoffe haben CURL und PITZER [30] Tabellen erarbeitet zur Berechnung der isothermen Enthalpieabweichung über die Beziehung

$$\frac{h^{\text{ideal}} - h}{R \cdot T_{\text{krit}}} = \left(\frac{h^{\text{ideal}} - h}{R \cdot T_{\text{krit}}}\right)^{(0)} + \omega \cdot \left(\frac{h^{\text{ideal}} - h}{R \cdot T_{\text{krit}}}\right)^{(\mathrm{I})} \tag{40}$$

ω — azentrischer Faktor

Die beiden Enthalpieglieder auf der rechten Seite der Gleichung wurden berechnet über

$$\frac{h^{\text{ideal}} - h}{R \cdot T_{\text{krit}}} = T_r^2 \cdot \int_0^{P_r} \frac{1}{P_r} \left(\frac{\partial z}{\partial T_r}\right)_P \cdot dP_r \tag{244}$$

unter Verwendung der ebenfalls tabellierten Werte für $z^{(0)}$ (P_r, T_r) und $z^{(\mathrm{I})}$ (P_r, T_r) der Gleichung zur Ermittlung des Realfaktors z.

$$z = z^{(0)} + \omega \cdot z^{(\mathrm{I})} \tag{10}$$

BREWER und GEIST [101] untersuchten die Anwendbarkeit dieser Methode auf Gemische unter Verwendung von

$$\omega^{\text{Gem}} = \sum_i y_i \cdot \omega_i \tag{13}$$

und der von PRAUSNITZ und GUNN [85] angegebenen Methoden zur Ermittlung der pseudokritischen Temperatur für die Berechnung des Realfaktors z. Der mittlere Fehler für das Gemisch Stickstoff-Methan betrug 4,5%.

BREWER und GEIST untersuchten ebenfalls die Genauigkeit der von HIRSCHFELDER, CURTISS und BIRD [102] angegebenen Gleichung zur Berechnung der isothermen Enthalpiedifferenz über die Virialkoeffizienten,

$$\frac{h^{\text{ideal}} - h}{R \cdot T} = -\left[\frac{1}{v}\left(B - T \cdot \frac{dB}{dT}\right) + \frac{1}{v^2}\left(C - \frac{1}{2} T \frac{dC}{dT}\right) + \dots\right] \tag{245}$$

wobei für die Gemischvirialkoeffizienten B und C in einem binären Gemisch gilt:

$$B_M = y_1^2 B_{11} + 2 y_1 y_2 B_{12} + y_2^2 B_{22} \tag{183}$$

$$C_M = y_1^3 C_{111} + 3 y_1^2 y_2 C_{112} + 3 y_1 y_2^2 C_{122} + y_2^3 C_{222} \tag{246}$$

Die von PRAUSNITZ [35] angegebenen Korrelationen wurden zur Ermittlung von B_{11}, B_{12}, B_{22}, C_{111}, C_{112}, C_{122} und C_{222} verwendet.

Die Temperaturableitungen dB_{11}/dT und dB_{22}/dT der reinen Stoffe in der durch Differentiation ermittelten Gleichung

$$\frac{dB}{dT} = y_1^2 \frac{dB_{11}}{dT} + 2 y_1 y_2 \frac{dB_{12}}{dT} + y_2^2 \frac{dB_{22}}{dT} \tag{247}$$

wurden über die empirische Gleichung für den 2. Virialkoeffizienten von PITZER und CURL [29] bestimmt.

$$\frac{B \cdot P_{\text{krit}}}{R \cdot T_{\text{krit}}} = (0{,}1145 + 0{,}073 \cdot \omega) - \frac{(0{,}330 - 0{,}46 \cdot \omega)}{T_r} - \frac{(0{,}1385 + 0{,}50 \cdot \omega)}{T_r^2} - \frac{(0{,}0121 + 0{,}097 \cdot \omega)}{T_r^3} - \frac{0{,}0073 \cdot \omega}{T_r^8} \tag{71}$$

$$\frac{dB}{dT} = \frac{R}{P_{\text{krit}}} \left[\frac{0{,}330 - 0{,}46 \cdot \omega}{T_r^2} + 2 \cdot \frac{0{,}1385 + 0{,}50 \cdot \omega}{T_r^3} + 3 \cdot \frac{0{,}0121 + 0{,}097 \cdot \omega}{T_r^4} + 8 \cdot \frac{0{,}0073 \cdot \omega}{T_r^9} \right] \tag{248}$$

Die Temperaturableitungen des Kreuzkoeffizienten dB_{12}/dT wurde über die von HIRSCHFELDER, CURTISS und BIRD tabellierten Werte des LENNARD-JONES-Potentials unter Verwendung der von diesen angegebenen empirischen Kombinationsregeln für σ_{12} und $(\varepsilon/k)_{12}$ ermittelt.

σ — Abstand, bei dem das LENNARD-JONES-Potential null ist
ε — maximale Anziehungsenergie im LENNARD-JONES-Potential
k — BOLTZMANN-Konstante

Gleiches gilt für dC_{122}/dT und dC_{112}/dT in

$$\frac{dC}{dT} = y_1^3 \frac{dC_{111}}{dT} + 3 y_1^2 y_2 \frac{dC_{112}}{dT} + 3 y_1 y_2^2 \frac{dC_{122}}{dT} + y_2^3 \frac{dC_{222}}{dT} \tag{249}$$

während die Temperaturableitungen dC_{111}/dT und dC_{222}/dT direkt aus dem LENNARD-JONES-Potential berechnet werden können. Der mittlere Fehler der berechneten Enthalpieabweichung im Vergleich mit experimentellen Werten betrug knapp 3%.

Die Berechnung von $(\partial \ln \bar{\varphi}_i/\partial T)_{P,x_i}$ für flüssige Gemische ist gegenwärtig nur über die Ermittlung der Glieder für $(\partial \ln \gamma_i/\partial T)_{P,x_i}$ und $(\partial \ln \varphi_i/\partial T)_P$ in Gleichung (204) — wie von Edmister [42] ausgeführt — möglich.

2.9.5. *Die Druckabhängigkeit des Aktivitätskoeffizienten*

Ausgehend von Gleichung (202) kann, ebenfalls in Analogie zu den Darstellungen für den Zusatzbetrag der freien Enthalpie g^E, Gleichungen (211) und (213), ein Ansatz für die Druckabhängigkeit des Aktivitätskoeffizienten gefunden werden:

$$v^E = R \cdot T \sum_i x_i \left(\frac{\partial \ln \gamma_i}{\partial P}\right)_{T,x_i} \qquad (202)$$

$$\bar{v}_i^E = R \cdot T \cdot \left(\frac{\partial \ln \gamma_i}{\partial P}\right)_{T,x_i} \qquad (250)$$

$$\left(\frac{\partial \ln \gamma_i}{\partial P}\right)_{T,x_i} = \frac{\bar{v}_i^E}{R \cdot T} \qquad (251)$$

Bei flüssigen Gemischen kann außer im kritischen Gebiet bzw. bei Annäherung an das kritische Gebiet die Druckabhängigkeit des Aktivitätskoeffizienten vernachlässigt werden. Für Normaldruck ermittelte Aktivitätskoeffizienten können für flüssige Gemische auf andere Drücke übertragen werden, solange das kritische Gebiet des Gemisches nicht erreicht wird. Diese Aussage gilt auch für die Aktivitätskoeffizienten bei unendlicher Verdünnung. Für das kritische Gebiet geeignete Ansätze zur Lösung von Gleichung (251) sind noch zu entwickeln.

Gleichung (251) gilt nur, wenn der Systemdruck gleichzeitig als Bezugsdruck gewählt wurde, so daß eine Änderung des Systemdrucks gleichzeitig auch eine Änderung des Bezugsdrucks für den reinen Stoff als Bezugsgröße bedeutet. Insbesondere bei Dampf-Flüssigkeits-Gleichgewichten, bei denen ein isothermes Durchfahren der Gemischzusammensetzung ohne Änderung des System- oder Gemischdrucks nicht möglich ist, wählt man für die praktische Rechnung jedoch einen sehr kleinen und konstanten Druck als Bezugsdruck P^+ für den reinen Stoff als Bezugsgröße — $P = 1$ oder $P \to 0$ —, so daß in Gleichung (201) für $T =$ konst. auch μ_i^{rein} (T, P^+) konstant und $(\partial \mu_i^{\text{rein}}/\partial P) = 0$ sind. Diese Festlegung entspricht der Vorgabe eines festliegenden Standardzustandes. Für diesen Fall folgt aus Gleichung (201):

$$\left(\frac{\partial \ln \gamma_i}{\partial P}\right)_{T,x} = \frac{\bar{v}_i}{R \cdot T} \qquad (252)$$

$\bar{v}_i$ — partielles molares Volumen der Komponente i bei T und P und der durch die Molanteile x_i gekennzeichneten Zusammensetzung

Das partielle molare Volumen $\bar{v}_i$ der Komponente i im Gemisch ist entsprechend Gleichung (155) identisch mit dem Druckkoeffizienten des chemischen Potentials bei konstanter Molzahl aller Gemischkomponenten und bei konstanter Temperatur. Gleichung (252) ist zu verwenden, um den Aktivitätskoeffizienten einer Gemischkomponente auf einen einheitlichen Bezugsdruck zu korrigieren.

2.10. Berechnung des Aktivitätskoeffizienten bei unendlicher Verdünnung

2.10.1. Berechnungsbedingungen und -methoden

Der Aktivitätskoeffizient γ_i^∞ einer Komponente bei unendlicher Verdünnung im Gemisch ist bereits durch Gleichung (196) definiert worden:

$$\lim_{x_i \to 0} (\ln \gamma_i) = \ln \gamma_i^\infty \tag{196}$$

γ_i^∞ ist eine Funktion nur der weiteren Gemischkomponenten, der Temperatur und — mit den obengenannten Einschränkungen — des Drucks.

Die Problematik der Vorausberechnung von γ_i^∞ vereinfacht sich wesentlich durch folgende Vorgaben:

- Berechnung für binäre Gemische
- Temperatur = konst.
- Druck = konst.

Für das binäre Gemisch gilt in diesem Abschnitt folgende Bezeichnung:

Komponente 1 = unendlich verdünnte Komponente, deren Aktivitätskoeffizient in einem vorgegebenen Lösungsmittel berechnet werden soll $\triangleq$ „gelöste“ Komponente
Komponente 2 = Lösungsmittel

Die bisher ausgearbeiteten rechnerischen Methoden — eine empirische und eine halbempirische — sind auf Lösungen von Nichtelektrolyten beschränkt. Hier kann zunächst nur die empirische Methode behandelt werden. Die auf der Theorie regulärer Lösungen von Scatchard und Hildebrand aufbauende halbempirische Methode wird im Rahmen der Anwendung dieser Theorie zur Gleichgewichtsberechnung behandelt.

2.10.2. Empirische Berechnung von γ_1^∞

Butler, Ramchandi und Thomson [50] fanden bei ihren Untersuchungen, daß der partielle molare Zusatzbetrag der freien Enthalpie $\bar{g}_1^E$ von Alkoholen und anderen aliphatischen Homologen in wäßriger Lösung bei unendlicher Verdünnung linear mit der Zahl der Kohlenstoffatome anwächst. BROENSTED und KOEFOED [51], zeigten, daß $\bar{g}_i^E$ von binären Paraffingemischen über einen weiten Molekulargewichtsbereich mit einem einfachen Ausdruck korreliert werden kann, der auf den Quadraten der Differenz der Kohlenstoffatomzahl beider Komponenten aufgebaut ist. Verallgemeinert — als Broensteds Kongruenzprinzip — hängt jede beliebige thermodynamische Zusatzeigenschaft eines Gemisches von n-Alkanen, die sich aus der Gestaltverteilungsfunktion herleitet, bei vorgegebener Temperatur und vorgegebenem Druck nur von der mittleren Kettenlänge im Gemisch ab. Unter Verwendung einer graphischen Methode hat HIJMANS [52] die Gültigkeit dieses Prinzips für die Zusatzvolumina und -enthalpien binärer n-Alkan-Gemische nachgewiesen. Gemeinsam mit HOLLEMANS [53] schlug er eine Potenzreihe für die Zusatzvolumina und BELLEMANS und MAT [54] schlugen eine Potenzreihe für den Zusatzbetrag der freien Enthalpie von n-Alkan-Gemischen vor.

Unter Beschränkung auf den dem partiellen molaren Zusatzbetrag der freien Enthalpie bei unendlicher Verdünnung proportionalen Ausdruck $(\bar{g}_1^E/2{,}3\,RT)^\infty$, der gemäß Gleichung (213) mit dem Logarithmus des Aktivitätskoeffizienten bei unendlicher Verdünnung $\log \gamma_1^\infty$ identisch ist, interpretierten PIEROTTI, DEAL und DERR [55] die Einflüsse der Strukturen des Lösungsmittels und des gelösten Stoffes auf $\log \gamma_1^\infty$ über die Wechselwirkungen zwischen den Kohlenwasserstoffradikalen und den funktionellen Gruppen beider Moleküle. Bezeichnet man mit R_1 und R_2 die Radikale und mit X_1 und X_2 die funktionellen Gruppen des gelösten Kohlenwasserstoffs (Index 1) und des Lösungsmittels (Index 2), dann sind folgende Wechselwirkungen denkbar:

a) Zwischen Molekülen des gelösten Kohlenwasserstoffs:
- $R_1 - R_1$ zwischen den Radikalen zweier Moleküle
- $X_1 - R_1$ zwischen Radikal eines und funktioneller Gruppe eines anderen Moleküls
- $X_1 - X_1$ zwischen den funktionellen Gruppen zweier Moleküle

b) Zwischen Lösungsmittelmolekülen:
- $R_2 - R_2$ zwischen den Radikalen zweier Moleküle
- $X_2 - R_2$ zwischen Radikal eines und funktioneller Gruppe eines anderen Moleküls
- $X_2 - X_2$ zwischen den funktionellen Gruppen zweier Moleküle

c) Zwischen gelöstem Kohlenwasserstoff und Lösungsmittel:
- $R_1 - R_2$ zwischen den Radikalen zweier Moleküle
- $X_2 - R_1$ zwischen Radikal eines und funktioneller Gruppe eines anderen Moleküls
- $X_1 - X_2$ zwischen den funktionellen Gruppen zweier Moleküle

Die Beschränkung auf die hier genannten Wechselwirkungen setzt voraus, daß die Wechselwirkungen zwischen nur jeweils zwei Molekülen berücksichtigt werden (Paarbildungshypothese) und somit der Effekt dritter oder vierter Moleküle auf die Wechselwirkung zwischen zwei Molekülen vernachlässigt wird. Mit Rücksicht auf die erwünschte Einfachheit der gesuchten Korrelation wurde weiterhin nicht der grundlegendere Weg über die Zusatzenthalpien und Zusatzentropien gewählt, sondern angenommen, daß sich $\log \gamma_1^\infty$ als Summe von Beiträgen darstellen läßt, die nur von der Zahl der Kohlenstoffatome, der Kombination Radikal — funktionelle Gruppe und dem Strukturaufbau der Moleküle abhängen. Aufbauend auf vorangegangenen Untersuchungen von Broensted und anderen kamen PIEROTTI, DEAL und DERR [55] zu folgender Korrelationsgleichung:

$$\log \gamma_1^\infty = A_{12} + B_2 \frac{n_1}{n_2} + \frac{C_1}{n_1} + D\,(n_1 - n_2)^2 + \frac{F_2}{n_2} \tag{253}$$

n_1 — Zahl der Kohlenstoffatome im Kohlenwasserstoffradikal R_1
n_2 — Zahl der Kohlenstoffatome im Kohlenwasserstoffradikal R_2

Die einzelnen Glieder berücksichtigen folgende Wechselwirkungen:

$A_{12} =$ *konst.*: Grenzsumme der Wechselwirkungen $X_1 - X_1$, $X_1 - X_2$ und $X_2 - X_2$ für Mitglieder der homologen Reihen von gelösten Kohlenwasserstoff und Lösungsmittel mit jeweils null Kohlenstoffatomen; A_{12} hängt nur von der Natur der funktionellen Gruppen X_1 und X_2 ab.

$B_2 \cdot \frac{n_1}{n_2}$ berücksichtigt $X_2 - X_2$ und $R_1 - X_2$-Wechselwirkungen. Mit wachsender Zahl der Kohlenstoffatome des gelösten Kohlenwasserstoffs n_1 wächst die Zahl der $R_1 - X_2$-Wechselwirkungen und desgleichen die Zahl der aufzubrechenden $X_2 - X_2$-Wechselwirkungen. Beide Wechselwirkungen sind umgekehrt proportional zur Zahl der Kohlenstoffatome des Lösungsmittels n_2, da mit wachsender Zahl der Methylengruppen im Lösungsmittelradikal R_2 die funktionellen Gruppen X_2 verdünnt werden. B_2 hängt nur von der Natur der funktionellen Gruppe des Lösungsmittels X_2 ab.

$C_1 \cdot \frac{1}{n_1}$ erfaßt die $X_1 - X_1$-Wechselwirkungen. Wächst die Zahl der Kohlenstoffatome des gelösten Kohlenwasserstoffs, dann werden die funktionellen Gruppen „verdünnt“. C_1 hängt nur von der funktionellen Gruppe X_1 des gelösten Kohlenwasserstoffs ab.

$D(n_1 - n_2)^2$ berücksichtigt die $R_1 - R_1$, $R_1 - R_2$ und $R_2 - R_2$-Wechselwirkungen. Die Form dieses Gliedes wurde von den Untersuchungsergebnissen von BROENSTED und KOEFOED [51] und von VAN DER WAALS [56, 57] an Paraffinen übernommen. D ist unabhängig sowohl von X_1 als auch von X_2.

$F_2 \cdot \frac{1}{n_2}$ erfaßt die $X_2 - X_2$-Wechselwirkungen. Dieses Glied ist das Lösungsmittalanaloge zum C_1-Glied. F_2 hängt nur von der funktionellen Gruppe des Lösungsmittels ab.

Das Glied $E_1 \cdot \frac{n_2}{n_1}$ analog zum B-Glied für die $R_2 - X_1$-Wechselwirkungen wurde nicht in die Gleichung aufgenommen, da dieser Beitrag in der überwiegenden Zahl der Fälle nicht erforderlich ist.

Gleichung (253) wurde für geradkettige Radikale aufgestellt. Jedoch führt eine mäßige Verzweigung der Radikale, soweit diese nicht in unmittelbarer Nähe der funktionellen Gruppe X auftritt, nur zu geringen Differenzen der berechneten γ_1^{∞}-Werte. Treten mehrere funktionelle Gruppen im Lösungsmittelmolekül oder im Molekül des gelösten Kohlenwasserstoffs auf, dann gelten gesonderte Zählschemata für die betroffenen Glieder der Gleichung. Diese Fälle werden nachfolgend gesondert behandelt. Gleichung (253) ist auch für Wasser als Lösungsmittel oder gelösten Stoff anwendbar. In diesem Fall ist mit $n_1 = 1$ für Wasser als gelöster Stoff oder $n_2 = 1$ für Wasser als Lösungsmittel zu rechnen. Von Pierotti, Deal und Derr ermittelte Werte für die Konstanten werden in Tab. 23 bis 25 zusammen mit der jeweils zu verwendenden Formulierung der Glieder in den Gleichungen (253) bis (255) angegeben.

2.10.3. *Geradkettige und verzweigte Kohlenwasserstoffe mit funktionellen Gruppe*

Homologe in Wasser

Für einen Normal-Alkylkohlenwasserstoff mit funktioneller Gruppe in Endstellung als gelöster Stoff in Wasser als Lösungsmittel sind nur die ersten drei Glieder von Gleichung (253) erforderlich. Die Konstanten D und F sind gleich null. Hat die funktionelle Gruppe keine Position am Kettenende, dann ist eine modifizierte Form für das C-Glied zu verwenden:

$$C_1 \left(\frac{1}{n_1'} + \frac{1}{n_1''} \right) \quad \text{für eine sekundäre Gruppierung}$$

$$C_1 \left(\frac{1}{n_1'} + \frac{1}{n_1''} + \frac{1}{n_1'''} \right) \quad \text{für eine tertiäre Gruppierung}$$

In dieser Form trägt jede an der funktionellen Gruppe beginnende Alkylgruppe in gleicher Weise bei wie bei einem geradkettigen Molekül und der funktionellen Gruppe in Endstellung.

Die mit Kopfstrich (-en) versehenen n_1 sind die von der funktionellen Gruppe ausgehend gezählten Kohlenstoffatome in jedem Alkylzweig, wobei das Kohlenstoffatom, an dem die funktionelle Gruppe sitzt, in jedem Zweig mitgezählt wird.

Beispiel: Tertiärer Alkylalkohol; Gesamtzahl der Kohlenstoffatome: 4
jedoch $n_1' = 2$; $n_1'' = 2$; $n_1''' = 2$

Für solche Extreme wie Wasser und Paraffine ist der C_1-Koeffizient nicht unabhängig vom Lösungsmittel.

Für Alkohole wird eine befriedigendere Korrelation über eine andere Modifikation des C-Gliedes erreicht:

$$C_1 \cdot \left(\frac{1}{n_1} - 1\right) \qquad \text{für primäre Alkohole}$$

$$C_1 \cdot \left[\left(\frac{1}{n_1'} - 1\right) + \left(\frac{1}{n_1''} - 1\right)\right] \qquad \text{für sekundäre Alkohole}$$

$$C_1 \cdot \left[\left(\frac{1}{n_1'} - 1\right) + \left(\frac{1}{n_1''} - 1\right) + \left(\frac{1}{n_1'''} - 1\right)\right]$$

für tertiäre Alkohole

Mit dieser Form können alle Alkohole mit nur geringer Genauigkeitseinbuße als eine homologe Reihe behandelt werden, d. h. alle Alkohole können mit nur einem Zahlenwert A und einem C_1-Glied erfaßt werden, wobei der C_1-Wert für solche Extreme wie Wasser und Paraffin als Lösungsmittel lösungsmittelunabhängig ist (vgl. Koeffizient C_1 für Alkohole in Paraffinen).

Eine zweite Modifikation des C_1-Gliedes wird für die Korrelation von Azetalen verwendet. Bei Azetalen der Struktur R''' $(0R'')$ $0R'$ wird die Position von R''' im C_1-Glied wie folgt berücksichtigt:

$$C_1 \left(\frac{1}{n_1'} + \frac{1}{n_1''} + \frac{2}{n_1'''}\right)$$

Eine dritte Modifikation ist erforderlich für alkylsubstituierte zyklische Verbindungen. Der zyklische Kern wird hier als funktionelle Gruppe behandelt und es gilt:

$$C_1 \cdot \frac{1}{n_1 - 4}$$

n_1 — Zahl der Alkylkohlenstoffatome

Tabelle 23

Konstanten für Gleichung (253) zur Berechnung des Aktivitätskoeffizienten bei unend-

Homologe Reihe des gelösten Stoffs	Lösungsmittels	T [°C]	A	B Glied	B Konstante
n-Säuren	Wasser	25	−1,00	$B \cdot n_1$	0,622
		50	−0,80		0,590
		100	−0,620		0,517
Primäre n-Alkohole	Wasser	25	−0,995	$B \cdot n_1$	0,622
		60	−0,755		0,583
		100	−0,420		0,517
Sekundäre n-Alkohole	Wasser	25	−1,220	$B \cdot n_1$	0,622
		60	−1,023		0,583
		100	−0,870		0,517
Tertiäre n-Alkohole	Wasser	25	−1,740	$B \cdot n_1$	0,622
		60	−1,477		0,583
		100	−1,291		0,517
Alkohole — generell —	Wasser	25	−0,525	$B \cdot n_1$	0,622
		60	−0,33		0,583
		100	−0,15		0,517
n-Allylalkohole	Wasser	25	−1,180	$B \cdot n_1$	0,622
		60	−0,929		0,583
		100	−0,650		0,517
n-Aldehyde	Wasser	25	−0,780	$B \cdot n_1$	0,622
		60	−0,400		0,583
		100	−0,03		0,517
n-Alkyl-Aldehyde	Wasser	25	−0,720	$B \cdot n_1$	0,622
		60	−0,540		0,583
		100	−0,298		0,517
n-Ketone	Wasser	25	−1,475	$B \cdot n_1$	0,622
		60	−1,040		0,583
		100	−0,621		0,517
n-Azetale	Wasser	25	−2,556	$B \cdot n_1$	0,622
		60	−2,184		0,583
		100	−1,780		0,517
n-Äther	Wasser	20	−0,770	$B \cdot n_1$	0,640

licher Verdünnung

C		D		F	
Glied	Konstante	Glied	Konstante	Glied	Konstante
$C \cdot \frac{1}{n_1}$	0,490 0,290 0,140	—		—	
$C \cdot \frac{1}{n_1}$	0,558 0,460 0,230	—		—	
$C\left[\frac{1}{n_1'} + \frac{1}{n_1''}\right]$	0,170 0,252 0,400	—		—	
$C\left[\frac{1}{n_1'} + \frac{1}{n_1''} + \frac{1}{n_1'''}\right]$	0,170 0,252 0,400	—		—	
$C\left[\left(\frac{1}{n_1'} - 1\right) + \left(\frac{1}{n_1''} - 1\right) + \left(\frac{1}{n_1'''} - 1\right)\right]$	0,475 0,39 0,34	—		—	
$C \cdot \frac{1}{n_1}$	0,558 0,460 0,230	—		—	
$C \cdot \frac{1}{n_1}$	0,320 0,210 0,0	—		—	
$C \cdot \frac{1}{n_1}$	0,320 0,210 0,0	—		—	
$C\left[\frac{1}{n_1'} + \frac{1}{n_1''}\right]$	0,500 0,330 0,200	—		—	
$C\left[\frac{1}{n_1'} + \frac{1}{n_1''} + \frac{1}{n_1'''}\right]$	0,486 0,451 0,426	—		—	
$C\left[\frac{1}{n_1'} + \frac{1}{n_1''}\right]$	0,195	—		—	

Tabelle 23 (Fortsetzung)

Homologe Reihe des gelösten Stoffs	Lösungsmittels	T [°C]	A	B Glied	B Konstante
n-Nitrile	Wasser	25	−0,587	$B \cdot n_1$	0,622
		60	−0,368		0,583
		100	−0,095		0,517
n-Alken-Nitrile	Wasser	25	−0,520	$B \cdot n_1$	0,622
		60	−0,323		0,583
		100	−0,074		0,517
n-Ester	Wasser	20	−0,930	$B \cdot n_1$	0,640
n-Formate	Wasser	20	−0,585	$B \cdot n_1$	0,640
n-Monoalkylchloride	Wasser	20	+1,265	$B \cdot n_1$	0,640
n-Paraffine	Wasser	16	0,688	$B \cdot n_1$	0,642
n-Alkylbenzole	Wasser	25	3,554	$B \cdot n_1$	0,622
n-Alkohole	Paraffine	25	1,960	—	
		60	1,460		
		100	1,070		
n-Ketone	Paraffine	25	0,0877	—	
		60	0,016		
		100	−0,067		
Wasser	n-Alkohole	25	0,760	—	
		60	0,680		
		100	0,617		
Wasser	Sek. Alkohole	80	1,208	—	
Wasser	n-Ketone	25	1,857	—	
		60	1,493		
		100	1,231		

C		*D*		*F*	
Glied	Konstante	Glied	Konstante	Glied	Konstante
$C\frac{1}{n_1}$	0,760 0,413 0,00	—		—	
$C\frac{1}{n_1}$	0,760 0,413 0,00	—		—	
$C\left[\frac{1}{n_1'}+\frac{1}{n_1''}\right]$	0,260	—		—	
$C\frac{1}{n_1}$	0,260	—		—	
$C\frac{1}{n_1}$	0,073	—		—	
—		—		—	
$C\left[\frac{1}{n_1}-4\right]$	−0,466	—		—	
$C\left[\left(\frac{1}{n_1'}-1\right)+\left(\frac{1}{n_1''}-1\right)+\left(\frac{1}{n_1'''}-1\right)\right]$	0,475 0,390 0,340	$D(n_1-n_2)^2$ — —	−0,00049 −0,00057 −0,00061	—	
$C\left[\frac{1}{n_1'}-\frac{1}{n_1''}\right]$	0,757 0,680 0,605	$D(n_1-n_2)^2$	−0,00049 −0,00057 −0,00061	—	
—		—		$F\frac{1}{n_2}$	−0,630 −0,440 −0,280
—		—		$F\left[\frac{1}{n_2'}+\frac{1}{n_2''}\right]$	−0,690
—		—		$F\left[\frac{1}{n_2'}+\frac{1}{n_2''}\right]$	−1,019 −0,73 −0,557

Tabelle 23 (Fortsetzung)

Homologe Reihe des gelösten Stoffs	Lösungsmittels	T [°C]	A	Glied	B Konstante
Ketone	n-Alkohole	25	−0,088	$B\frac{n_1}{n_2}$	0,176
		60	−0,035		0,138
		100	−0,035		0,112
Aldehyde	n-Alkohole	25	−0,701	$B\frac{n_1}{n_2}$	0,176
		60	−0,239		0,138
Ester	n-Alkohole	25	+0,212	$B\frac{n_1}{n_2}$	0,176
		60	0,055		0,138
		100	0,0		0,112
Azetale	n-Alkohole	60	−1,10	$B\frac{n_1}{n_2}$	0,138
Paraffine	Ketone	25	—	$B\frac{n_1}{n_2}$	0,1821
		60			0,1145
		90			0,0746

Homologe in Paraffinen:

Da Paraffine als Lösungsmittel keine funktionelle Gruppe haben, entfallen das B- und das F-Glied. Die C_1-Konstante ist identisch mit der allgemeinen Korrelation von Alkoholen in Wasser. Für Ketone in Paraffinen als Lösungsmittel ist nur eine Form der C_1-Konstante erforderlich, da die sekundäre Struktur typisch ist für Ketone. Die C_1-Konstanten sind nicht identisch mit denen für Ketone in Wasser als Lösungsmittel, jedoch sind die Differenzen zu gering, um mit Sicherheit von einer Abweichung von der lösungsmittelunabhängigen Natur der C_1-Konstante zu sprechen.

Wasser in Alkoholen und Ketonen:

Für Wasser in Homologen der Alkohole und Ketone werden nur A_{12}- und F_2-Konstanten benötigt. Verzweigungen werden beim F-Glied in gleicher Art berücksichtigt wie bei Wasser als Lösungsmittel: Die Zahl der Kohlenstoffatome wird für jeden Zweig von der funktionellen Gruppe aus gezählt.

Enthalten die homologen Reihen des gelösten Stoffs und des Lösungsmittels stark polare Gruppen, dann ist das F-Glied nahezu unabhängig vom gelösten Stoff und darf ohne großen Fehler auf andere homologe Reihen

C		D		F	
Glied	Konstante	Glied	Konstante	Glied	Konstante
$C\left[\frac{1}{n_1'}+\frac{1}{n_1''}\right]$	0,50	$D(n_1-n_2)^2$	−0,00049	$F\frac{1}{n_2}$	−0,630
	0,33		−0,00057		−0,440
	0,20		−0,00061		−0,280
$C\frac{1}{n_1}$	0,320	$D(n_1-n_2)^2$	−0,00049	$F\frac{1}{n_2}$	−0,630
	0,210		−0,00057		−0,440
$C\left[\frac{1}{n_1'}+\frac{1}{n_1''}\right]$	0,260	$D(n_1-n_2)^2$	−0,00049	$F\frac{1}{n_2}$	−0,630
	0,240		−0,00057		−0,440
	0,220		−0,0061		−0,280
$C\left[\frac{1}{n_1'}+\frac{1}{n_1''}+\frac{2}{n_1'''}\right]$	0,451	$D(n_1-n_2)^2$	−0,00067	$F\frac{1}{n_2}$	−0,440
—		$D(n_1-n_2)^2$	−0,00049	$F\left[\frac{1}{n_2'}+\frac{1}{n_2''}\right]$	+0,402
			−0,00057		0,402
			−0,00061		0,401

für den gelösten Stoff übernommen werden — vergleiche Wasser und Ketone in Alkoholen als Lösungsmittel. Enthält der gelöste Stoff keine stark polaren Gruppen, dann müssen jedoch für eine neue homologe Lösungsmittelreihe neue F_2-Koeffizienten ermittelt werden — siehe Paraffine in Ketonen. Mit Rücksicht auf Einfachheit der Korrelation wurde auf ein zusätzliches E-Glied verzichtet und ein nicht vollständig von der homologen Reihe des gelösten Stoffs unabhängiges F-Glied in Kauf genommen.

Homologe in n-Alkoholen:

Für Ketone in Alkoholen sind alle fünf Glieder erforderlich. Die Zahlenwerte für D und F_2 sind unabhängig vom gelösten Stoff. Bei Aldehyden als gelöstem Stoff können infolge der starken Wechselwirkungen zwischen den funktionellen Gruppen des Aldehyds und des Alkohols Werte für γ_1^∞ kleiner 1 auftreten. Für Ketone, Ester und Azetale in Alkoholen gelten die gleichen Zählregeln wie für diese Stoffe in Wasser.

Paraffine in Ketonen:

Das C-Glied entfällt, da Paraffine keine funktionelle Gruppe enthalten. Die Konstante A ist gleich null. Die Zählregel für das F-Glied entspricht der für das C-Glied bei Ketonen in Wasser als Lösungsmittel.

2.10.4. *Homologe Reihen von Kohlenwasserstoffen in verschiedenen Lösungsmitteln*

Für diese Korrelationen gelten die Tab. 24 und 25. Zwei Typen von homologen Reihen werden für den gelösten Stoff berücksichtigt. Der erste Typ umfaßt homologe Reihen analog zu den bisher behandelten einschließlich der durch n-Alkylsubstitution verschiedener Ringverbindungen gebildeten. Zum zweiten Typ gehören die unsubsituierten Ringverbindungen. Die Korrelationen für den ersten Typ sind den bisher behandelten Korrelationen analog, wobei die Ringstruktur als funktionelle Gruppe behandelt wird. Für den zweiten Typ sind gesonderte Korrelationen erforderlich. Die Beiträge von naphthenischen und aromatischen Kohlenstoffatomen in den Ringstrukturen werden gesondert behandelt.

Gemäßigte Verzweigung der Alkylgruppen oder Mehrfachsubstitution am zyklischen Kern des gelösten Stoffs haben allgemein nur untergeordneten Einfluß auf die γ_1^∞-Werte und die Korrelationen liefern auch für diese Fälle brauchbare Ergebnisse.

Für Paraffine und für alkylsubstituierte zyklische Verbindungen gilt als Korrelationsbeziehung eine spezielle Form von Gleichung (253), in der zwischen der Zahl der paraffinischen Kohlenstoffatome n_P und der Gesamtzahl der Kohlenstoffatome n_1 unterschieden wird:

$$\log \gamma_1^\infty = K_1 + B_P \cdot n_P + \frac{C_1}{n_P + 2} + D(n_1 - n_2)^2 \tag{254}$$

Der K-Wert entspricht der Summe des A-, des F_2- und des $B_2 \cdot \frac{1}{n_2}$-Gliedes.

Für nichtalkylierte zyklische Verbindungen gilt die Gleichung:

$$\log \gamma_1^\infty = K_z + B_a \cdot n_a + B_n \cdot n_n + C_r \cdot \left(\frac{1}{r} - 1\right) \tag{255}$$

In Gleichung (255) sind K_z, B_a und B_n lösungsmittelabhängige Koeffizienten. C_r ist lösungsmittelunabhängig, hat jedoch unterschiedliche Werte für Tandemstrukturen wie beim Diphenyl als Beispiel und für naphthalinähnliche Strukturen mit verschmolzenen Ringen.

r — Zahl der Ringe
n_a — Zahl der aromatischen Kohlenstoffatome
n_n — Zahl der naphthalinischen Kohlenstoffatome

Bei der Ermittlung von n_a und n_n sind spezielle Zählregeln zu beachten:

n_a umfaßt $=$CH —
$=$C—

ring-gekoppelte $-\overset{|}{\underset{|}{\mathrm{C}}}-\mathrm{H}$ naphthenische Kohlenstoffatome und naphthe-

Tabelle 24

Konstanten für Gleichung (254) zur Berechnung des Aktivitätskoeffizienten bei unendlicher Verdünnung
— homologe Reihen in speziellen Lösungsmitteln —

Temp. [°C]	Homologe Reihe des Gelösten	C-Glied*) $\frac{C}{n_p + 2}$	Lösungsmittel Heptan	Methyl-äthyl-keton	Furfural	Phenol	Äthyl-alkohol	Tri-äthylen-glykol	Diäthylen-glykol	Äthylen-glykol
			Lösungsmittel — abhängiges B-Glied: $B_p n_p$							
25			0,0	0,0455	0,0937	0,0625	0,088		0,191	(0,275)
50			0,0	0,033	0,0878	0,0590	0,073	0,161	0,179	0,249
70			0,0	0,025	0,0810	0,0586	0,065		0,173	0,236
90			0,0	0,019	0,0686	0,0581	0,059	0,134	0,158	0,226
			Gelöster Stoff / Lösungsmittel — abhängiges K-Glied							
25	Paraffine	0,0	0,0	0,335	0,916	0,870	0,580		0,875	
50		0,0	0,0	0,332	0,756	0,755	0,570	0,72	0,815	1,208
70		0,0	0,0	0,331	0,737	0,690	0,590		0,725	1,154
90		0,0	0,0	0,330	0,771	0,620	0,610	0,68	0,72	1,089
25	Alkylzyklo-hexane	−0,260	0,18	0,70	1,26	1,20	1,06		1,675	
50		−0,220		0,650	1,120	1,040	1,01	1,46	1,61	2,36
70		−0,195	0,131	0,581	1,020	0,935	0,972		1,550	2,22
90		−0,180	0,09	0,480	0,930	0,843	0,925	1,25	1,505	2,08
25	Alkylbenzole	−0,466	0,328	0,277	0,67	0,694	1,011		1,08	
50		−0,390	0,243		0,55	0,580	0,938	0,80	1,00	1,595
70		−0,362	0,225	0,240	0,45	0,500	0,900		0,96	1,51
90		−0,350	0,202	0,239	0,44	0,420	0,862	0,74	0,935	1,43

*) abhängig vom gelösten Stoff

Tabelle 24 (Fortsetzung)

Temp. [°C]	Homologe Reihe des Gelösten	C-Glied*) $\frac{C}{n_n + 2}$	Lösungsmittel Heptan	Methyl-äthyl-keton	Furfural	Phenol	Äthyl-alkohol	Tri-äthylen-glykol	Diäthylen-glykol	Äthylen-glykol
25	Alkyl-naphthaline	−0,10	0,53	0,169	0,46	0,595	1,06		1,00	
50		−0,14	0,53	0,141	0,40	0,54	1,03	0,75	1,00	1,92
70		−0,173	0,53	0,215	0,39	0,497	1,02		0,991	1,82
90		−0,204	0,53	0,232		0,445		0,83	1,01	1,765
25	Alkyltetraline	+0,28	0,244	0,179	0,652	0,378			1,43	
50		+0,24			0,528	0,364		1,00	1,38	
70		+0,21	0,220	0,217	0,447	0,371			1,33	
90		+0,19			0,373	0,348		0,893	1,28	
25	Alkyldekaline	−0,43		0,871	1,54	1,411			2,46	
50		−0,368			1,367	1,285		1,906	2,25	
70		−0,355	0,356	0,80	1,253	1,161			2,07	
90		−0,320			1,166	1,078		1,68	2,06	

Vom gelösten Stoff und vom Lösungsmittel unabhängiges D-Glied:

Temp. [°C]	
25	$D = -49 \cdot 10^{-5}$
50	$-55 \cdot 10^{-5}$
70	$-58 \cdot 10^{-5}$
90	$-61 \cdot 10^{-5}$

*) abhängig vom gelösten Stoff

Tabelle 25

Konstanten für Gleichung (255) zur Berechnung des Aktivitätskoeffizienten bei unendlicher Verdünnung — Nichtalkylierte zyklische (aromat. / naphten.) Kohlenwasserstoffe in speziellen Lösungsmitteln —

Temp. °C	Gelöster Stoff	C_r-Werte für $C_r\left(\frac{1}{r}-1\right)$		Lösungsmittel Heptan	Methyläthylketon	Furfural	Phenol	Äthylalkohol	Triäthylenglykol	Diäthylenglykol	Äthylenglykol
				Lösungsmittel — abhängige B_a-Werte							
25				0,2105	0,1435	0,1152	0,1421	0,2125	0,181	0,2022	0,275
70				0,1668	0,1142	0,0836	0,1054	0,1575	0,129	0,1472	0,2195
130				0,1212	0,0875	0,0531	0,0734	0,1035	0,0767	0,0996	0,1492
				Lösungsmittel — abhängige B_n-Werte							
25				0,1874	0,2079	0,2178	0,2406	0,2425	0,3124	0,3180	0,4147
70				0,1478	0,1754	0,1675	0,1810	0,1753	0,2406	0,2545	0,3516
130				0,1051	0,1427	0,1185	0,1480	0,1169	0,1569	0,1919	0,2772
		Kondens. Ringe	Tandemstruktur	Gelöster Stoff / Lösungsmittel — abhängige Kz-Werte							
25	Zyklische Verbindungen*)	1,176	1,845	−1,072	−0,7305	−0,230	−0,383	−0,485	−0,406	−0,377	−0,154
70		0,846	1,362	−0,886	−0,625	−0,080	−0,226	−0,212	−0,186	−0,0775	−0,0174
130		0,544	0,846	−0,6305	−0,504	+0,020	−0,197	+0,47	+0,095	+0,181	+0,299

*) Naphtene, Aromaten, Naphteno-Aromaten

Tabelle 26

Zahlenbereiche und relative Fehler berechneter Aktivitätskoeffizienten bei unendlicher

Anzahl d. Gemische	Gelöste Stoffe — Lösungsmittel	γ_1^∞-Bereich	Fehler % mittl.	Fehler % max.
11	n-Säuren(C_1—C_{14})-Wasser	$1{,}3 \cdots 5 \cdot 10^7$	16	84
6	n-Primäre Alkohole(C_1—C_{10})-Wasser	$1{,}5 \cdots 6 \cdot 10^4$	4,5	13
5	Sek. Alkohole(C_2—C_8)-Wasser	$6{,}5 \cdots 7{,}5 \cdot 10^3$	2,4	6,4
2	Tert. Alkohole(C_4—C_5)-Wasser	$10 \cdots 40$	0,7	3,7
6	n-Aldehyde(C_2—C_9)-Wasser	$4{,}2 \cdots 6{,}7 \cdot 10^4$	5,6	40
6	n-Ketone(C_3—C_7)-Wasser	$7{,}8 \cdots 1{,}8 \cdot 10^3$	5,0	9,6
4	n-Azetale(C_3—C_6)-Wasser	$18 \cdots 1{,}5 \cdot 10^2$	1,2	6,6
5	n-Äther(C_2—C_8)-Wasser	$8 \cdots 2{,}9 \cdot 10^4$	2,4	10
2	n-Nitrile(C_2—C_3)-Wasser	$10{,}9 \cdots 39{,}8$	0,0	0,0
11	n-Ester(C_2—C_6)-Wasser	$20 \cdots 3{,}5 \cdot 10^2$	7,5	21
4	n-Chloride(C_1—C_4)-Wasser	$1 \cdot 10^2 \cdots 7{,}3 \cdot 10^3$	3,5	5,0
4	n-Paraffine(C_5—C_8)-Wasser	$10^4 \cdots 4{,}2 \cdot 10^5$	10,2	40
5	n-Alkylbenzole(C_6—C_{10})-Wasser	$2 \cdot 10^3 \cdots 2 \cdot 10^5$	98	350
13	Alkohole(C_1—C_8)-n-Paraffine(C_7—C_{20})	$4{,}2 \cdots 92$	2,4	7,5
12	Ketone(C_3—C_{10})-n-Paraffine(C_6—C_{20})	$1{,}4 \cdots 7{,}4$	5,0	17
10	Wasser-Alkohole(C_1—C_{10})	$1{,}6 \cdots 6{,}2$	7,1	17
3	Wasser-Ketone(C_3—C_7)	$4{,}7 \cdots 21{,}4$	3,7	17
14	Ketone(C_3—C_{10})-n-Alkohole(C_1—C_8)	$1{,}6 \cdots 138$	5,1	21
5	n-Aldehyde(C_2—C_3)-n-Alkohole(C_1—C_8)	$0{,}15 \cdots 0{,}8$	4,8	9,1
12	n-Ester(C_2—C_6)-n-Alkohole(C_1—C_4)	$1{,}8 \cdots 3{,}2$	6,7	33
3	Azetale(C_3—C_5)-n-Alkohole(C_1)	2,3—4,0	8,6	15
13	n-Paraffine(C_5—C_{30})-Ketone(C_3—C_7)	$1{,}8 \cdots 30$	1,8	8,7

nische Kohlenstoffatome, die sich in α-Stellung zu einem aromatischen Kern befinden.

n_n umfaßt alle naphthenischen Kohlenstoffatome, die in n_a mitgezählt wurden.

Beispiel: Butyldekalin $n_P = 4 \quad n_a = 2 \quad n_n = 8$
Butyltetralin $n_P = 4 \quad n_a = 8 \quad n_n = 2$

Anwendung von Gleichungen (254) für Paraffine und alkylierte Ringverbindungen

Verdünnung

Anzahl d. Gemische	Gelöste Stoffe — Lösungsmittel	γ_ι^∞-Bereich	Fehler % mittl.	max.
6	n-Alkyl-Ringverb.(C_6—C_{18})-n-Heptan	1,1···1,78	5,1	14
9	Ringverbindungen(C_6—C_{18})-n-Heptan	1,02···56	8,0	26
8	n-Alkyl-Ringverb.(C_6—C_{18})-Methyläthylketon	1,05···6,6	4,0	15
7	Ringverbindungen(C_6—C_{18})-Methyläthylketon	1,05···8,2	5,9	15
5	n-Paraffine(C_4—C_{20})-Furfural	$7{,}3\cdots2{,}7 \cdot 10^3$	11,5	37
14	n-Alkyl-Ringverb.(C_6—C_{28})-Furfural	$2{,}0\cdots3{,}4 \cdot 10^2$	7,6	48
9	Ringverbindungen(C_6—C_{18})-Furfural	1,8···21	6,5	24
6	n-Paraffine(C_6—C_{30})-Phenol	$7{,}8\cdots3 \cdot 10^2$	5,1	19
13	n-Alkyl-Ringverbindungen(C_6—C_{22})-Phenol	1,75···88	5,6	29
9	Ringverbindungen(C_6—C_{18})-Phenol	1,75···27	7,5	25
7	n-Paraffine(C_3—C_{20})-Äthylalkohol	$6{,}0\cdots1{,}5 \cdot 10^2$	4,8	15
13	n-Alkyl-Ringverb.(C_6—C_{28})-Äthylalkohol	$4{,}6\cdots2{,}5 \cdot 10^2$	9,0	34
9	Ringverbindungen(C_6—C_{18})-Äthylalkohol	$4{,}5\cdots4{,}4 \cdot 10^2$	10,0	53
3	n-Paraffine(C_2—C_{16})-Triäthylenglykol	$25\cdots1{,}8 \cdot 10^3$	5,8	12
10	n-Alkyl-Ringverb.(C_6—C_{28})-Triäthylenglykol	$3{,}0\cdots4{,}6 \cdot 10^3$	10	42
8	Ringverb.(C_6—C_{18})-Triäthylenglykol	3,0···92	13	42
4	n-Paraffine(C_7—C_{16})-Diäthylenglykol	$43\cdots7{,}7 \cdot 10^3$	7,5	23
13	n-Alkyl-Ringverb.(C_6—C_{28})-Diäthylenglykol	$6{,}0\cdots3{,}6 \cdot 10^4$	10	40
9	Ringverb.(C_6—C_{18})-Diäthylenglykol	$6{,}0\cdots1{,}69 \cdot 10^2$	13	42
3	n-Paraffine(C_7—C_{16})-Äthylenglykol	$2{,}1 \cdot 10^2\cdots9{,}3 \cdot 10^4$	17	60
9	n-Alkyl-Ringverb.(C_6—C_{18})-Äthylenglykol	$13{,}2\cdots2{,}6 \cdot 10^4$	4,8	22
9	Ringverb.(C_6—C_{18})-Äthylenglykol	$13{,}2\cdots8{,}5 \cdot 10^3$	12	37

Die Werte der Konstanten sind in Tab. 24 angegeben. Die B-Werte sind unabhängig vom gelösten Stoff und die D-Werte unabhängig sowohl vom gelösten Stoff als auch vom Lösungsmittel. Für D gilt:

T [°C]	25	50	70	90
$D \cdot 10^5$	−49	−55	−58	−61

n_1 ist die Gesamtzahl der Kohlenstoffatome des gelösten Kohlenwasserstoffs, n_2 die des Lösungsmittels. n_P ist die Zahl der Kohlenstoffatome in der paraffinischen Seitenkette. Die Genauigkeit von Gleichung (254) ist geringer als die von Gleichung (253), vergleiche hierzu Tab. 26.

Anwendung von Gleichung (255) für Aromaten, Naphthene und Naphthenoaromaten

Die nur vom Lösungsmittel abhängigen Zahlenwerte für B_a, B_n und K_z werden in Tab. 25 angegeben. Unabhängig vom Lösungsmittel und auch von der Ringverbindung sind die in der gleichen Tabelle getrennt für kondensierte und für Tandemstrukturen angegebenen Werte für C_r. Die Gleichung ist für C_6- bis C_{18}-Verbindungen gültig, wobei die Genauigkeit ebenfalls geringer ist als bei Gleichung (253).

2.10.5. *Genauigkeit und Anwendbarkeit der empirischen Methode*

Die von Pierotti, Deal und Derr vorgeschlagenen Korrelationen ermöglichen die Vorausberechnung der Aktivitätskoeffizienten bei unendlicher Verdünnung für eine große Zahl binärer Gemische und damit die teilweise oder vollständige Bestimmung der Parameter in Modellansätzen für den Zusatzbetrag der freien Enthalpie von Gemischen. Großer Wert wurde auf Einfachheit und unproblematische Anwendbarkeit der Korrelationen gelegt. Wie nicht anders zu erwarten, ist die Genauigkeit in Abhängigkeit von den in den binären Gemischen vorhandenen Kohlenwasserstoffen unterschiedlich. Einen Anhalt zur Abschätzung der zu erwartenden Genauigkeit bei Anwendung der Korrelationen gibt die Tab. 26. In Tab. 26 wurde zusätzlich die zu erwartende Größenordnung der γ_1^∞-Werte mit aufgenommen.

Die Anwendung der berechneten γ_1^∞-Werte zur Berechnung von Gleichgewichten bei unendlicher Verdünnung von Komponente 1 ist kaum interessant. Für mäßige und mittlere Konzentrationen der Komponente 1 im Gemisch ist durch die Konzentrationsfunktion der Fehler, der durch Berechnung der Modellparameter aus den γ^∞-Werten entsteht, wesentlich kleiner als der Fehler der γ_1^∞-Werte. Unter Berücksichtigung dieser Fehlermilderung für die praktische Berechnung von g_1^E bzw. $\bar{g}_1^E$ oder von Gleichgewichten sind die nach Pierotti, Deal und Derr berechneten Werte für γ_1^∞ gut brauchbar.

Einige Probleme der Anwendung der beschriebenen Methode zur Abschätzung der relativen Flüchtigkeit für die Destillation, des Grenzverteilungskoeffizienten für die flüssig-flüssig-Extraktion und der Löslichkeit für die extraktive Kristallisation werden von Black, Derr und Papadopoulos behandelt [61].

2.11. Die Gibbs-Duhem-Gleichung und das Konsistenzkriterium von Redlich und Kister

2.11.1. Die Gibbs-Duhem-Gleichung für isotherm-isobare Bedingungen

Wurden bisher das chemische Potential und die aus diesem abgeleiteten Größen Fugazität und Aktivität einer einzelnen Komponente in einem realen Gemisch behandelt, so liefert die GIBBS-DUHEM-Gleichung einen Zusammenhang zwischen den chemischen Potentialen aller Komponenten in einem Gemisch. Durch Kombination der Gleichung (122) mit Gleichung (138) erhält man:

$$dG = \left(\frac{\partial G}{\partial T}\right)_{P,n_i} \cdot dT + \left(\frac{\partial G}{\partial P}\right)_{T,n_i} dP + \sum_i \left[\left(\frac{\partial G}{\partial n_i}\right)_{P,T,n_k \neq i} dn_i\right] \tag{122}$$

$$\left(\frac{\partial G}{\partial n_i}\right)_{P,T,n_k \neq i} = \bar{g}_i \tag{138}$$

$$dG = \left(\frac{\partial G}{\partial T}\right)_{P,n_i} \cdot dT + \left(\frac{\partial G}{\partial P}\right)_{T,n_i} dP + \sum_i [\bar{g}_i \, dn_i] \tag{256}$$

Das absolute Differential der freien Enthalpie eines Gemisches kann auch aus der Definitionsgleichung (134) der partiellen molaren freien Enthalpie $\bar{g}_i$ bestimmt werden:

$$G(P, T, n_i) = \sum_i n_i \cdot \bar{g}_i(P, T, x_i) \tag{134}$$

$$dG = \sum \bar{g}_i \, dn_i + \sum n_i \, d\bar{g}_i \tag{257}$$

Die Kombination der Gleichungen (256) und (257) liefert unter Berücksichtigung von Gleichung (151) die GIBBS-DUHEM-Gleichung:

$$0 = \left(\frac{\partial G}{\partial T}\right)_{P,n_i} dT + \left(\frac{\partial G}{\partial P}\right)_{T,n_i} dP - \sum_i n_i \, d\bar{g}_i \tag{258}$$

$$\mu = \bar{g}_i \tag{151}$$

$$0 = \left(\frac{\partial G}{\partial T}\right)_{P,n_i} dT + \left(\frac{\partial G}{\partial P}\right)_{T,n_i} dP - \sum_i n_i \, d\mu_i \tag{259}$$

In der meist angegebenen Form der GIBBS-DUHEM-Gleichung sind für den Temperatur- und den Druckkoeffizienten der freien Enthalpie eines

Gemisches noch die Zusammenhänge (123) und (124) eingeführt.

$$\left(\frac{\partial G}{\partial T}\right)_{P,n_i} = -S \tag{123}$$

$$\left(\frac{\partial G}{\partial P}\right)_{T,n_i} = V \tag{124}$$

$$0 = -S\,dT + V\,dP + \sum_i n_i\,d\mu_i \tag{260}$$

Die GIBBS-DUHEM-Gleichung gilt sowohl für flüssige als auch für gasförmige Gemische. Liegt ein Gemisch bei konstanten äußeren Bedingungen vor, dann erhält man einen wichtigen Zusammenhang zwischen den chemischen Potentialen der Komponenten im Gemisch:

$$\sum n_i \cdot d\mu_i = 0 \quad \text{für} \quad dT = 0; \quad dP = 0 \tag{261}$$

Die Gleichung (261) ist auch bei eingestelltem Verteilungsgleichgewicht eines Stoffes zwischen zwei miteinander nicht oder nur begrenzt mischbaren flüssigen Phasen oder bei Löslichkeitsgleichgewichten gültig. Bei diesen Gleichgewichten ist es möglich, die Gleichgewichtskonzentrationen der Komponente i bei konstantem Druck und konstanter Temperatur über den gesamten Konzentrationsbereich zu messen. Anders ist es bei einem siedenden flüssigen Gemisch in Gleichgewicht mit seiner Dampfphase. Hier kann die experimentelle Ermittlung der Gleichgewichtskonzentrationen entweder nur isotherm oder nur isobar erfolgen. Sollen in einem binären Gemisch die miteinander im Gleichgewicht stehenden Konzentrationen der Komponente i im Dampf y_i und in der Flüssigkeit x_i über den gesamten Konzentrationsbereich von $x_i \to 0$ bis $x_i = 1$ gemessen werden, muß bei isothermer Bestimmung der Systemdruck zwischen dem Dampfdruck der Komponente i bei $x_i = 1$ und dem — höheren oder niedrigeren — Dampfdruck der zweiten Gemischkomponente variiert werden. Bei azeotropen Gemischen nimmt der Systemdruck sogar Werte an, die höher als der Dampfdruck der leichter siedenden Komponente oder niedriger als der Dampfdruck der schwerer siedenden Komponente liegen. Bedenkt man jedoch die in Zusammenhang mit Gleichung (251) gemachte Aussage, daß außer bei sehr hohen Drücken der Aktivitätskoeffizient als druckunabhängig anzunehmen ist, dann kann die GIBBS-DUHEM-Gleichung (261) bei Ersatz der chemischen Potentiale durch die Aktivitätskoeffizienten auch auf Dampf-Flüssigkeits-Gleichgewichte bei konstanter Temperatur angewandt werden (isotherm ermittelte Werte). Auf isobar ermittelte Gleichgewichtswerte kann die GIBBS-DUHEM-Gleichung wegen der notwendigen Voraussetzung, daß die Temperaturabhängigkeit des Aktivitätskoeffizienten als vernachlässigbar angenommen werden muß, nur bei geringen bis mäßigen Siedetemperaturunterschieden der Gemischkomponenten angewandt werden.

Gleichung (261) lautet für ein Zweistoffgemisch:

$$x_1 \cdot d\mu_1 + (1 - x_1)\, d\mu_2 = 0 \tag{262}$$

Die chemischen Potentiale können über Gleichung (191) durch die Aktivitätskoeffizienten ersetzt werden:

$$\mu_1(T, P, x_1) = \mu_1^{\text{rein}}(T, P) + R \cdot T \cdot \ln(\gamma_1 \cdot x_1)$$

$$\mu_2(T, P, x_2) = \mu_2^{\text{rein}}(T, P) + R \cdot T \cdot \ln[\gamma_2 \cdot (1 - x_1)]$$

μ_1^{rein} und μ_2^{rein} sind konstant für T = konst. und P = konst., damit $d\mu_1^{\text{rein}} = 0$ und $d\mu_2^{\text{rein}} = 0$.

$$d\mu_1(T, P, x_1) = 0 + R \cdot T[d \ln \gamma_1 + d \ln x_1] = R \cdot T\left[d \ln \gamma_1 + \frac{dx_1}{x_1}\right]$$

$$x_1\, d\mu_1 = R \cdot T[x_1 \cdot d \ln \gamma_1 + dx_1]$$

$$d\mu_2(T, P, x_2) = 0 + R \cdot T[d \ln \gamma_2 + d \ln (1 - x_1)] = RT\left[d \ln \gamma_2 - \frac{dx_1}{1 - x_1}\right]$$

$$(1 - x_1)\, d\mu_2 = RT[(1 - x_1)\, d \ln \gamma_2 - dx_1]$$

Die GIBBS-DUHEM-Gleichung lautet damit in der Formulierung über die Aktivitätskoeffizienten für ein binäres Gemisch:

$$x_1\, d \ln \gamma_1 + (1 - x_1)\, d \ln \gamma_2 = 0 \qquad dP = dT = 0 \tag{263}$$

und für ein Gemisch mit N-Komponenten

$$\sum_i^N (x_i\, d \ln \gamma_i) = 0 \qquad dP = dT = 0 \tag{264}$$

2.11.2. *Anwendung der Gibbs-Duhem-Gleichung auf den Ansatz von Redlich und Kister für den Zusatzbetrag der freien Enthalpie eines flüssigen Gemisches*

Die GIBBS-DUHEM-Gleichung in der Formulierung über die Aktivitätskoeffizienten und für konstanten Druck und konstante Temperatur — Gleichung (263) für binäre Gemische und Gleichung (264) für Vielstoffgemische — stellt eine Bedingung dar, die von jedem Ansatz für den Zusatzbetrag der freien Enthalpie erfüllt werden muß, wenn dieser Ansatz über den gesamten Konzentrationsbereich gültig sein soll. Ein bereits bekanntes Beispiel ist der REDLICH-KISTER-Ansatz (siehe Abschnitt 2.8.6.).

Für x_2 als kennzeichnende Komponente eines binären Gemisches lautet Gleichung (263):

$$(1 - x_2)\, d \ln \gamma_1 + x_2\, d \ln \gamma_2 = 0 \tag{263a}$$

Bei konstantem Druck und konstanter Temperatur ist x_2 die einzige Variable, nach der die aus dem Redlich-Kister-Ansatz ermittelten Gleichungen (222) für $\ln \gamma_1$ und (223) für $\ln \gamma_2$ zu differenzieren sind.

$$d \ln \gamma_1 = x_2 \cdot (2A + 6B + 10C) - x_2^2 \cdot (12B + 48C) + x_2^3 \cdot 48C$$

$$d \ln \gamma_2 = -(2A + 6B + 10C) + x_2 \cdot (2A + 18B + 58C) - x_2^2 \times (12B + 9C) + x_2^3 \cdot 48C$$

Damit können die beiden Glieder der Gibbs-Duhem-Gleichung ermittelt werden

$$(1 - x_2)\, d \ln \gamma_1 = x_2(2A + 6B + 10C) - x_2^2(2A + 18B + 58C) + x_2^3\,(12B + 96C) - x_2^4 \cdot 48C$$

$$x_2\, d \ln \gamma_2 = -x_2(2A + 6B + 10C) + x_2^2(2A + 18B + 58C) - x_2^3(12B + 96C) + x_2^4 \cdot 48C$$

Die Summe der rechten Seiten wird null. Damit erfüllt der REDLICH-KISTER-Ansatz die GIBBS-DUHEM-Gleichung und ist über den gesamten Bereich gültig. Der REDLICH-KISTER-Ansatz ist somit eine mögliche Integralform der GIBBS-DUHEM-Gleichung.

2.11.3. *Das Konsistenzkriterium von Redlich und Kister*

Sowohl experimentell bestimmte als auch berechnete Gleichgewichtsdaten sind selbst bei sehr exakter Arbeitsweise immer mit einem gewissen Fehler behaftet. Aus diesem Grund ist es notwendig, nach einem einfachen mathematischen Verfahren zu suchen, mit dem sich die thermodynamische Verträglichkeit solcher Werte prüfen läßt und das möglichst darüber hinaus noch Aussagen über die Richtung einer anzubringenden Korrektur zur Verbesserung der thermodynamischen Verträglichkeit möglich macht. Ausgehend von der Formulierung der GIBBS-DUHEM-Gleichung für konstante Temperatur und konstanten Druck (261) und Gleichung (211) für den Zusammenhang zwischen dem Zusatzbetrag der freien Enthalpie und den Aktivitätskoeffizienten der Gemischkomponenten haben REDLICH und KISTER [36] ein für Zweistoffgemische geeignetes Verfahren angegeben.

Gleichung (211) liefert für ein binäres Gemisch:

$$\frac{g^E}{R \cdot T} = x_1 \cdot \ln \gamma_1 + (1 - x_1) \cdot \ln \gamma_2$$

$$d\left(\frac{g^E}{R \cdot T}\right) = x_1 \cdot d \ln \gamma_1 + (1 - x_1)\, d \ln \gamma_2 + \ln \gamma_1\, dx_1 - \ln \gamma_2\, dx_1 \quad \text{für} \quad dP = dT = 0 \tag{211}$$

Ein Vergleich mit der GIBBS-DUHEM-Gleichung zeigt, daß die Summe der ersten beiden Glieder in dieser Gleichung gleich null ist. Nach Umformung erhält man damit

$$d\left(\frac{g^E}{RT}\right) = \ln\frac{\gamma_1}{\gamma_2}\cdot dx_1 \tag{265}$$

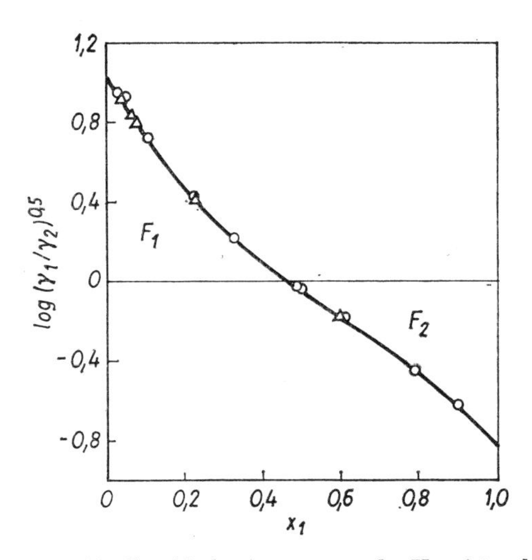

Abb. 16: Graphische Auswertung des Konsistenzkriteriums von Redlich und Kister für das Gemisch Methanol (*1*)—Benzol (*2*) bei 55 °C

Für reine Stoffe ist der Zusatzbetrag der freien Enthalpie gleich null. Dementsprechend muß auch das Integral von Gleichung (265) in den Grenzen $x_1 = 0$ bis $x_1 = 1$ bei konstantem Druck und konstanter Temperatur verschwinden. Das Konsistenzkriterium von Redlich und Kister lautet somit:

$$\int_{x_1=0}^{x_1=1} \ln\left(\frac{\gamma_1}{\gamma_2}\right) dx_1 = 0 \quad \text{für} \quad P = \text{konst.}; \quad T = \text{konst.} \tag{266}$$

Die zum Konsistenztest erforderliche Integration kann sowohl graphisch als auch rechnerisch erfolgen. Für die graphische Integration berechnet man die Aktivitätskoeffizienten γ_1 und γ_2 für die vorgegebene Bedingung in Abhängigkeit von der Konzentration und trägt danach $\ln(\gamma_1/\gamma_2)$ über x_1 auf. Wie in Abb. 16 nach BLACK [63] für das Beispiel Methanol (1) — Benzol (2) bei 55°C dargestellt, erhält man eine Fläche F_1 für positive

Ordinatenwerte und eine Fläche F_2 für negative Ordinatenwerte. In Übereinstimmung mit dem Konsistenzkriterium von Redlich und Kister sind die ermittelten Werte dann thermodynamisch verträglich, d. h. konsistent, wenn beide Flächen gleich sind und damit das Integral verschwindet.

Das Verfahren ist gegen kleine Fehler bei der Konzentrationsbestimmung sehr empfindlich, so daß Abweichung um 10% noch als tragbar anzusehen sind.

Zur rechnerischen Konsistenzprüfung ist durch die ermittelten Werte für die Aktivitätskoeffizienten γ_1 und γ_2 eine Ausgleichskurve zu legen. Dazu können die aus dem Ansatz von Redlich und Kister [36] ermittelten Gleichungen (222) für $\ln \gamma_1$ und (223) für $\ln \gamma_2$ und die Gleichungen (224) bis (226) zur Bestimmung der Konstanten herangezogen werden. Da in den Gleichungen (222) und (223) x_2 als Variable verwendet wurde, muß in diesem Fall über $\ln \gamma_2 - \ln \gamma_1 = \ln (\gamma_2/\gamma_1)$ integriert werden. Im Falle eines notwendigen Abgleichs ist zunächst abzuschätzen, für welche Komponente bzw. für welchen Konzentrationsbereich mit der größten Ungenauigkeit bei der Bestimmung des Aktivitätskoeffizienten zu rechnen war. Dem entsprechend sind die Konstanten zu verändern (in der Regel B und C, da im mittleren Konzentrationsbereich die Genauigkeit meist am größten ist).

Über das Redlich-Kister-Konsistenzkriterium kann nur eine integrale Konsistenz über den gesamten Bereich getestet werden. Auch bei Übereinstimmung der Flächen und damit Erfüllung des Redlich-Kister-Kriteriums sind noch örtliche Fehler möglich. Hierfür ist ein zusätzliches Konsistenzkriterium erforderlich, das eine Prüfung auf örtliche Konsistenz ermöglicht. Ein für die Prüfung auf örtliche Konsistenz geeignetes Kriterium wird im Anschluß an die Gleichgewichtsbedingung für Dampf-Flüssigkeits-Gleichgewichte behandelt.

2.11.4. *Anwendung der Gibbs-Duhem-Gleichung zur Extrapolation experimentell ermittelter Aktivitätskoeffizienten binärer Gemische*

Eine weitere Anwendung der Gibbs-Duhem-Gleichung ist die Extrapolation experimentell ermittelter Werte der Aktivitätskoeffizienten binärer flüssiger Gemische. Das folgende graphische Verfahren ist gegenüber der Anwendung integrierter Formen der Gibbs-Duhem-Gleichung dann vorzuziehen, wenn es sich um Gemische handelt, bei denen vollständige Sicherheit über die anzuwendende integrierte Form der Gibbs-Duhem-Gleichung nicht gegeben ist. Die von Desphande und Lu [64] vorgeschlagene und auf Aktivitätskoeffizienten, die aus Dampf-Flüssigkeits-Gleichgewichtswerten ermittelt wurden, angewandte Methode geht von folgender Form der Gibbs-Duhem-Gleichung aus:

$$x_1 \left(\frac{\partial \log \gamma_1}{\partial x_1}\right) dx_1 = x_2 \left(\frac{\partial \log \gamma_2}{\partial x_1}\right) \cdot dx_1 \tag{267}$$

Die Anwendung der GIBBS-DUHEM-Gleichung erfolgt unter Beachtung der Bedingung, daß die Kurven für $\log \gamma$ in der Darstellung $\log \gamma = f(x)$ bei $x = 0$ oder $x = 1$ in die horizontale Tangente übergehen:

$$\left(\frac{\partial \log \gamma_1}{\partial x_1}\right)_{x_1=1} = 0 \qquad \left(\frac{\partial \log \gamma_2}{\partial x_1}\right)_{x_1=0} = 0 \qquad \begin{array}{l} T = \text{konst.} \\ P \approx \text{konst.} \end{array} \tag{268}$$

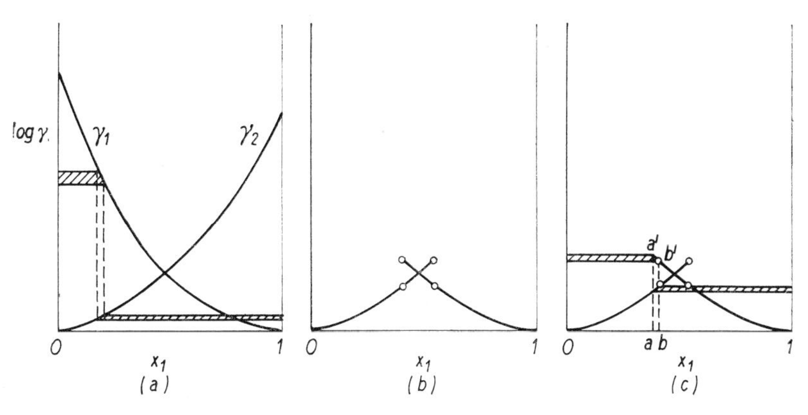

Abb. 17: Schrittweise graphische Extrapolation der Aktivitätskoeffizienten binärer Gemische

Die Extrapolation erfolgt durch schrittweise graphische Integration. Hierzu wird in Gleichung (267) das Differential dx_1 durch die Differenz Δx_1 ersetzt. Dieser Schritt ist zulässig, wenn Δx_1 genügend klein gewählt wird — im angegebenen Beispiel Äthanol-Methylcyclohexan bei 35 °C: $\Delta x_1 = 0{,}02$.

Für Dampf-Flüssigkeits-Gleichgewichte kann die Methode auf isotherme Werte bei Vernachlässigung der Druckabhängigkeit des Aktivitätskoeffizienten und auf isobare Werte dann angewandt werden, wenn die Siededifferenz klein ist. Allgemein setzt die Methode voraus:

- Im Bereich zwischen $x_1 = 0{,}3$ und $x_1 = 0{,}7$ müssen zwei experimentell exakt ermittelte Werte für $\log \gamma_1$ und $\log \gamma_2$ vorliegen.
- Ein Minimum auf einer Kurve $\log \gamma = f(x_1)$ und entsprechend ein Maximum auf der anderen Kurve $\log \gamma = f(x_1)$ — wie bei dem System Chloroform —Äthanol — darf nicht auftreten. Die Bildung von Minima bzw. Maxima ist jedoch sehr selten und wahrscheinlich nur dann möglich, wenn eine Zusammenlagerung von Molekülen z. B. durch Dimerisation auftritt.

Die vorgeschlagene Methode umfaßt folgende Schritte:

1. In einer Darstellung $\log \gamma = f(x_1)$ werden die beiden experimentell ermittelten Punkte eingetragen — siehe Abb. 17. Hierzu empfiehlt es sich,

großformatiges und linear geteiltes Millimeterpapier zu verwenden. Durch die Punkte für $\log \gamma_1$ wird eine Kurve bis $x_1 = 1$ so gelegt, daß die Bedingung (268) — horizontale Tangente bei $x_1 = 1$ — erfüllt wird. Analog wird eine Kurve durch die Punkte für $\log \gamma_2$ bis $x_1 = 0$ gelegt.

2. Zur Extrapolation wird anschließend an dem letzten bekannten Punkt der $\log \gamma_1$- bzw. der $\log \gamma_2$-Kurve das Inkrement Δx_1 abgetragen. Die Schnittpunkte der Lotrechten über den beiden Inkrementgrenzen — a und b in Abb. 17c — mit dem in 1. festgelegten Kurvenverlauf liefern die untere Fläche in Abb. 17c. Diese Fläche muß bestimmt werden. Werden die beiden Lotrechten weiter nach oben verlängert, dann endet eine der beiden im letzten bekannten Kurvenpunkte — b′ in Abb. 17c. Der Kurvenpunkt auf der zweiten Lotrechten — a′ in Abb. 17c — ist iterativ so zu bestimmen, daß die untere und die obere Fläche in Abb. 17c übereinstimmen. Bei Übereinstimmung der Flächen ist Gleichung (267) erfüllt und damit ein neuer Endpunkt der Kurve bestimmt.

3. Der unter 2. beschriebene Extrapolationsschritt ist bei Gewährleistung der Flächengleichheit so oft zu wiederholen, bis die Grenzwerte $\log \gamma_1^\infty$ bei $x_1 = 0$ bzw. $\log \gamma_2^\infty$ bei $x_1 = 1$ erreicht sind. Bei Vermeidung von systematischen Fehlern bei der Bestimmung der Teilflächen muß dann auch die Gibbs-Duhem-Gleichung für die Gesamtfläche unter beiden Kurven, d. h. das Konsistenzkriterium von Redlich und Kister erfüllt sein. Eine graphische Überprüfung ist leicht durch Ausplanimetrieren der beiden Flächen möglich.

Bei der Festlegung der Kurve in Schritt 1 kann natürlich eine etwas unterschiedliche Kurvatur in der Nähe der Grenzbedingungen —$x_1 \to 0$ für $\log \gamma_2$ und $x_1 \to 1$ für $\log \gamma_1$ — angenommen werden. Die als Folge zu erwartende Abweichung der ermittelten Werte $\log \gamma_1$ und $\log \gamma_2$ geben Deshpande und Lu [64] bei exakter Arbeitsweise mit $\pm 2\%$ oder kleiner an. Dieser Fehler ist vernachlässigbar bei Anwendung der ermittelten Aktivitätskoeffizienten für unendliche Verdünnung zur Gleichgewichtsberechnung.

In Abb. 18 sind die von Deshpande und Lu [64] graphisch extrapolierten Kurven $\log \gamma_1 = f(x_1)$ und $\log \gamma_2 = f(x_2)$ für das System Äthanol—Methylzyklohexan bei 35 °C mit experimentell ermittelten Werten — volle Punkte — von Kretschmer und Wiebe [65] verglichen. Der graphischen Extrapolation lagen folgende durch offene Kreise gekennzeichnete Werte zugrunde:

$x_1 = 0{,}4052$ $\log \gamma_1 = 0{,}2986$ $\log \gamma_2 = 0{,}1913$

$x_1 = 0{,}5403$ $\log \gamma_1 = 0{,}1834$ $\log \gamma_2 = 0{,}2947$

Die Übereinstimmung ist zufriedenstellend.

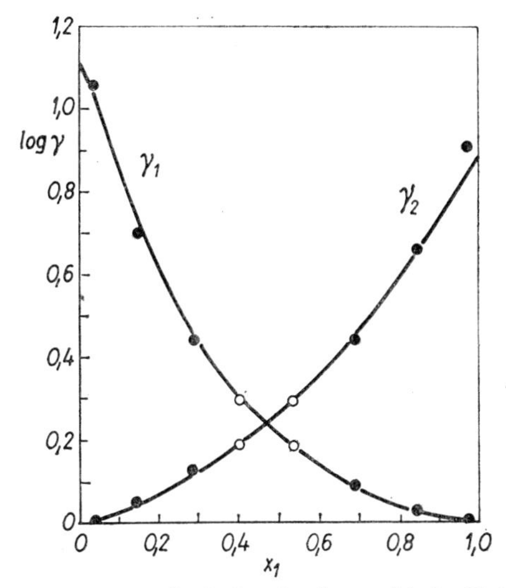

Abb. 18: Vergleich der durch graphische Extrapolation ermittelten Kurve für $\log \gamma = f(x)$ mit experimentell ermittelten Werten für das Gemisch Äthanol—Methylzyklohexan bei 35 °C

2.11.5. *Die uneingeschränkte Gibbs-Duhem-Gleichung*

Die bisher gezeigten Anwendungsmöglichkeiten der GIBBS-DUHEM-Gleichung basierten auf den Voraussetzungen konstante Temperatur und konstanter Druck. Für die isotherme Behandlung eines flüssigen siedenden Gemischs ist die letztgenannte Voraussetzung zwar nicht gegeben, jedoch kann außer im kritischen Gebiet der Aktivitätskoeffizient als druckunabhängig angenommen werden. Weitere Anwendungsmöglichkeiten der GIBBS-DUHEM-Gleichung können durch eine allgemeinere Schreibweise erschlossen werden, bei der diese Voraussetzungen nicht aufrechterhalten werden müssen. Eine uneingeschränkte Form der GIBBS-DUHEM-Gleichung wurde von IBL und DODGE [66, 67] angegeben, bei der nur noch die Bedingung konstante Phasenzusammensetzung erfüllt sein muß. In der Erweiterung auf Vielkomponentengemische durch VAN NESS [68] lautet die uneingeschränkte GIBBS-DUHEM-Gleichung für ein Gemisch dampf- oder gasförmiger Komponenten:

$$\sum_i y_i d \ln \bar{f}_i = \frac{h^{\text{idel}} - h}{RT^2} dT + \frac{v}{RT} dP \tag{269}$$

y_i — Molanteil der Komponente i in 1 [kmol] Gemisch
$\bar{f}_i$ — Fugazität der Komponente i im Dampf- oder Gasgemisch

h^{ideal} — molare Idealgasenthalpie des Gemischs; $h^{\text{ideal}} = \sum_i y_i h_i^{\text{ideal}}$

h — molare Realgasenthalpie des Gemischs; $h = \sum_i y_i \bar{h}_i$

v — Molvolumen des Dampf- oder Gasgemischs; $v = \sum_i y_i \bar{v}_i$

Unter Beachtung der in der Legende für h^{ideal}, h und v angegebenen Summierungen kann Gleichung (269) auch für eine einzelne Komponente des Gas- oder Dampfgemischs angegeben werden.

$$d \ln \bar{f}_i = \frac{h_i^{\text{ideal}} - \bar{h}_i}{RT^2} dT + \frac{\bar{v}_i}{RT} dP \tag{270}$$

h_i^{ideal} — molare Idealgasenthalpie der Komponente i
$\bar{h}_i$ — partielle molare Enthalpie der Komponente i im Gas- oder Dampfgemisch
$\bar{v}_i$ — partielles molares Volumen der Komponente i im Gas- oder Dampfgemisch

Für die Änderung der Gemischfugazität der Komponente i in Abhängigkeit von Druck P und Temperatur T, jedoch bei konstanter Zusammensetzung des Gas- oder Dampfgemischs kann für die Fugazität als extensive Zustandsgröße folgende allgemeine Gleichung angesetzt werden:

$$d \ln \bar{f}_i = \left(\frac{\partial \ln \bar{f}_i}{\partial T}\right)_P dT + \left(\frac{\partial \ln \bar{f}_i}{\partial P}\right)_T dP \tag{271}$$

Durch Vergleich der Gleichungen (270) und (271) erhält man die Abhängigkeit der Gemischfugazität vom Druck.

$$\left(\frac{\partial \ln \bar{f}_i}{\partial P}\right)_{T,y_i} = \frac{\bar{v}_i}{RT} \tag{272}$$

Unter den Voraussetzungen konstanter Druck und konstanter Zusammensetzung ist das partielle Differential der Gemischfugazität nach der Temperatur gleich dem partiellen Differential des Gemischfugazitätskoeffizienten nach der Temperatur, wie sich an Hand der Definitionsgleichung (164) leicht zeigen läßt:

$$\bar{f}_i = P \cdot y_i \cdot \bar{\varphi}_i$$

$$\ln \bar{f}_i = \ln P + \ln y_i + \ln \bar{\varphi}_i . \tag{164}$$

$$\frac{\partial \ln \bar{f}_i}{\partial T} = \frac{\partial \ln \bar{\varphi}_i}{\partial T} \quad \text{bei} \quad P = \text{konst.} \quad \text{und} \quad y_i = \text{konst.} \tag{273}$$

Unter Berücksichtigung von Gleichung (273) liefert der Vergleich von (270) mit (271) die bereits bekannte Beziehung (239) für die Temperaturabhängigkeit des Gemischfugazitätskoeffizienten bei konstantem Druck und konstanter Zusammensetzung

$$\left(\frac{\partial \ln \bar{\varphi}_i}{\partial T}\right)_{P,y_i} = \frac{h_i^{\text{ideal}} - \bar{h}_i}{RT^2} \tag{239}$$

Die uneingeschränkte Form der GIBBS-DUHEM-Gleichung (269) ist damit das Ergebnis einer Summierung über die partiellen Differentiale der Gemischfugazitäten aller Komponenten nach dem Druck und der Temperatur bei Verwendung von Gleichung (271).

Die uneingeschränkte GIBBS-DUHEM-Gleichung gilt ebenfalls für die flüssige Phase:

$$\sum_i x_i d \ln \bar{f}_i^{\text{flüssig}} = \frac{h^{\text{ideal}} - h}{RT^2} dT + \frac{v}{RT} dP \tag{274}$$

x_i — Molanteil der Komponente i im flüssigen Gemisch
$\bar{f}_i^{\text{flüssig}}$ — Fugazität der Komponente i im flüssigen Gemisch
h^{ideal} — molare Idealgasenthalpie des Gemischs; $h^{\text{ideal}} = \sum_i x_i h_i^{\text{ideal}}$
h — molare Enthalpie des flüssigen realen Gemischs; $h = \sum_i x_i \bar{h}_i$
v — Molvolumen des flüssigen Gemischs; $v = \sum_i x_i \bar{v}_i$

Für eine einzelne Komponente in einem flüssigen Gemisch gilt

$$d \ln \bar{f}_i^{\text{flüssig}} = \frac{h_i^{\text{ideal}} - \bar{h}_i}{RT^2} dT + \frac{\bar{v}_i}{RT} dP \tag{275}$$

h_i^{ideal} — molare Idealgasenthalpie der reinen Komponente i
$\bar{h}_i$ — partielle molare Enthalpie der flüssigen Komponente i
$\bar{v}_i$ — partielles molares Volumen der flüssigen Komponente i

Für die Fugazität als extensive Zustandsgröße kann Gleichung (271) nicht nur für eine Gemischkomponente, sondern auch für eine reine Flüssigkeit angesetzt werden. Daraus folgt, daß die Formulierung der uneingeschränkten GIBBS-DUHEM-Gleichung für eine reine Flüssigkeit ebenfalls zulässig ist.

Für diesen Fall gilt für die reine flüssige Substanz i

$$d \ln f_i^{\text{flüssig}} = \frac{h^{\text{ideal}} - h_i}{RT^2} dT + \frac{v_i}{RT} dP \tag{276}$$

$f_i^{\text{flüssig}}$ — Fugazität der reinen flüssigen Substanz i
h_i — molare Enthalpie der reinen flüssigen Substanz i
v_i — Molvolumen der reinen flüssigen Substanz i

An dieser Stelle entsteht oftmals Konfusion hinsichtlich der Formulierung der uneingeschränkten GIBBS-DUHEM-Gleichung über den Aktivitätskoeffizienten: Gleichung (276) ist die allgemeine Formulierung für die Abhängigkeit der Fugazität eines reinen Stoffes von der Temperatur und dem Druck. Für die Formulierung des Aktivitätskoeffizienten wird Gleichung (276) jedoch zur Berechnung der Bezugsfugazität bei einem festliegenden Bezugsdruck verwendet. Die Standardfugazität ist unabhängig vom Druck, da der Bezugsdruck invariabel ist, so daß das letzte Glied der Gleichung entfällt.

Standardfugazität:

$$d \ln f_i = \frac{h^{\text{ideal}} - h}{RT^2} dT \tag{277}$$

Die Gleichungen (275) und (277) sind durch den Aktivitätskoeffizienten der Komponente i im flüssigen Gemisch miteinander verbunden. Aus Gleichung (193) folgt für konstante Zusammensetzung:

$$\bar{f}_i^{\text{flüssig}} = \gamma_i \cdot x_i \cdot f_i^{\text{flüssig}}$$

$$\frac{\bar{f}_i^{\text{flüssig}}}{f_i^{\text{flüssig}}} = x_i \cdot \gamma_i$$

$$d \ln \frac{\bar{f}_i^{\text{flüssig}}}{f_i^{\text{flüssig}}} = d \ln \gamma_i + 0 \quad \text{für konstante Zusammensetzung} \tag{193}$$

Die linke Seite des letztgenannten Ausdrucks erhält man ebenfalls bei Subtraktion der Gleichung (277) von Gleichung (275). Im Ergebnis der Subtraktion erhält man die uneingeschränkte GIBBS-DUHEM-Gleichung in der Formulierung über die Aktivitätskoeffizienten:

$$d \ln \gamma_i = \frac{h_i - \bar{h}_i}{RT^2} dT + \frac{\bar{v}_i}{RT} dP \tag{278}$$

Das erste Glied rechts des Gleichheitszeichens ist wegen $\bar{h}_i^E = \bar{h}_i - h_i$ mit Gleichung (231) identisch, so daß die Gleichung (278) auch in der folgenden Form geschrieben werden kann:

$$d \ln \gamma_i = -\frac{\bar{h}_i^E}{RT^2} dT + \frac{\bar{v}_i}{RT} dP \tag{279}$$

Sowohl Gleichung (278) als auch Gleichung (279) können als Ausgangspunkt für eine Summierung über alle Gemischkomponenten verwendet werden, um zu der uneingeschränkten Form von Gleichung (264) zu kommen. Ausgehend von Gleichung (279) erhält man die uneingeschränkte GIBBS-DUHEM-Gleichung für ein flüssiges Gemisch:

$$\sum_i (x_i \, d \ln \gamma_i) = -\frac{h^E}{RT^2} dT + \frac{v}{RT} dP \tag{280}$$

Die Zusatzenthalpie des Gemischs $h^E = \sum_i x_i \bar{h}_i^E$ ist identisch mit der integralen Mischungswärme, die bei der Vermischung der Komponenten bei konstanter Temperatur abzuführen ist.

Gleichung (280) geht für konstante Temperatur und konstanten Druck in Gleichung (264) über. Steht die Aufgabe, die Aktivitätskoeffizienten in einem flüssigen Gemisch bei gleichbleibender Zusammensetzung auf eine höhere oder eine niedrigere Temperatur umzurechnen, dann müssen die ermittelten Werte Gleichung (280) erfüllen.

Bei der Anwendung der uneingeschränkten GIBBS-DUHEM-Gleichung ist zu beachten, daß sich die Zusammensetzung des flüssigen Gemischs voraussetzungsgemäß nicht ändern darf. Für die Praxis wichtige Anwendungsfälle der Gleichungen (274) oder (280) sind z. B. die Ermittlung der Siedetemperatur eines Gemischs bei verändertem Systemdruck und gleichbleibender Flüssigphasenzusammensetzung oder die destillative Abtrennung von Spurenkomponenten bei praktisch konstanter Zusammensetzung des flüssigen Gemischs. Für die Lösung der genannten und ähnlicher Aufgaben muß zunächst eine Beziehung zwischen den Molanteilen einer Komponente in zwei miteinander im Gleichgewicht befindlichen Phasen ermittelt werden. Diese Beziehung erhält man aus den nachfolgend behandelten Bedingungen für das chemische Gleichgewicht zwischen zwei Phasen.

3. Das chemische Gleichgewicht

3.1. Die allgemeine Gleichgewichtsbedingung

Voraussetzung für Einstellung eines Gleichgewichts in einem betrachteten System — gleichgültig, ob es sich um ein Gleichgewicht zwischen gegenläufigen chemischen Reaktionen oder/und das Zusammensetzungsgleichgewicht zwischen zwei Mischphasen handelt — sind konstante Gesamtmasse aller Komponenten im System und konstante Enthalpie. Beide Bedingungen sind nicht nur in einem abgeschlossenen System, sondern auch in nicht abgeschlossenen Systemen erfüllbar. Die Bedingung „konstanter Masseinhalt des Systems" zieht bei eingestelltem Gleichgewicht nach sich, daß auch die Masse m_i oder Molzahl n_i jeder Komponente konstant sein muß.

$$m = \sum_i m_i = \text{konst.}$$

$$dm = d\left(\sum_i m_i\right) = \sum_i dm_i = 0 \tag{281}$$

$$dm_i = 0 \quad \text{für konstante Zusammensetzung} \tag{282}$$

$$n_i = \frac{m_i}{M_i}$$

$$dn_i = 0 \quad \text{für konstante Zusammensetzung} \tag{283}$$

M_i — Molekulargewicht der Komponente i

Bei konstanter Gesamtmasse und konstanter Zusammensetzung kann die weitere Bedingung „konstante Enthalpie im System" nur erfüllt werden, wenn weiterhin Temperatur und Druck bzw. Volumen konstant sind.

Im allgemeinen Fall können im System mehrere Phasen vorliegen. Zur Vereinfachung soll hier die Zahl der Phasen auf zwei beschränkt werden, z. B. eine flüssige und eine Gas- oder Dampfphase oder zwei flüssige Phasen. Jede im System vertretene Komponente kann prinzipiell in jeder der beiden Phasen enthalten sein. Für die Ermittlung der Konzentration jeder Komponente in jeder der beiden Phasen bei eingestelltem Gleichgewicht ist eine weitere Gleichgewichtsbedingung erforderlich. Aus dem 2. Hauptsatz folgt, daß im Gleichgewicht die Entropie des Systems einen Maximalwert annimmt. Für einen isotherm-isobaren Prozeß in einem nicht abgeschlossenen System ist die Aussage gleichbedeutend, daß die freie Enthalpie einen Minimalwert annimmt.

$$dS = 0 \text{ oder } dG = 0 \text{ im Gleichgewicht} \tag{284}$$

Für jede Phase im System gilt die GIBBSsche Hauptgleichung (112), die hier in der Formulierung (114) für die Gleichgewichtseinstellung in einem isotherm-isobaren Prozeß angewandt wird. Die beiden Phasen werden durch die Kopfnoten I und II gekennzeichnet. Im Falle eines Dampf-Flüssigkeitsgleichgewichtes soll I für die flüssige und II für die Dampfphase gelten. Bei Einhaltung der Bedingung (284) für das Gesamtsystem wird eine kleine Abweichung in jeder der beiden Phasen angenommen

$$T^{\mathrm{I}} dS^{\mathrm{I}} = dU^{\mathrm{I}} + P^{\mathrm{I}} dV^{\mathrm{I}} - \sum_i \mu_i^{\mathrm{I}} dn_i^{\mathrm{I}}$$

$$T^{\mathrm{II}} dS^{\mathrm{II}} = dU^{\mathrm{II}} + P^{\mathrm{II}} dV^{\mathrm{II}} - \sum_i \mu_i^{\mathrm{II}} dn_i^{\mathrm{II}} \tag{114}$$

$$dS = dS^{\mathrm{I}} + dS^{\mathrm{II}} = 0$$

$$dU = dU^{\mathrm{I}} + dU^{\mathrm{II}} = 0$$

$$dV = dV^{\mathrm{I}} + dV^{\mathrm{II}} = 0$$

$$dn_i = dn_i^{\mathrm{I}} + dn_i^{\mathrm{II}} = 0 \tag{285}$$

Nach Einsetzen der Beziehungen in (115) erhält man

$$dS = 0 = dU^{\mathrm{I}} \cdot \left(\frac{1}{T^{\mathrm{I}}} - \frac{1}{T^{\mathrm{II}}}\right) + dV^{\mathrm{I}} \cdot \left(\frac{P^{\mathrm{I}}}{T^{\mathrm{I}}} - \frac{P^{\mathrm{II}}}{T^{\mathrm{II}}}\right) - \sum_i \left(\frac{\mu_i^{\mathrm{I}}}{T^{\mathrm{I}}} - \frac{\mu_i^{\mathrm{II}}}{T^{\mathrm{II}}}\right) dn_i^{\mathrm{I}}$$

Mit $T^{\mathrm{I}} = T^{\mathrm{II}}$ und $P^{\mathrm{I}} = P^{\mathrm{II}}$ und der Forderung, daß mindestens ein dn_i^{I} unabhängig von den anderen dn_i^{I} wählbar ist, folgt als stoffliche Gleichgewichtsbedingung

$$\mu_i^{\mathrm{I}} = \mu_i^{\mathrm{II}} \tag{286}$$

Wird die Phasengrenze durch eine feste Membran gebildet, die nur für einen Teil der Komponenten i durchlässig ist, dann kann die Membran eine Druckdifferenz kompensieren. In diesem Fall folgt für das stoffliche Gleichgewicht als Bedingung

$$\mu_i^{\mathrm{I}} = \mu_i^{\mathrm{II}} + \int_{P^{\mathrm{I}}}^{P^{\mathrm{II}}} \bar{v}_i^{\mathrm{II}} dp \tag{287}$$

μ_i — chemisches Potential der Komponente i in den Phasen I bzw. II
$\bar{v}_i$ — partielles molares Volumen der Komponente i in der Phase II.

Für eine flüssige Phase ist $\bar{v}_i^{II}$ weitgehend unabhängig vom Druck, so daß die stoffliche Gleichgewichtsbedingung (287) dann lautet:

$$\mu_i^{I} = \mu_i^{II} + \bar{v}_i^{II} \cdot \Delta P \tag{288}$$

ΔP — osmotischer Druck

Membrangleichgewichte weisen somit gegenüber Gleichgewichten mit direktem Phasenkontakt nur ein zusätzliches Glied auf, so daß es genügt, wenn die weitere Umformung in eine für die rechnerische Anwendung geeignetere Form für die stoffliche Gleichgewichtsbedingung (286) vorgenommen wird. Hierzu werden die chemischen Potentiale in beiden Phasen — auch wenn eine der Phasen oder beide flüssig sind — durch Gleichung (167) ersetzt:

$$(\mu_i^{I})^{\text{Gemisch}} = (\mu_i^{I})^{\text{rein}} + R \cdot T \cdot \ln \frac{\bar{f}_i^{I}}{P^+} \tag{167a}$$

$$(\mu_i^{II})^{\text{Gemisch}} = (\mu_i^{II})^{\text{rein}} + R \cdot T \cdot \ln \frac{\bar{f}_i^{II}}{P^+} \tag{167b}$$

Das chemische Potential des reinen Stoffes i ist voraussetzungsgemäß bei der für die beiden im Gleichgewicht befindlichen Phasen gleichen Temperatur und bei dem für beide Mischphasen gleichen Druck zu bestimmen. Da Gleichung (286) auch für reine Stoffe gilt, sind somit $(\mu_i^{I})^{\text{rein}}$ und $(\mu_i^{II})^{\text{rein}}$ auch dann gleich, wenn die beiden Phasen bei unterschiedlichen Aggregatzuständen vorliegen:

$$(\mu_i^{I})^{\text{rein}} = (\mu_i^{II})^{\text{rein}} \tag{289}$$

Wählt man weiter den Bezugsdruck P^+ für die Fugazität der Komponente in beiden Phasen gleich, dann folgt aus (286) als gleichwertige Formulierung für das stoffliche Gleichgewicht

$$\bar{f}_i^{I} = \bar{f}_i^{II} \quad \text{bei} \quad P^{I} = P^{II} \text{ und } T^{I} = T^{II} \tag{290}$$

3.2. Fugazität und chemisches Gleichgewicht

3.2.1. Berechnung der Flüssigphasenfugazität über die Gleichgewichtsbedingung

Für das Gleichgewicht zwischen einer flüssigen Mischphase und deren koexistierendem dampfförmigen Gemisch ermöglicht die analoge Formulierung

$$\bar{f}_i^{\text{flüssig}} = \bar{f}_i^{\text{dampf}} \tag{291}$$

die Ermittlung der Fugazität der Komponente i im flüssigen Gemisch über den Dampfphasenfugazitätskoeffizienten und die Molanteile y_i der

Komponente i in der Dampfphase. Hierzu wird die rechte Seite von (291) durch die Gleichung (164) ersetzt:

$$\bar{f}_i^{\text{flüssig}}(T, P, x_i) = P \cdot y_i \cdot \bar{\varphi}_i^{\text{dampf}}(P, T, y_i) \tag{292}$$

Voraussetzung für die Anwendung von Gleichung (292) zur Berechnung von $\bar{f}_i^{\text{flüssig}}$ ist, daß die zu den Molanteilen x_i der Komponente i in der flüssigen Phase zugehörigen Molanteile y_i der Komponente i in der Dampfphase bekannt sind.

Die Gleichgewichtsbeziehung (291) ist ebenso wie (286) auch für reine Stoffe gültig und ermöglicht damit die Berechnung der Flüssigphasenfugazität des reinen Stoffes mit Hilfe des Dampfphasenfugazitätskoeffizienten durch Kombination mit Gleichung (160)

$$f_i^{\text{flüssig}}(T_i^s, p_i^0) = p_i^0 \cdot \varphi_i^{\text{dampf}}(p_i^0, T_i^s) \tag{293}$$

Gleichung (293) gilt für eine siedende reine Flüssigkeit, d. h. der Fugazitätskoeffizient φ_i^{dampf} ist für den Dampfdruck p_i^0 bei der Siedetemperatur T_i^s zu ermitteln. Fugazitätskoeffizienten $\varphi_i^s = \varphi_i^{\text{dampf}}(p_i^0, T_i^s)$ zur Berechnung der Flüssigphasenfugazität bei Siedetemperatur wurden LYCKMAN, ECKERT und PRAUSNITZ [70] ermittelt und können über Gleichung (171) mit den in Tab. 19 als Funktion der reduzierten Siedetemperatur für $0{,}56 \leqq T_r^s \leqq 1{,}00$ angegebenen Beiträgen und den in den Tab. 3 und 20 angegebenen azentrischen Faktoren berechnet werden.

3.2.2. *Druckumrechnung der Fugazität für Dampf-Flüssigkeits-Gleichgewichte*

Über Gleichung (293) kann die Fugazität einer siedenden Flüssigkeit für beliebige Siedetemperaturen T_i^s ermittelt werden, solange $T_i^s < T_{\text{krit},i}$ ist. Wird der Druck bei gleichbleibender Temperatur gegenüber dem Dampfdruck erhöht, dann hört die Flüssigkeit auf zu sieden. Durch eine Druckkorrektur der Fugazität auf einen Druck $P > p_i^0$ läßt sich somit die Fugazität einer nichtsiedenden, d. h. unterkühlten Flüssigkeit berechnen. Für eine reine Flüssigkeit kann zur Umrechnung auf einen erhöhten Druck Gleichung (272) mit $v_i = \bar{v}_i$ herangezogen werden:

$$\left(\frac{\partial \ln f_i}{\partial P}\right)_T = \frac{v_i}{R \cdot T} \tag{294}$$

$$f_i(P, T) = f_i(p_i^0, T_i^s) \cdot \exp\left[\int_{p_i}^{P} \frac{v_i}{R \cdot T} dP\right] \quad \text{für } T^s_{\text{Gem.}} = T_i^s \tag{295}$$

Das Molvolumen v_i von Flüssigkeiten kann mit guter Näherung als druckunabhängig angenommen werden („inkompressible Flüssigkeit“).

Nach der Integration lautet Gleichung (295)

$$f_i(P, T) = f_i(p_i^0, T_i^s) \cdot \exp\left[\frac{v_i}{R \cdot T} \cdot (P - p_i^0)\right] \quad \text{für} \quad T = T_i^s \quad (296)$$

Rechnet man die Fugazität einer reinen Flüssigkeit $f_i(p_i^0, T_i^s)$ bei Siedebedingungen formal unter Verwendung von Gleichung (294) auf einen Druck um, der kleiner ist als der Dampfdruck, dann kommt man in ein Gebiet, in dem die Flüssigkeit real nicht existieren kann. Wasser als Beispiel hat bei einer Siedetemperatur von 100 °C einen Dampfdruck von 1 [atm]. Bei 100 °C und 0,5 [atm] kann real nur Wasserdampf existieren (Siedetemperatur $T^s_{H_2O} = 80{,}9\,°C$ bei 0,50 [atm]). Diese Aussage gilt jedoch nur für einen reinen Stoff. In einem Gemisch mit einer niedriger siedenden Flüssigkeit — Wasser z. B. mit Methanol — kann die höher siedende Komponente durchaus bei einem Druck, der kleiner ist als deren Dampfdruck bei der Siedetemperatur des Gemisches, als Flüssigkeit real existieren. Dieser Fakt ist bedeutsam in Hinblick auf die Verwendung des Aktivitätskoeffizienten einer Gemischkomponente zur Erfassung des nichtidealen Verhaltens eines flüssigen Gemischs. Der Aktivitätskoeffizient einer Komponente in einem flüssigen Gemisch war nach (189) definiert worden als Verhältnis des Fugazitätskoeffizienten der Komponente i im flüssigen Gemisch $\bar{\varphi}_i$ zum Fugazitätskoeffizienten des gleichen Stoffes im reinen Zustand φ_i bei gleichem Druck und gleicher Temperatur. Wie am Beispiel Wasser—Methanol gezeigt wurde, hat der reine Stoff im Siedezustand — Voraussetzung für die Gültigkeit von Gleichung (293) — einen Dampfdruck, der bei gleicher Siedetemperatur vom Siededruck eines Gemischs mit fixierter Zusammensetzung abweicht. Für die höher siedende Komponente eines Gemischs ist er Dampfdruck niedriger als der Siededruck des Gemischs. Um die Vorbedingung für die Anwendung des Aktivitätskoeffizienten zu erfüllen — gleiche Temperatur und gleicher Druck des Stoffes i als Gemischkomponente und im reinen Zustand — ist somit eine Druckumrechnung der Fugazität erforderlich, und zwar auch dann, wenn der Dampfdruck des reinen Stoffes bei Gemischsiedetemperatur höher ist als der Siededruck des Gemischs. Kann der reine Stoff bei der Siedetemperatur und dem Siededruck des Gemischs als Flüssigkeit real nicht existieren, dann macht es sich notwendig, für diese Bedingungen eine hypothetische Flüssigkeit zu definieren, deren Fugazität zu berechnen ist. Für $p_i^0 > P$ gilt analog zu Gleichung (295):

$$f_i(P, T) = f_i(p_i^0, T_i^s) \cdot \exp\left[-\int_P^{p_i^0} \frac{v_i}{R \cdot T} dP\right] \quad \text{für} \quad T^s_{\text{Gemisch}} = T_i^s \quad (297)$$

$$f_i(P, T) = f_i(p_i^0, T_i^s) \cdot \exp\left[+\frac{v_i}{R \cdot T}(P - p_i^0)\right] \quad (298)$$

Die bisherigen Überlegungen setzten voraus, daß der Aktivitätskoeffizient nicht nur bei der Gemischsiedetemperatur, sondern auch bei dem Siededruck des Gemischs bestimmt wurde. In der Regel wird das dann nicht der Fall sein, wenn der Siededruck des Gemischs höher ist als der Normaldruck. Für diesen — allgemeineren — Fall kommt noch ein weiterer Druckumrechnungsschritt hinzu. Als erster Schritt ist die Fugazität des reinen Stoffes bei Siedetemperatur vom Dampfdruck des reinen Stoffes auf den Druck umzurechnen, bei dem der Aktivitätskoeffizient bestimmt wurde. Bei diesem Druck kann dann die Fugazität im flüssigen Gemisch über die Beziehung (193) bestimmt werden:

$$\bar{f}_i = \gamma_i \cdot x_i \cdot f_i \text{ bei } T^s_{\text{Gemisch}} \text{ und } P_\gamma \tag{193}$$

P_γ — Druck, bei dem γ berechnet oder experimentell ermittelt wurde

In dem zweiten Schritt ist dann die Fugazität der Komponente i im flüssigen Gemisch $\bar{f}_i^{\text{flüssig}}$ von P_γ auf den Siededruck des Gemischs P über Gleichung (272) umzurechnen:

$$\left(\frac{\partial \ln \bar{f}_i}{\partial P}\right)_T = \frac{\bar{v}_i}{R \cdot T} \tag{272}$$

$\bar{v}_i$ — partielles molares Volumen der Komponente i im flüssigen Gemisch.

$$\bar{f}_i(P, T^s_{\text{Gemisch}}, x_i) = \bar{f}_i(P_\gamma, T^s_{\text{Gemisch}}, x_i) \cdot \exp\left[\int_{P_\gamma}^{P} \frac{\bar{v}_i}{R \cdot T} dP\right] \tag{299}$$

$$\bar{f}_i(P, T^s_{\text{Gemisch}}, x_i) = \bar{f}_i(P_\gamma, T^s_{\text{Gemisch}}, x_i) \cdot \exp\left[\frac{\bar{v}_i}{R \cdot T}(P - P_\gamma)\right] \tag{300}$$

Für Gleichung (300) wurde vorausgesetzt, daß das partielle molare Volumen $\bar{v}_i$ der Komponente i im flüssigen Gemisch bei konstanter Zusammensetzung und konstanter Temperatur zwischen P_γ und P konstant, d. h. unabhängig vom Druck ist. Außer im kritischen Bereich ist diese Voraussetzung gut erfüllt.

Durch Kombination der Gleichungen (193), (293), (297) mit den Integrationsgrenzen P_γ bis p_i^0 und (299) mit den Integrationsgrenzen P_γ bis P erhält man folgenden, ebenfalls von Black [71] angegebenen Ausdruck für die Fugazität $\bar{f}_i$ im flüssigen siedenden Gemisch:

$$\bar{f}_i(P, T^s_{\text{Gem}}, x_i) = \gamma_i \cdot x_i \cdot p_i^0 \cdot \varphi_i \cdot \exp\left[-\int_{P_\gamma}^{p_i^0} \frac{v_i}{R \cdot T} dP + \int_{P_\gamma}^{P} \frac{\bar{v}_i}{R \cdot T} dP\right] \tag{301}$$

$$\bar{f}_i(P, T^s_{\text{Gem}}, x_i) = \gamma_i \cdot x_i \cdot p_i^0 \cdot \varphi_i \cdot \exp\left[\int\limits_{P_\gamma}^{p_i^0} \frac{\bar{v}_i - v_i}{R \cdot T} dP + \int\limits_{p_i^0}^{P} \frac{\bar{v}_i}{R \cdot T} dP\right] \tag{302}$$

$$\bar{f}_i(P, T^s_{\text{Gem}}, x_i) = \gamma_i \cdot x_i \cdot p_i^0 \cdot \varphi_i \cdot \exp\left[\int\limits_{P_\gamma}^{p_i^0} \frac{v_i^E}{R \cdot T} dP + \int\limits_{p_i^0}^{P} \frac{\bar{v}_i}{R \cdot T} dP\right] \tag{303}$$

$$\ln \bar{f}_i(P, T^s_{\text{Gem}}, x_i) = \ln \gamma_i \cdot x_i \cdot p_i^0 \cdot \varphi_i + \int\limits_{P_\gamma}^{p_i^0} \frac{v_i^E}{R \cdot T} dP + \int\limits_{P_i^0}^{P} \frac{\bar{v}_i}{R \cdot T} dP \tag{304}$$

In den Gleichungen (301) bis (304) sind p_i^0 der Dampfdruck des reinen Stoffes i bei der Gemischsiedetemperatur, φ_i der Fugazitätskoeffizient des reinen Stoffes i bei Gemischsiedetemperatur und dem Dampfdruck p_i^0 und γ_i der Aktivitätskoeffizient der Komponente i im flüssigen Gemisch bei Gemischsiedetemperatur, dem Druck P_γ und den Molanteilen x_i. Besteht das Gemisch nur aus solchen Komponenten, die bei Gemischsiedetemperatur im reinen Zustand flüssig sind oder durch Druckerhöhung kondensiert werden können, d. h. gilt für alle Komponenten $T_{\text{krit},i} > T^s_{\text{Gemisch}}$, dann ist bei Vernachlässigung der ohnehin sehr geringen Kompressibilität der Flüssigkeiten das partielle molare Volumen $\bar{v}_i$ mit guter Näherung gleich dem Molvolumen v_i des reinen Stoffes.

Für $\bar{v}_i = v_i$ geht Gleichung (302) über in

$$\ln \bar{f}_i(P, T^s_{\text{Gem}}, x_i) = \ln \gamma_i \cdot x_i \cdot p_i^0 \cdot \varphi_i + \int\limits_{p_i^0}^{P} \frac{v_i}{R \cdot T} dP \tag{305}$$

$$\ln \bar{f}_i(P, T^s_{\text{Gem}}, x_i) = \ln \gamma_i \cdot x_i \cdot p_i^0 \cdot \varphi_i + \frac{v_i}{R \cdot T} (P - p_i^0) \tag{306}$$

3.2.3. Berechnung und Anwendung der reduzierten Fugazität eines reinen Stoffes bei $P = 0$

Die Druckabhängigkeit des Aktivitätskoeffizienten in einem flüssigen Gemisch kann über einen relativ weiten Druckbereich vernachlässigt werden. Berücksichtigt man das zuammen mit der Feststellung, daß sowohl die experimentelle als auch rechnerische Bestimmung der Aktivitätskoeffizienten meist für Normaldruck oder einen nur wenig verschiedenen Druck erfolgt, dann kann in den Gleichungen (301) bis (304) der Druck P_γ durch einen einheitlichen Bezugsdruck ersetzt werden. Als Bezugsdruck wird allgemein $P = 0$ [ata] gewählt. Die Bezugsfugazitäten der reinen Stoffe können durch Verwendung einer reduzierten Fugazität ψ für den Druck $P = 0$ stoffunabhängig vorausberechnet werden. LYCKMANN, ECKERT und PRAUSNITZ [70] definierten die reduzierte Fugazität als

$$\psi = \frac{f_i^{(P=0)}}{P_{\text{krit},i}} \tag{307}$$

$f_i^{P=0}$ – Fugazität des reinen Stoffes i bei Gemischsiedetemperatur und $P = 0$, berechnet über (298) mit $P = 0$

Die reduzierte Fugazität ist eine Funktion nur der reduzierten Gemischsiedetemperatur. Zur Korrelation von ψ wurde von LYCKMANN, ECKERT und PRAUSNITZ [70] die Darstellung des Dampfdruckrealfaktors eines reinen Stoffes über den azentrischen Faktor von PITZER und Mitarbeitern [72] für die Ermittlung der Fugazitätskoeffizienten des reinen Stoffes bei Siedetemperatur und Dampfdruck über Gleichung (170) herangezogen — zu $\varphi_i(p_i^0, T_i^s)$ siehe Gleichung (171) und Tab. 19. Die auf den Druck $P = 0$ bezogen reduzierten Fugazitäten sind unter Verwendung der in Tab. 3 angegebenen azentrischen Faktoren ω aus zwei Beiträgen zu berechnen

$$\log \psi = (\log \psi)^{(0)} + \omega \cdot (\log \psi)^{(\mathrm{I})} \quad \text{für} \quad P = 0 \tag{308}$$

Die Beiträge $(\log \psi)^{(0)}$ und $(\log \psi)^{(\mathrm{I})}$ sind in Abhängigkeit von der reduzierten Siedetemperatur $T_r^s = T^s/T_{\text{krit},i}$ in Tab. 27 angegeben. In Abb. 19 sind ebenfalls Kurven für die reduzierte Fugazität ψ bei $P = 0$ für die azentrischen Faktoren $\omega = 0{,}0$ und $\omega = 0{,}3$ angegeben. Die in Tab. 27 für $T > T_{\text{krit}}$ angegebenen Werte wurden von LYCKMANN, ECKERT und PRAUSNITZ durch Extrapolation der in Abb. 19 angegebenen Kurven über den kritischen Wert hinaus ermittelt. Ausreichende Genauigkeit kann bei einfacher Extrapolation jedoch nur für leicht überkritische Stoffe erwartet werden; die Tab. 27 wurde mit $0{,}56 \leqq T_r \leqq 1{,}50$ bereits bis auf den äußersten, bereits nur unter Inkaufnahme eines größeren Fehlers anwendbaren Wert der reduzierten Siedetemperatur extrapoliert. Die Genauigkeit der Ergebnisse ist am größten für solche Flüssigkeiten und Gase, deren azentrische Faktoren ω zwischen den Werten 0,01 (Methan) und 0,343 (Wasser) liegen.

Nach Bestimmung der reduzierten Bezugsfugazität ψ über Gleichung (308) können sowohl Gleichung (307) in Kombination mit Gleichung (309) als auch Gleichung (310) zur Berechnung der Flüssigphasenfugazität der Komponente i in einem siedenden Gemisch bei Einhaltung der Bedingung $T_i^s = T_{\text{Gem}}^s$ herangezogen werden. Sind die Bedingungen für den Übergang

Tabelle 27

Beiträge zu Gleichung (308) zur Berechnung der reduzierten Bezugsfugazität bei $P = 0$

T_r	$(\log \psi)^{(0)}$	$(\log \psi)^{(I)}$	T_r	$(\log \psi)^{(0)}$	$(\log \psi)^{(I)}$
0,56	−1,8489	−2,0492	1,04	−0,1856	0,0986
0,57	−1,7747	−1,9469	1,05	−0,1710	0,1135
0,58	−1,7038	−1,8490	1,06	−0,1568	0,1280
0,59	−1,6361	−1,7552	1,07	−0,1429	0,1420
0,60	−1,5712	−1,6652	1,08	−0,1293	0,1556
0,61	−1,5092	−1,5788	1,09	−0,1161	0,1688
0,62	−1,4497	−1,4958	1,10	−0,1032	0,1816
0,63	−1,3925	−1,4162	1,11	−0,0906	0,1939
0,64	−1,3376	−1,3399	1,12	−0,0783	0,2059
0,65	−1,2849	−1,2666	1,13	−0,0662	0,2175
0,66	−1,2342	−1,1963	1,14	−0,0545	0,2288
0,67	−1,1854	−1,1287	1,15	−0,0430	0,2397
0,68	−1,1383	−1,0637	1,16	−0,0317	0,2503
0,69	−1,0931	−1,0013	1,17	−0,0208	0,2606
0,70	−1,0495	−0,9415	1,18	−0,0100	0,2706
0,71	−1,0075	−0,8840	1,19	0,0005	0,2803
0,72	−0,9669	−0,8289	1,20	0,0108	0,2987
0,73	−0,9277	−0,7761	1,21	0,0209	0,2989
0,74	−0,8898	−0,7257	1,22	0,0307	0,3078
0,75	−0,8531	−0,6773	1,23	0,0404	0,3164
0,76	−0,8177	−0,6309	1,24	0,0498	0,3248
0,77	−0,7834	−0,5866	1,25	0,0590	0,3330
0,78	−0,7503	−0,5443	1,26	0,0681	0,3409
0,79	−0,7184	−0,5038	1,27	0,0770	0,3486
0,80	−0,6875	−0,4651	1,28	0,0857	0,3561
0,81	−0,6575	−0,4283	1,29	0,0942	0,3634
0,82	−0,6285	−0,3932	1,30	0,1026	0,3705
0,83	−0,6006	−0,3596	1,31	0,1108	0,3774
0,84	−0,5735	−0,3275	1,32	0,1188	0,3841
0,85	−0,5473	−0,2972	1,33	0,1267	0,3906
0,86	−0,5220	−0,2685	1,34	0,1344	0,3970
0,87	−0,4977	−0,2413	1,35	0,1420	0,4032
0,88	−0,4744	−0,2156	1,36	0,1494	0,4092
0,89	−0,4517	−0,1910	1,37	0,1567	0,4151
0,90	−0,4298	−0,1675	1,38	0,1639	0,4208
0,91	−0,4092	−0,1456	1,39	0,1709	0,4264
0,92	−0,3897	−0,1250	1,40	0,1778	0,4318
0,93	−0,3708	−0,1052	1,41	0,1846	0,4371
0,94	−0,3525	−0,0865	1,42	0,1913	0,4423
0,95	−0,3356	−0,0687	1,43	0,1978	0,4473
0,96	−0,3195	−0,0518	1,44	0,2043	0,4522
0,97	−0,3048	−0,0363	1,45	0,2106	0,4569

Tabelle 27 (Fortsetzung)

T_r	$(\log \psi)^{(0)}$	$(\log \psi)^{(I)}$	T_r	$(\log \psi)^{(0)}$	$(\log \psi)^{(I)}$
0,98	−0,2923	−0,0220	1,46	0,2168	0,4616
0,99	−0,2887	−0,0098	1,47	0,2229	0,4661
1,00	−0,2478	0,0335	1,48	0 2289	0,4706
1,01	−0,2317	0,0506	1,49	0,2347	0,4749
1,02	−0,2159	0,0671	1,50	0,2405	0,4791
1,03	−0,2006	0,0831			

von Gleichung (302) auf Gleichung (305) erfüllt, kann ebenfalls das partielle molare Volumen $\bar{v}_i$ durch das Molvolumen v_i der reinen Flüssigkeit ersetzt werden.

$$\bar{f}_i(P, T^s_{\text{Gem}}, x_i) = \gamma_i^{(P=0)} \cdot x_i \cdot f_i^{(P=0)} \cdot \exp \int_0^P \frac{\bar{v}_i}{R \cdot T} dP \tag{309}$$

$$\bar{f}_i(P, T^s_{\text{Gem}}, x_i) = \gamma_i^{(P=0)} \cdot x_i \cdot P_{\text{krit},i} \cdot \psi_i \cdot \exp \int_0^P \frac{\bar{v}_i}{R \cdot T} dP \tag{310}$$

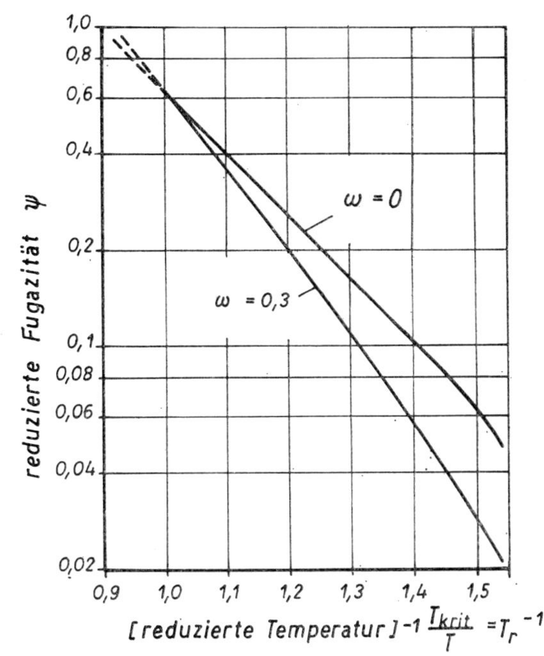

Abb. 19: Reduzierte Bezugsfugazität bei $P = 0$ für die azentrischen Faktoren $\omega = 0$ und $\omega = 0{,}3$

3.3. Formulierung der Gleichgewichtskonstanten für Dampf-Flüssigkeits-Gleichgewichte

3.3.1. Berechnung der Gleichgewichtskonstanten über die Druckimperfektionskorrektur

Die thermodynamische Beschreibung des Gleichgewichts zwischen zwei Mischphasen verfolgt letztlich das Ziel, unter Berücksichtigung der erforderlichen Realkorrekturen ausgehend von der bekannten Zusammensetzung einer flüssigen oder gasförmigen Mischphase die Zusammensetzung der mit dieser im Gleichgewicht stehenden Mischphase zu berechnen. Ausgehend von Dampf-Flüssigkeits-Gleichgewichten ist es üblich, hierzu eine von der Zusammensetzung und den Systembedingungen (Druck, Temperatur) abhängige Gleichgewichtskonstante zu definieren. Diese Gleichgewichtskonstante ist identisch mit dem Verhältnis der Molanteile einer Komponente i in den beiden Phasen und nimmt für jede Komponente einen anderen Wert an:

$$K_i = \frac{y_i}{x_i} \tag{311}$$

y_i — Molanteile der Komponente i in der Dampfphase
x_i — Molanteile der Komponente i in der flüssigen Phase

Für das Gleichgewicht zwischen zwei flüssigen Phasen treten an die Stelle von y_i die Molanteile der Komponente i in der zweiten flüssigen Phase.

Für Dampf-Flüssigkeitsgleichgewichte setzt man die Beziehungen (164) und (302) in die Gleichgewichtsbedingung (290) ein. Bei Berücksichtigung der Druckunabhängigkeit des Flüssigphasenaktivitätskoeffizienten entfällt in Gleichung (302) das erste Integral auf der rechten Seite.

$$P \cdot y_i \cdot \overline{\varphi}_i = \gamma_i \cdot x_i \cdot p_i^0 \cdot \varphi_i \cdot \exp\left[\int\limits_{p_i^0}^{P} \frac{\overline{v}_i}{R \cdot T} dP\right] \tag{312}$$

Gleichung (312) kann wie folgt umgeformt werden:

$$\ln \gamma_i \cdot x_i \cdot p_i^0 = \ln y_i \cdot P + \ln \frac{\overline{\varphi}_i}{\varphi_i} - \int\limits_{p_i^0}^{P} \frac{\overline{v}_i}{R \cdot T} dP \tag{313}$$

Die letzten beiden Glieder auf der rechten Seite stellen eine für die Berechnung von Dampf-Flüssigkeitsgleichgewichten erforderliche Druckkorrektur dar. Black [71] schlug die Zusammenfassung dieser Glieder zu einem Druckkorrekturkoeffizienten mit der Bezeichnung Druckimperfektionskorrektur θ_i („imperfection pressure correction“) vor.

$$\ln \theta_i = \ln \frac{\bar{\varphi}_i}{\varphi_i} - \int_{p_i^0}^{P} \frac{\bar{v}_i}{R \cdot T} dP \tag{314}$$

$\bar{\varphi}_i$ — Gemischfugazitätskoeffizient, zu bestimmen für P, T, y_i
φ_i — Fugazitätskoeffizient des reinen Stoffes i, zu bestimmen für p_i^0, T
$\bar{v}_i$ — partielles molares Volumen der Komponente i im flüssigen Gemisch, von Black angenähert durch $\bar{v}_i = v_i$ mit v_i = Molvolumen der flüssigen Komponente i, das als druckunabhängig angenommen wird.

Nach Einführung der Druckimperfektionskorrektur lautet Gleichung (313)

$$\ln \gamma_i \cdot x_i \cdot p_i^0 = \ln y_i \cdot P \cdot \theta_i \tag{315}$$

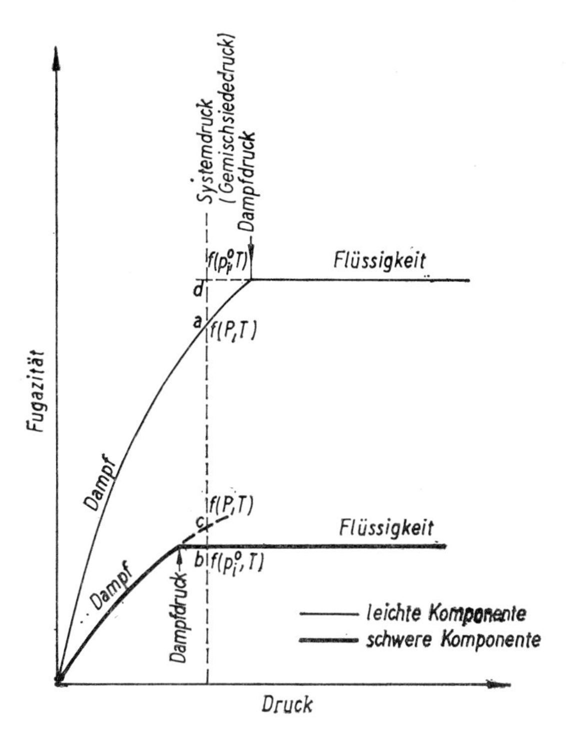

Abb. 20: Druckabhängigkeit der Fugazitäten der Komponenten eines binären Gemischs

Verglichen mit dem Raoultschen Gesetz, Gleichung (316) bzw. (317) enthält Gleichung (315) zwei Korrekturkoeffizienten

$$x_i \cdot p_i^0 = y_i \cdot P \tag{316}$$

$$\ln x_i p_i^0 = \ln y_i \cdot P \tag{317}$$

Der Aktivitätskoeffizient γ_i der Komponente i berücksichtigt die Abweichung des realen flüssigen Gemisches von einem idealen flüssigen Gemisch. Die Druckimperfektionskorrektur θ umfaßt sowohl die am Gesamtdruck P über den Fugazitätskoeffizienten $\bar{\varphi}_i$ von i als Dampfgemischkomponente und die am Partialdruck p_i^0 über den Fugazitätskoeffizienten φ_i des reinen dampfförmigen Stoffes i anzubringenden Korrekturen als auch die erforderliche Umrechnung der Fugazität $\bar{f}_i$ der Komponente i im flüssigen Gemisch vom Partialdruck p_i^0 auf den Gesamtdruck P. Verglichen mit der für Gültigkeit des Raoultschen Gesetzes formulierten Gleichgewichtskonstante $K_{i,\mathrm{Raoult}}$ lautet die für die Realberechnung des Gleichgewichts zwischen Dampf und Flüssigkeit nach Black [71] formulierte Gleichgewichtskonstante

$$K_{i,\mathrm{Raoult}} = \frac{p_i^0}{P} \tag{318}$$

$$K_i = \frac{\gamma_i \cdot p_i^0}{P \cdot \theta_i} = \frac{\gamma_i}{\theta_i} \cdot K_{i,\mathrm{Raoult}} \tag{319}$$

Für die Druckimperfektionskorrektur wurde von Black [71] auf der Basis der Zustandsgleichung von van der Waals eine für polare Substanzen geeignete Korrelation vorgeschlagen, die unter Punkt 4.5 angegeben wird. Zusammen mit dieser Korrelation kann Gleichung (319) auch verwendet werden, um den Aktivitätskoeffizienten γ_i aus experimentell ermittelten Werten der Gleichgewichtskonstanten K_i zu berechnen.

3.3.2. Direkte Berechnung der Gleichgewichtskonstanten

Einen anderen Weg zur Berechnung der Gleichgewichtskonstanten K_i wählten Chao und Seader [43] und Edmister [32]. Die Gleichungen (291) und (311) können wie folgt kombiniert und erweitert werden:

$$K_i = \frac{\bar{f}_i(P, T, x_i)}{\bar{f}_i(P, T, y_i)} \cdot \frac{y_i}{x_i} \cdot \frac{P}{P} \cdot \frac{f_i(P, T)}{f_i(P, T)} \tag{320}$$

$\bar{f}_i(P, T, x_i)$ — Fugazität der Komponente i im flüssigen Gemisch bei den Molanteilen x_i, dem Druck P und der Temperatur T.

$\bar{f}_i(P, T, y_i)$ — Fugazität der Komponente i im Dampf bei Gleichgewicht zwischen dem flüssigen und dem dampfförmigen Gemisch mit den Molanteilen y_i der Komponente i

P — Gleichgewichtsdruck

T — Gleichgewichtstemperatur

$f_i(P, T)$ — Fugazität der Komponente i als reine Flüssigkeit oder reine hypothetische Flüssigkeit bei dem Gleichgewichtsdruck P — nicht dem Dampfdruck p_i^0! — und der Gleichgewichtstemperatur T.

$$K_i = \frac{\bar{f}_i(P, T, x_i)}{x_i \cdot f_i(P, T)} \cdot \frac{y_i \cdot P}{\bar{f}_i(P, T, y_i)} \cdot \frac{f_i(P, T)}{P} \tag{321}$$

Unter Berücksichtigung der Gleichungen (160), (164) und (193) kann diese Beziehung auch geschrieben werden

$$K_i = \frac{\gamma_i \cdot \varphi_i}{\bar{\varphi}_i} \tag{322}$$

γ_i — Aktivitätskoeffizient der Komponente i im flüssigen Gemisch bei den Molanteilen x_i der Komponente i, dem Gleichgewichtsdruck P und der Gleichgewichtstemperatur T

$\bar{\varphi}_i$ — Fugazitätskoeffizient der Komponente i im Gleichgewichtsdampf mit den Molanteilen y_i der Komponente i bei dem Gleichgewichtsdruck P und der Gleichgewichtstemperatur T

φ_i — Fugazitätskoeffizient der Komponente i als reine Flüssigkeit oder reine hypothetische Flüssigkeit bei dem Gleichgewichtsdruck P und der Gleichgewichtstemperatur T

Bei der Anwendung der Gleichgewichtsbeziehung (322) ist zu beachten, daß der Fugazitätskoeffizient $\varphi_i(P, T)$ der reinen realen oder hypothetischen Flüssigkeit nicht mit dem Fugazitätskoeffizienten $\varphi_i(p_i^0, T)$ der — bei unterkritischen Komponenten — stets realen Flüssigkeit für den Dampfdruck p_i^0 bei der Gleichgewichtstemperatur identisch ist. Theoretisch müßte $\varphi_i(P, T)$ über folgenden Weg bestimmt werden: Berechnung der Flüssigphasenfugazität bei Gleichgewichtstemperatur und dem zugehörigen Dampfdruck des reinen Stoffes nach Gleichung (293) und anschließende Umrechnung auf den Gleichgewichtsdruck P über Gleichung (296) bei konstanter Gleichgewichtstemperatur; der Fugazitätskoeffizient könnte dann als Verhältnis der Fugazität bei P zum Gleichgewichtsdruck P bestimmt werden. Um diesen verhältnismäßig umständlichen Weg zu sparen, wurde von CHAO und SEADER [43] eine Korrelation zur Berechnung des Fugazitätskoeffizienten $\varphi_i(P, T)$ einer realen oder hypothetischen Flüssigkeit vorgeschlagen, die in Form der Gleichungen (174) und (175) und den Konstanten in Tab. 18 bereits angegeben wurde. Diese Korrelation gilt für beliebige, vom Dampfdruck der Komponente i bei Gleichgewichtstemperatur abweichende Gleichgewichtsdrücke, so daß die ermittelten

Werte unmittelbar in Gleichung (322) eingesetzt werden können. Das Gleiche gilt für die von LEE und EDMISTER (137) vorgeschlagenen Gleichungen (176) und (177).

3.3.3. *Ideale und reale Gemische*

Stellt die Gasphase ein ideales Gemisch dar — das ist nicht identisch mit Idealgasverhalten der reinen gasförmigen Komponente i — dann ist das gleichbedeutend mit dem Wert $\gamma_i = 1$ des Aktivitätskoeffizienten des gas- oder dampfförmigen Gemischs, so daß infolge $\gamma_i = \bar{\varphi}_i/\varphi_i$ für die Gasphase die dem Daltonschen Gesetz analoge Gleichung gilt:

$$\bar{f}_i(P, T, y_i) = \gamma_i \cdot \varphi_i \cdot y_i \cdot P \tag{323}$$

$$\bar{f}_i(P, T, y_i) = y_i \cdot f_i^{\text{gas}}(P, T) \tag{324}$$

Verhält sich die flüssige Phase ebenfalls wie ein ideales Gemisch, dann gilt auch für das flüssige Gemisch der Wert $\gamma_i = 1$ des Flüssigphasenaktivitätskoeffizienten. Gleichung (193) geht dann über in:

$$\bar{f}_i(P, T, x_i) = x_i \cdot f_i^{\text{flüssig}}(P, T) \tag{325}$$

Für ein ideales Gemisch (Gas- und Flüssigphase) folgt für die Gleichgewichtskonstante:

$$K_{i,\text{ideal}} = \frac{f_i^{\text{flüssig}}(P, T)}{f_i^{\text{gas}}(P, T)} \tag{326}$$

Verhalten sich sowohl die Gas-(Dampf-)phase als auch die flüssige Phase wie ein ideales Gemisch, dann ist die Gleichgewichtskonstante gleich dem Verhältnis der Fugazitäten der Komponente i als reiner Stoff in der Dampf- und in der flüssigen Phase. Für ideale Gemische ist die Gleichgewichtskonstante unabhängig von der Konzentration. Sie ist nur eine Funktion des Gleichgewichtsdrucks und der Gleichgewichtstemperatur. Für Dampf-Flüssigkeitsgleichgewichte ist jedoch zu beachten, daß die Gemischkomponenten als reine Stoffe bei der gleichen Siedetemperatur wie das Gemisch entweder einen niedrigeren oder einen höheren Dampfdruck als der Gleichgewichtsdruck des siedenden Gemisches haben, wie in Abb. 20 schematisch dargestellt. Ist der Dampfdruck des reinen Stoffes niedriger als der Gleichgewichtsdruck, dann ist beim Gleichgewichtsdruck der reine Stoff nur als Flüssigkeit real existent. Für die Berechnung der Gleichgewichtskonstante ist jedoch auch die Fugazität für die Dampfphase erforderlich, die bei Gleichgewichtsdruck und -temperatur des Gemischs real nicht existieren kann. Zur Bestimmung von $f_i^{\text{gas}}(P, T)$ verbleibt als Ausweg nur die Annahme einer hypothetischen Gasphase des reinen Stoffes. Zur Bestimmung der Fugazität der hypothetischen Gasphase sind die von PRAUSNITZ [31] und EDMISTER [32] erarbeiteten Diagramme für den Fugazitätskoeffizienten Abb. 13 und Abb. 14 in Kombination mit Gleichung (171) oder Gleichung (171 a) geeignet. Die Fugazität der realen reinen Flüssigkeit kann über Gleichung (293) zunächst für den Dampfdruck der reinen Flüssigkeit bei Gemischsiedetemperatur (Gleichgewichtstemperatur) bestimmt und danach über Gleichung (296) auf den Gesamtdruck umgerechnet werden. Einfacher ist jedoch die Anwendung des ohne weitere Umrechnung für Gemischgleichgewichtsdruck und -temperatur gültigen, über die Korrelation von CHAO und SEADER [43] Gleichungen (174) und (175) in Kombination mit den in Tabelle 18 angegebenen Konstanten zu berechnenden Fugazitätskoeffizienten (siehe Abschnitt 2.6.2.).

Für einen Teil der Gemischkomponenten ist der Dampfdruck höher als der Gleichgewichtsdruck. In diesem Fall kann die Gemischkomponente in reiner Form beim Gleichgewichtsdruck real nur als Dampf (Gas) existieren. Die Bestimmung der Fugazität einer reinen gasförmigen Komponente kann sowohl rechnerisch als auch mit Hilfe der Diagramme Abb. 7, 8 und 9 erfolgen. Zur Berechnung der Fugazität der reinen flüssigen Komponente bei Gemisch-Siedetemperatur und -druck ist die Annahme einer hypothetischen Flüssigkeit erforderlich. Die Fugazität der hypothetischen Flüssigkeit ist auf gleichem Wege zu bestimmen, wie zuvor für die reale Flüssigkeit beschrieben, da auch im hypothetischen Bereich die Annahme eines druckunabhängigen Molvolumens für die reine Flüssigkeit („inkompressible Flüssigkeit") zulässig ist.

Ideale flüssige und dampfförmige Gemische sind dann zu erwarten, wenn alle Gemischkomponenten einen zueinander ähnlichen Molekülaufbau haben — z. B. gesättigte Kohlenwasserstoffe unterschiedlicher Kettenlänge — und als Voraussetzung für ein ideales flüssiges Gemisch die kritische Temperatur aller Komponenten größer ist als die Gemischsiedetemperatur. Für Gemische chemisch ähnlicher Komponenten läßt sich das Verhältnis der Gleichgewichtskonstanten jeder beliebigen Komponente einer homologen Reihe zur Gleichgewichtskonstante einer innerhalb der Reihe beliebig gewählten Schlüsselkomponente mit einem geeigneten Strukturparameter korrelieren und auch graphisch darstellen. Als Beispiel hierfür wird unter Punkt 3.7.1. noch das Verfahren von VAN WIJK und GEERLINGS [73] angegeben. Die Anwendung einer derartigen Darstellung der Gleichgewichtskonstanten in einer homologen Reihe erübrigt die oben geschilderte Bestimmung der Fugazitäten und vereinfacht die Bestimmung der idealen Gleichgewichtskonstanten wesentlich.

Innerhalb homologer Reihen sind nicht nur die idealen Gleichgewichtskonstanten, sondern auch — wie unter Punkt 2.10. gezeigt wurde — die Aktivitätskoeffizienten bei unendlicher Verdünnung für binäre Gemische mit Strukturparametern korrelierbar. Diese Tatsache benutzten MEHRA,

BROWN und THODOS [74], um unter Verwendung halbempirischer Konzentrationsparameter Diagramme zur Ermittlung des Verhältnisses der Aktivitätskoeffizienten in der Dampf- und Flüssigphase von Kohlenwasserstoffen zu erarbeiten. Das von ihnen vorgeschlagene Verfahren wird unter Punkt 3.7.2. behandelt. Damit ist es möglich, für binäre Gemische aus Kohlenwasserstoffen auch die realen Gleichgewichtskonstanten graphisch zu ermitteln.

3.3.4. *Berechnung der Aktivitätskoeffizienten aus experimentell ermittelten Gleichgewichtskonstanten*

Zur Berechnung der Aktivitätskoeffizienten γ_i aus experimentell ermittelten Werten der Dampf-Flüssigkeitsgleichgewichtskonstanten K_i können sowohl Gleichung (319) als auch Gleichung (322) verwendet werden. Die Ermittlung der erforderlichen Fugazitätskoeffizienten wurde im vergangenen Abschnitt ausführlich beschrieben. Problematischer ist nur die Bestimmung des Aktivitätskoeffizienten bei unendlicher Verdünnung γ_i^∞. Mit abnehmender Konzentration der Komponente i im dampfförmigen und flüssigen Gemisch ist mit einem erhöhten experimentellen Fehler und als dessen Folge mit zunehmender Streuung der ermittelten Aktivitätskoeffizienten zu rechnen. Damit wächst die Unsicherheit über die richtige Lage der Ausgleichskurve. Zur Ermittlung des Aktivitätskoeffizienten bei unendlicher Verdünnung muß diese noch auf den Wert $x_i = 0$ extrapoliert werden. Bei einer solchen Verfahrensweise können erhebliche Fehler nicht ausgeschlossen werden. Einen eleganteren Weg, bei dem diese Schwierigkeit nach experimenteller Ermittlung der Gemischsiedetemperatur bei vorgegebenen Konzentrationen umgangen wird, geben ELLIS und JONAH [75] an. Für die Auswertung von experimentell ermittelten Werten der Gemischsiedetemperatur eines binären Gemisches bei konstantem Gesamtdruck (isobare Bedingungen) führen sie die Siedetemperaturabweichung ΔT gegenüber den bei Gültigkeit des Raoultschen Gesetzes ermittelten Werten wie folgt ein:

$$T^s_{\text{Gem}} = T_1{}^s \cdot x_1 + T_2{}^s \cdot x_2 - \Delta T^s \quad \text{bei} \quad P = \text{konst.} \tag{327}$$

Der Aktivitätskoeffizient bei unendlicher Verdünnung ist dann über folgende Beziehungen zu bestimmen:

$$\gamma_1{}^\infty = \frac{1}{\left[p_1{}^0 \cdot \left(\frac{\varphi_1}{\bar{\varphi}_1}\right)^\infty\right]_{T_2{}^s}} \cdot \left\{P + \left(\frac{2{,}303}{(T_2{}^s)^2} \cdot A_2 \cdot P\right) \cdot \left[T_1{}^s - T_2{}^s - \left(\frac{\Delta T}{x_1 \cdot x_2}\right)_{x_1=0}\right]\right\} \tag{328}$$

$$\left(\frac{\varphi_1}{\bar{\varphi}_1}\right)^{\infty} = \exp \frac{(p_2{}^0 - p_1{}^0)(v_1{}^{\text{flüssig}} - B_{11})}{R \cdot T} \exp \left(-\frac{2B_{12} - B_{11} - B_{22}}{R \cdot T} \cdot p_2{}^0\right) \tag{329}$$

$$A_2 = \frac{\partial \log p_2{}^0}{\partial(1/T)}$$

$p_1{}^0; p_2{}^0$ — Dampfdrücke der reinen Stoffe 1 und 2 bei der Temperatur $T_2{}^s$
φ_1 — Gasphasenfugazitätskoeffizient des reinen Stoffes 1 bei P und $T_2{}^s$
$\bar{\varphi}_1$ — Gasphasenfugazitätskoeffizient der Gemischkomponente 1
$T_1{}^s; T_2{}^s$ — Siedetemperaturen der reinen Stoffe 1 bzw. 2 bei P
A_2 — Steigung der Dampfdruckgeraden der Komponente 2 in der Darstellung $\log p$ über $1/T$
$v_1{}^{\text{flüssig}}$ — Molvolumen der reinen flüssigen Komponente 1
B_{11}, B_{22} — 2. Virialkoeffizienten der reinen Stoffe 1 und 2 bei $T_2{}^s$
B_{12} — Gemisch — 2. Virialkoeffizient, abhängig von x_1 und x_2 über Mischungsregel Gleichung (76)

Bei Annahme von Idealgasverhalten für die Dampfphase werden φ_1 und $\bar{\varphi}_1$ gleich 1 und es gilt

$$\frac{2{,}303 \cdot A_2}{(T_2{}^s)^2} = -\frac{\Delta H_2{}^v}{R \cdot (T_2{}^s)^2} \tag{330}$$

Die analoge Gleichung für die Komponente 2 erhält man durch Vertauschung der Indizes, wobei $B_{12} = B_{21}$ ist. Die Dampfdrücke und die Virialkoeffizienten sind in diesem Fall für die Siedetemperatur $T_1{}^s$ der Komponente 1 zu ermitteln und in der zu (329) analogen Gleichung einzusetzen.

Der Ausdruck $\Delta T/x_1 \cdot x_2$ muß auch bei der von Ellis und Jonah vorgeschlagenen Methode durch graphische Extrapolation ermittelt werden. Wie aus Abb. 21 ersichtlich ist, hat die Kurve $\Delta T/x_1 \cdot x_2$ über x_1 im Bereich kleiner Konzentrationen $x_1 \to 0$ oder $x_2 \to 0$ nur eine schwache Krümmung, wodurch der durch die Extrapolation mögliche Fehler wesentlich herabgesetzt wird.

Die ermittelten Aktivitätskoeffizienten bei unendlicher Verdünnung $\gamma_i{}^{\infty}$ können direkt zur Bestimmung der Konstanten in dem verwendeten Ansatz $\gamma_i = f(x_1, x_2)$ verwendet werden.

In Tab. 28 werden einige nach der Methode von Ellis und Jonah [75] ermittelte Aktivitätskoeffizienten bei unendlicher Verdünnung im Vergleich mit bekannten Literaturwerten angegeben. Für die Berechnung wurde Idealverhalten der Gasphase zugrunde gelegt. Trotzdem ist die Übereinstimmung zufriedenstellend.

Beziehungen zur Ermittlung der Aktivitätskoeffizienten bei unendlicher Verdünnung aus experimentell ermittelten Werten des Gesamtdrucks unter isothermen Bedingungen werden von Ellis und Jonah ebenfalls angegeben.

3.3.5. *Die Abhängigkeit der Gleichgewichtskonstanten vom Flüssigphasenaktivitätskoeffizienten*

Die wesentliche Größe für den Zusammenhang zwischen der Konzentration einer Komponente in der flüssigen Phase x_i und der Gleichgewichtskonstanten K_i bzw. der unter Gleichgewichtsbedingungen durch K_i ausgedrückten Konzentration y_i der Komponente i in der Dampfphase ist der Flüssigphasenaktivitätskoeffizient. Der Flüssigphasenaktivitätskoeffi-

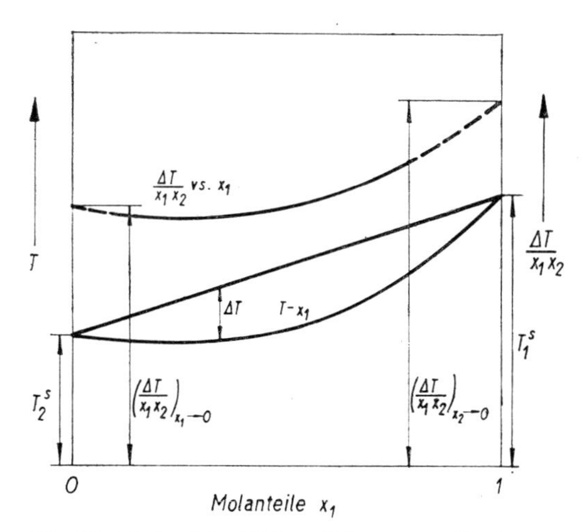

Abb. 21: Verlauf der Molanteil-bezogenen Siedetemperaturabweichung eines binären Gemisches gegenüber dem RAOULTschen Gesetz über der Gemischzusammensetzung

zient γ_i bestimmt den prinzipiellen funktionellen Zusammenhang, d. h. den Kurvenverlauf von y_i über x_i. Der Gemischfugazitätskoeffitient $\bar{\varphi}_i$, der die Abweichung der Dampfphase von einem idealen Gemisch berücksichtigt, und der Fugazitätskoeffizient φ_i der reinen Komponente i, durch den das vom Idealgasverhalten abweichenden PVT-Verhalten der reinen flüssigen Komponente erfaßt wird, sind nur in der Lage, die Kurve $y_i = f(x_i)$ zu verschieben. Der Gemischfugazitätskoeffizient $\bar{\varphi}_i$ kann als ein konzentrationsabhängiger Korrekturfaktor betrachtet werden, der zwar die Lage der Kurve, nicht aber die Form der Kurvenfunktion beeinflussen kann. Weist die Kurve $y_i = f(x_i)$ einen Extremwert auf — Siedeminimum oder Siedemaximum bei einer azeotropen Zusammensetzung in einem isobaren Gleichgewicht — dann muß die Funktion $\ln \gamma_i = f(x_i)$ so gewählt werden, daß das Durchlaufen des Extremwertes richtig wiedergegeben wird. Um diesen

Tabelle 28

Vergleich berechneter und experimentell ermittelter isobarer Aktivitätskoeffizienten bei unendlicher Verdünnung

Gemisch (bei 760 mm Hg-Säule)	T [°K]	$(p_i^0)_T$	$-A$	$2{,}303 \frac{AP}{T^2}$	x_1	$\frac{\Delta T}{x_1 x_2}$	x_1	$\frac{\Delta T}{x_1 x_2}$	γ^∞ berechn.	γ^∞ gemess.
Äthylbenzol—	409,1	449,8	1952	—20,4	0,00	35,0	0,80	66,6	2,72	2,63
					0,05	34,7	0,90	83,3		
					0,10	35,0	0,95	98,0		
—n-Butanol	390,7	1462,0	2443	—28,0	0,20	34,7	1,00	114	2,37	2,51
Azeton—	329,08	1485,0	1627	—26,45	0,00	110	0,80	25,0	2,63	2,64
					0,05	88,4	0,90	24,4		
					0,10	73,3	0,95	23,2		
—Tetrachlorkohlenstoff	349,7	386,4	1634	—23,3	0,20	55,0	1,00	24	2,20	2,11
Äthylbenzol—	409,1	235,4	2280	—20,4	0,00	46,0	0,80	134	4,13	3,80
					0,05	46,31	0,90	191		
					0,10	46,7	0,95	253		
—i-Propanol	370,4	2851	1952	—29,1	0,20	48,8	1,00	341,5	2,99	3,37

Zusammenhang auch optisch sichtbar zu machen, wird ein Zweistoffgemisch betrachtet, dessen Dampfphase sich ideal verhält und für das der Zusatzbetrag der freien Enthalpie g^E als Funktion der Konzentration durch den REDLICH-KISTER-Ansatz Gleichung (220) beschrieben werden kann. Die aus dem REDLICH-KISTER-Ansatz folgenden Beziehungen für die Aktivitätskoeffizienten sind mit den Gleichungen (222) und (223) ebenfalls bereits bekannt.

$$\frac{g^E}{RT} = (1 - x_2) \cdot x_2 \cdot [A + B(1 - 2x_2) + C(1 - 2x_2)^2] \tag{220}$$

$$\ln \gamma_1 = x_2^2 [(A + 3B + 5C) - (4B + 16C) x_2 + 12C \cdot x_2^2] \tag{222}$$

$$\ln \gamma_2 = (1 - x_2)^2 [(A + B + C) - (4B + 8C) x_2 + 12C \cdot x_2^2] \tag{223}$$

Der REDLICH-KISTER-Ansatz erfüllt unter isotherm-isobaren Bedingungen die GIBBS-DUHEM-Gleichung und ist damit ohne Einschränkung gültig. Für eine ideale Dampfphase entfällt in Gleichung (315) die Druckimperfektionskorrektur θ_i und die Aktivitätskoeffizienten sind definiert durch

$$\gamma_1 = \frac{p_1}{(1 - x_2) \cdot p_1^0} \quad \text{und} \quad \gamma_2 = \frac{p_2}{x_2 \cdot p_2^0} \tag{331}$$

Für $\gamma_1 = 1$ bzw. $\gamma_2 = 1$ erhält man das RAOULTsche Gesetz $p_1 = (1 - x_2) \times p_1^0$ und $p_2 = x_2 \cdot p_2^0$, wobei $x_1 = 1 - x_2$ ist. Das RAOULTsche Gesetz setzt somit neben einer idealen Dampfphase noch ein ideales flüssiges Gemisch, definiert durch $g^E = 0$, voraus. Der REDLICH-KISTER-Ansatz entspricht den Bedingungen eines idealen flüssigen Gemischs, wenn $A = B = C = 0$ sind. Nach MCGLASHAN [38] werden zur Veränderung des funktionellen Zusammenhangs zwischen dem Zusatzbetrag der freien Enthalpie bzw. den Aktivitätskoeffizienten und den Molanteilen x_2 der Komponente 2 verschiedene Kombinationen der Konstanten im REDLICH-KISTER-Ansatz gewählt und die zugehörigen Kurven $g^E = f(x_2)$, $\ln \gamma_1 = f(x_2)$; $\ln \gamma_2 = f(x_2)$, $p_1/p_1^0 = f(x_2)$ und $p_2/p_2^0 = f(x_2)$ dargestellt.

Fall 1:

Das Verhalten von regulären oder einfachen Gemischen erhält man für $B = C = 0$. Für reguläre oder einfache Gemische gilt

$$\frac{g^E}{RT} = A \cdot x_2 \cdot (1 - x_2)$$

$$\ln \gamma_1 = A \cdot x_2^2$$

$$\ln \gamma_2 = A \cdot (1 - x_2)^2$$

Abb. 22 zeigt für $A = 1$ den Kurvenverlauf für positive Abweichungen vom RAOULTschen Gesetz und für $A = -1$ den Verlauf für negative Abweichungen vom RAOULTschen Gesetz. Die Aktivitätskoeffizienten zeigen einen symmetrischen Verlauf ohne Wechsel von Werten >1 zu Werten <1 oder umgekehrt (bei den Logarithmen entsprechend ohne Vorzeichenwechsel).

Fall 2:

Ein weniger übliches Verhalten erhält man für $B = -A$ und $C = 0$ Für den dimensionslosen Zusatzbetrag der freien Enthalpie und die Akti-

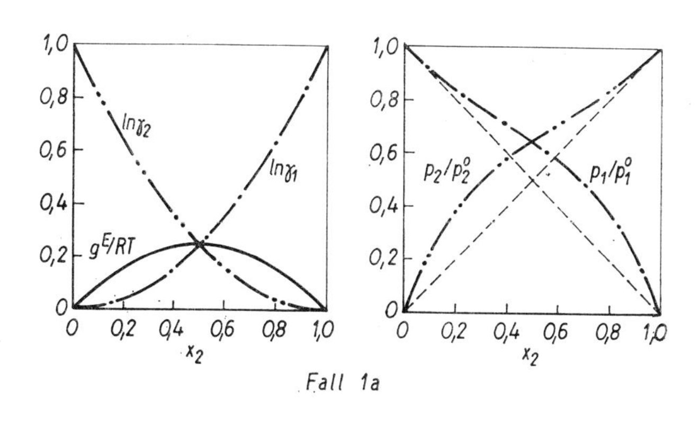

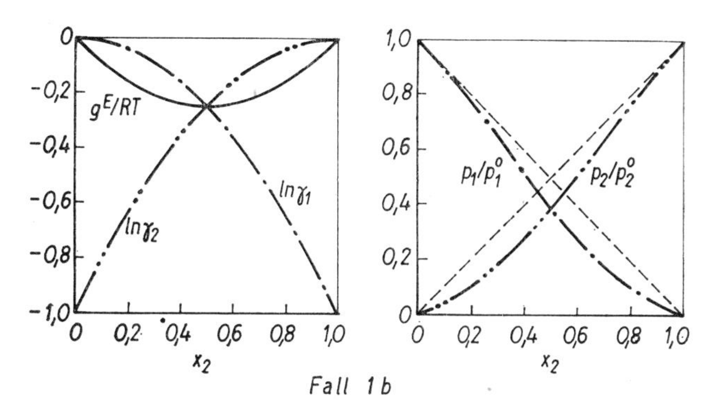

Abb. 22: Konzentrationsabhängigkeit des Zusatzbetrages der freien Enthalpie, der Aktivitätskoeffizienten und der Partial- zu Dampfdruckverhältnisse binärer regulärer Gemische mit den REDLICH-KISTER-Konstanten $A = 1$ (Fall 1a) bzw. $A = -1$ (Fall 1b) und $B = C = 0$

vitätskoeffizienten gelten damit die Funktionen

$$\frac{g^E}{RT} = 2A \cdot x_2^2 \cdot (1 - x_2)$$

$$\ln \gamma_1 = 2A \cdot x_2^2(2x_2 - 1)$$

$$\ln \gamma_2 = 4A \cdot x_2(1 - x_2)^2$$

Die Kurven für den dimensionslosen Zusatzbetrag der freien Enthalpie, die Aktivitätskoeffizienten und das Verhältnis von Partial- zu Dampfdruck beider Komponenten sind in Abb. 23 angegeben. Die Kurven für die Ak-

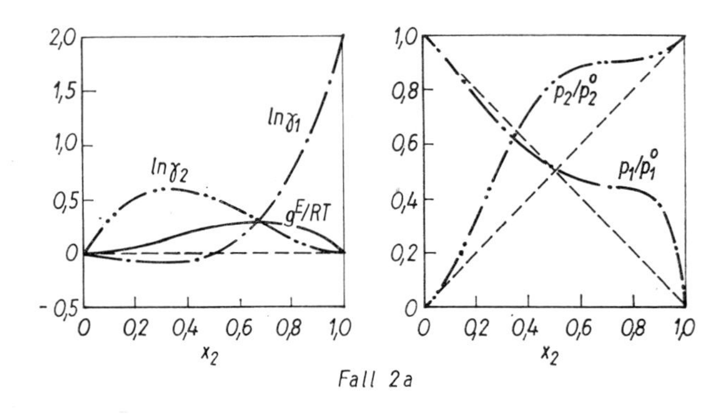

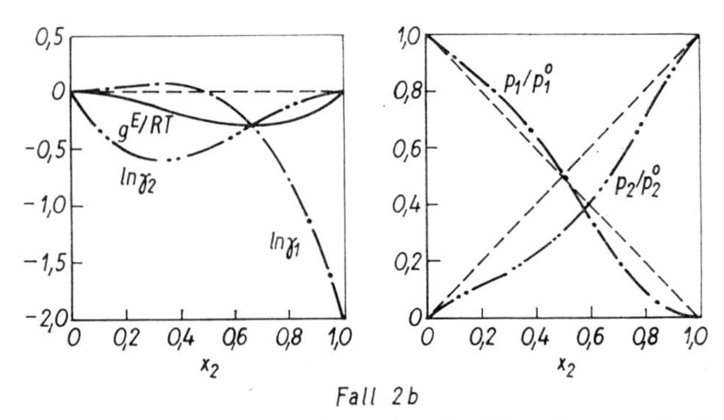

Abb. 23: Konzentrationsabhängigkeit des Zusatzbetrages der freien Enthalpie, der Aktivitätskoeffizienten und der Partial- zu Dampfdruckverhältnisse binärer Gemische mit den REDLICH-KISTER-Konstanten $B = -A$ und $C = 0$ mit $A = 1$ (Fall 2a) bzw $A = -1$ (Fall 2b)

tivitätskoeffizienten durchlaufen einen Extremwert. Der Aktivitätskoeffizient der Komponente 1 wechselt von Werten <1 zu Werten >1 bzw. umgekehrt. Beispiele sind das Gemisch Äthanol-Chloroform bei 35 °C für den Fall 2a und das Gemisch Nitromethan—Azeton bei 45 °C für den Fall 2b.

Fall 3:

Einen Fall, für den McGlashan kein Beispiel für ein Dampf-Flüssigkeits-Gleichgewicht angibt, erhält man für $A = 0$ und $C = 0$. In diesem Fall gehen die Gleichungen (220), (222) und (223) über in

$$\frac{g^E}{RT} = B \cdot x_2(1 - x_2)(1 - 2x_2)$$

$$\ln \gamma_1 = Bx_2^2(3 - 4x_2)$$

$$\ln \gamma_2 = B(1 - x_2)^2(1 - 4x_2)$$

Abb. 24 zeigt die zugehörigen Kurven für $B = 1$.

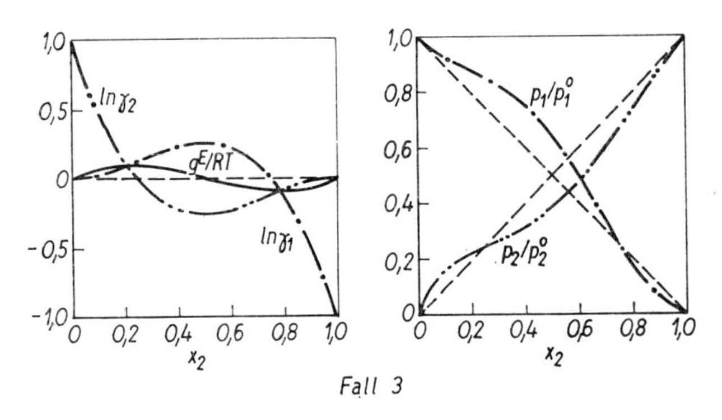

Abb. 24: Konzentrationsabhängigkeit des Zusatzbetrages der freien Enthalpie, der Aktivitätskoeffizienten und der Partial- zu Dampfdruckverhältnisse binärer Gemische mit den Redlich-Kister-Konstanten $A = C = 0$ und $B = 1$

Fall 4:

Einen ebenfalls symmetrischen Kurvenverlauf, bei dem jedoch die Aktivitätskoeffizienten zwei Extremwerte durchlaufen und dabei von Werten >1 zu Werten <1 wechseln oder umgekehrt, erhält man für $B = 0$ und

$C = -A$. Die resultierenden Gleichungen lauten:

$$\frac{g^E}{RT} = 4Ax_2^2(1 - x_2)^2$$

$$\ln \gamma_1 = 4Ax_2^2(1 - x_2)(3x_2 - 1)$$

$$\ln \gamma_2 = 4A(1 - x_2)^2 \cdot x_2 \cdot (2 - 3x_2)$$

Abb. 25 zeigt die Kurven für $A = 1$ und $C = -1$ (Fall 4a) und $A = -1$ und $C = 1$. Ein Beispiel für derartiges Verhalten ist das Gemisch Benzol—Brombenzol bei 80 °C.

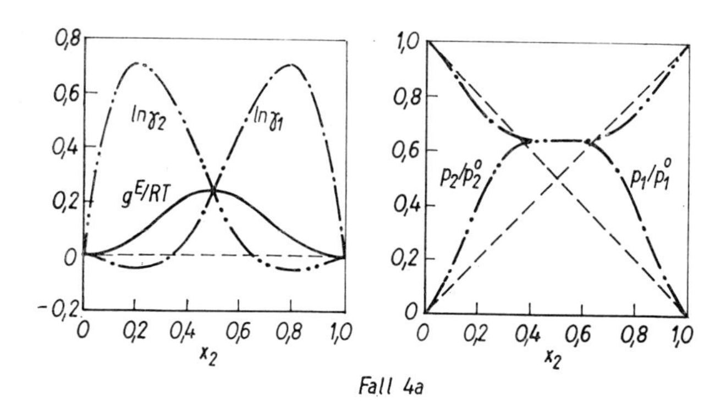

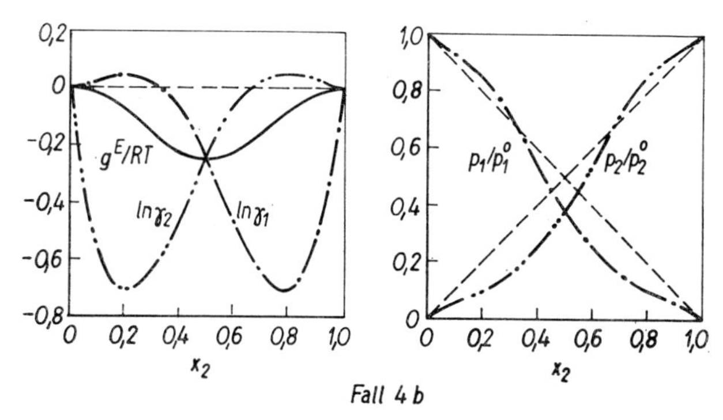

Abb. 25: Konzentrationsabhängigkeit des Zusatzbetrages der freien Enthalpie, der Aktivitätskoeffizienten und der Partial- zu Dampfdruckverhältnisse binärer Gemische mit den REDLICH-KISTER-Konstanten $B = 0$ und $A = 1$, $C = -1$ bzw. $A = -1$, $C = 1$

In Tab. 22 sind die REDLICH-KISTER-Konstanten für einige binäre Gemische gesättigter aromatischer Kohlenwasserstoffe angegeben.

Wie die Abb. 23, Abb. 24 und Abb. 25 zeigen, müssen die Abweichungen realer binärer Gemische vom Raoultschen Gesetz (gestrichelte Geraden) nicht durchgängig positiv oder negativ sein. Sowohl beide Komponenten (Abb. 24 und 25) als auch nur eine Komponente (Abb. 23) können von positiven zu negativen Abweichungen wechseln. Beide Fälle sind mit der GIBBS-DUHEM-Gleichung vereinbar. Die Prüfung des Falles 2 als Beispiel für die Erfüllung der GIBBS-DUHEM-Gleichung (263a) ergibt:

$$(1 - x_2) \frac{d \ln \gamma_1}{dx_2} + x_2 \cdot \frac{d \ln \gamma_2}{dx_2} = 0$$

$$\frac{d \ln \gamma_1}{dx_2} = 2Ax_2 \qquad \frac{d \ln \gamma_2}{dx_2} = -2A(1 - x_2)$$

$$(1 - x_2) \cdot 2Ax_2 - x_2 \cdot 2A(1 - x_2) = 0$$

Das Ergebnis der Prüfung zeigt, daß auch Fall 2, bei dem nur eine Komponente von positiver nach negativer Abweichung vom RAOULTschen Gesetz wechselt, die GIBBS-DUHEM-Gleichung erfüllt.

3.4. Clausius-Clapeyron-Gleichung für Mehrkomponentengemische

Die Verbindung der Gleichungen (270) und (275) über die Gleichgewichtsbedingung (291) liefert bei gleichzeitiger Summierung über alle Komponenten

$$d \ln \bar{f}_i^{\text{dampf}} = \left(\frac{h_i^{\text{ideal}} - \bar{h}_i}{RT^2}\right)^{\text{dampf}} dT + \left(\frac{\bar{v}_i}{RT}\right)^{\text{dampf}} \cdot dP; \tag{270}$$

y_i — konst.

$$d \ln \bar{f}_i^{\text{flüssig}} = \left(\frac{h_i^{\text{ideal}} - \bar{h}_i}{RT^2}\right)^{\text{flüssig}} dT + \left(\frac{\bar{v}_i}{RT}\right)^{\text{flüssig}} \cdot dP; \tag{275}$$

x_i — konst.

$$\sum_i (x_i - y_i) \, d \ln \bar{f}_i^{\text{dampf}} = \frac{\Delta h - \Delta h^{\text{ideal}}}{RT^2} dT + \frac{\Delta v}{RT} \cdot dP \tag{332}$$

$\sum_i y_i \bar{h}_i^{\text{dampf}} = h^{\text{dampf}}$ — molare Enthalpie des Dampfgemisches

$\sum_i x_i \bar{h}_i^{\text{flüssig}} = h^{\text{flüssig}}$ — molare Enthalpie der flüssigen Mischphase

$\sum_i y_i h_i^{\text{ideal,dampf}} = h^{\text{ideal,dampf}}$ — ideale molare Enthalpie des Dampfgemisches

$\sum_i x_i h_i^{\text{ideal,flüssig}} = h^{\text{ideal,flüssig}}$ — ideale molare Enthalpie der flüssigen Mischphase

$\Delta h = h^{\text{dampf}} - h^{\text{flüssig}} = \sum_i y_i \bar{h}_i^{\text{dampf}} - \sum_i x_i \bar{h}_i^{\text{flüssig}}$

$\Delta h^{\text{ideal}} = h^{\text{ideal,dampf}} - h^{\text{ideal,flüssig}} = \sum_i y_i h_i^{\text{ideal,dampf}} - \sum_i x_i h_i^{\text{ideal,flüssig}}$

$\sum_i y_i \bar{v}_i^{\text{dampf}} = v^{\text{dampf}}$ — Molvolumen des Dampfgemisches

$\sum_i x_i \bar{v}_i^{\text{flüssig}} = v^{\text{flüssig}}$ — Molvolumen der flüssigen Mischphase

$\Delta v = v^{\text{dampf}} - v^{\text{flüssig}} = \sum_i y_i \bar{v}_i^{\text{dampf}} - \sum_i x_i \bar{v}_i^{\text{flüssig}}$

$$\sum_i (x_i - y_i)\, d \ln \bar{f}_i^{\text{dampf}} = \sum_i (x_i - y_i)\, d \ln \bar{f}_i^{\text{flüssig}} \tag{333}$$

Durch die Verbindung über die Gleichgewichtsbedingung ist bedingt, daß y_i die Gleichgewichtsmolanteile der Komponente i in der Dampfphase zu den Molanteilen x_i der Komponente i in der flüssigen Phase sind. Die Kombination der Gleichung (332) mit Gleichung (270) zur Eliminierung von $\bar{f}_i^{\text{dampf}}$ bzw. mit Gleichung (333) und (275) zur Eliminierung von $\bar{f}_i^{\text{flüssig}}$ führt zu den folgenden zwei Clapeyron-Gleichungen für Gemische, die in dieser Formulierung von Tao [76] angegeben werden

$$\left(\frac{dP}{dT}\right)_y = \frac{\Delta h + \sum_i (x_i - y_i)\, \bar{h}_{yi}^{\text{dampf}}}{T \cdot \left[\Delta v + \sum_i (x_i - y_i)\, \bar{v}_{yi}^{\text{dampf}}\right]} = \frac{\sum_i x_i \bar{h}_{yi}^{\text{dampf}} - h_x^{\text{flüssig}}}{T \cdot \left[\sum_i x_i\, \bar{v}_{yi}^{\text{dampf}} - v_x^{\text{flüssig}}\right]} \tag{334}$$

$$\left(\frac{dP}{dT}\right)_x = \frac{\Delta h + \sum_i (x_i - y_i) \bar{h}_{xi}^{\text{flüssig}}}{T \left[\Delta v + \sum_i (x_i - y_i)\, \bar{v}_{xi}^{\text{flüssig}}\right]} = \frac{h_y^{\text{dampf}} - \sum_i y_i \cdot \bar{h}_{xi}^{\text{flüssig}}}{T \left[v_y^{\text{dampf}} - \sum_i y_i\, \bar{v}_{xi}^{\text{flüssig}}\right]} \tag{335}$$

Die Enthalpiedifferenz im Zähler von Gleichung (334) ist die differentielle Kondensationswärme und im Zähler von Gleichung (335) die differentielle Verdampfungswärme der Komponente i. Die Fußnote y steht für konstante Dampfzusammensetzung und die Fußnote x für konstante Flüssigkeitszusammensetzung. Die Fußnoten y_i bzw. x_i geben die Molanteile in der Dampf- bzw. der Flüssigphase an, bei der die partiellen molaren Größen zu ermitteln sind. Für niedrige Drücke gilt

— $\bar{v}_i^{\text{flüssig}} \ll \bar{v}_i^{\text{dampf}}$

— die Dampfphase verhält sich wie ein ideales Gas

Für den Nenner von Gleichung (335) — als Beispiel — ist unter dieser Bedingung folgender Übergang zulässig

$$\Delta v = \sum_i y_i \bar{v}_i^{\text{dampf}} - \sum_i x_i \bar{v}_i^{\text{flüssig}}$$

$$\sum_i y_i \bar{v}_i^{\text{dampf}} - \sum_i x_i \bar{v}_i^{\text{flüssig}} + \sum_i y_i \bar{v}_i^{\text{flüssig}} - \sum_i y_i \bar{v}_i^{\text{flüssig}}$$

$$= \sum_i y_i \bar{v}_i^{\text{dampf}} - \sum_i y_i \bar{v}_i^{\text{flüssig}} = \sum_i y_i (\bar{v}_i^{\text{dampf}} - \bar{v}_i^{\text{flüssig}}) \approx v^{\text{dampf}}$$

$$T \cdot v^{\text{dampf}} = \frac{R \cdot T^2}{P}$$

$$\left[\frac{d \ln P}{d\left(\frac{1}{T}\right)}\right]_x = -\frac{h_y^{\text{dampf}} - \sum_i y_i \bar{h}_{xi}^{\text{flüssig}}}{R} \tag{336}$$

Ist die flüssige Phase ebenfalls ein ideales Gemisch, kann der Zähler weiter vereinfacht werden

$$h_y^{\text{dampf}} = \sum_i y_i \bar{h}_{yi}^{\text{dampf}}$$

$$\sum_i y_i \bar{h}_{yi}^{\text{dampf}} - \sum_i y_i \bar{h}_{xi}^{\text{flüssig}} = \sum_i y_i (\bar{h}_{yi}^{\text{dampf}} - \bar{h}_{xi}^{\text{flüssig}})$$

$\bar{h}_{yi}^{\text{dampf}} = h_i^{\text{dampf}} \quad \bar{h}_{xi}^{\text{flüssig}} = h_i^{\text{flüssig}}$ — für ideale Gemische

$h_y^{\text{dampf}} - \sum_i y_i \bar{h}_{xi}^{\text{flüssig}} = \sum_i y_i \Delta h_i$ — für ideale Gemische

$\Delta h_i = h_i^{\text{dampf}} - h_i^{\text{flüssig}}$ — Verdampfungswärme des reinen Stoffes i

$\sum_i y_i \Delta h_i$ — mittlere Verdampfungswärme des Dampfgemisches.

$$\left[\frac{d \ln P}{d\left(\frac{1}{T^s}\right)^{\sim}}\right]_x = -\frac{\sum_i y_i \Delta h_i}{R} \tag{337}$$

Bei Gültigkeit der hier gemachten Voraussetzungen ist eine analoge Vereinfachung von Gleichung (334) möglich.

Die CLAUSIUS-CLAPEYTON-Gleichung gibt in der Darstellung $\ln p_i^0$ über $1/T_i^s$ für einen reinen Stoff dann eine Gerade, wenn in dem betrachteten Temperaturintervall die Verdampfungswärme zumindest annähernd unabhängig von der Temperatur ist. In der gleichen Darstellung ist für ein Gemisch mit dem Siededruck P und der Siedetemperatur T^s_{Gem} nur dann auch eine Gerade zu erwarten, wenn zusätzlich die molaren Verdampfungswärmen der Gemischkomponenten annähernd gleich sind. Durch diese zusätzliche Bedingung wird der Zähler von Gleichung (337) zur Temperaturunabhängigkeit noch unabhängig von der Zusammensetzung gemacht.

Die Gleichungen (332) bis (335) sind anwendbar für alle Typen von Phasengleichgewichten zwischen festen, flüssigen und gasförmigen Gemischen.

Bei zwei flüssigen Phasen als Beispiel treten an die Stelle der Dampfmolanteile y_i und der Kopfnote^{dampf} die Bezeichnungen für die zweite flüssige Phase.

Sind die erforderlichen Enthalpieinformationen gegeben, können über die Gleichungen (332) bis (335) für vorgegebene Zusammensetzungen einer Mischphase die im Gleichgewicht zugehörigen Zusammensetzungen der zweiten Phase berechnet werden. Sind außer den Enthalpien auch die Gleichgewichtszusammensetzungen beider Phasen bekannt, dann können diese Gleichungen verwendet werden, um die Konsistenz der Werte zu prüfen. Diese Anwendungsmöglichkeiten scheiterten in der Praxis — bisher — in der Regel daran, daß die erforderlichen Enthalpiewerte entweder gänzlich fehlten oder nicht die erforderliche Genauigkeit hatten.

Die Gleichungen (332) und (334) können verwendet werden, um für Dampf-Flüssigkeits-Gleichgewichte die Enthalpie der siedenden flüssigen Phase aus der bekannten Enthalpie der Dampfphase zu berechnen. Die Verwendung von Gleichung (332) ist gegenüber der von Gleichung (334) vorzuziehen, da

- die überwiegende Mehrzahl der Werte für isobare Bedingungen ($P =$ konst.) ermittelt wurden und Werte für konstante Zusammensetzung rar sind;
- die Ermittlung der Partialenthalpien und -volumina in (334) die Rechnung kompliziert, während die Dampfphasenfugazität $\bar{f}_i^{\text{dampf}}$ in (332) ohne Schwierigkeit ermittelt werden kann.

3.5. Die Anwendung der Clausius-Clapeyron-Gleichung für Gemische

3.5.1. *Ermittlung der integralen Verdampfungswärme eines binären Gemisches*

Für isobare Bedingungen lautet die Gleichung (332)

$$\sum_i (x_i - y_i)\, d \ln \bar{f}_i^{\text{dampf}} = \frac{\Delta h - \Delta h^{\text{ideal}}}{RT^2}\, dT \quad \text{für } P = \text{konst.} \tag{332a}$$

und in der Anwendung auf ein binäres Gemisch

$$(x_1 - y_1)\, d \ln \bar{f}_1^{\text{dampf}} + (x_2 - y_2)\, d \ln \bar{f}_2^{\text{dampf}} = \frac{\Delta h - \Delta h^{\text{ideal}}}{RT^2}\, dT \tag{338}$$

Eine weitere Vereinfachung ist möglich durch die Annahmen, daß die Dampfphase ein ideales Gemisch ist und daß die Stoffe 1 und 2 sich in reinem Zustand näherungsweise durch die Idealgasgleichung wiedergeben lassen.

$$\bar{f}_i^{\text{dampf}}(P, T, y_i) = \gamma_i^{\text{dampf}} \cdot \varphi_i \cdot y_i \cdot P$$

Ideales Gemisch: $\gamma_i^{\text{dampf}} = 1$

Idealgasverhalten der Komponente als reiner Stoff: $\varphi_i = 1$

$$\ln \bar{f}_i^{\text{dampf}} = \ln y_i + \ln P$$

$$d \ln \bar{f}_i^{\text{dampf}} = d \ln y_i \quad \text{da} \quad d \ln P = 0 \quad \text{wegen} \quad P = \text{konst.}$$

$$d \ln y_i = \frac{dy_i}{y_i}$$

Gleichung (338) geht unter Berücksichtigung dieser Annahmen über in

$$\frac{x_1 - y_1}{y_1} \frac{dy_1}{dT} + \frac{x_2 - y_2}{y_2} \cdot \frac{dy_2}{dT} = \frac{\Delta h - \Delta h^{\text{ideal}}}{RT^2} \tag{339}$$

$$y_2 = 1 - y_1$$
$$dy_2 = -dy_1$$

$$\Delta h - \Delta h^{\text{ideal}} = RT^2 \cdot \left(\frac{x_1}{y_1} - \frac{x_2}{y_2}\right) \left(\frac{dy_1}{dT}\right) \tag{340}$$

Das Glied $\Delta h^{\text{ideal}} = \sum y_i h_i^{\text{ideal,dampf}} - \sum x_i h_i^{\text{ideal,flüssig}}$ ist bedingt durch die unterschiedliche Zusammensetzung der beiden Phasen, d. h. $y_1 \neq x_1$. Dieses Glied kann über die Molwärmen der dampfförmigen reinen Stoffe ermittelt werden. Ein Beispiel für die Anwendung von Gleichung (340) zur Bestimmung der integralen Verdampfungswärme einschließlich der Ermittlung von dy_1/dT wird von TAO [69] angegeben (Gemisch Äthanol—Wasser bei 760 mm Hg).

3.5.2. *Ermittlung des Einflusses von Spurenkomponenten auf Dampfzusammensetzung und Siedepunkt*

Eine weitere Anwendungsmöglichkeit von Gleichung (332) ist die ebenfalls von TAO [69] angegebene Ermittlung der Auswirkung von Spurenkomponenten auf die Dampfzusammensetzung oder den Siedepunkt eines — für die praktische Betrachtung — reinen Stoffes. Mit Übergang auf den reinen Stoff 1 verschwindet auf der rechten Seite von Gleichung (332) das Glied Δh^{ideal}, da Dampf und Flüssigkeit die gleiche Zusammensetzung haben. Die linke Seite von Gleichung (332) wird null für die quasi-reine Komponente 1. Diese Schwierigkeit kann dadurch umgangen werden, daß $\sum y_i = 1 - y_1$ ist. Mit y_i werden die Molanteile der Spurenkomponenten in der Dampfphase bezeichnet.

$$(x_i - y_i)\, d \ln \bar{f}_i^{\text{dampf}} = \frac{x_i - y_i}{\bar{f}_i^{\text{dampf}}} \cdot d\bar{f}_i^{\text{dampf}} \quad \text{linke Seite von} \tag{332}$$

$$\lim_{x_1 \to 1,0} \left(\frac{x_1 - y_1}{\bar{f}_1^{\text{dampf}}}\right) d\bar{f}_1^{\text{dampf}} = \frac{1-1}{\bar{f}_1^{\text{dampf}}} \cdot d\bar{f}_1^{\text{dampf}} = 0 \quad \text{für reinen Stoff}$$

$$\lim_{x_1 \to 0} \left(\frac{x_i - y_i}{\bar{f}_i^{\text{dampf}}}\right) d\bar{f}_i^{\text{dampf}} = \frac{0-0}{0} d\bar{f}_i^{\text{dampf}} = \frac{d(x_i - y_i)}{d\bar{f}_i^{\text{dampf}}} \cdot d\bar{f}_i^{\text{dampf}} = d(x_i - y_i)$$

$$\sum_{i \neq 1} d(x_i - y_i) = -d(x_1 - y_1) \tag{341}$$

$$d(x_1 - y_1) = -\frac{\Delta h_1}{RT^2} \cdot dT$$

$$1 - \frac{dy_1}{dx_1} = -\frac{\Delta h_1}{RT^2} \cdot \frac{dT}{dx_1} \tag{342}$$

Δh_1 — Verdampfungswärme des reinen Stoffes 1

Für die Spurenkomponenten wird unendliche Verdünnung vorausgesetzt. Die integrale Verdampfungswärme Δh_1 ist damit gleich der Verdampfungswärme des quasi-reinen Stoffes 1 und unabhängig davon, welche Komponenten bei unendlicher Verdünnung als Spurenkomponenten vorliegen. Trägt man Werte dy_1/dx_1 über dT/dx_1 für unterschiedliche Spurenkomponenten in einem bestimmten quasi-reinen Stoff auf, dann müssen — ausreichende Temperaturabhängigkeit von Δh_1 vorausgesetzt — alle Werte auf einer Geraden mit der Steigung $-\Delta h_1/RT^2$ und dem Achsenabschnitt -1 liegen. Der Differentialquotient auf der linken Seite von (342) ist wie folgt zu berechnen, wenn mehrere Spurenkomponenten gleichzeitig das Dampf-Flüssigkeits-Gleichgewicht bzw. die Siedetemperatur des quasireinen Stoffes 1 beeinflussen:

$$\frac{dy_1}{dx_1} = \sum_{i \neq 1} x_i \left(\frac{dy_1}{dx_1}\right)_i \quad \text{mit } x_i = \frac{x_i}{\sum_{i \neq 1} x_i}; \quad i \neq 1 \tag{343}$$

Die Differentialquotienten $(dy_1/dx_1)_i$ der binären Gemische sind graphisch aus experimentellen Werten zu ermitteln. Als Zahlenbeispiel zu der von ihm vorgeschlagenen Gleichung (343) behandelt TAO [69] Toluol als quasireinen Stoff mit Heptan und Zyklohexan als unendlich verdünnte Spurenkomponenten.

3.5.3. *Anwendung als Konsistenztest für Mehrkomponentengemische*

Gleichung (342) kann bei Anwesenheit von Spurenkomponenten in einem quasireinen Stoff dann zur Konsistenzprüfung der experimentell oder rechnerisch bestimmten Werte herangezogen werden, wenn beide Seiten der Gleichung auf unabhängigen Wegen ermittelt werden können. Zur Durchführung der Konsistenzprüfung für das o. g. Beispiel mit experimentell ermittelten Werten dT/dx_1 ermittelt TAO [69] die hierfür erforderlichen Fehlerbereiche unter Verwendung eines experimentellen Fehlers von 0,002 für die Molanteile der Spurenkomponenten und 0,1 °C für die Temperatur.

Zur Durchführung eines allgemeinen Konsistenztests ist Gleichung (332a) geeignet. Die totalen Ableitungen in (332) bzw. (332a) zeigen, daß beide in einem Zusammensetzungsraum (Mehrkomponentengemisch) in jeder Richtung anwendbar sind. Voraussetzung für die Verwendung von Gleichung (332a) zur Konsistenzprüfung der zu einer beliebigen Zahl von Punkten in einem Zusammensetzungsraum zugehörigen Werte ist, daß sich Δh in dem durch die gewählten Punkte begrenzten Zusammensetzungsraum nur innerhalb einer als zulässig vorgegebenen Fehlergrenze ändert. Ist die rechte Seite von Gleichung (332a) innerhalb der vorgegebenen zulässigen Fehlergrenze für die gewählten Punkte gleich, müssen auch die linken Seiten von den gewählten Punkten entsprechend erfüllt werden. Dieser Überlegung folgend gibt TAO [69] für 2 Punkte in einem Zusammensetzungsraum Gleichung (344) und für 3 Punkte Gleichung (345) an.

$$\left(T^2 \sum_i (x_i - y_i) \frac{d \ln \bar{f}_i^{\text{dampf}}}{dT}\right)^{\text{Punkt } a} = \left(T^2 \sum_i (x_i - y_i) \frac{d \ln \bar{f}_i^{\text{dampf}}}{dT}\right)^{\text{Punkt } b} \tag{344}$$

$$\frac{T_a \cdot T_b}{T_b - T_a} \int_a^b \sum_i (x_i - y_i)\, d \ln \bar{f}_i^{\text{dampf}} = \frac{T_a \cdot T_c}{T_c - T_a} \int_a^c \sum_i (x_i - y_i)\, d \ln \bar{f}_i^{\text{dampf}} \tag{345}$$

Für niedrige Drücke kann Idealverhalten der Dampfphase angenommen und damit — entsprechend dem Übergang von (338) zu (339) — vereinfachend $d \ln \bar{f}_i^{\text{dampf}} = d \ln y_i$ verwendet werden. Die Integration der Gleichung (345) kann bei Gültigkeit der Vereinfachung graphisch ausgeführt werden, indem $x_i/y_i - 1$ über y_i für die Wegstrecken von Punkt a zu Punkt b (linke Seite) bzw. von Punkt a zu Punkt c (rechte Seite) für alle Komponenten i aufgetragen und die Flächen unter den Kurven ermittelt werden. Der Hauptunterschied gegenüber der allgemein verwendeten GIBBS-DUHEM-Gleichung ($\hat{=}$ Konsistenzkriterium von REDLICH-KISTER) ist die Verwendung der Dampfphasenfugazitäten der Komponente i im Gemisch anstelle der Flüssigphasenaktivitätskoeffizienten. Gleichungen (344) und (345) ermöglichen eine örtliche bzw. auf Teilbereiche begrenzte Konsistenzprüfung.

3.6. Prüfmethoden für die Werte-Konsistenz bei Dampf-Flüssigkeits-Gleichgewichten

Sowohl die experimentelle Ermittlung der Konzentrationen der Komponenten in einem flüssigen oder dampfförmigen Gemisch als auch die rechnerische Ermittlung der Fugazitätskoeffizienten, Fugazitäten und Aktivitätskoeffizienten sind nicht mit absoluter Genauigkeit möglich. Bei Kombination mehrerer experimenteller und rechnerischer oder nur rechnerischer Einzelschritte können darüber hinaus relativ kleine Fehler in den Einzelschritten zu einem erheblich größeren Fehler des Gesamtergebnisses führen. Um den Gesamtfehler auf einem vertretbaren und zulässigen Minimum zu halten, ist es wichtig, Methoden zu finden, mit deren Hilfe

a) die zum Gesamtfehler wesentlich beitragenden Fehler von Einzelschritten ermittelt werden können und
b) eine Ergebniskorrektur durchgeführt werden kann.

Die Existenz solcher Methoden setzt voraus, daß Beziehungen existieren, die von den ermittelten Werten als Voraussetzung für deren Verträglichkeit erfüllt werden müssen.

3.6.1. Konsistenzprüfung für binäre Gemische

Eine geeignete Beziehung ist die bereits bekannte GIBBS-DUHEM-Gleichung (264), die zum Konsistenzkriterium von REDLICH und KISTER (266) führte.

$$\sum_i x_i \, d \ln \gamma_i = 0 \tag{264}$$

$$\int_{x_1=0}^{x_1=1} \ln\left(\frac{\gamma_1}{\gamma_2}\right) dx_1 = 0 \tag{266}$$

Trägt man log (γ_1/γ_2) über x_1 auf — in Abb. 16 dargestellt — dann ist Konsistenz der Werte über den gesamten Konzentrationsbereich eines binären Gemisches dann gegeben, wenn die Flächen F_1 und F_2 innerhalb einer zulässigen Toleranz gleich sind. Ist diese Bedingung erfüllt, dann muß jedoch nicht notwendig auch örtliche Konsistenz gegeben sein. Im anderen Falle werden scheinbare Inkonsistenzen, hervorgerufen durch nichtideales Verhalten der Dampfphase, durch die integrale Mischungswärme oder das integrale Mischungsvolumen nicht analysiert. Die GIBBS-DUHEM-Gleichung gilt nur unter der Bedingung $dG^E = 0$, d. h. eingestelltes Gleichgewicht.

Eine weitere Konsistenzbedingung folgt aus der Formulierung des Dampf-Flüssigkeitsgleichgewichtes. Das vollständige Dampf-Flüssigkeits-Gleichgewicht, ausgedrückt über x_i, y_i, P und T beinhaltet eine Überbestimmung. Die Druck-Temperaturbeziehung bei x_i und die Dampfzusammensetzung bei x_i und T oder P ermöglichen — gemeinsam mit der GIBBS-DUHEM-Gleichung — eine Doppelprüfung auf Konsistenz. Beide Konsistenzprüfmethoden sind durch den Aktivitätskoeffizienten gekoppelt. Die Bedingung für das Dampf-Flüssigkeits-Gleichgewicht unter Verwendung der Druckimperfektionskorrektur θ_i lautet:

$$\log \gamma_i = \log \frac{y_i \cdot P}{x_i \cdot p_i^0} + \log \theta_i \tag{315a}$$

$$\text{mit} \quad \theta_i = \frac{\overline{\varphi}_i}{\varphi_i} \exp\left[-\frac{v_i^{\text{flüssig}}(P - p_i^0)}{R \cdot T}\right] \quad \text{für} \quad \overline{v}_i^{\text{flüssig}} \approx v_i^{\text{flüssig}} \tag{314a}$$

Aus Gleichung (315) folgen als Bedingungen für den Gesamtdruck P und die relative Flüchtigkeit α_{12}^* der Komponente 1 zur Komponente 2:

$$P = \sum_i \frac{\gamma_i \cdot x_i \cdot p_i^0}{\theta_i} \tag{346}$$

$$\alpha_{12}^* = \frac{K_1}{K_2} = \frac{y_1 \cdot x_2}{x_1 \cdot y_2} = \frac{\gamma_1 \cdot p_1^0 \cdot \theta_2}{\gamma_2 \cdot p_2^0 \cdot \theta_1} \tag{347}$$

Für ideale Gemische, bei denen die Gleichgewichtskonstanten K_1 und K_2 der Komponenten 1 und 2 unabhängig von der Zusammensetzung sind, ist auch die relative Flüchtigkeit unabhängig von der Zusammensetzung, auch wenn sich die Komponenten als reine Stoffe real verhalten. Eine gültige Beziehung für den Aktivitätskoeffizienten muß gleichzeitig die Gleichungen (346) und (347) erfüllen. Als halbempirische Konsistenzprüfmethode ist nach einem Vorschlag von BLACK [63] — Ausgangspunkt war die Ermittlung der Konstanten für eine erweiterte VAN LAAR-Gleichung (siehe Punkt 4.5.) — zusätzlich zur Konsistenzprüfung nach REDLICH und KISTER die Darstellung $(\log \gamma_1)^{0,5}$ über $(\log \gamma_2)^{0,5}$ geeignet. In Abb. 26 ist $(\log \gamma_{\text{Methanol}})^{0,5}$ über $(\log \gamma_{\text{Benzol}})^{0,5}$ bei 55 °C als Beispiel dargestellt. Für ein ideales Gemisch erhält man in Abb. 26 eine Gerade.

Bei isothermer Darstellung der rechnerisch oder experimentell ermittelten Werte gilt allgemein:

$$p_1^0 = \text{konst.}, \; p_2^0 = \text{konst.} \quad \text{bei} \quad T = \text{konst.}$$

Für ein ideales Gemisch gelten zusätzlich folgende Bedingungen:

$$\left(\frac{\overline{\varphi}_1}{\varphi_1}\right)^{\text{dampf}} = 1 \qquad \left(\frac{\overline{\varphi}_2}{\varphi_2}\right)^{\text{dampf}} = 1$$

$$\frac{\theta_1}{\theta_2} = \exp\left[-\frac{v_1^{\text{flüssig}}(P - p_1^0)}{RT} + \frac{v_2^{\text{flüssig}}(P - p_2^0)}{RT}\right]$$

$$\frac{\theta_1}{\theta_2} = (\text{konst.}) \cdot \exp\left[\frac{P \cdot (v_2^{\text{flüssig}} - v_1^{\text{flüssig}})}{RT}\right] \quad \text{infolge } p_1^0 v_1^{\text{flüssig}} = \text{konst.} \quad p_2^0 v_2^{\text{flüssig}} = \text{konst.}$$

Der gleiche Exponentialausdruck tritt auch auf der linken Seite von Gleichung (347) auf.

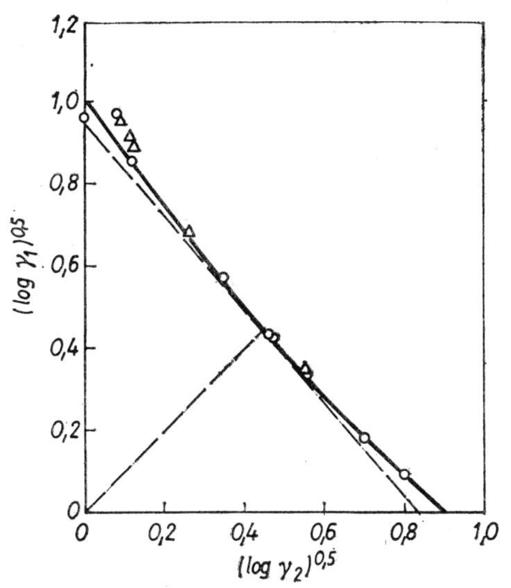

Abb. 26: Konsistenzprüfung nach BLACK [63] für das binäre Gemisch Methanol (*1*)—Benzol (*2*) bei 55 °C.

Einfacher ist die Darstellung über den REDLICH-KISTER-Ansatz für den Zusatzbetrag der freien Enthalpie, Gleichung (219). Für ein ideales Gemisch sind $B = C = 0$, so daß die Gleichungen (222) und (223) mit $x_2 = 1 - x_1$ für ein binäres Gemisch lauten

$$\log \gamma_1 = \frac{A}{2{,}303}(1 - x_1)^2 \quad \text{oder} \quad (\log \gamma_1)^{0,5} = \left(\frac{A}{2{,}303}\right)^{0,5} \cdot (1 - x_1)$$

$$\log \gamma_2 = \frac{A}{2{,}303} \cdot x_1^2 \quad \text{oder} \quad (\log \gamma_2)^{0,5} = \left(\frac{A}{2{,}303}\right)^{0,5} \cdot x_1$$

Nach Einsetzen des Ausdrucks für $(\log \gamma_2)^{0,5}$ in den Ausdruck für $(\log \gamma_1)^{0,5}$

zur Eliminierung von x_1 erhält man die Gleichung für eine Gerade

$$(\log \gamma_1)^{0,5} = \left(\frac{A}{2,303}\right)^{0,5} - (\log \gamma_2)^{0,5} \tag{348}$$

$$(\log \gamma_1)^{0,5} = -(\log \gamma_2)^{0,5} + \text{konst.} \tag{349}$$

Die von Black vorgeschlagene Darstellung erlaubt somit die Prüfung, ob sich das binäre Gemisch wie ein ideales Gemisch verhält. Ist das der Fall, dann kann darüber hinaus die Redlich-Kister-Konstante A bestimmt werden.

Jedoch auch bei nichtidealen Gemischen erhält man wie in Abb. 26 meist nur schwach gekrümmte Kurven. In dieser Darstellung sind örtliche Abweichungen von der Ausgleichskurve leicht zu erkennen. Damit stellt diese Art der Darstellung weiterhin eine Prüfung auf örtliche Konsistenz der experimentell oder rechnerisch ermittelten Aktivitätskoeffizienten dar. Für experimentelle, durch Messung des Gesamtdrucks bei konstanter Temperatur, d. h. isotherm ermittelte Aktivitätskoeffizienten, ermöglicht die Darstellung nach Black eine Prüfung auf Exaktheit der durchgeführten Druckmessungen. Wurden die experimentellen Werte dagegen isobar durch Messung der Siedetemperatur ermittelt, dann liefert diese Darstellung eine Aussage über die Exaktheit der durchgeführten Siedepunktsmessungen. Diese Aussagen für isotherm und isobar experimentell ermittelte Werte sind nur dann eindeutig, wenn das Redlich-Kister-Konsistenzkriterium ebenfalls nicht erfüllt wird. In der Praxis tritt jedoch auch der Fall auf, daß das Redlich-Kister-Konsistenzkriterium erfüllt wird, jedoch bei der Darstellung nach Black Abweichungen auftreten. Bei isotherm ermittelten Werten müssen in diesem Fall gleichzeitig Fehler der Konzentrations- und der Druckmessung aufgetreten sein.

3.6.2. Konsistenzprüfung für Vielstoffgemische

Eine verallgemeinerte Methode für die rechnerische Prüfung der örtlichen Konsistenz und der Gesamtkonsistenz in binären und Vielkomponentensystemen ist von Tao [78] vorgeschlagen worden. Diese Methode berücksichtigt neben der Nichtidealität der Dampfphase auch die integrale Mischungswärme bzw. das integrale Mischungsvolumen, wenn scheinbare Inkonsistenz der Werte auftritt. Diese Methode verbindet eine verallgemeinerte Form des Redlich-Kister-Konsistenzkriteriums mit der Grundidee der Überkreuzprüfung von Black.

Zur Vereinfachung der vorgeschlagenen Methodik werden lineare Wege vorausgesetzt. Diese Voraussetzung ist nur für Gemische mit maximal 3 Komponenten noch in einer Ebene darstellbar. In Abb. 27 ist diese Voraussetzung für das ternäre Gemisch Toluol-Zyklohexan-Heptan dargestellt. Durch diese Voraussetzung werden nicht nur Dimensionskomplikationen vermieden, sondern es wird auch möglich g^E/RT und $d(g^E/RT)/dx_1$ über den Molanteilen einer Komponente 1 aufzutragen. Die Fußnoten a und b bezeichnen zwei beliebige Punkte auf dem linearen Weg.

$$\left(\frac{g^E}{RT}\right)_e = \sum_i x_i \ln \gamma_i \tag{211}$$

$$\left[\frac{d\left(\dfrac{g^E}{RT}\right)}{dx_1}\right]_e = -\frac{h^E}{RT^2}\frac{dT}{dx_1} + \frac{v}{RT}\frac{dP}{dx_1} + \sum_i \frac{x_{ia} - x_{ib}}{x_{1a} - x_{1b}} \cdot \ln \gamma_i \tag{350}$$

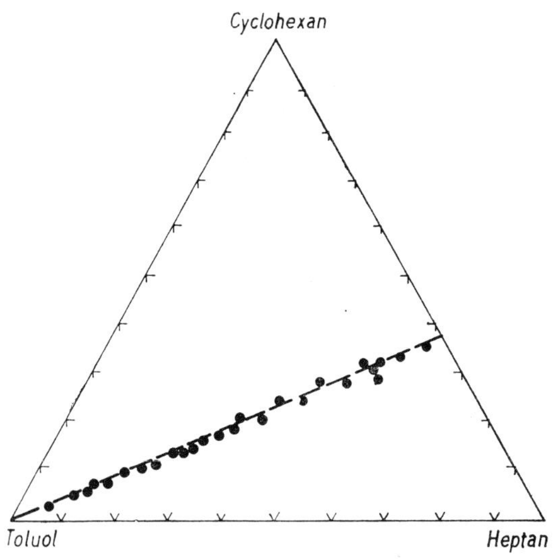

Abb. 27: Dreistoffdiagramm Toluol (*1*)—Zyklohexan (*2*)—Heptan (*3*) bei 760 Torr mit eingetragenem linearen Konzentrationsweg zur Konsistenzprüfung nach TAO [78]

Gleichung (350) erhält man durch Differenzieren von Gleichung (211) mit

$$\sum_i x_i d \ln \gamma_i = -\frac{h^E}{RT^2}\frac{dT}{dx_1} + \frac{v}{RT}\frac{dP}{dx_1} \quad \text{und} \tag{280}$$

$$\frac{dx_i}{dx_1} = \frac{x_{ia} - x_{ib}}{x_{1a} - x_{1b}} \quad \text{unter der Voraussetzung eines linearen Weges.} \tag{351}$$

Für experimentell oder über einen geeigneten Modellansatz rechnerisch ermittelte Aktivitätskoeffizienten können die rechten Seiten von (211) und — bei Kenntnis der integralen Mischungswärme h^E bzw. des molaren Volumens v — von (350) berechnet werden. Wurden die Aktivitätskoeffizienten aus isothermen Meßwerten ermittelt bzw. über einen für T = konst. gültigen Modellansatz berechnet, dann ist $dT = 0$. Für isobar ermittelte Aktivitätskoeffizienten gilt analog $dP = 0$. Die Kennzeichnung durch die Fußnote e weist auf die Bestimmung aus experimentell oder rechnerisch ermittelten Werten hin. Für zwei beliebige Punkte a und b aufeinem linearen Weg lautet das REDLICH-KISTER-Konsistenzkriterium:

$$\left(\frac{g^E}{RT}\right)_{x_{1a}} - \left(\frac{g^E}{RT}\right)_{x_{1b}} = \int\limits_{x_{1a}}^{x_{1b}} \left[\frac{d\left(\frac{g^E}{RT}\right)}{dx_1}\right] \cdot dx_1 = \Delta\left(\frac{g^E}{RT}\right)_r \qquad (352)$$

Für den Spezialfall eines binären Gemischs geht mit $x_{1a} = 0$ und $x_{1b} = 1$ Gleichung (352) in die bereits bekannte Form Gleichung (266) über. Gleichung (352) ermöglicht zusammen mit Gleichung (350) die Prüfung der ermittelten Aktivitätskoeffizienten auf Gesamtkonsistenz. Gesamtkonsistenz ist dann gegeben, wenn die über Gleichung (211) und die über Gleichung (352) unter Verwendung der linken Seite von (350) ermittelten Werte für g^E/RT übereinstimmen.

Gleichung (211) wurde herangezogen, um g^E/RT aus unabhängig ermittelten Aktivitätskoeffizienten γ_i bei den zugehörigen Molanteilen x_i zu berechnen. Wird diese Berechnung für verschiedene Molanteile x_1 der Komponente 1 und den zu jedem Wert x_1 zugehörigen Molanteilen x_i aller anderen Komponenten durchgeführt, dann kann durch die ermittelten Punkte eine Ausgleichskurve $(g^E/RT) = f(x_1)$ gelegt werden. Diese Ausgleichskurve ist die Voraussetzung dafür, daß jetzt in einem zweiten Schritt die Steigerung der Kurve $[d(g^E/RT)/dx_1]_r$ bei den Molanteilen x_1 ermittelt werden kann. Die Fußnote r bedeutet hier wie in Gleichung (352), daß die Eingabegröße für den zweiten Schritt eine bereits durch eine rechnerische Operation ermittelte Funktion ist. Durch diese Fußnote soll der Unterschied zu den über Gleichung (350) unmittelbar aus den Aktivitätskoeffizienten bestimmten Werten $[d(g^E/RT)/dx_1]_e$ hervorgehoben werden. Die Ermittlung von $d(g^E/RT)/dx_1$ auf zwei voneinander unabhängigen Wegen bildet die Grundlage zur Prüfung der Aktivitätskoeffizienten auf örtliche Konsistenz. Örtliche Konsistenz ist dann gegeben, wenn die Ergebnisse der beiden unabhängigen Wege übereinstimmen.

Alle experimentellen Werte weisen ein unvermeidbares Rauschen auf. Die übliche Praxis, $-(h^E/RT^2)\,dT$ für isobare Werte bzw. $(v/RT)\,dP$ für isotherme Werte zu vernachlässigen, setzt voraus, daß der Einfluß dieser

Ausdrücke klein ist und innerhalb der Grenzen des Rauschens liegt. Die Ermittlung der zulässigen Streugrenzen ist in zweierlei Hinsicht von Bedeutung: Einmal, um zu wissen, innerhalb welcher Grenzen Übereinstimmung der auf jeweils zwei Wegen ermittelten Werte für die Gesamtkonsistenz und die örtliche Konsistenz gesichert sein muß, und zum anderen, ob die angenommene Vernachlässigung tatsächlich zulässig war. Bekannt oder abschätzbar sind die maximalen Fehlergrenzen $E(T)$ der Temperatur, $E(P)$ des Drucks und $E(x)$ der Konzentration. Durch Bildung der totalen Differentiale der Gleichungen (315), (211) und (350) bei Vernachlässigung der Druckimperfektionskorrektur θ_i, und der ersten beiden Glieder auf der rechten Seite von Gleichung (350) erhält man entsprechend dem Fehlerfortpflanzungsgesetz folgende Ausdrücke für den maximalen Fehler $E(\gamma_i)$ des Aktivitätskoeffizienten, $E(g^E/RT)$ des dimensionslosen Zusatzbetrags der freien Enthalpie und $E\{d(g^E/RT)/dx_1\}$ der zugehörigen Ableitung nach den Molanteilen der Komponente 1:

$$\frac{E(\gamma_i)}{\gamma_i} = \frac{E(P)}{P} + \frac{E(T)}{p_i^0} \cdot \frac{dp_i^0}{dT} + \left(\frac{1}{y_i} + \frac{1}{x_i}\right) \cdot E(x_i) \tag{353}$$

$$E\left(\frac{g^E}{RT}\right) = \sum_i \left[x_i \cdot \frac{E(\gamma_i)}{\gamma_i} + E(x) \cdot \ln \gamma_i\right] \tag{354}$$

$$E\left\{\frac{d\left(\frac{g^E}{RT}\right)}{dx_1}\right\} = \sum_i \frac{x_{ia} - x_{ib}}{x_{1a} - x_{1b}} \cdot \frac{E(\gamma_i)}{\gamma_i} \tag{355}$$

Gleichung (354) liefert für die Gesamtkonsistenz und Gleichung (355) für die örtliche Konsistenz die gesuchte maximal zulässige Abweichung. Kann innerhalb dieser Grenzen vollständige Konsistenz bei Vernachlässigung der beiden Glieder auf der rechten Seite von Gleichung (280) nachgewiesen werden, dann war die vorausgesetzte Vernachlässigbarkeit zulässig. Andernfalls muß die Konsistenzprüfung unter Berücksichtigung von $-(h^E/RT^2)\, dT$ für isobare Meßwerte bzw. von $(v/RT)\, dP$ für isotherme Meßwerte wiederholt werden.

3.6.3. *Schrittfolge der Konsistenzprüfung für Vielstoffgemische*

Die experimentell ermittelten Aktivitätskoeffizienten werden sowohl in Gleichung (211) als auch Gleichung (350) eingegeben, so daß jede dieser beiden Gleichungen einen Startpunkt für die Rechnung darstellt.

1. Näherung:

Vernachlässigung der Temperatur- und Druckabhängigkeit

Schritt 1:

Berechnung von $(g^E/RT)_e$ über Gleichung (211) für verschiedene Werte x_1 innerhalb des vorgegebenen Konzentrationsbereiches

Berechnung von $[d(g^E/RT)/dx_1]_e$ über Gleichung (350) für verschiedene Werte innerhalb des vorgegebenen Konzentrationsbereiches

Schritt 2:

Berechnung von $E(\gamma_i)/\gamma_i$ nach Gleichung (353)

Schritt 3:

Berechnung von $E(g^E/RT)$ nach Gleichung (354) für verschiedene x_1 im vorgegebenen Bereich

Berechnung von $E\{d(g^E/RT)/dx_1\}$ nach Gleichung (355)

Schritt 4:

Graphische Ermittlung der Ausgleichskurve $(g^E/RT)_e$ über x_1 oder rechnerische Ermittlung der Ausgleichsfunktion $g^E/RT = f_1(x_1)$ bei minimaler Summe der Fehlerquadrate

Graphische Ermittlung der Ausgleichskurve $[d(g^E/RT)/dx_1]_e$ über x_1 oder rechnerische Ermittlung der Ausgleichsfunktion $[d(g^E/RT)\, dx_1]_e = f_2(x_1)$ bei minimaler Summe der Fehlerquadrate

Schritt 5:

Ermittlung der Grenzkurven für die maximal zulässige Streuung durch Kombination der Schritte 3 und 4

Ermittlung der Grenzkurven für die maximal zulässige Streuung durch Kombination der Schritte 3 und 4

Schritt 6:

Graphische oder rechnerische Ermittlung von $[d(g^E/RT)/dx_1]_r$ bei verschiedenen Werten x_1 aus dem Ergebnis von Schritt 4.

Graphische oder rechnerische Lösung des Integrals Gleichung (352) unter Verwendung des Ergebnisses von Schritt 4 zur Ermittlung von $\Delta(g^E/RT)_r$

Schritt 7:

Prüfung auf Gesamtkonsistenz durch Prüfung, ob die nach Schritt 6 rechts ermittelten Werte innerhalb der nach Schritt 5 links festgelegten Grenzkurven für die maximal zulässige Streuung liegen und damit die Bedingung erfüllen

$$\left|\left(\frac{g^E}{RT}\right)_r - \left(\frac{g^E}{RT}\right)_e\right| < E\left(\frac{g^E}{RT}\right) \qquad (356)$$

Schritt 8:

Prüfung auf örtliche Konsistenz durch Prüfung, ob die nach Schritt 6 links ermittelten Werte innerhalb der nach Schritt 5 rechts festgelegten Grenzkurven liegen und damit die Bedingung erfüllen

$$\left| \left[\frac{d\left(\frac{g^E}{RT}\right)}{dx_1} \right]_r - \left[\frac{d\left(\frac{g^E}{RT}\right)}{dx_1} \right]_e \right| < E \left\{ \frac{d\left(\frac{g^E}{RT}\right)}{dx_1} \right\} \tag{357}$$

Bei positiven Prüfungsergebnissen der Schritte 7 und 8 sind

a) Gesamtkonsistenz und örtliche Konsistenz der rechnerisch oder experimentell ermittelten Aktivitätskoeffizienten nachgewiesen und
b) die Temperatur- und Druckabhängigkeit vernachlässigbar

Bei negativer Aussage ist eine 2. Näherung unter Berücksichtigung der Temperatur- und Druckabhängigkeit durchzuführen.

2. Näherung:

Schritt 1: Wiederholung rechts
Schritt 3: Wiederholung rechts
Schritt 4: Wiederholung rechts
Schritt 5: Wiederholung rechts
Schritt 6: Wiederholung rechts
Schritt 7: Wiederholung
Schritt 8: Wiederholung

Stehen Werte für die integrale Mischungswärme h^E nicht zur Verfügung, dann ist bei negativem Ergebnis der ersten Näherung noch eine Prüfung auf bedingte Konsistenz durch Vergleich mit einem ähnlichen Gemisch möglich, wobei der erforderliche Wert h^E für das Vergleichsgemisch bekannt sein muß.

Bedingte Konsistenz ist dann gegeben, wenn

— der Vergleichswert h^E innerhalb der nach Gleichung (358) berechneten Grenzen für isobar ermittelte Aktivitätskoeffizienten des untersuchten Gemisches liegt;
— der Vergleichswert v innerhalb der nach Gleichung (359) berechneten Grenzen für isotherm ermittelte Aktivitätskoeffizienten des untersuchten Gemisches liegt.

$$h^E = -\left(\left[\frac{d\left(\frac{g^E}{RT}\right)}{dx_1} \right]_r - \left[\frac{d\left(\frac{g^E}{RT}\right)}{dx_1} \right]_e \pm E \left\{ \frac{d\left(\frac{g^E}{RT}\right)}{dx_1} \right\} \right) \cdot \frac{R \cdot T^2}{\left(\frac{dT}{dx_1}\right)} \tag{358}$$

$$v = \left(\left[\frac{d\left(\frac{g^E}{RT}\right)}{dx_1} \right]_r - \left[\frac{d\left(\frac{g^E}{RT}\right)}{dx_1} \right]_e \pm E \left\{ \frac{d\left(\frac{g^E}{RT}\right)}{dx_1} \right\} \right) \cdot \frac{RT}{\left(\frac{dP}{dx_1}\right)} \tag{359}$$

Die Aussage einer bedingten Konsistenz ist nicht völlig frei von subjektiven Einflüssen, da sowohl die Wahl des Vergleichsgemisches als auch die Wahl der in den Gleichungen (358) und (359) zu verwendenden Werte letztlich willkürlich sind.

Eines der von TAO [78] angegebenen Beispiele ist das ternäre System Toluol (1) — Zyklohexan (2) — Heptan (3). In Abb. 27 sind die Flüssigkeitskonzentrationspunkte entlang des linearen Weges angegeben, für die die Aktivitätskoeffizienten isobar von BROWN, FOCK und SMITH [79] bestimmt worden sind. Über die kleinste Summe der Fehlerquadrate wurden für den linearen Weg folgende Geradengleichungen ermittelt:

$$x_2 = 0{,}3783 - 0{,}3851 \cdot x_1$$

$$x_3 = 0{,}6217 - 0{,}6149 \cdot x_1$$

Dieser Weg geht nicht exakt durch den Eckpunkt für reines Toluol. Für zusammengehörige Werte x_1, x_2 und x_3 an beliebigen Punkten gilt

$$\frac{x_{1a} - x_{1b}}{x_{1a} - x_{1b}} = 1 \quad \frac{x_{2a} - x_{2b}}{x_{1a} - x_{1b}} = -0{,}3851 \quad \frac{x_{3a} - x_{3b}}{x_{1a} - x_{1b}} = -0{,}6149$$

Abb. 28 zeigt (g^E/RT) über x_1. Die vollen Punkte entsprechen Schritt 1, die offenen Kreise Schritt 6. Die gleiche Bezeichnung gilt auch für Abb. 29, in der $d(g^E/RT)\, dx_1$ über x_1 dargestellt ist. Die Konsistenz der Werte ist in beiden Fällen zufriedenstellend.

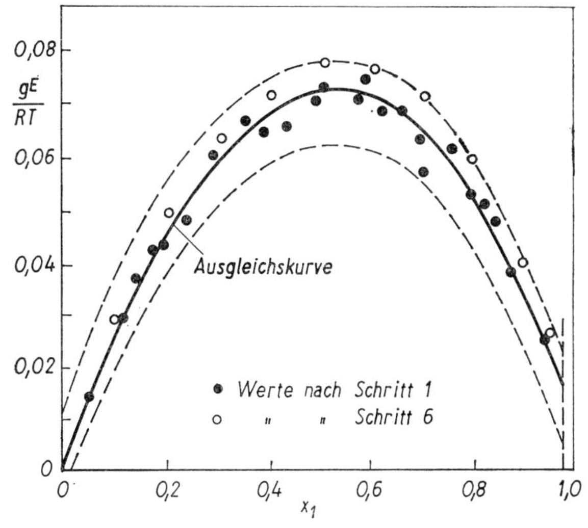

Abb. 28: Prüfung der Gesamtkonsistenz nach TAO [78] für das ternäre Gemisch Toluol (*1*)—Zyklohexan (*2*)—Heptan (*3*)

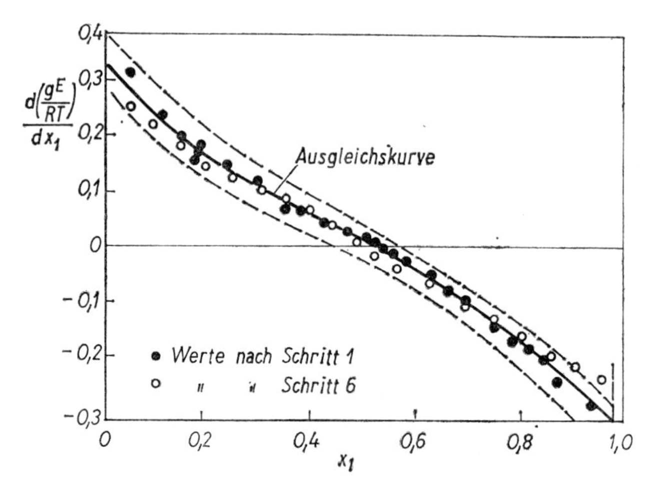

Abb. 29: Prüfung der örtlichen Konsistenz nach TAO [78] für das ternäre Gemisch Toluol (*1*)—Zyklohexan (*2*)—Heptan (*3*)

3.7. Einfache Korrelationen der Dampf-Flüssigkeits-Gleichgewichtskonstanten für Kohlenwasserstoffgemische

3.7.1. Berechnung der idealen Gleichgewichtskonstanten in einer homologen Reihe (Paraffinkohlenwasserstoffe)

In einem idealen Gemisch ist die Dampf-Flüssigkeits-Gleichgewichtskonstante $K_i = y_i/x_i$ unabhängig von der Zusammensetzung sowohl der Dampf- als auch der flüssigen Phase.

$$K_{i,\text{ideal}} = \frac{f_i^{\text{flüssig}}(P, T)}{f_i^{\text{dampf}}(P, T)} \tag{326}$$

$$\ln K_{i,\text{ideal}} = \ln f_i^{\text{flüssig}}(P, T) - \ln f_i^{\text{dampf}}(P, T) \tag{360}$$

$$\frac{\partial \ln K_{i,\text{ideal}}}{\partial T} = \frac{\partial \ln f_i^{\text{flüssig}}(P, T)}{\partial T} - \frac{\partial \ln f_i^{\text{dampf}}(P, T)}{\partial T} \tag{361}$$

Durch Kombination der Gleichung (361) mit Gleichung (276) für die flüssige und die dampfförmige reine Substanz i mit $dP = 0$ erhält man die Abhängigkeit der idealen Dampf-Flüssigkeits-Gleichgewichtskonstante von der Temperatur bei konstantem Druck

$$\frac{\partial \ln K_{i,\text{ideal}}}{\partial T} = \frac{\Delta h_i}{RT^2} \quad \text{für} \quad P = \text{konst.} \tag{362}$$

$\Delta h_i = h_i^{\text{dampf}} - h_i^{\text{flüssig}}$ — Molare Verdampfungsenthalpie des reinen Stoffes i bei P und T.

Gleichung (362) wird von VAN WIJK und GEERLINGS [73] benutzt, um die Gleichgewichtskonstante eines zu einer homologen Reihe zugehörigen Stoffes i aus der als bekannt vorausgesetzten Gleichgewichtskonstanten eines innerhalb der homologen Reihe beliebig gewählten Bezugsstoffes zu berechnen. Voraussetzung für die Anwendung dieser Methode ist, daß die Abhängigkeit der molaren Verdampfungswärme von der Zahl der Kohlenstoffatome der Mitglieder der homologen Reihe bekannt ist.

Bei gesättigtenKohlenwasserstoffen ist in dem Bereich, der für die Primärverarbeitung von Erdöl Bedeutung hat — 1 bis 5 ata, 30—350 °C —, die Verdampfungswärme pro Masseneinheit für alle höher siedenden Komponenten etwa gleich [80]. Weiterhin liegt das Verhältnis der Molekulargewichte von C_6 zu C_{10} bei 0,605 und nähert sich mit wachsender Zahl der Kohlenstoffatome dem Wert $i/10$. Für höhere Zahlen der C-Atome kann bei Kombination beider Aussagen folgender Ansatz für die molare Verdampfungswärme aufgestellt werden.

$$\Delta h_i = \frac{i \cdot \Delta h_j}{j} \tag{363}$$

i — Zahl der Kohlenstoffatome der betrachteten Komponente
Δh_i — molare Verdampfungswärme der Komponente mit i C-Atomen
j — Zahl der Kohlenstoffatome einer Bezugskomponente
Δh_j — molare Verdampfungswärme der Bezugskomponente.

Als Bezugskomponente wird Dekan mit $j = 10$ gewählt. Gleichung (362) wird einmal für die Komponente i und einmal für die Bezugskomponente angesetzt. Die Verbindung der so erhaltenen Beziehungen über (363) ergibt bei Beachtung der unterschiedlichen Siedetemperaturen für konstanten Druck

$$\ln K_{i,\text{ideal}}(T) - \ln K_{i,\text{ideal}}(T_0) = \int_{T_0}^{T} \frac{\Delta h_i}{RT^2}\, dT \tag{364}$$

$$\ln K_{i,\text{ideal}}(T) - \ln K_{i,\text{ideal}}(T_0) = \frac{i}{10} \int_{T_0}^{T} \frac{\Delta h_{10}}{RT^2}\, dT \tag{365}$$

$$\ln K_{i,\text{ideal}}(T) - \ln K_{i,\text{ideal}}(T_0) = \frac{i}{10} [\ln K_{10}(T) - \ln K_{10}(T_0)] \tag{366}$$

Die Temperatur T_0 wird so gewählt, daß $K_{i,\text{ideal}}(T_0) = 1{,}00$. Mit $\ln K_i(T_0) = 0$ lautet Gleichung (366)

$$\ln K_{i,\text{ideal}}(T) = \frac{i}{10} \cdot \ln \frac{K_{10}(T)}{K_{10}(T_{oi})} \tag{367}$$

$$K_{i,\text{ideal}}(T) = \left(\frac{K_{10}(T)}{K_{10}(T_{oi})} \right)^{i/10} \tag{368}$$

Der Index i wurde zu T_0 hinzugefügt, da sich T_{0i} mit der Komponente i ändert. T_{0i} ist die Siedetemperatur der reinen Komponente i bei dem Gemischsiededruck P. Gleichung (368) gilt unter den Voraussetzungen einer konstanten Verdampfungswärme pro Kohlenstoffatom im Molekül und für ideale Gemische, unabhängig vom Molekültyp der homologen Reihe. Für die relative Flüchtigkeit $\alpha^*_{ij}(T)$ der Komponente i zur Bezugskomponente j folgt

$$\alpha^*_{ij}(T) = \frac{K_i(T)}{K_{10}(T)} = [K_{10}(T_{0i})]^{-\frac{i}{10}} \cdot [K_{10}(T)]^{\left(\frac{i}{10}-1\right)} \tag{369}$$

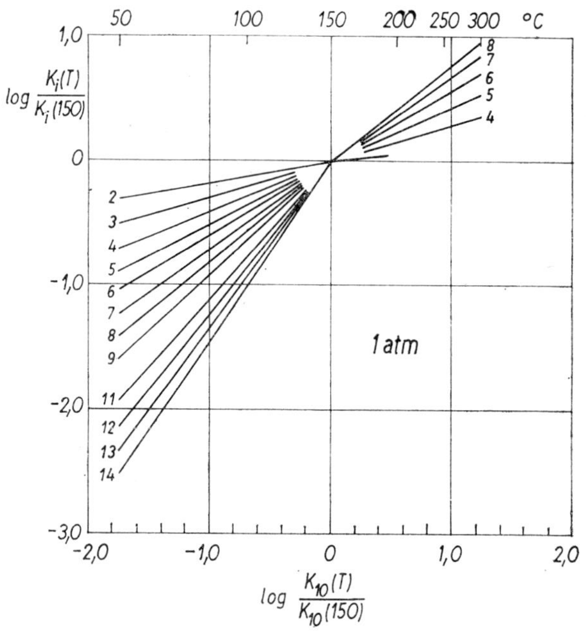

Abb. 30: Darstellung der idealen K-Zahlen von Paraffinkohlenwasserstoffen, bezogen auf Dekan, nach VAN WIJK und GEERLINGS [73]

Gleichung (369) zeigt, daß die relative Flüchtigkeit α^*_{ij} in Bezug auf Dekan für Komponenten mit mehr als 10 C-Atomen ($i > 10$) mit wachsender Temperatur absinkt.

Bei Darstellung von $\log K_{i,\text{ideal}}$ über $\log K_{10}$ erhält man nach Gleichung (368) eine Gerade mit der Steigung $i/10$. Trägt man wie in Abb. 30 $\log K_i(T) - \log K_i(150\,°C)$ über $\log K_{10}(T) - \log K_{10}(150\,°C)$ auf, dann gehen die Linien durch einen Punkt. Geraden erhält man ab Hexan; bei Komponenten mit weniger C-Atomen sind die Linien gekrümmt. Die Kurven von C_2 bis C_7 wurden von van Wijk und Geerlings näherungsweise durch Geraden mit unterschiedlichen Steigungen für Temperaturen kleiner als 150 °C und für Temperaturen größer als 150 °C ersetzt.

Beispiel:

Berechne die Gleichgewichtskonstanten für C_{16} bei 1 atm bei den Temperaturen 50 °C bis 350 °C mit einer Abstufung von 50 °C unter Verwendung der für diese Temperaturen angegebenen K_{10}-Werte.

Lösung:

$$\frac{i}{10} = 1{,}6$$

Siedetemperatur bei 1 [atm]: 288 [°C]
$K_{10} = 7{,}80$ bei 288 [°C] und 1 [atm],

$$K_{16}(T) = \left[\frac{K_{10}(T)}{7{,}80}\right]^{1{,}6}$$

Ergebnisse:

T [°C]	K_{10} bei 1 [atm]	K_{16} bei 1 [atm] (berechnet)
50	0,0099	0,000232
100	0,1084	0,00107
150	0,5498	0,0144
200	1,833	0,0986
250	4,537	0,420
300	9,046	1,27
350	15,70	3,06

3.7.2. *Dampf-Flüssigkeits-Gleichgewichtskonstanten binärer Kohlenwasserstoffgemische*

Die Verbindung der Gleichungen (320) mit (193) und (323) liefert folgende Formulierung für die Gleichgewichtskonstante:

$$K_i = \frac{\gamma_i^{\text{flüssig}} \cdot f_i^{\text{flüssig}}(P, T)}{\gamma_i^{\text{dampf}} \cdot f_i^{\text{dampf}}(P, T)} \tag{370}$$

$$K_i = \xi_i \cdot \frac{f_i^{\text{flüssig}}(P, T)}{f_i^{\text{dampf}}(P, T)} = \xi_i \cdot K_{i,\text{ideal}} \tag{371}$$

$f_i^{\text{flüssig}}(P, T)$ — Fugazität des reinen flüssigen Stoffes i bei Gemischsiedetemperatur T und Gemischsiededruck P

$f_i^{\text{dampf}}(P, T)$ — Fugazität des reinen dampfförmigen Stoffes i bei Gemischsiedetemperatur T und Gemischsiededruck P

ξ_i — Verhältnis des Flüssigphasen- zum Dampfphasenaktivitätskoeffizienten der Komponente i bei Gemischsiedetemperatur, -druck und -zusammensetzung.

Die Fugazitäten des reinen dampfförmigen oder flüssigen Stoffes können über PVT-Beziehungen ermittelt werden. ξ_i ist wie die Aktivitätskoeffizienten abhängig von der Zusammensetzung. Zur Korrelation von ξ_i der leichter siedenden Komponente 2 in einem binären Gemisch haben MEHRA, BROWN und THODOS [74] den dimensionslosen Parameter Φ formuliert

$$\Phi = \frac{\xi_i - \xi_{\text{krit}}}{\xi_0 - \xi_{\text{krit}}} \tag{372}$$

$\xi_0 = \gamma_2^\infty$ — Aktivitätskoeffizient der leichten Komponente bei unendlicher Verdünnung im binären Gemisch, $x_2 \to 0$ und bei Gemischsiedetemperatur T^s_{Gem}

ξ_{krit} — Verhältnis der Aktivitätskoeffizienten auf der kritischen Hüllkurve bei der kritischen Zusammensetzung $x_{2\text{krit}}$ und bei Gemischsiedetemperatur T^s_{Gem}

Alle Werte ξ in Gleichung (372) sind für die Siedetemperatur des binären Gemischs bei der vorgegebenen Zusammensetzung zu ermitteln, d. h. sie liegen auf der Isotherme mit der Temperatur T^s_{Gem}. Die Werte ξ_0 und ξ_{krit} der leichter siedenden Komponente wurden von MEHRA, BROWN und THODOS ausgehend von den verfügbaren experimentellen Werten für die drei binären Gemische n-Butan—n-Heptan, Äthan—n-Butan, Äthan—n-Heptan als Funktion des Verhältnisses der Normalsiedetemperaturen $\tau = T_1^s/T_2^s$ ermittelt. In den Abb. 31 und 32 sind die ermittelten Funktionen $\xi_0 = f(\tau)$ und $\xi_{\text{krit}} = f(\tau)$ jeweils mit dem dimensionslosen Temperaturparameter μ dargestellt.

$$\tau = \frac{T_1^s}{T_2^s} \tag{373}$$

$$\mu = \frac{T^s_{\text{Gem}} - T_{2,\text{krit}}}{T_{1,\text{krit}} - T_{2,\text{krit}}} \tag{374}$$

T_1^s — Siedetemperatur der reinen höher siedenden Komponente [°K]
T_2^s — Siedetemperatur der reinen leichter siedenden Komponente [°K]
$T_{1,\text{krit}}$ — kritische Temperatur der reinen höher siedenden Komponente [°K]
$T_{2,\text{krit}}$ — kritische Temperatur der reinen leichter siedenden Komponente [°K]

In Abb. 33 ist zusätzlich die zur Gemischsiedetemperatur T^s_{Gem} zugehörige Zusammensetzung $x_{2,\text{krit}}$ (Molanteile der leichter siedenden Komponente auf der kritischen Hüllkurve) als Funktion von τ und μ dargestellt. Die

Verbindung der Abb. 31, 32 und 33 ermöglicht die unmittelbare Darstellung von Φ als Funktion von $(x_2/x_{2,\text{krit}})$ und μ in Abb. 34. Nach Ermittlung von ξ_0 aus Abb. 31, ξ_{krit} aus Abb. 32 kann über den aus Abb. 34 bestimmten Wert Φ und Gleichung (372) unmittelbar das Verhältnis ξ_i des Flüssigphasen- zum Dampfphasenaktivitätskoeffizienten der leichter siedenden Komponenten berechnet werden. Damit ist die Berechnung der Gleich-

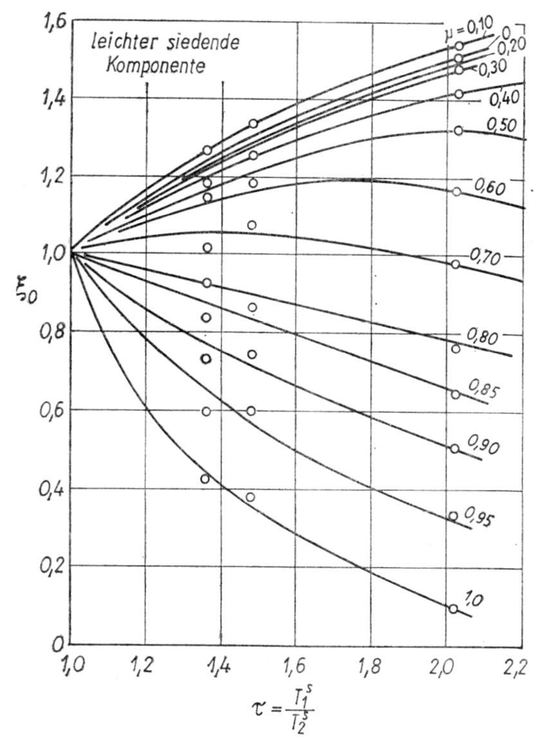

Abb. 31: Aktivitätskoeffizient der unendlich verdünnten leichter siedenden Komponente $\xi_0 = \gamma_2^\infty$ — Darstellung nach Mehra, Brown und Thodos [74]

gewichtskonstanten K_i der leichter siedenden Komponente über die ideale Gleichgewichtskonstante $K_{i,\text{ideal}}$ oder die Fugazität der reinen leichter siedenden Komponente als hypothetische reine Flüssigkeit und als reiner Dampf bei Gemischsiededruck und -temperatur möglich.

Die drei oben genannten binären Gemische waren ebenfalls Korrelationsbasis für die von Mehra, Brown und Thodos [74] angegebenen Darstellungen zur Ermittlung von ξ_i für die höher siedende Komponente 1.

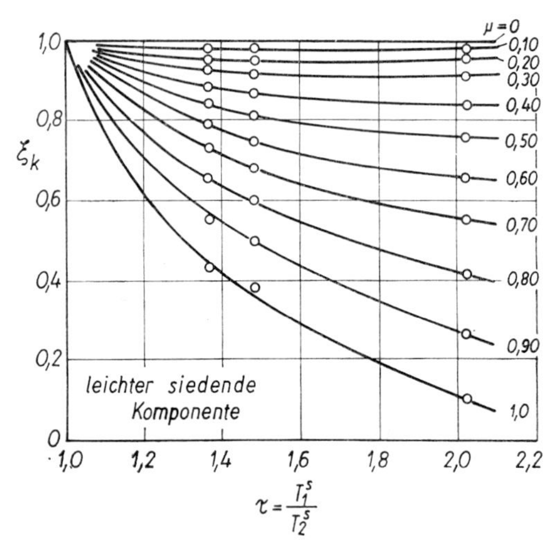

Abb. 32: Verhältnis der Aktivitätskoeffizienten ξ_{krit} der Komponenten eines binären Gemisches auf der kritischen Hüllkurve bei Gemischsiedetemperatur und der kritischen Zusammensetzung $x_{2,\text{krit}}$ — Darstellung nach MEHRA, BROWN und THODOS [74]

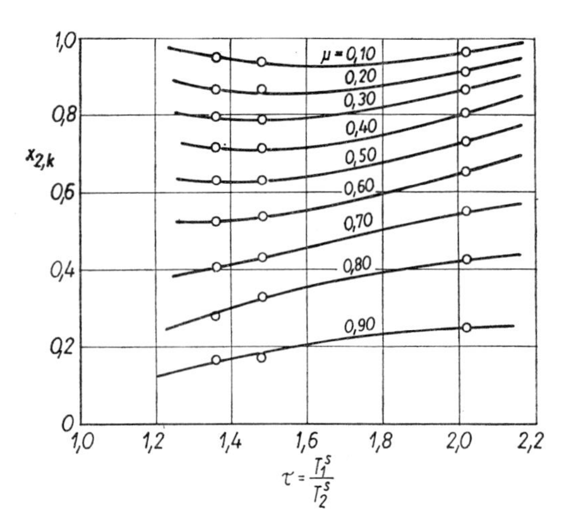

Abb. 33: Molanteile $x_{2,\text{krit}}$ der leichter siedenden Komponente auf der kritischen Hüllkurve bei Gemischsiedetemperatur — Darstellung nach MEHRA, BROWN und THODOS [74]

Hierzu war es erforderlich für höhere Werte des nach Gleichung (373) definierten Verhältnisses τ der Siedetemperaturen einen neuen Parameter λ einzuführen.

$$\begin{aligned} \lambda &= \xi_i + (2{,}47 \cdot \tau - 3{,}38) \cdot x_2 \quad \text{für } 1{,}37 < \tau < 2{,}00 \\ \lambda &= \xi_i \quad \text{für } \tau \leqq 1{,}37 \end{aligned} \tag{375}$$

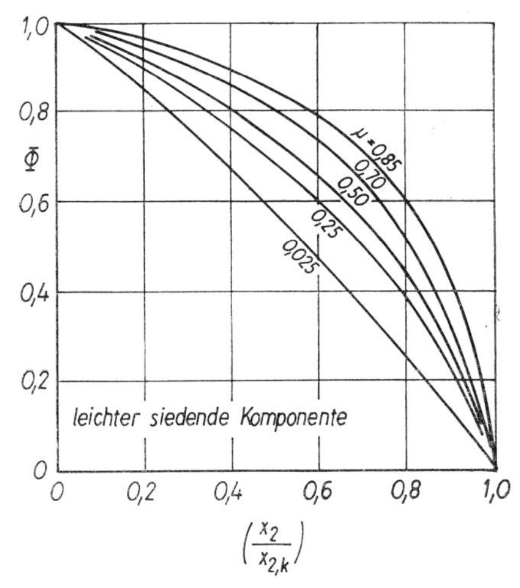

Abb. 34: Darstellung des durch Gleichung (372) definierten dimensionslosen Parameters Φ als Funktion von $x_2/x_{2,\text{krit}}$ und μ für die leichter siedende Komponente

In Gleichung (375) ist x_2 der Molanteil der leichter siedenden Komponente! Der Ausdruck

$$\frac{\lambda - 1}{\lambda_{\text{krit}} - 1}$$

ist für die höher siedende Komponente 1 in Abb. 35 als Funktion von $(x_2/x_{2,\text{krit}})$, des Verhältnisses der Gemischmolanteile x_2 zu den Molanteilen auf der kritischen Hüllkurve $x_{2,\text{krit}}$ der leichter siedenden Komponente dargestellt. Der Parameter μ entspricht der Beziehung (374). $x_{2,\text{krit}}$ und λ_{krit} sind als Funktion von μ und τ aus Abb. 33 und aus Abb. 36 zu ermitteln. Die Abb. 33, 35 und 36 ermöglichen in Zusammenhang mit der Beziehung (375) die Berechnung von ξ_i und über Gleichung (371) auch von K_i der schwerer siedenden Komponente.

Die Anwendung der angegebenen Diagramme und Beziehungen zur

Ermittlung der Gleichgewichtskonstanten K_i der Komponenten binärer Kohlenwasserstoffgemische erfolgt unter der Voraussetzung, daß die zwischenmolekularen Kräfte weitgehend unabhängig sind von der Struktur und der Größe der Kohlenwasserstoffmoleküle. Mit dieser Voraussetzung ist eine hohe Genauigkeit der Ergebnisse nicht zu erwarten. MEHRA, BROWN und THODOS erhielten beim Vergleich mit 104 experimentellen K-Werten der 8 binären Gemische Methan—Äthan, Methan—Propan, Propan—Benzol

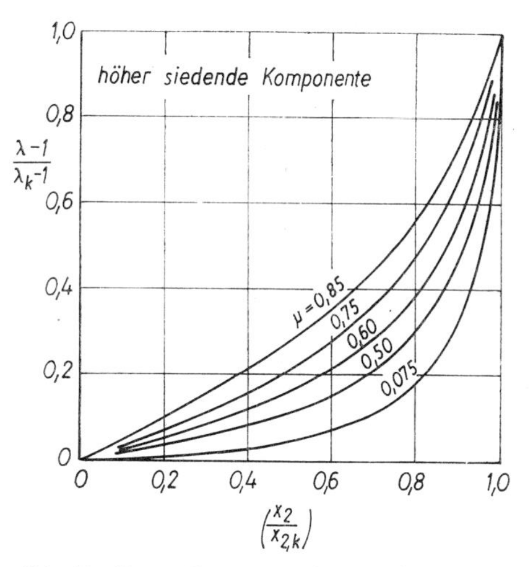

Abb. 35: Darstellung von $(\lambda - 1)/(\lambda_{\text{krit}} - 1)$ als Funktion von $x_2/x_{2,\text{krit}}$ und μ zur Ermittlung von ξ_i für die höher siedende Komponente

Äthan—Zyklohexan, CO_2— n-Butan, H_2S—n-Pentan und Stickstoff—Sauerstoff eine mittlere Abweichung von 6,2%. Die maximalen Fehler erreichten teilweise 20—40%, bei dem vorletzten Gemisch sogar bis 60% (siehe Tab. 1 der Originalliteratur). Das hier angegebene Verfahren sollte aus diesem Grund nur zur überschlägigen Bestimmung der Dampf-Flüssigkeits-Gleichgewichtskonstanten angewandt werden. Darüber hinaus ist es nur anwendbar für $\tau \leqq 2{,}0$.

Beispiel:

Für das binäre siedende Gemisch Isopentan(1) — Propan(2) mit den Molanteilen $x_2 = 0{,}204$ der leichter siedenden Komponente Propan ist bei der Gemischsiedetemperatur $T^s_{\text{Gem}} = 443$ [°K] und dem Druck von 37,0 [atm] die Gleichgewichtskonstante zu berechnen. Folgende Werte für reine Stoffe sind gegeben:

	T_i^s [°K]	T_{krit} [°K]	P_{krit} [atm]
Isopentan:	301,0	461,0	32,9
Propan	231,0	370,0	42,0

Fugazitäten der reinen Stoffe bei 443 [°K] und 37,0 [atm]

	$f_i^{\text{flüssig}}$ [atm]	f_i^{dampf} [atm]
Isopentan	19,5	23,4
Propan	47,5	32,15

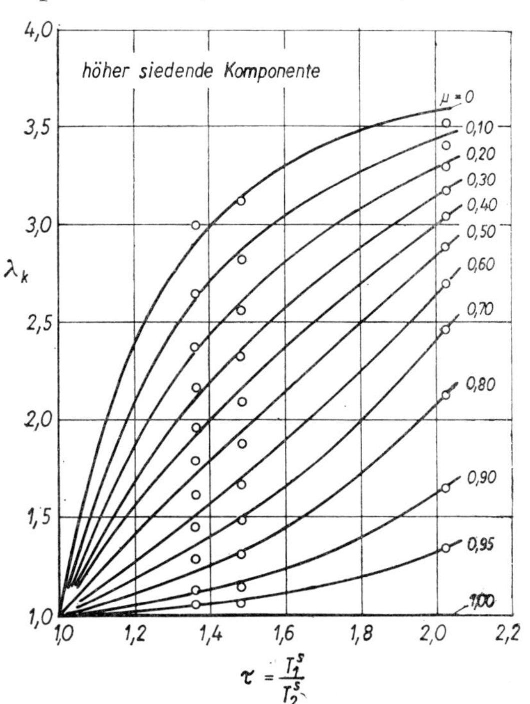

Abb. *36:* Darstellung von λ_{krit} als Funktion von τ und μ zur Ermittlung von ξ_i für die höher siedende Komponente

Lösung:

a) Berechnung der Gleichgewichtskonstante der leichter siedenden Komponente Propan

$$\tau = \frac{301{,}0}{231{,}1} = 1{,}30 \quad \text{nach Gleichung (373)}$$

$$\mu = \frac{443-370}{461-370} = 0{,}802 \quad \text{nach Gleichung (374)}$$

Aus Abb. 31: $\xi_0 = 0{,}093$
Aus Abb. 32: $\xi_{\text{krit}} = 0{,}67$
Aus Abb. 33: $x_{2,\text{krit}} = 0{,}27$

$$\frac{x_2}{x_{2,\text{krit}}} = \frac{0{,}204}{0{,}27} = 0{,}755$$

Aus Abb. 34: $\Phi = 0{,}64$

$$0{,}64 = \frac{\xi_i - 0{,}67}{0{,}93 - 0{,}67} \text{ eingesetzt in Gleichung (372)}$$

$$\xi_i = 0{,}836$$

$$K_2 = 0{,}836 \cdot \frac{47{,}5}{32{,}15} = \underline{\underline{1{,}235}} \text{ nach Gleichung (371)}$$

b) Wie für a) gelten

$$\tau = 1{,}30 \quad \mu = 0{,}802 \quad \text{und} \quad \frac{x_2}{x_{2,\text{krit}}} = 0{,}755$$

Aus Abb. 36: $\lambda_{\text{krit}} = 1{,}22$

Aus Abb. 35: $\dfrac{\lambda - 1}{\lambda_{\text{krit}} - 1} = 0{,}46$

Für $\tau = 1{,}30 < 1{,}37$ gilt $\lambda = \xi_i$ nach Gleichung (375)

$$\xi_i = 1{,}09$$

$$K_1 = 1{,}09 \cdot \frac{19{,}5}{23{,}4} = \underline{\underline{0{,}909}}$$

Vergleich mit den experimentellen Werten von Vaughan und Collins [81]:

Berechnet:		Experiment:
	$K_2 = 1{,}235$	1,282
	$K_1 = 0{,}909$	0,928

3.8. Berechnung der partiellen molaren Verdampfungswärme

Die Kombination der Gleichgewichtsbedingung für ideale Gemische, Gleichung (326) mit Gleichung (277) für die flüssige und die dampfförmige Substanz i liefert die bereits bekannte Abhängigkeit des Dampf-Flüssigkeits—K-Wertes von der Temperatur, Gleichung (362)

$$\left(\frac{\Delta h_i}{RT^2}\right)_{P,T} = \left(\frac{\partial \ln K_{\text{ideal}}}{\partial T}\right)_P \tag{362}$$

$\Delta h_i = h_i^{\text{dampf}} - h_i^{\text{flüssig}}$ bei $P = \text{konst.}$ und $T = \text{konst.}$

Gleichung (362) gibt die isotherme Verdampfungswärme einer Komponente in einem idealen Gemisch als Funktion der Temperaturableitung der Gleichgewichtskonstante nach der Temperatur wieder. Dabei ist es gleichgültig, ob entweder die Dampf- oder die flüssige Phase für die reine Komponente einen hypothetischen Zustand entspricht.

Eine analoge Gleichung für nichtideale Gemische erhält man, indem Gleichung (362) mit Gleichung (235) sowohl für die flüssige als auch die Dampfphase kombiniert wird.

$$\left(\frac{h_i^{\text{dampf}}}{RT^2}\right)_{P,T} = \left(\frac{\bar{h}_i^{\text{dampf}}}{RT^2}\right)_{P,T} + \left(\frac{\partial \ln \gamma_i}{\partial T}\right)_{P,y_i}^{\text{dampf}}$$

$$-\left(\frac{h_i^{\text{flüssig}}}{RT^2}\right)_{P,T} = -\left(\frac{\bar{h}_i^{\text{flüssig}}}{RT^2}\right)_{P,T} - \left(\frac{\partial \ln \gamma_i}{\partial T}\right)_{P,x_i}^{\text{flüssig}} \tag{235a}$$

$$\left(\frac{\bar{h}_i^{\text{dampf}} - \bar{h}_i^{\text{flüssig}}}{RT^2}\right)_{P,T} = \left(\frac{\partial \ln K_{\text{ideal}}}{\partial T}\right)_P - \left(\frac{\partial \ln \gamma_i}{\partial T}\right)_{P,y_i}^{\text{dampf}} + \left(\frac{\partial \ln \gamma_i}{\partial T}\right)_{P,x_i}^{\text{flüssig}} \tag{376}$$

Die Anwendung von Gleichung (376) setzt voraus, daß außer der Temperaturabhängigkeit von K auch die Temperaturabhängigkeit der Aktivitätskoeffizienten der Komponente i in der Dampfphase und in der flüssigen Phase bekannt sind. Dabei ist zu beachten, daß $y_i \neq x_i$, d. h. die Partialenthalpien $\bar{h}_i^{\text{dampf}}$ und $\bar{h}_i^{\text{flüssig}}$ gehören zu unterschiedlichen Konzentrationen. Aus diesem Grund ist es weder möglich, Gleichung (376) als Basis für die Ermittlung der Partialenthalpien zu verwenden, noch kann über die Gemischkomponenten i summiert werden, um die Gemischverdampfungswärme zu ermitteln.

4. Einige Zustandsgleichungen für Gemische

4.1. Die Redlich-Kwong-Gleichung

4.1.1. Zustandsbeschreibung gasförmiger Gemische

Die von Redlich und Kwong [83] angegebene Gleichung zur Beschreibung des PVT-Verhaltens gasförmiger Gemische wurde empirisch aufgestellt. Die Konstanten der Gleichung können aus den kritischen Daten der Gemischkomponenten berechnet werden.

$$P = \frac{R \cdot T}{(v - b)} - \frac{a}{T^{0,5} \cdot v \cdot (v + b)} \tag{377}$$

Für reine Stoffe ermittelten Redlich und Kwong die Konstanten a und b, indem sie die erste und die zweite Ableitung des Drucks nach dem Volumen am kritischen Punkt gleich null setzten.

$$a = 0{,}42748 \frac{R^2 \cdot T_{\text{krit}}^{2,5}}{P_{\text{krit}}} \tag{378}$$

$$b = 0{,}08664 \cdot \frac{R \cdot T_{\text{krit}}}{P_{\text{krit}}} \tag{379}$$

Da a und b dimensionsbehaftete Größen sind, muß für die allgemeine Gaskonstante R der mit den Dimensionen des Molvolumens v, der Temperatur T und des Drucks P konsistente Wert verwendet werden. Für die Anwendung auf Gemische ist die Darstellung der Gleichung mit explizitem Realfaktor z vorzuziehen.

$$z = \frac{1}{1 - E} - \left(\frac{A^2}{D}\right) \cdot \left(\frac{E}{1 + E}\right) \tag{380}$$

$$A^2 = \frac{a}{R^2 \cdot T^{2,5}} \qquad D = \frac{b}{R \cdot T} \qquad E = \frac{D \cdot P}{z} \tag{381}$$

Für Gemische gelten folgende Kombinationsregeln

$$A = \sum_i y_i \cdot A_i$$

$$D = \sum_i y_i \cdot D_i \tag{382}$$

Gleichung (380) zur Ermittlung des Realfaktors z ist ebenso wie Gleichung (377) bei Ermittlung des Molvolumens v iterativ zu lösen.

Die Redlich-Kwong-Gleichung zeichnet sich dadurch aus, daß bei Verwendung von nur zwei Konstanten zur Beschreibung des PVT-Verhaltens von reinen Gasen oder gasförmigen Gemischen eine Genauigkeit erreicht wird, die sonst nur über Zustandsgleichungen mit einer wesentlich höheren Zahl von Konstanten erreichbar ist. Vorzugsweise ist die RK-Gleichung für gasförmige Gemische anzuwenden, da die Kombinationsregeln (382) für die individuellen Konstanten der Gemischkomponenten bei der Anwendung auf dampfförmige Gemische zu einer etwas geringeren Genauigkeit führen.

4.1.2. *Berechnung der Fugazitätskoeffizienten der Komponenten gasförmiger Gemische*

Wie jede andere Zustandsgleichung für Gemische kann auch die Redlich-Kwong-Gleichung verwendet werden, um über Gleichung (180) eine Beziehung für den Fugazitätskoeffizienten $\bar{\varphi}_i$ einer Gemischkomponente zu ermitteln. Ausgehend von den Gleichungen (377) und (380) mit den Kombinationsregeln (382) geben Redlich und Kwong [83] folgende Gleichung für den Gasphasenfugazitätskoeffizienten $\bar{\varphi}_i$ an:

$$\ln \bar{\varphi}_i = (z - 1) \frac{D_i}{D} - \ln (z - D \cdot P) - \frac{A^2}{D} \cdot \left(\frac{2A_i}{A} - \frac{D_i}{D} \right) \ln \left(1 + \frac{D \cdot P}{z} \right) \tag{383}$$

Die Fußnote „i" kennzeichnet die individuellen Konstanten der Komponente i. Gleichung (383) ist für die Berechnung des Fugazitätskoeffizienten einer Komponente in einem dampfförmigen Gemisch in Zusammenhang mit der Berechnung von Dampf-Flüssigkeits-Gleichgewichten nur bedingt geeignet.

4.1.3. *Berechnung der Partialenthalpien von Komponenten gasförmiger Gemische*

Jede über eine geeignete Zustandsgleichung gewonnene mathematische Beziehung für den Fugazitätskoeffizienten $\bar{\varphi}_i$ einer Gemischkomponente kann herangezogen werden, um über Gleichung (239) die partielle molare Enthalpie $\bar{h}_i$ der Gemischkomponente zu ermitteln. Edmister, Thompson und Yarborough [82] geben ausgehend von Gleichung (383) das folgende komplexe System von Gleichungen zur Berechnung der dimensionslosen

Differenz zwischen Partialenthalpie und Idealgasenthalpie $\Delta\bar{h}_i/RT$ an.

$$-\frac{\Delta\bar{h}_i}{RT} = T \cdot \left\{\left[\left(\frac{D_i}{D} - 1\right) + 1\right] \cdot \left(\frac{\partial z}{\partial T}\right)_{P,y} - \frac{1}{(z - D \cdot P)}\right.$$
$$\times \left[\left(\frac{\partial z}{\partial T}\right)_{P,y} - P \cdot \left(\frac{\partial D}{\partial T}\right)_{P,y}\right] - \left[2\left(\frac{A_i}{A} - 1\right) - \left(\frac{D_i}{D} - 1\right) + 1\right]$$
$$\times \left[\ln\left(1 + \frac{D \cdot P}{z}\right)\right] \cdot \left[\frac{\partial (A^2/D)}{\partial T}\right]_{P,y} - \frac{A^2}{D}$$
$$\times \left[2\left(\frac{A_i}{A} - 1\right) - \left(\frac{D_i}{D} - 1\right) + 1\right]$$
$$\left.\times \left[\frac{\frac{P}{z} \cdot \left(\frac{\partial D}{\partial T}\right)_{P,y} - \frac{D \cdot P}{z^2}\left(\frac{\partial z}{\partial T}\right)_{P,y}}{1 + \frac{D \cdot P}{z}}\right]\right\} \quad (384)$$

$$\frac{\Delta\bar{h}_i}{RT} = \frac{\bar{h}_i - h_i^{\text{ideal}}}{RT}$$

$$\left(\frac{\partial D}{\partial T}\right)_{P,y} = -\frac{D}{T} \quad (385)$$

$$\left[\frac{\partial (A^2/D)}{\partial T}\right]_{P,y} = -\frac{1{,}5A^2}{D \cdot T} \quad (386)$$

$$\left(\frac{\partial z}{\partial T}\right)_{P,y} = \left(\frac{\partial z}{\partial T}\right)_{v,y} - \left(\frac{\partial z}{\partial v}\right)_{T,y} \cdot \frac{\left(\frac{\partial P}{\partial T}\right)_{v,y}}{\left(\frac{\partial P}{\partial v}\right)_{T,y}} \quad (387)$$

$$\left(\frac{\partial z}{\partial T}\right)_{v,y} = \frac{A^2}{D} \cdot \frac{1}{T} \cdot \frac{1{,}5}{\frac{z}{D \cdot P} + 1} \quad (388)$$

$$\left(\frac{\partial z}{\partial v}\right)_{T,y} = -\frac{1}{D \cdot R \cdot T\left(\frac{z}{D \cdot P} - 1\right)^2} + \frac{A^2}{D} \cdot \frac{1}{D \cdot R \cdot T\left(\frac{z}{D \cdot P} + 1\right)^2} \quad (389)$$

$$\left(\frac{\partial P}{\partial T}\right)_{v,y} = \frac{R}{D \cdot R \cdot T \cdot \left(\frac{z}{D \cdot P} - 1\right)} + \frac{A^2}{D} \cdot \frac{0{,}5 \cdot R}{D \cdot R \cdot T \cdot \left(\frac{z}{D \cdot P}\right)\left(\frac{z}{D \cdot P} + 1\right)} \tag{390}$$

$$\left(\frac{\partial P}{\partial v}\right)_{T,y} = -\frac{RT}{(D \cdot R \cdot T)^2 \cdot \left(\frac{z}{D \cdot P} - 1\right)^2} + \frac{A^2}{D}$$

$$\times \frac{RT}{(D \cdot R \cdot T)^2 \cdot \left(\frac{z}{D \cdot P}\right)^2 \cdot \left(\frac{z}{D \cdot P} + 1\right)}$$

$$+ \frac{A^2}{D} \frac{RT}{(D \cdot R \cdot T)^2 \cdot \left(\frac{z}{D \cdot P}\right) \cdot \left(\frac{z}{D \cdot P} + 1\right)^2} \tag{391}$$

$\bar{h}_i$ — partielle molarc Enthalpic dcr gasförmigen Komponente i bei P und T
h_i^{ideal} — molare Idealgasenthalpie des reinen Stoffes i bei T

Die Fußnote i kennzeichnet die individuellen Konstanten der Komponente i. Die Gemischkonstanten A und D (ohne Fußnote) sind über die Kombinationsregeln (382) zu ermitteln.

Das oben angegebene Gleichungssystem würde bei Handrechnung zu einem unvertretbar großen Zeitaufwand führen. Um dennoch eine Handrechnung zu ermöglichen, faßten EDMISTER, THOMPSON und YARBOROUGH die nur die Gemischkonstanten A, D und den Druck P enthaltenden Glieder zu neuen dimensionslosen Konstanten L und N zusammen.

$$-\frac{\Delta \bar{h}_i}{RT} = \frac{\Delta h^{\text{Gem}}}{RT} + \left(\frac{A_i}{A} - 1\right) \cdot L + \left(\frac{D_i}{D} - 1\right) \cdot N \tag{392}$$

Δh^{Gem} — $[(h^{\text{Gem}})_P - h^{\text{ideal Gem}}]_T$
$(h^{\text{Gem}})_P$ — Realgasenthalpie des Gemisches bei P und T
$h^{\text{ideal Gem}}$ — Idealgasenthalpie des Gemisches bei der Temperatur T
Δh^{Gem} — isothermer Druckeffekt auf die Gemischenthalpie bei T

Für den dimensionslosen Druckeffekt auf die Gemischenthalpie — erstes Glied auf der rechten Seite von Gleichung (392) — und die neuen dimensionslosen Gemischkonstante L und N wurden von EDMISTER, THOMPSON und YARBOUROGH Diagramme erarbeitet, die als Abb. 37, 38 und 39 angegeben sind. Bei der praktischen Berechnung ist zu beachten, daß die isothermen Enthalpiedifferenzen $\Delta \bar{h}_i$ und Δh^{Gem} die gleiche Dimension wie das Produkt $(R \cdot T)$ haben.

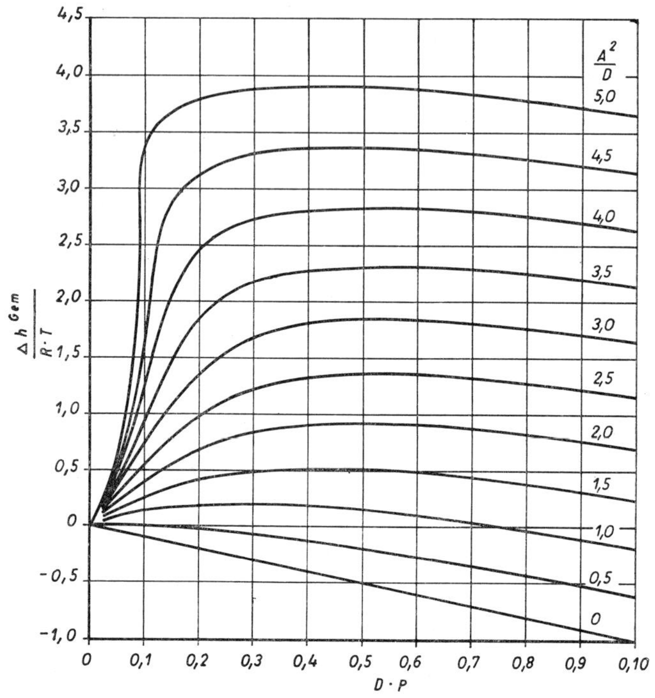

Abb. 37: Dimensionsloser isothermer Druckeffekt auf die Enthalpie eines gasförmigen Gemisches nach EDMISTER, THOMPSON und YARBOROUGH [82]

4.1.4. *Berechnung der Fugazitätskoeffizienten der Komponenten dampfförmiger Gemische*

Genauere Werte für Gemische, insbesondere genauere Gemischfugazitätskoeffizienten $\bar{\varphi}_i$ für die Berechnung der Fugazitäten und der Dampf-Flüssigkeits-Gleichgewichtskonstanten K_i sind das Ergebnis der von PRAUSNITZ und CHUEH [33] vorgeschlagenen Regeln zur Ermittlung von A und D für Gemische:

$$b = \sum_i y_i \cdot b_i \quad a = \sum_i \sum_j y_i y_j a_{ij} \tag{393}$$

$$a_{ij} = \frac{(\Omega_{ai} + \Omega_{aj}) R^2 \, (T_{\text{krit},ij})^{2,5}}{2 P_{\text{krit},ij}} \tag{394}$$

$$P_{\text{krit},ij} = \frac{z_{\text{krit},ij} \cdot R \cdot T_{\text{krit},ij}}{v_{\text{krit},ij}} \tag{395}$$

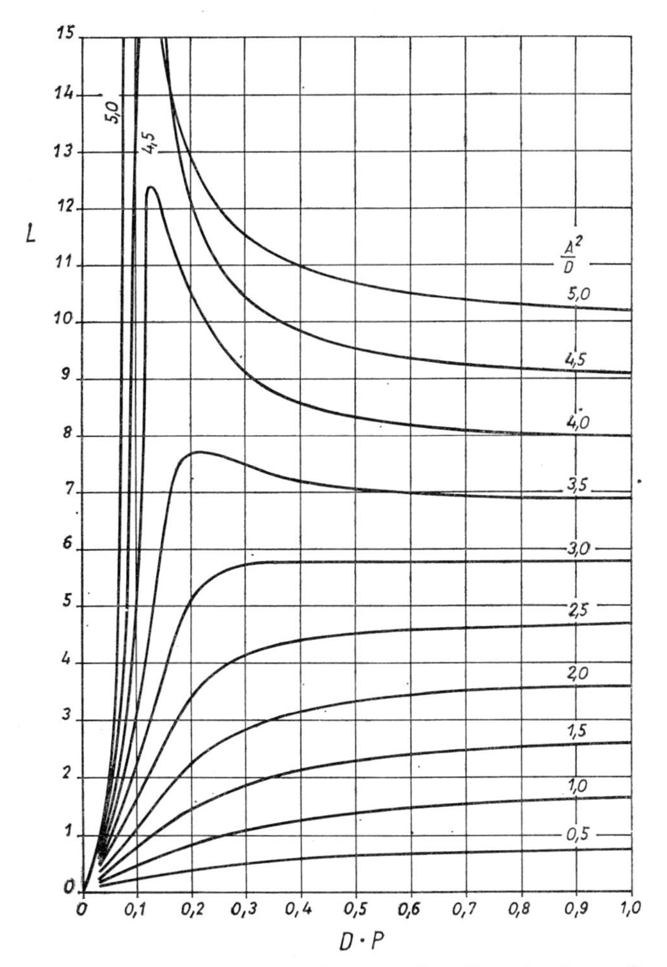

Abb. 38: Diagramm zur Bestimmung der dimensionslosen Gemischkonstanten L in Gleichung (392) nach EDMISTER, THOMPSON und YARBOROUGH [82]

$$v_{\text{krit},ij}^{1/3} = \frac{1}{2} \left(v_{\text{krit},i}^{1/3} + v_{\text{krit},j}^{1/3}\right) \tag{396}$$

$$z_{\text{krit},ij} = 0{,}291 - 0{,}08 \cdot \left(\frac{\omega_i + \omega_j}{2}\right) \tag{397}$$

$$T_{\text{krit},ij} = \sqrt{T_{\text{krit},i} \cdot T_{\text{krit},j}} \cdot (1 - k_{ij}) \tag{398}$$

Die Gemischkonstante a ist über Gleichung (393) aus den binären Konstanten a_{ij} zu ermitteln, die über Gleichung (394) für die $n-1$ binären Paare der Komponente i mit allen anderen Komponenten j ermittelt wurden. Die Gleichungen (396) und (398) ermöglichen die Bestimmung des zu verwendenden kritischen Volumens $v_{\text{krit},ij}$ und der zu verwendenen kritischen Temperatur $T_{\text{krit},ij}$ für jedes binäre Paar aus den kritischen Volu-

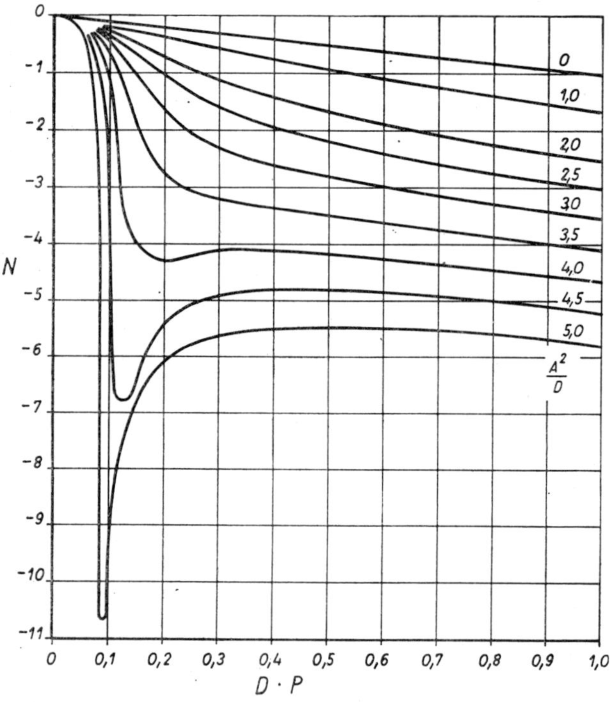

Abb. 39: Diagramm zur Bestimmung der dimensionslosen Gemischkonstanten N in Gleichung (392) nach EDMISTER, THOMPSON und YARBOROUGH [82]

mina $v_{\text{krit},i}$ und $v_{\text{krit},j}$ und den kritischen Temperaturen $T_{\text{krit},i}$ und $T_{\text{krit},j}$ der Komponente i und aller anderen Komponenten j. Der kritischen Realfaktor $z_{\text{krit},ij}$ für jedes binäre Paar ist über Gleichung (397) unter Verwendung der azentrischen Faktoren ω_i und ω_j der Komponente i und aller anderen Komponenten j zu bestimmen. Hierzu sind die in Tab. 3 angegebenen azentrischen Faktoren oder über Gleichung (9) in Abschnitt 1.2.1. berechnete azentrische Faktoren zu verwenden. Mit den Ergebnissen der Gleichungen (396), (397) und (398) kann über Gleichung (395) der zu verwendende kritische Druck für jedes binäre Paar der Komponente i mit allen anderen Komponenten j ermittelt werden.

Die Größe k_{ij} in Gleichung (398) stellt eine binäre Konstante dar, die die Abweichung von $T_{\mathrm{krit},ij}$ vom geometrischen Mittel berücksichtigt. CHUEH und PRAUSNITZ [84] ermittelten k_{ij}-Werte für 115 binäre Systeme, die in Tab. 29 angegeben sind. k_{ij} ist unabhängig von der Temperatur, der Dichte und der Zusammensetzung.

Die Gleichungen (378) und (379) wurden von CHUEH und PRAUSNITZ [33] wie folgt geschrieben

$$a_i = \frac{\Omega_{a,i} \cdot R^2 \cdot T_{\mathrm{krit},i}^{2,5}}{P_{\mathrm{krit},i}} \tag{378a}$$

$$b_i = \frac{\Omega_{b,i} \cdot R \cdot T_{\mathrm{krit},i}}{P_{\mathrm{krit},i}} \tag{379a}$$

Solange die Genauigkeit einer reduzierten Darstellung — Anpassung am kritischen Punkt! — ausreicht, sind die in die Gleichungen (378) und (379) bereits eingesetzten Zahlenwerte für Ω_a und Ω_b zu verwenden

$$\Omega_{a,i} = 0{,}42748 \qquad \Omega_{b,i} = 0{,}08664$$

Beide Größen sind dimensionslos. Für die Berechnung von Hochdruckgleichgewichten ist es erforderlich, indivduelle Ω-Werte für jede Komponente zu verwenden, die durch Regressionsanalyse zur optimalen Anpassung der REDLICH-KWONG-Gleichung an volumetrische Werte zwischen Siedepunkt und kritischen Punkt der Komponenten zu ermitteln sind. Individuelle Werte Ω_a und Ω_b für 19 Substanzen, die in den meisten Fällen in Hochdruckdampf-Flüssigkeits-Gleichgewichten enthalten sind, wurden von CHUEH und PRAUSNITZ [84] ermittelt. Diese Werte sind in Tab. 30 angegeben.

Die über Gleichung (180) aus den oben aufgeführten Mischungsbeziehungen folgende Gleichung für den Fugazitätskoeffizienten lautet:

$$\ln \bar{\varphi}_i = \ln \frac{v}{v-b} + \frac{b_i}{v-b} - \frac{2 \sum\limits_j y_j \cdot a_{ij}}{R \cdot T^{1,5} \cdot b} \cdot \ln \frac{v+b}{v} + \frac{a \cdot b_i}{R \cdot T^{1,5} \cdot b^2} \cdot \left(\ln \frac{v+b}{v} - \frac{b}{v+b}\right) - \ln \frac{P \cdot v}{R \cdot T} \tag{399}$$

Für b_i ist der nach Gleichung (379a) für die Komponente i ermittelte Wert zu verwenden. a_{ij} ist für die binären Paare der Komponente i mit allen anderen Komponenten j über Gleichung (394) zu bestimmen. Die Summierung erfolgt über die Molanteile y_j der Komponenten j. Alle Größen

Tabelle 29

Charakteristische binäre Konstanten für die Berechnung von $T_{\mathrm{krit},ij}$ über Gleichung (398)

Gemisch (1)	(2)	$k_{12} \cdot 10^2$	Gemisch (1)	(2)	$k_{12} \cdot 10^2$
Methan	—Äthylen	1	n-Butan	—Isobutan	0
	—Äthan	1	(oder Isobutan	—n-Pentan	0
	—Propylen	2		—Isopentan	0
	—Propan	2		—n-Hexan	0
	—*n*-Butan	4		—Zyklohexan	0
	—Isobutan	4		—n-Heptan	0
	—*n*-Pentan	6		—n-Oktan	(1)
	—Isopentan	6		—Benzol	(1)
	—n-Hexan	8		—Toluol	(1)
	—Zyklohexan	8	n-Pentan	—Isopentan	0
	—n-Heptan	10	(oder Iso-	—n-Hexan	0
	—n-Oktan	(12)	pentan)	—Zyklohexan	0
	—Benzol	(8)		—n-Heptan	0
	—Toluol	(8)		—n-Oktan	0
	—Naphtalin	14		—Benzol	(1)
Äthylen	—Äthan	0		—Toluol	(1)
(oder Äthan)	—Propylen	0	n-Hexan (oder	—n-Heptan	0
	—Propan	0	Zyklohexan)	—n-Oktan	0
	—n-Butan	1		—Benzol	(1)
	—Isobutan	1		—Toluol	1
	—n-Pentan	2	n-Heptan	—n-Oktan	0
	—Isopentan	2		—Benzol	(1)
	—n-Hexan	3		—Toluol	(1)
	—Zyklohexan	3	n-Oktan	—Benzol	(1)
	—n-Heptan	4		—Toluol	(1)
	—n-Oktan	(5)	Benzol	—Toluol	(0)
	—Benzol	3	Kohlendioxid	—Mentan	(5 ± 2)
	—Toluol	(3)		—Äthylen	6
	—Naphtalin	8		—Äthan	8
Propylen	—Propan	0		—Propylen	10
(oder Propan)	—n-Butan	0		—Propan	11 ± 1
	—Isobutan	0		—n-Butan	16 ± 2
	—n-Pentan	1		—Isobutan	(16 ± 2)
	—Isopentan	0		—n-Pentan	(18 ± 2)
	—n-Hexan	(1)		—Isopentan	(18 ± 2)
	—Zyklohexan	(1)		—Naphtalin	24
	—n-Heptan	(2)	Schwefel-	—Methan	5 ± 1
	—n-Oktan	(3)	wasserstoff	—Äthylen	(5 ± 1)
	—Benzol	2		—Äthan	6
	—Toluol	(2)		—Propylen	(7)

Tabelle 29 (Fortsetzung)

Gemisch (1)	(2)	$k_{12} \cdot 10^2$	Gemisch (1)	(2)	$k_{12} \cdot 10^2$
Schwefel-wasserstoff	—Propan	8	Stickstoff	—Propylen	(7)
	—n-Butan	(9)		—Propan	(9]
	—Isobutan	(9)		—n-Butan	12
	—n-Pentan	11 ± 1		—Helium	16
	—Isopentan	(11 ± 1)	Argon	—Methan	2
	—Kohlendioxid	8		—Äthylen	3
Azetylen	—Methan	(5)		—Äthan	3
	—Äthylen	6		—Sauerstoff	1
	—Äthan	8		—Stickstoff	0
	—Propylen	7		—Helium	5 ± 1
	—Propan	9	Tetrafluor-methan	—Methan	7
	—n-Butan	(10)		—Stickstoff	2
	—Isobutan	(10))		—Helium	(16 ± 2)
	—n-Pentan	(11)	Wasserstoff	—Methan	3
	—Isopentan	(11)	Neon	—Methan	28
Stickstoff	—Methan	3		—Krypton	20 ± 2
	—Äthylen	4	Krypton	—Methan	1
	—Äthan	5			

Die Zahlenwerte in () sind interpolierte oder berechnete Werte.

ohne Fußnote i einschließlich des Molvolumens v beziehen sich auf das Gemisch. Das Molvolumen v ist über Gleichung (377) zu ermitteln. Diese Gleichung ist kubisch in Bezug auf v. Zu verwenden ist die größte reale Lösung.

Das Verhalten von Quantum-Gasen wie Wasserstoff, Helium oder Neon wird bei Verwendung der wirklichen kritischen Temperatur $T_{\text{krit},i}$ und des wirklichen kritischen Drucks $P_{\text{krit},i}$ als Bezugsparameter nur sehr ungenau beschrieben. Die für die Redlich-Kwong-Konstanten reiner Stoffe gültigen Gleichungen (378a) und (379a) lassen sich nur dann für Quantum-Gase weiterverwenden, wenn statt der wirklichen die folgenden — mit * versehenen — effektiven kritischen Größen Anwendung finden [84]:

$$T^*_{\text{krit},i} = \frac{T_{\text{krit},i}}{1 + \dfrac{c_1}{M_i \cdot T}} \tag{400}$$

$$P^*_{\text{krit},i} = \frac{P_{\text{krit},i}}{1 + \dfrac{c_2}{M_i \cdot T}} \tag{401}$$

$T^*_{krit,i}$ — effektive kritische Temperatur des Quantum-Gases
$P^*_{krit,i}$ — effektiver kritischer Druck des Quantum-Gases
M_i — Molmasse des Quantum-Gases

Tabelle 30

Dimensionslose Konstanten für die Anpassung der REDLICH-KWONG-Gleichung an das volumetrische Verhalten gesättigter Dämpfe

Komponente	ω	Ω_a	Ω_b
Methan	0,013	0,4278	0,0867
Stickstoff	0,040	0,4290	0,0870
Äthylen	0,085	0,4323	0,0876
Schwefelwasserstoff	0,100	0,4340	0,0882
Äthan	0,105	0,4340	0,0880
Propylen	0,139	0,4370	0,0889
Propan	0,152	0,4380	0,0889
Isobutan	0,187	0,4420	0,0898
Azetylen	0,190	0,4420	0,0902
1-Buten	0,190	0,4420	0,0902
n-Butan	0,200	0,4450	0,0906
Zyklohexan	0,209	0,4440	0,0903
Benzol	0,211	0,4450	0,0904
Isopentan	0,215	0,4450	0,0906
Kohlendioxid	0,225	0,4470	0,0911
n-Pentan	0,252	0,4510	0,0919
n-Hexan	0,298	0,4590	0,0935
n-Heptan	0,349	0,4680	0,0952
n-Oktan	0,398	0,4760	0,0968

Die Konstanten c_1 in Gleichung (400) und c_2 in Gleichung (401) sind stoffunabhängig.

$$c_1 = 21{,}8\,^\circ\mathrm{K}$$

$$c_2 = 44{,}2\,^\circ\mathrm{K}$$

Voraussetzung für die Anwendbarkeit der Mischungsregeln (393) und (394) auf Gemische mit einem oder mehreren Quantum-Gasen ist ebenfalls die Einführung effektiver kritischer Gemisch-Parameter. Für jedes mit einem Quantum-Gas zu bildende Paar sind die effektive kritische Temperatur und der effektive kritische Druck über die folgenden Beziehungen zu berechnen.

$$T^*_{\mathrm{krit},ij} = \frac{\sqrt{T_{\mathrm{krit},i} \cdot T_{\mathrm{krit},j}}\,(1 - k_{ij})}{1 + \dfrac{c_1}{M_{ij} \cdot T}} \tag{402}$$

$$P^*_{\mathrm{krit},ij} = \frac{P_{\mathrm{krit},ij}}{1 + \dfrac{c_2}{M_{ij} \cdot T}} \tag{403}$$

$$P_{\text{krit},ij} = \frac{z_{\text{krit},ij} \cdot R \sqrt{T_{\text{krit},i} \cdot T_{\text{krit},j}}\,(1 - k_{ij})}{v_{\text{krit},ij}} \tag{404}$$

$$\frac{1}{M_{ij}} = \frac{1}{2}\left(\frac{1}{M_i} + \frac{1}{M_j}\right) \tag{405}$$

Die Gleichungen (396) für $v_{\text{krit},ij}$ und (397) für $z_{\text{krit},ij}$ bleiben unverändert gültig. Für alle Quantum-Gase nimmt der azentrische Faktor ω den Wert null an. Die kritischen Volumina der Quantum-Gase können somit über die folgende Beziehung berechnet werden:

$$v_{\text{krit},i} = 0{,}291\,\frac{R \cdot T_{\text{krit},i}}{P_{\text{krit},i}} \tag{108b}$$

Kritische Volumina von Neon, Helium und Wasserstoff, die über Gleichung (108b) berechnet wurden, sind in der folgenden Aufstellung angegeben:

	T_{krit} [°K]	P_{krit} [atm]	v_{krit} [l/kmol]
Neon	45,5	26,9	40,3
Helium	10,47	6,67	37,5
Wasserstoff	43,6	20,2	51,5

Für alle Quantum-Gase sind die Konstanten

$$\Omega_a = 0{,}4278$$

$$\Omega_b = 0{,}0867$$

zu verwenden. Einige charakteristische konstanten k_{ij} für binäre Gemische sind in Tab. 29 angegeben.

4.1.5. *Berechnung der partiellen molaren Volumina der Komponenten flüssiger Gemische*

Eine zufriedenstellende Beschreibung der volumetrischen Eigenschaften unpolarer Flüssigkeiten ist über eine Zustandsgleichung vom van der Waals-Typ möglich. Die Redlich-Kwong-Gleichung ist eine hierfür brauchbare Modifikation der van der Waals'schen Gleichung. Für reine Flüssigkeiten gelten ebenfalls Gleichungen (378a) und (379a) für die Ermittlung der Konstanten a und b, wobei für Flüssigkeiten nur dann eine befriedigende Genauigkeit erzielt wird, wenn individuelle Werte für Ω_a und Ω_b verwendet werden. Zur Ermittlung dieser individuellen Werte Ω_a und Ω_b ist die Redlich-Kwong-Gleichung an experimentell ermittelte P-V-T-

Werte der siedenden Flüssigkeit anzupassen. Für 19 übliche Flüssigkeiten wurden indivielle Werte für Ω_a und Ω_b von PRAUSNITZ und CHUEH [86] ermittelt, die in Tab. 31 angegeben sind.

Für Gemische verwenden CHUEH und PRAUSNITZ zur Ermittlung einer Beziehung für das partielle molare Volumen der Komponenten ebenfalls die Kombinationsregeln (393) bis (395), weiter (397) und (398). Lediglich anstelle des Kubikwurzel-Mittelwertes wird für das kritische Volumen

Tabelle 31

Dimensionslose Konstanten für die Anpassung der REDLICH-KWONG-Gleichung an das volumetrische Verhalten gesättigter Flüssigkeiten

Komponente	ω	Ω_a	Ω_b
Methan	0,013	0,4546	0,0872
Stickstoff	0,040	0,4540	0,0875
Äthylen	0,085	0,4290	0,0815
Schwefelwasserstoff	0,100	0,4220	0,0823
Äthan	0,105	0,4347	0,0827
Propylen	0,139	0,4130	0,0803
Propan	0,152	0,4138	0,0802
Isobutan	0,187	0,4100	0,0790
Azetylen	0,190	0,4230	0,0802
1-Buten	0,190	0,4000	0,0780
n-Butan	0,200	0,4184	0,0794
Zyklohexan	0,209	0,4060	0,0787
Benzol	0,211	0,4100	0,0787
Isopentan	0,215	0,3970	0,0758
Kohlendioxid	0,225	0,4184	0,0794
n-Pentan	0,252	0,3928	0,0767
n-Hexan	0,298	0,3910	0,0752
n-Heptan	0,349	0,3900	0,0740
n-Nonan	0,447	0,3910	0,0738

der einfache arithmetische Mittelwert verwendet,

$$v_{\mathrm{krit},ij} = \frac{1}{2}\left(v_{\mathrm{krit},i} + v_{\mathrm{krit},j}\right) \tag{406}$$

um das schwerere Molekül im flüssigen Gemisch stärker zu berücksichtigen. Setzt man die Beziehungen (406), (395) und (397) in Gleichung (394) ein, dann erhält man den folgenden Ausdruck für die REDLICH-KWONG-Konstanten a_{ij} der binären Paare der Komponente i mit allen anderen Komponenten j:

$$a_{ij} = \frac{\frac{1}{4}\,(\Omega_{a,i} + \Omega_{aj})\,R \cdot (T_{\mathrm{krit},ij})^{1,5}\,(v_{\mathrm{krit},i} + v_{\mathrm{krit},j})}{0{,}291 - 0{,}04 \cdot (\omega_i + \omega_j)} \tag{407}$$

Die Summationen sind für b_i und a_{ij} über die Molanteile in der flüssigen Phase durchzuführen.

$$b = \sum_i x_i \cdot b_i \quad a = \sum_i \sum_j x_i x_j a_{ij} \tag{393a}$$

Die binären Konstanten k_{ij} sind für dampfförmige und flüssige Gemische annähernd gleich. Für Paraffin—Paraffin-Gemische kann k_{ij} über folgende halbempirische Beziehung berechnet werden:

$$k_{ij} = 1 - \left[\frac{\left(\sqrt{v_{\mathrm{krit},i}^{1/3} \cdot v_{\mathrm{krit},i}^{1/3}}\right) \cdot 2}{v_{\mathrm{krit},i}^{1/3} + v_{\mathrm{krit},i}^{1/3})}\right]^3 \tag{408}$$

Die Ermittlung des partiellen molaren Volumens aus einer nach dem Druck expliziten Zustandsgleichung ist über die Beziehung (179) möglich.

$$\bar{v}_i = \frac{\left(\frac{\partial P}{\partial n_i}\right)_{T,v,n_{j \neq i}}}{\left(\frac{\partial P}{\partial v}\right)_{T,n_j\,(\text{alle Komp.})}} \tag{179}$$

Durch partielle Differentiation der REDLICH-KWONG-Gleichung mit den für die flüssige Phase geltenden Kombinationsregeln erhält man

$$\bar{v}_i = \frac{\frac{R \cdot T}{v - b}\left(1 + \frac{b_i}{v - b}\right) - \frac{2\left(\sum_j x_j a_{ij}\right) - \frac{a \cdot b_i}{v + b}}{v(v + b) \cdot T^{0,5}}}{\frac{RT}{(v - b)^2} - \frac{a}{T^{0,5}} \cdot \left[\frac{2v + b}{v^2 (v + b)^2}\right]} \tag{409}$$

In dieser von CHUEH und PRAUSNITZ [33] ermittelten Gleichung ist a_{ij} die Konstante für jedes binäre Paar, das die Komponente i mit den anderen Gemischkomponenten j bilden kann $\left(i \neq j, \text{ auch für } \sum_j\right)$. b_i ist die individuelle Konstante für die reine Flüssigkeit i. a und b sind die über die Kombinationsregeln zu ermittelnden Gemischkonstanten.

CHUEH und PRAUSNITZ [33] empfehlen, das Molvolumen v des gesättigten flüssigen Gemisches über das Theorem korrespondierender Zustände in

Kombination mit dem azentrischen Faktor ω und nicht über eine Zustandsgleichung zu bestimmen. Tabellenwerte zur Ermittlung des Molvolumens v speziell siedender Flüssigkeiten über

$$v_r = v_r^{(0)} + \omega \cdot v_r^{(I)} + \omega^2 \cdot v_r^{(II)} \tag{410}$$

$v_r = \dfrac{v}{v_{\text{krit}}}$

ω — azentrischer Faktor

wurden von LYCKMAN, ECKERT und PRAUSNITZ [88] für den Bereich $0{,}56 \leqq T_r \leqq 0{,}990$ angegeben. Die v_r-Beiträge in Gleichung (410) sind Funktionen nur der reduzierten Temperatur. CHUEH und PRAUSNITZ [89] wählten für alle drei Beiträge zu Gleichung (410) den gleichen Ansatz Gleichung (411) für die Temperaturfunktion und bestimmten die Koeffizienten durch Anpassung an die Tabellenwerte von LYCKMAN, ECKERT und PRAUSNITZ [88].

$$v_r^{(s)} = a^{(s)} + b^{(s)}T_r + c^{(s)}T_r^2 - d^{(s)}T_r^3 + e^{(s)}T_r^{-1} + f^{(s)} \ln (1 - T_r) \tag{411}$$

s	$a^{(s)}$	$b^{(s)}$	$c^{(s)}$	$d^{(s)}$	$e^{(s)}$	$f^{(s)}$
(0)	0,11917	0,009513	0,21091	−0,06922	0,07480	−0,084476
(I)	0,98465	−1,60378	1,82484	−0,61432	−0,34546	0,087037
(II)	−0,55314	0,15793	−1,01601	0,34095	0,46795	−0,239938

Für die Anwendung auf Gemische werden von CHUEH und PRAUSNITZ folgende für den Bereich $0{,}56 \leqq T_r \leqq 0{,}93$ gültigen pseudokritischen Kombinationsregeln verwendet:

$$v_{\text{krit}}^{\text{Gem}} = \sum_i x_i \cdot v_{\text{krit},i} \tag{412}$$

$$T_{\text{krit}}^{\text{Gem}} = \sum_i \sum_j \Phi_i \cdot \Phi_j \cdot T_{\text{krit},ij} \tag{413}$$

$$\omega^{\text{Gem}} = \sum_i \Phi_i \cdot \omega_i \tag{414}$$

$$\Phi_i = \frac{x_j \cdot v_{\text{krit},i}}{\sum\limits_j x_j \cdot v_{\text{krit},j}} \quad (j \text{ einschließlich } i) \tag{415}$$

$T_{\text{krit},ij}$ in Gleichung (413) ist über Gleichung (398) mit den für die Konstante k_{ij} gemachten Aussagen ($k_{ij} < 1$) zu ermitteln.

Für das kritische Gebiet $T_r > 0{,}93$ müssen die Ergebnisse der Gleichungen (412) und (413) noch über eine empirische Funktion $D(T_r)$ korrigiert werden.

$$T_{\text{krit}}^{(1),\text{Gem}} = T_{\text{krit}}^{\text{Gem}} + (T_{\text{krit}}^{\text{wahr}} - T_{\text{krit}}^{\text{Gem}}) \cdot D(T_r) \tag{416}$$

$$v_{\text{krit}}^{(1),\text{Gem}} = v_{\text{krit}}^{\text{Gem}} + (v_{\text{krit}}^{\text{wahr}} - v_{\text{krit}}^{\text{Gem}}) \cdot D(T_r) \tag{417}$$

Die Korrekturfunktion $D(T_r)$ ist ein Maß für die Annäherung an den kritischen Punkt. Diese Funktion muß folgende Bedingungen erfüllen:

$$\begin{aligned} D(T_r) &\to 0 \quad \text{für} \quad T_r < 0{,}93 \\ D(T_r) &\to 1 \quad \text{für} \quad T_r = 1{,}00 \end{aligned} \tag{418}$$

Die von Chueh und Prausnitz [89] vorgeschlagene empirische Korrekturfunktion lautet:

$$D(T_r) = \exp\left[\left(\frac{T}{T_{\text{krit}}^{(1),\text{Gem}}} - 1\right)\left(2901{,}01 - 5738{,}92 \cdot \frac{T}{T_{\text{krit}}^{(1),\text{Gem}}} + 2849{,}85 \cdot \left(\frac{T}{T_{\text{krit}}^{(1),\text{Gem}}}\right)^2 + \frac{1{,}74127}{1{,}01 - \dfrac{T}{T_{\text{krit}}^{(1),\text{Gem}}}}\right)\right] \tag{419}$$

Die Gleichungen (416) und (419) müssen iterativ gelöst werden. Im kritischen Gebiet führt ein geringer Fehler der kritischen Temperatur zu einem erheblichen Fehler bei dem kritischen Volumen des Gemischs.

Die wahre kritische Temperatur des Gemischs $T_{\text{krit}}^{\text{wahr}}$ in Gleichung (416) und das wahre kritische Volumen des Gemischs $v_{\text{krit}}^{\text{wahr}}$ in Gleichung (417) können für unpolare Gemische über die von Chueh und Prausnitz [89] vorgeschlagenen Gleichungen

$$T_{\text{krit}}^{\text{wahr}} = \sum_i^N \vartheta_i \cdot T_{\text{krit},i} + \sum_i^N \sum_j^N \vartheta_i \vartheta_j \cdot \tau_{ij} \quad (\tau_{ii} = 0) \tag{420}$$

$$v_{\text{krit}}^{\text{wahr}} = \sum_i^N \vartheta_i \cdot v_{\text{krit},i} + \sum_i^N \sum_j^N \vartheta_i \vartheta_j \cdot \sigma_{ij} \quad (\sigma_{ii} = 0) \tag{421}$$

$$\vartheta_i = \frac{x_i \cdot v_{\text{krit},i}^{2/3}}{\sum\limits_j^N \cdot x_j \cdot v_{\text{krit},j}^{2/3}}$$

berechnet werden. Die Korrelationsparameter τ_{ij} und σ_{ij} sind Maße für die geringe Abweichung der zugehörigen kritischen Größe des Gemischs von den über lineare Abhängigkeit von den Molanteilen x_i ermittelten Werten. Sie sind charakteristische Größen für die binären Gemische der Komponenten i und j. Werte für einige binäre Gemische werden von Chueh und Prausnitz [79] angegeben. Das zweite Glied auf der rechten Seite der Gleichungen (420) und (421) entspricht einer Summierung über alle zu einem Vielkomponentengemisch zugehörigen binären Gemische.

4.1.6. *Verbesserte Redlich-Kwong-Gleichungen*

Die Redlich-Kwong-Gleichung stellt einen überraschend guten Kompromiß zwischen Einfachheit und Genauigkeit dar. Eine Verbesserung der *RK*-Gleichung ist immer mit einer Inkaufnahme eines komplizierteren Aufbaus der Gleichung verbunden. Verbesserte *RK*-Gleichungen wurden vorgeschlagen von Redlich und Dunlop [90], Redlich und Mitarbeitern [91], Gray u. a. [92], Sugie und Lu [47] und weiteren Bearbeitern. Generell wird der azentrische Faktor ω als dritter Parameter verwendet. Ein Überblick über die letzten Arbeiten wird von Gray u. a. [92] gegeben. Von diesen verbesserten Gleichungen wird nur die für unpolare Gase und $T_r \geqq 1{,}0$ von Sugie und Lu [47] angegebene Gleichung behandelt.

4.2. Verbesserte Redlich-Kwong-Gleichung für überkritische unpolare Gasgemische

4.2.1. *Zustandsbeschreibung überkritischer unpolarer Gasgemische*

Die von Sugie und Lu [47] für unpolare Gase und $T_r > 1$ vorgeschlagene Redlich-Kwong-Gleichung lautet:

$$P = \frac{RT}{v - b + c} - \frac{a \cdot T^{-0,5}}{(v + c)(v + b + c)} + \frac{d \cdot T^2}{v^2} + \sum_{s=1}^{5} \frac{e_s + f_s \cdot T + g_s \cdot T^{-2}}{v^{(s+1)}} \tag{422}$$

mit

$$a = a^*\left(\frac{R^2 \cdot T_{\text{krit}}^{2,5}}{P_{\text{krit}}}\right)$$

$$b = b^*\left(\frac{R \cdot T_{\text{krit}}}{P_{\text{krit}}}\right)$$

$$c = c^*\left(\frac{R \cdot T_{\text{krit}}}{P_{\text{krit}}}\right)$$

$$d = d^*\left(\frac{R^2}{P_{\text{krit}}}\right)$$

$$e_s = e_s^*\left(\frac{R^{s+1} \cdot T_{\text{krit}}^{s+1}}{P_{\text{krit}}^{s}}\right)$$

$$f_s = f_s^* \left(\frac{R^{s+1} \cdot T_{\text{krit}}^s}{P_{\text{krit}}^s} \right)$$

$$g_s = g_s^* \left(\frac{R^{s+1} \cdot T_{\text{krit}}^{s+3}}{P_{\text{krit}}^s} \right)$$

Tabelle 32

Koeffizienten der verbesserten REDLICH-KWONG-Gleichung von SUGIE und LU [47]

$a^* = 0{,}42748$
$b^* = 0{,}08664$
$c^* = \dfrac{1 - 3z_{\text{krit}}}{3}$
$d^* = -4{,}9882 \cdot 10^{-3} + 7{,}4904 \cdot 10^{-2} \cdot \omega$
$e_1^* = -6{,}7421 \cdot 10^{-2} - 5{,}5509 \cdot 10^{-2} \cdot \omega$
$e_2^* = -4{,}2765 \cdot 10^{-2} - 1{,}0221 \cdot 10^{-2} \cdot \omega$
$e_3^* = -2{,}2213 \cdot 10^{-4} - 5{,}8986 \cdot 10^{-3} \cdot \omega$
$e_4^* = 4{,}1495 \cdot 10^{-4} + 4{,}1457 \cdot 10^{-4} \cdot \omega$
$e_5^* = 4{,}7332 \cdot 10^{-5} + 3{,}6809 \cdot 10^{-5} \cdot \omega$
$f_1^* = 8{,}6454 \cdot 10^{-2} + 1{,}9838 \cdot 10^{-1} \cdot \omega$
$f_2^* = 1{,}0935 \cdot 10^{-2} - 6{,}6320 \cdot 10^{-2} \cdot \omega$
$f_3^* = 3{,}7028 \cdot 10^{-3} + 1{,}8764 \cdot 10^{-2} \cdot \omega$
$f_4^* = -5{,}3805 \cdot 10^{-4} - 1{,}7176 \cdot 10^{-3} \cdot \omega$
$f_5^* = 2{,}5478 \cdot 10^{-5} - 1{,}1957 \cdot 10^{-5} \cdot \omega$
$g_1^* = 3{,}1751 \cdot 10^{-2} - 1{,}9409 \cdot 10^{-1} \cdot \omega$
$g_2^* = -6{,}8871 \cdot 10^{-4} + 5{,}4512 \cdot 10^{-2} \cdot \omega$
$g_3^* = 7{,}0579 \cdot 10^{-3} - 5{,}5635 \cdot 10^{-3} \cdot \omega$
$g_4^* = -1{,}9279 \cdot 10^{-3} + 7{,}9439 \cdot 10^{-4} \cdot \omega$
$g_5^* = 1{,}0455 \cdot 10^{-4} - 9{,}1929 \cdot 10^{-5} \cdot \omega$

Die mit * gekennzeichneten Größen sind Zahlenwerte bzw. Funktionen des azentrischen Faktors, die einer reduzierten Darstellung der Gleichung entsprechen. Diese Werte sind in Tab. 32 angegeben. Die Größe b^* ist eine Funktion des kritischen Realfaktors z_{krit}. Zur Ermittlung kann die von PITZER und Mitarbeitern [87] vorgeschlagene Beziehung (108) verwendet werden.

$$z_{\text{krit}} = 0{,}291 - 0{,}080 \cdot \omega \tag{108}$$

Für Gemische gelten folgende Kombinationsregeln:

$$\left(\frac{R^2 \cdot T_{\text{krit}}^{2,5}}{P_{\text{krit}}} \right)^{\text{Gem}} = \sum_i \sum_j \left(\frac{R^2 \cdot T_{\text{krit},ij}^{2,5}}{P_{\text{krit},ij}} \right)$$

$$\left(\frac{R \cdot T_{\text{krit}}}{P_{\text{krit}}}\right)^{\text{Gem}} = \sum_i y_i \left(\frac{R \cdot T_{\text{krit},i}}{P_{\text{krit},i}}\right) \tag{423}$$

$$c^{*\text{Gem}} = \frac{1 - 3\, z_{\text{krit}}^{\text{Gem}}}{3} \quad \text{mit} \quad \omega^{\text{Gem}} = \sum_i y_i \cdot \omega_i \text{ in Gleichung (108)}$$

$$\left(\frac{R^2}{P_{\text{krit}}}\right)^{\text{Gem}} = \sum_i y_i \left(\frac{R^2}{P_{\text{krit},i}}\right)$$

Die Koeffizienten e_s, f_s und g_s werden für Gemische umgeformt.

$$e_s = e_s^* \left(\frac{R^2 \cdot T_{\text{krit}}^2}{P_{\text{krit}}}\right)^{\text{Gem}} \cdot \left[\left(\frac{R \cdot T_{\text{krit}}}{P_{\text{krit}}}\right)^{\text{Gem}}\right]^{s-1}$$

$$f_s = f_s^* \left(\frac{R^2 \cdot T_{\text{krit}}}{P_{\text{krit}}}\right)^{\text{Gem}} \cdot \left[\left(\frac{R \cdot T_{\text{krit}}}{P_{\text{krit}}}\right)^{\text{Gem}}\right]^{s-1}$$

$$g_s = g_s^* \left(\frac{R^2 \cdot T_{\text{krit}}^4}{P_{\text{krit}}}\right)^{\text{Gem}} \cdot \left[\left(\frac{R \cdot T_{\text{krit}}}{P_{\text{krit}}}\right)^{\text{Gem}}\right]^{s-1} \tag{424}$$

Der Ausdruck in der eckigen Klammer ist für Gemische wie oben angegeben zu bestimmen. Weiter gilt

$$\left(\frac{R^2 \cdot T_{\text{krit}}^2}{P_{\text{krit}}}\right)^{\text{Gem}} = \sum_i \sum_j y_i y_j \left(\frac{R^2 \cdot T_{\text{krit},ij}^2}{P_{\text{krit},ij}}\right)$$

$$\left(\frac{R^2 \cdot T_{\text{krit}}}{P_{\text{krit}}}\right)^{\text{Gem}} = \sum_i y_i \left(\frac{R^2 \cdot T_{\text{krit},i}}{P_{\text{krit},i}}\right)$$

$$\left(\frac{R^2 \cdot T_{\text{krit}}^4}{P_{\text{krit}}}\right)^{\text{Gem}} = \sum_i \sum_j y_i y_j \left(\frac{R^2 \cdot T_{\text{krit},ij}^4}{P_{\text{krit},ij}}\right) \tag{425}$$

Zur Berechnung der in Tab. 32 angegebenen Zahlenwertfunktionen ist $\omega^{\text{Gem}} = \sum_i y_i \cdot \omega_i$ zu verwenden. Die kritische Temperatur der binären Paare $T_{\text{krit},ij}$ und der kritische Druck der binären Paare $P_{\text{krit},ij}$ sind über die von CHUEH und PRAUSNITZ vorgeschlagenen und bereits unter Punkt 4.1.4. angegebenen Gleichungen (398) und (395) zu bestimmen. Weiter sind für Quantum-Gase wie Argon, Helium und Wasserstoff die unter Punkt 4.1.4. angegebenen effektiven kritischen Temperaturen und kritischen Drücke zu verwenden (siehe Gleichungen (400) bis (405)).

4.2.2. *Berechnung der isothermen Enthalpieabweichung vom Idealgaszustand*

Die isotherme Enthalpieabweichung vom Idealgaszustand wurde von SUGIE und LU [47] über folgende Beziehung ermittelt:

$$(\Delta h)_T = P \cdot v - R \cdot T + \int_v^\infty \left[P - T \cdot \left(\frac{\partial P}{\partial T} \right)_v \right] dv \tag{426}$$

$$(\Delta h)_T = (h_P - h^{\text{ideal}})_T$$

h_P — Enthalpie des realen Gases (Gemisches) bei T und P
h^{ideal} — Enthalpie des idealen Gases bei T

$$\frac{(\Delta h)_T}{RT} = \frac{b - c}{v - b + c} - \frac{1}{RT} \cdot \frac{a \cdot T^{-0,5} \cdot v}{(v + c)(v + b + c)} - \frac{1}{RT} \cdot \frac{1{,}5 \cdot a \cdot T^{-0,5}}{b} \cdot \ln \left(\frac{v + b + c}{v + c} \right) + \frac{1}{RT} \cdot \sum_{s=1}^{5} \frac{(s + 1) \cdot e_s + s \cdot f_s \cdot T + (s + 3) \cdot g_s \cdot T^{-2}}{s \cdot v^s} \tag{427}$$

Gleichung (427) ist sowohl für reine gasförmige Stoffe als auch für Gasgemische gültig. Für reine Gase sind die Ergebnisse erwartungsgemäß genauer als die von REDLICH und KWONG [83] und auch die von YEN und ALEXANDER [94] ermittelten. Bei Gemischen ist die Genauigkeit vergleichbar mit der Genauigkeit der von BENEDICT, WEBB und RUBIN [95] vorgeschlagenen *BWR*-Gleichung mit 7 Konstanten. Die Genauigkeit der von CURL und PITZER [30] vorgeschlagenen Korrelation wird geringfügig übertroffen. Der Vergleich wurde für leichte Kohlenwasserstoffe durchgeführt.

4.3. Die Joffe-Gleichung

4.3.1. *Zustandsbeschreibung gasförmiger reiner Stoffe und Gemische*

Die Tatsache, daß eine Verbesserung der REDLICH-KWONG-Gleichung nicht möglich ist, ohne daß auf ihre Einfachheit als ihren wesentlichen Vorteil im Vergleich zu solchen komplizierten Gleichungen wie der *BWR*-Gleichung verzichtet werden muß, veranlaßten BARNER und ADLER [48] nach einer vom Grundaufbau her flexibleren Gleichung Ausschau zu halten. Sie wählten die JOFFE-Gleichung [96], die 5. Ordnung in bezug auf das Volumen (*RK*-Gleichung 3. Ordnung) und damit flexibler ist. Die Originalformulierung von JOFFE lautet:

$$P = \frac{R \cdot T}{v - b} - \frac{a \cdot f_a}{v(v - b)} + \frac{c \cdot f_c}{v(v - b)^2} - \frac{d \cdot f_d}{v(v - b)^3} + \frac{e \cdot f_e}{v(v - b)^4} \quad (428)$$

Für reine Stoffe können die Koeffizienten a, b, c, d und e und die Temperaturfunktionen f_a, f_c, f_d und f_e aus den drei Parametern T_{krit}, P_{krit} und dem azentrischen Faktor ω berechnet werden. Für Gemische sind die von BARNER und QUINLAN [97] angegebenen pseudokritischen Regeln zu verwenden. Analog zur RK-Gleichung werden ebenfalls binäre Parameter k_{ij} einbezogen. Die vier Temperaturfunktionen nehmen bei $T = T_{\text{krit}}$ den Wert 1 an.

Bei der Ermittlung von Ausdrücken für die Koeffizienten und die Temperaturfunktionen wurde von BARNER und ADLER [48] vorrangig Wert auf Genauigkeit im Sattdampfgebiet gelegt. Darüber hinaus konnte zufriedenstellende Genauigkeit noch nahe dem kritischen Punkt, bei reduzierten Volumina bis herab zu $(v/v_{\text{krit}}) = 0{,}6$ und bei reduzierten Temperaturen im Bereich $0{,}7 \leqq (T/T_{\text{krit}}) < 1{,}5$ erreicht werden. Die Gleichung ist gültig für unpolare und mäßig polare Gase. Auf Flüssigkeiten ist die Gleichung nicht anwendbar.

Gutes Verhalten einer Zustandsgleichung bei niedrigem und mittlerem Druck ist zu erwarten, wenn die berechneten 2. und 3. Virialkoeffizienten exakt definiert sind. Diese zwei Virialkoeffizienten dominieren, wenn das Sattdampfgebiet von bestimmender Bedeutung ist. Soll die Gleichung darüber hinaus zur Enthalpieberechnung geeignet sein, dann müssen ebenfalls die Differentialquotienten der Virialkoeffizienten durch die Gleichung wiedergegeben werden können. Diese Voraussetzungen wurden bei der Ermittlung von Beziehungen für die Koeffizienten und Temperaturfunktionen besonders beachtet. Als Grundlage für die zu ermittelnden Beziehungen wurden von BARNER und ADLER nicht experimentelle Werte, sondern die sehr gute Korrelation des 2. Virialkoeffizienten von PITZER und CURL [29] und die Realfaktortabellen von PITZER und Mitarbeitern [28] verwendet.

Umformung der JOFFE-Gleichung in eine analoge Form zur Virialkoeffizientengleichung:

$$\frac{P \cdot v}{R \cdot T} = 1 + \left(b - \frac{a \cdot f_a}{R \cdot T}\right) \cdot \frac{1}{v} + \left(b^2 - \frac{a \cdot b \cdot f_a}{R \cdot T} + \frac{c \cdot f_c}{R \cdot T}\right) \cdot \frac{1}{v^2} + \cdots \quad (429)$$

ergibt folgende Identitäten für die Virialkoeffizienten:

2. Virialkoeffizient: $B = b - \dfrac{a \cdot f_a}{R \cdot T}$ (430)

3. Virialkoeffizient: $C = b^2 - \dfrac{a \cdot b \cdot f_a}{R \cdot T} - \dfrac{c \cdot f_c}{R \cdot T}$ (431)

Die JOFFE-Gleichung hat am kritischen Punkt fünf Lösungen, da bei $T = T_{\text{krit}}$ alle Temperaturfunktionen den Wert 1 annehmen. Diese sind

$$a = \frac{R^2 \cdot T_{\text{krit}}^2}{4 \cdot P_{\text{krit}}} \cdot \left[(5\vartheta - 1) + \frac{5}{2}(1 - \vartheta)^2\right] \tag{432}$$

$$b = \frac{R \cdot T_{\text{krit}} \cdot (5\vartheta - 1)}{4 \cdot P_{\text{krit}}} \tag{433}$$

$$c = \frac{5 \cdot R^3 \cdot T_{\text{krit}}^3 \cdot (1 - \vartheta)^3}{32 \cdot P_{\text{krit}}^2} \tag{434}$$

$$d = \frac{5 \cdot R^4 \cdot T_{\text{krit}}^4 \cdot (1 - \vartheta)^4}{256 \cdot P_{\text{krit}}} \tag{435}$$

$$e = \frac{R^5 \cdot T_{\text{krit}}^5 \cdot (1 - \vartheta)^5}{1024 \cdot P_{\text{krit}}^4} \tag{436}$$

In diesen Gleichungen wurde der kritische Realfaktor $(P_{\text{krit}} \cdot v_{\text{krit}})/(R \cdot T_{\text{krit}})$ durch die anzupassende Größe ϑ ersetzt. ϑ wurde durch Vergleich des durch Gleichung (430) gegebenen 2. Virialkoeffizienten am kritischen Punkt ($f_a = 1$)

$$B(T_{\text{krit}}) = -\frac{5 \cdot R \cdot T_{\text{krit}} \cdot (1 - \vartheta)^2}{8 \cdot P_{\text{krit}}} \tag{437}$$

mit der Korrelation von PITZER und CURL [29] für B bei T_{krit}

$$B(T_{\text{krit}}) = -\frac{R \cdot T_{\text{krit}}}{P_{\text{krit}}} \cdot (0{,}3361 + 0{,}0713 \cdot \omega) \tag{438}$$

ermittelt. Das Ergebnis lautet

$$\vartheta = 1 - \sqrt{\frac{8}{5}(0{,}3361 + 0{,}0713 \cdot \omega)} \tag{439}$$

Die berechneten Zahlenwerte ϑ sind ca. 0,02 kleiner als die wirklichen kritischen Realfaktoren, z. B. Propan ($\omega = 0{,}152$): $\vartheta = 0{,}256$; $z_{\text{krit}} = 0{,}277$. Die durch Anpassung im Bereich $0{,}7 \leqq (T/T_{\text{krit}}) \leqq 1{,}5$ ermittelten dimensionslosen Temperaturfunktionen lauten:

$$f_a = 1 + \frac{(0{,}904 + 3{,}716 \cdot \omega) \cdot \left(\frac{T_{\text{krit}}}{T} - 1\right)}{(5\vartheta - 1) + \frac{5}{2} \cdot (1 - \vartheta)^2} \tag{440}$$

$$f_c = 1 + \frac{32 \cdot (0{,}043 + 0{,}17 \cdot \omega) \cdot \left(\frac{T_{\text{krit}}}{T} - 1\right)}{5 \cdot (1 - \vartheta)^2} \tag{441}$$

$$f_d = -0{,}30 - 6{,}28 \cdot \omega^{2/3} + (1{,}89 + 13{,}59 \cdot \omega^{2/3}) \cdot \left(\frac{T_{\text{krit}}}{T}\right) - (0{,}59 + 7{,}31 \cdot \omega^{2/3}) \left(\frac{T_{\text{krit}}}{T}\right)^2 \tag{442}$$

$$f_e = 0{,}23 - 2{,}58 \cdot \omega^{2/3} + (8{,}99 \cdot \omega^{2/3} + 1{,}25) \left(\frac{T_{\text{krit}}}{T}\right)^2 - (0{,}48 + 6{,}41 \cdot \omega^{2/3}) \cdot \left(\frac{T_{\text{krit}}}{T}\right)^4 \tag{443}$$

In reduzierter Schreibweise lautet die Joffe-Gleichung:

$$P_r = \frac{T_r}{\psi} - \frac{\left[(5\vartheta - 1) + \frac{5}{2}(1 - \vartheta)^2\right] \cdot f_a}{v_r^* \cdot \psi} + \frac{5 \cdot (1 - \vartheta)^3 \cdot f_c}{32 \cdot v_r^* \psi^2} - \frac{5(1 - \vartheta)^4 \cdot f_d}{256 \cdot v_r^* \cdot \psi^3} + \frac{(1 - \vartheta)^5 \cdot f_e}{1024 \cdot v_r^* \psi^4} \tag{444}$$

$$v_r^* = \frac{v}{R \cdot T_{\text{krit}}/P_{\text{krit}}}$$

$$\psi = v_r^* - \frac{5\vartheta - 1}{4}$$

Die Kombinationsregeln für Gemische lauten:

$$T_{\text{krit}}^{\text{Gem}} = \sum_i \sum_j y_i y_j \, T_{\text{krit},ij} \quad (j \text{ einschließlich } i)$$

mit $$T_{\text{krit},ij} = (T_{\text{krit},i} + T_{\text{krit},j}) \frac{K_{ij}}{2} \quad \text{für } i \neq j$$

$$T_{\text{krit},ij} = T_{\text{krit},i} \quad \text{für } i = j$$

$$v_{\text{krit}}^{\text{Gem}} = \sum_i \sum_j y_i y_j \, v_{\text{krit},ij} \quad (j \text{ einschließlich } i)$$

mit $$v_{\text{krit},ij} = \left[\frac{1}{2}\left(v_{\text{krit},i}^{1/3} + v_{\text{krit},j}^{1/3}\right)\right]^3 \quad \text{für } i \neq j \tag{445}$$

$$v_{\text{krit},ij} = v_{\text{krit},i} \quad \text{für } i = j$$

$$P_{\text{krit}}^{\text{Gem}} = \frac{z_{\text{krit}}^{\text{Gem}} \cdot R \cdot T_{\text{krit}}^{\text{Gem}}}{v_{\text{krit}}^{\text{Gem}}}$$

$$z_{\text{krit}}^{\text{Gem}} = 0{,}291 - 0{,}08 \cdot \omega^{\text{Gem}}$$

$$\omega^{\text{Gem}} = \sum_i y_i \omega_i$$

Werte der Konstanten K_{ij} für 91 binäre Gemische sind in Tab. 33 angegeben. Die Kombinationsregel für die pseudo-kritische Gemischtemperatur geht für $K_{ij} = 1$ über in

$$T_{\text{krit}}^{\text{Gem}} = \sum_i y_i \, T_{\text{krit},i} \quad \text{für alle } K_{ij} = 1$$

4.3.2. Berechnung der Fugazitätskoeffizienten

Fugazitätskoeffizient eines reinen Stoffes:

$$\ln \varphi_i = z - 1 - \ln \frac{P(v-b)}{R \cdot T} - \frac{a \cdot f_a}{R \cdot T \cdot b} \cdot \ln \frac{v-b}{v} - \frac{c \cdot f_c}{R \cdot T \cdot b} \times \left[\frac{1}{v-b} - \frac{1}{b} \ln \frac{v-b}{v}\right] - \frac{d \cdot f_a}{2RT \cdot b} \left[-\frac{1}{(v-b)^2} + \frac{2}{b(v-b)} + \frac{2}{b^2} \ln \frac{v-b}{v}\right] + \frac{e \cdot f_e}{RT} \left[-\frac{1}{3v(v-b)^3} + \frac{1}{2b^2(v-b)^2} - \frac{1}{b^3(v-b)} - \frac{1}{b^4} \ln \frac{v-b}{v}\right] \tag{446}$$

Voraussetzung für die Berechnung des Fugazitätskoeffizienten φ_i ist die Ermittlung von v über die Zustandsgleichung.

Bei der Anwendung von pseudokritischen Kombinationsregeln kann nach LELAND und CHAPPELEAR [98] die Fugazität einer Gemischkomponente berechnet werden über

$$\ln \bar{\varphi}_i = \ln \varphi_i - \left(\frac{h^{\text{ideal}} - h}{RT} + z - 1\right)\left(\frac{n}{T_{\text{krit}}^{\text{Gem}}} \cdot \frac{\partial T_{\text{krit}}^{\text{Gem}}}{\partial n_i}\right) + (z-1) \times \left(\frac{n}{v_{\text{krit}}^{\text{Gem}}} \cdot \frac{\partial v_{\text{krit}}^{\text{Gem}}}{\partial n_i}\right) + \left(\frac{\partial \ln \varphi_i}{\partial \omega}\right)_{T_r, P_r} \cdot \left(n \cdot \frac{\partial \omega}{\partial n_i}\right) \tag{447}$$

Die Größen φ_i, $(h^{\text{ideal}} - h)/R \cdot T$ und z sind Eigenschaften des Gemischs und können über die Zustandsgleichung berechnet werden. Die Ableitung $(\partial \ln \varphi_i / \partial \omega)$ wurde von ADLER und BARNER für die angegebenen Anwen-

Tabelle 33
Binäre Wechselwirkungskonstanten für die Ermittlung der pseudo-kritischen Temperatur über Gleichung (445)

Gemisch		K_{ij}	Gemisch		K_{ij}
Methan	—Äthylen	1,01	n- oder Isobutan	—Isobutan	1,00
	—Äthan	1,03		—n-Pentan	1,00
	—Propylen	1,06		—Isopentan	1,00
	—Propan	1,07		—n-Hexan	1,02
	—n-Butan	1,11		—n-Heptan	1,03
	—Isobutan	1,11		—Zyklohexan	1,01
	—n-Pentan	1,15	n- oder Isopentan	—Isopentan	1,00
	—Isopentan	1,15		—n-Hexan	1,00
	—n-Hexan	1,19		—n-Heptan	1,01
	—n-Heptan	1,22		—n-Oktan	1,02
	—Zyklohexan	1,16		—Zyklohexan	1,00
	—Naphtalin	1,23	n-Hexan	—n-Heptan	1,00
Äthylen	—Äthan	1,00		—n-Oktan	1,01
	—Propylen	1,02		—Toluol	0,98
	—Propan	1,02	Zyklohexan	—n-Heptan	1,00
	—n-Butan	1,05		—n-Oktan	1,00
	—Isobutan	1,05		—Toluol	0,99
	—n-Pentan	1,08	n-Heptan	—n-Oktan	1,01
	—Isopentan	1,08	Stickstoff	—Methan	0,97
	—n-Hexan	1,11		—Äthylen	1,01
	—Zyklohexan	1,09		—Äthan	1,02
	—n-Heptan	1,13		—n-Butan	1,13
	—Benzol	1,07		—1-Penten	1,13
	—Naphtalin	1,15		—1-Hexen	1,25
Äthan	—Propylen	1,01		—n-Hexan	1,26
	—Propan	1,01		—n-Heptan	1,31
	—n-Butan	1,03		—n-Oktan	1,34
	—Isobutan	1,03	Argon	—Sauerstoff	0,99
	—n-Pentan	1,05		—Stickstoff	0,99
	—Isopentan	1,05	Kohlendioxid	—Äthylen	0,94
	—n-Hexan	1,08		—Äthan	0,92
	—n-Heptan	1,10		—Propylen	0,93
	—Zyklohexan	1,06		—Propan	0,93
	—Benzol	1,04		—n-Butan	0,93
	—Naphtalin	1,11		—Naphtalin	1,07
Propylen	—Propan	1,00	Schwefel-wasserstoff	—Methan	0,93
	—n-Butan	1,01		—Äthan	0,92
	—Isobutan	1,01		—Propan	0,92
	—n-Pentan	1,02		—n-Pentan	0,96
	—Isopentan	1,03		—Kohlendioxid	0,92
	—Benzol	1,03	Azetylen	—Äthylen	0,94
Propan	—n-Butan	1,01		—Äthan	0,92
	—Isobutan	1,01		—Propylen	0,95
	—n-Pentan	1,01		—Propan	0,94
	—Isopentan	1,02	Chlorwasserstoff	—Propan	0,88
	—Benzol	1,00			

dungsfälle numerisch bestimmt. Die Differentiale nach der Zusammensetzung hängen von den pseudokritischen Kombinationsregeln ab. Für die pseudokritische Temperatur — als Beispiel gewählt — ist die Ermittlung durchzuführen über

$$n \cdot \frac{\partial T_{\text{krit}}^{\text{Gem}}}{\partial n_i} = \frac{\partial T_{\text{krit}}^{\text{Gem}}}{\partial y_i} - \sum_j y_j \left(\frac{\partial T_{\text{krit}}^{\text{Gem}}}{\partial y_j} \right) \tag{448}$$

wobei die Summierung über j die Komponente i mit einschließt.

n — Anzahl der [mol] oder [kmol]

4.3.3. *Berechnung der isothermen Enthalpieabweichung vom Idealgaszustand*

$$\begin{aligned} \frac{(h^{\text{ideal}} - h)_T}{RT} &= 1 - z - \frac{1}{b^4} \left(\ln \frac{v - b}{v} \right) \left(a \cdot b^3 \cdot \bar{f}_a + c \cdot b^2 \cdot \bar{f}_c + d \cdot b \right. \\ &\quad \left. \times \bar{f}_d + e \cdot \bar{f}_e \right) + \frac{1}{b^3(v - b)} \cdot \left(b^2 \cdot c \cdot \bar{f}_c + b \cdot d \cdot \bar{f}_d + e \cdot \bar{f}_e \right) \\ &\quad - \frac{1}{2b^2(v - b)^2} \cdot \left(b \cdot d \cdot \bar{f}_d + e \cdot \bar{f}_e \right) + \frac{e \cdot \bar{f}_e}{3b(v - b)^3} \end{aligned} \tag{449}$$

$$\bar{f}_a = T \cdot \frac{df_a}{dT} - f_a$$

$$\bar{f}_c = T \cdot \frac{df_c}{dT} - f_c$$

$$\bar{f}_d = T \cdot \frac{df_d}{dT} - f_d$$

$$\bar{f}_e = T \cdot \frac{df_e}{dT} - f_e \tag{450}$$

Die Temperaturableitungen können leicht ermittelt werden, da in den Gleichungen (440) bis (443) die Größen ω und ϑ unabhängig von T sind. Gleichung (449) erlaubt die Berechnung der isothermen Enthalpieabweichung reiner Stoffe und bei Verwendung der pseudokritischen Kombinationsregeln auch von Gemischen, jedoch nicht der Partialenthalpien.

4.4. Die Zustandsgleichung von Lee und Edmister

4.4.1. *Zustandsbeschreibung gasförmiger reiner Stoffe und Gemische*

Die Punkte 3. und 4. zeigten, daß der Weg über die Verbesserung bekannter Zustandsgleichungen zur Erhöhung der Genauigkeit zu sehr komplizierten Ausdrücken führt. Die Komplexität der Ausdrücke wird noch erhöht für die durch Differentiation oder Integration der Gleichungen ermittelten Größen wie Fugazitätskoeffizient des reinen Stoffes φ_i, Fugazitätskoeffizient einer Gemischkomponente $\bar{\varphi}_i$, Realgasenthalpie eines reinen Stoffes h_i und des Gemischs h, Partialenthalpie einer Gemischkomponente $\bar{h}_i$ und partielles molares Volumen einer Gemischkomponente $\bar{v}_i$, so daß auf deren Ermittlung teilweise bereits verzichtet wurde. Aus diesem Grund wird noch eine erst in jüngster Zeit von Lee und Edmister [99] vorgeschlagene 3-Parameter-Gleichung behandelt, die zu einfacheren Beziehungen für die abgeleiteten Größen führt und gleichzeitig eine gute Genauigkeit für dampfförmige Kohlenwasserstoffe bzw. Kohlenwasserstoffgemische verspricht. Lee und Edmister geben an, daß die Genauigkeit der verallgemeinerten Benedict—Webb—Rubin-Gleichung übertroffen wird. Ungeachtet dessen bleibt eine endgültige Beurteilung dieser Gleichung noch zukünftigen Untersuchungen vorbehalten. Ein für die praktische Anwendung wesentlicher Vorteil liegt darin, daß der Realfaktor z und die Dichte durch direkte analytische Lösung ermittelt werden können, ohne daß — wie z. B. bei der verallgemeinerten Form der *BWR*-Gleichung [100] — eine Iteration erforderlich ist.

$$P = \frac{R \cdot T}{v - b} - \frac{a}{v(v - b)} + \frac{c}{v(v - b)(v + b)} \tag{451}$$

$$z = \frac{v}{v - b} - \frac{a}{RT(v - b)} + \frac{c}{RT(v - b)(v + b)} \tag{452}$$

Der Parameter b hat für jede Substanz einen bestimmten Wert: $b \approx 0{,}26 \times v_{\text{krit},i}$ (genauere Definition siehe unten). Die Parameter a und c sind Temperaturfunktionen, deren Verlauf die Abhängigkeit des 2. Virialkoeffizienten von der Temperatur zugrunde gelegt worden ist. Erste Werte für a und c wurden über die Bedingungen $(\partial P/\partial v)_{T=T_{\text{krit}}} = 0$ und $(\partial^2 P/\partial v^2)_{T=T_{\text{krit}}} = 0$ ermittelt. Zur Verbesserung der Genauigkeit vor allem im Sattdampfgebiet wurden diese Werte nur als Anfangswerte der Regressionsanalyse für die beste Wiedergabe von *PVT*-Werten und des zweiten Virialkoeffizienten verwendet. Als Ergebnisse wurden ermittelt:

$$a_i = a_{1i} - a_{2i} \cdot T + a_{3i} \cdot T^{-1} + a_{4i} \cdot T^{-5} \tag{453}$$

$$a_{1i} = \frac{R^2 T^2_{\text{krit},i}}{P_{\text{krit},i}} (0{,}25913 - 0{,}031314 \cdot \omega_i) \tag{454}$$

$$a_{2i} = \frac{R^2 \cdot T_{\text{krit},i}}{P_{\text{krit},i}} (0{,}0249 + 0{,}15369 \cdot \omega_i) \tag{455}$$

$$a_{3i} = \frac{R^2 \cdot T^3_{\text{krit},i}}{P_{\text{krit},i}} \cdot (0{,}2015 + 0{,}21642 \cdot \omega_i) \tag{456}$$

$$a_{4i} = \frac{R^2 \cdot T^7_{\text{krit},i}}{P_{\text{krit},i}} \cdot 0{,}042 \cdot \omega_i \tag{457}$$

$$b_i = \frac{R \cdot T_{\text{krit},i}}{P_{\text{krit},i}} \cdot 0{,}0982 \tag{458}$$

$$c_i = c_{1i} \cdot T^{-0,5} + c_{2i} \cdot T^{-2} \tag{459}$$

$$c_{1i} = \frac{R^3 \cdot T^{3,5}_{\text{krit},i}}{P^2_{\text{krit},i}} \cdot 0{,}059904 (1 - \omega_i) \tag{460}$$

$$c_{2i} = \frac{R^3 \cdot T^5_{\text{krit},i}}{P^2_{\text{krit},i}} (0{,}018126 + 0{,}091944 \cdot \omega_i) \tag{461}$$

In diesen Beziehungen ist ω_i der azentrische Faktor des Stoffes i. Für Gemische sind folgende Kombinationsregeln anzuwenden, wobei t als Integergröße für die Fußnoten 1, 2, 3 oder 4 steht:

$$a_t^{\text{Gem}} = \left(\sum_i y_i \cdot a_{ti}^{0,5}\right)^2 \tag{462}$$

$t = 1, 2, 3, 4$

$$b^{\text{Gem}} = \sum y_i \cdot b_i \tag{463}$$

$$c_t^{\text{Gem}} = \left(\sum_i y_i \cdot c_{ti}^{1/3}\right)^3 \tag{464}$$

$t = 1, 2$

Die Fußnoten i kennzeichnen den für jede Komponente ermittelten Parameter. Die Gleichungen (453) und (459) gelten sowohl für reine Stoffe als auch für Gemische.

4.4.2. *Berechnung des zweiten Virialkoeffizienten*

Der zweite Virialkoeffizient kann über eine verallgemeinerte Gleichung berechnet werden, in der die zu den Parametern zugehörigen Zahlenwerte bereits eingesetzt sind.

$$\frac{B \cdot P_{\text{krit}}}{R \cdot T_{\text{krit}}} = \left(0{,}1231 - \frac{0{,}25913}{T_r} - \frac{0{,}2015}{T_r^2}\right)$$
$$+ \left(0{,}15369 + \frac{0{,}031314}{T_r} - \frac{0{,}21642}{T_r^2} - \frac{0{,}042}{T_r^6}\right) \cdot \omega \tag{465}$$

Der zweite Virialkoeffizient B ist eine Funktion nur der Temperatur T (T_r — reduzierte Temperatur) und des azentrischen Faktors ω.

4.4.3. *Berechnung des Dampfphasenfugazitätskoeffizienten eines reinen Stoffes*

Der aus der Zustandsgleichung folgende Ausdruck für den Fugazitätskoeffizienten eines reinen dampf- oder gasförmigen Kohlenwasserstoffs lautet:

$$\ln \varphi_i = z - 1 - \ln z - \left(1 - \frac{a_i}{R \cdot T \cdot b_i}\right) \ln \left(1 - \frac{b_i}{v}\right)$$
$$- \frac{c_i}{2RT \cdot b_i^2} \ln \left[1 - \left(\frac{b_i}{v}\right)^2\right] \tag{466}$$

Der Realfaktor z kann unmittelbar durch analytische Lösung der Gleichung (452) berechnet werden.

4.4.4. *Berechnung des Dampfphasenfugazitätskoeffizienten einer Gemischkomponente*

$$\ln \bar{\varphi}_i = \left(\frac{2A}{RT \cdot b} - 1 - \frac{a \cdot b_i}{RT \cdot b^2}\right) \ln \left(1 - \frac{b}{v}\right)$$
$$+ \left(\frac{c \cdot b_i}{RT \cdot b^3} - \frac{3}{2} \cdot \frac{C}{RT \cdot b^2}\right)$$
$$\times \ln \left(1 - \frac{b^2}{v^2}\right) + (z - 1) \cdot \frac{b_i}{b} - \ln z \tag{467}$$

$$A = a_1 \left(\frac{a_{1i}}{a_1}\right)^{0,5} - a_2 \left(\frac{a_{2i}}{a_2}\right)^{0,5} \cdot T + a_3 \left(\frac{a_{3i}}{a_3}\right)^{0,5} \cdot T^{-1} + a_4 \left(\frac{a_{4i}}{a_4}\right)^{0,5} \tag{468}$$

$$C = c_1 \left(\frac{c_{1i}}{c_1}\right)^{1/3} \cdot T^{-0,5} + c_2 \cdot \left(\frac{c_{2i}}{c_2}\right)^{1/3} \cdot T^{-2} \tag{469}$$

Die Gleichungen (467) bis (469) wurden unter Verwendung der Kombinationsregeln (462) bis (464) abgeleitet und sollten wie diese nur für Zustandsberechnungen Anwendung finden.

Für die Berechnungen von Dampf-Flüssigkeits-Gleichgewichten über

$$K_i = \frac{\gamma_i \cdot \varphi_i^{\text{flüssig}}}{\bar{\varphi}_i^{\text{dampf}}} \tag{322}$$

wobei der Flüssigphasenfugazitätskoeffizient $\varphi_i^{\text{flüssig}}$ des reinen Stoffes i über die Beziehungen (176) oder (177) zu ermitteln ist, schlagen LEE und EDMISTER [103] verbesserte Kombinationsregeln für die Stoffkonstanten a_3, a_4 und c_2 vor. Die Verbesserung der Genauigkeit erfolgt durch Einbeziehung binärer Wechselwirkungskoeffizienten α_{ij} in die Kombinationsregel für a_3 bzw. β_{ij} in die Kombinationsregel für a_4 und des ternären Wechselwirkungskoeffizienten θ_{ijk} in die Kombinationsregel für c_2.

$$a_3 = \sum_i \sum_j y_i y_j \alpha_{ij} \sqrt{a_{3i} \cdot a_{3j}} \tag{470}$$

$$a_4 = \sum_i \sum_j y_i y_j \beta_{ij} \sqrt{a_{4i} \cdot a_{4j}} \tag{471}$$

$$c_2 = \sum_i \sum_j \sum_k y_i y_j y_k \theta_{ijk} \cdot (c_{2i} \cdot c_{2j} \cdot c_{2k})^{1/3} \tag{472}$$

Die Summierung ist für i, j und k über alle Gemischkomponenten durchzuführen, wobei

$$\alpha_{ij} = \alpha_{ji} \quad \text{und} \quad \alpha_{ii} = 1{,}0$$

$$\beta_{ij} = \beta_{ji} \quad \text{und} \quad \beta_{ii} = 1{,}0$$

$$\theta_{ijk} = \theta_{ikj} = \theta_{kij} = \theta_{kji} \quad \text{und} \quad \theta_{iii} = 1{,}0 \text{ usw.}$$

zu verwenden sind. Mit $\alpha_{ij} = 1{,}0$ und $\beta_{ij} = 1{,}0$ gehen die Gleichungen (470) und (471) in Gleichung (462) und mit $\theta_{ijk} = 1{,}0$ geht Gleichung (472) in Gleichung (464) über. Für a_1 und a_2 gilt weiterhin die Gleichung (462) und für c_1 die Gleichung (464). Unverändert gültig bleiben auch die Gleichungen (454) bis (458), (460) und (461) für die Berechnung der Stoffkonstanten der Komponenten, die Gleichungen (453) und (459) für die Verbindung der über die Kombinationsregeln ermittelten Stoffkonstanten des Gemisches $a_t^{\text{Gem}} (t = 1, 2, 3, 4)$ und $c_t^{\text{Gem}} (t = 1, 2)$ durch eine Temperatur-Potenzreihe und die Kombinationsregel Gleichung (463).

Die Wechselwirkungskoeffizienten wurden ausgedrückt als Potenz des Verhältnisses von geometrischen zum arithmetischen Mittel der kritischen Temperaturen der Komponenten i und j bzw. i, j und k.

$$\alpha_{ij} = \left(\frac{2 \sqrt{T_{\text{krit},i} \cdot T_{\text{krit},j}}}{T_{\text{krit},i} + T_{\text{krit},j}} \right)^{m_1} \tag{473}$$

$$\beta_{ij} = \left(\frac{2\sqrt{T_{\text{krit},i} \cdot T_{\text{krit},j}}}{T_{\text{krit},i} + T_{\text{krit},j}}\right)^{m_2} \tag{474}$$

$$\theta_{ijk} = \left(\frac{3 \cdot \sqrt[3]{T_{\text{krit},i} \cdot T_{\text{krit},j} \cdot T_{\text{krit},k}}}{T_{\text{krit},i} + T_{\text{krit},j} + T_{\text{krit},k}}\right)^{m_3} \tag{475}$$

wobei eine mit den Kombinationsregeln übereinstimmende Zählfolge für i, j und k über alle Gemischkomponenten zu verwenden ist. Die von LEE und EDMISTER durchgeführte Regressionsanalyse von 3504 Meßwerten für 19 Kohlenwasserstoffe einschließlich Ringverbindungen, Stickstoff, Wasserstoff, CO_2 und H_2S in binären und ternären Gemischen ergab folgende Zahlenwerte für die Potenzen der Gleichungen (473) bis (475):

	Wasserstoff	Stickstoff und Methan	alle anderen Stoffe
m_1	−1	0	2
m_2	−8	−5	7
m_3	−3	−2	5

Die Berücksichtigung der verbesserten Kombinationsregeln bei der Ableitung des Gemischfugazitätskoeffizienten $\bar{\varphi}_i$ aus der Zustandsgleichung liefert die folgende, für die Berechnung von Dampf-Flüssigkeits-Gleichgewichten zu verwendende Beziehung für $\bar{\varphi}_i$ [103]:

$$\ln \bar{\varphi}_i = \left(\frac{A_i' - a \cdot B_i'}{R \cdot T \cdot b} - 1\right) \ln\left(1 - \frac{b}{v}\right) - \left(\frac{0{,}5 \cdot C_i' - c \cdot B_i'}{R \cdot T \cdot b^2}\right) \times \ln\left(1 - \frac{b^2}{v^2}\right) + B_i'(z - 1) - \ln z \tag{476}$$

mit $\quad B_i' = \dfrac{b_i}{b}$

$$A_i' = 2\left[(a_1 \cdot a_{1i})^{0,5} - (a_2 \cdot a_{2i})^{0,5} \cdot T + a_{3i}^{0,5} \times \left(\sum_j^n y_j \alpha_{ij} a_{3j}^{0,5}\right) \cdot T^{-1} + a_{4i}^{0,5}\left(\sum_j^n y_j \beta_{ij} a_{4j}{}^{0,5}\right) \cdot T^{-5}\right]$$

$$C_i' = 3\left[c_1^{2/3} \cdot c_{1i}^{1/3} \cdot T^{-0,5} + c_{2i}^{1/3} \cdot \left\{\sum_j^n \sum_k^n y_j y_k \theta_{ijk} \cdot (c_{2j} \cdot c_{2k})^{1/3}\right\} \cdot T^{-2}\right] \tag{477}$$

In den Gleichungen (477) für A_i' und C_i' sind α_{ij}, β_{ij} und θ_{ijk} die durch die Gleichungen (473) bis (475) definierten Wechselwirkungskoeffizienten. Die Lösung von Gleichung (476) erfordert eine vorherige Ermittlung des Realfaktors z über Gleichung (452).

4.4.5. *Berechnung der isothermen Enthalpiedifferenz reiner Gase und von Gasgemischen*

Folgende Gleichung zur Berechnung der isothermen Enthalpiedifferenz auf der Basis der vorgeschlagenen Zustandsgleichung, die sowohl für reine Gase (Dämpfe) als auch Gasgemische gilt, wird von LEE und EDMISTER [99] angegeben:

$$(h - h^{\text{ideal}})_T = \frac{1}{b}(a_1 + 2a_3 \cdot T + 6 \cdot a_4 \cdot T^{-5}) \ln\left(1 - \frac{b}{v}\right) - \frac{1}{2b^2} \times (1{,}5 \cdot c_1 \cdot T^{-0{,}5} + 3 \cdot c_2 \cdot T^{-2}) \ln\left(1 - \frac{b^2}{v^2}\right) + P \cdot v - R \cdot T \tag{478}$$

In dieser Gleichung hat die isotherme Enthalpiedifferenz zwischen Realgasenthalpie h und Idealgasenthalpie h^{ideal} bei der Temperatur T die Dimension von $P \cdot v$. Für reine Gase sind die Stoffkonstanten b_i, a_{1i}, a_{3i}, a_{4i}, c_{1i} und c_{2i} zu verwenden, die nach den Beziehungen (454) bis (458), (460) und (461) zu berechnen sind. Für Gemische wird von LEE und EDMISTER die Gleichung für die ursprünglichen Kombinationsregeln (462) bis (464) angegeben, d. h. unter der Voraussetzung, daß die Wechselwirkungskoeffizienten α_{ij}, β_{ij} und θ_{ijk} den Wert 1 haben. Sowohl für gesättigte und überhitzte Normalparaffine von C_1 bis C_5 als auch für deren Gemische und Methan-Stickstoffgemische geben die Autoren einen geringeren prozentualen Fehler der mit Gleichung (478) ermittelten Werte als der mit den Gleichungen von REDLICH und KWONG [83], von BARNER, PIGFORD und SCHREINER [104], von BENEDICT, WEBB und RUBIN [95] und von EDMISTER, VAIROGS und KLEKERS [100] ermittelten an. Für höhere Kohlenwasserstoffe, Ringkohlenwasserstoffe und schwach polare Gase werden für die isotherme Enthalpiedifferenz keine Vergleichswerte angegeben.

4.5. Berechnung des Druckimperfektionskoeffizienten und verwandter Größen über die modifizierte van der Waals-Gleichung nach Black [71]

4.5.1. *Berechnung des Attraktionskoeffizienten ξ und des Dampfvolumens*

Die Ermittlung des Druckimperfektionskoeffizienten θ_i ist erforderlich für die Dampf-Flüssigkeits-Gleichgewichtsberechnung über Gleichung (319) nach BLACK [71]. Die Definition des Druckimperfektionskoeffizienten θ_i lautete:

$$\ln \theta_i = \ln \frac{\overline{\varphi}_i}{\varphi_i} - \int_{p_i^0}^{P} \frac{\overline{v}_i^{\text{flüssig}}}{R \cdot T}\, dP \qquad \overline{v}_i^{\text{flüssig}} \approx v_i^{\text{flüssig}} \tag{314}$$

Die Fugazitätskoeffizienten φ_i und $\bar{\varphi}_i$ sind Eigenschaften der Dampfphase; $v_i^{\text{flüssig}}$ ist das Molvolumen der reinen flüssigen Substanz i. Diese Größen können über eine geeignete Zustandsgleichung vorausberechnet werden, vorausgesetzt, daß diese Zustandsgleichung sowohl auf gasförmige reine Stoffe und Gemische als auch auf reine Flüssigkeiten anwendbar ist. Eine geeignete Beziehung, die diese Bedingung erfüllt, ist die VAN DER WAALS-Gleichung. Die ursprüngliche Formulierung mit zwei Konstanten gibt das Realgasverhalten insbesondere im unterkritischen Gebiet nicht mit der erforderlichen Genauigkeit wieder. Weiter zeigten Untersuchungen von PITZER und Mitarbeitern [28, 87], daß viele unpolare Flüssigkeiten gut dem Gesetz korrespondierender Zustände folgen, wenn ein geeigneter dritter Parameter eingeführt wird. Zur Gewährleistung der Gültigkeit bei niedrigen Drücken von $P = 0$ bis zum Sättigungsdruck und bei Temperaturen bis zur kritischen Temperatur erweiterte BLACK [71] die VAN DER WAALS-Gleichung um den Attraktionskoeffizienten ξ, der die Effekte von Temperatur und Druck auf die molare Kohäsionsenergie $a \cdot \xi$ berücksichtigt.

$$v = \frac{R \cdot T}{P} + b - \frac{a \cdot \xi}{R \cdot T} \tag{479}$$

a, b — VAN DER WAALS-Konstanten
ξ — Attraktionskoeffizient

$$a_i = 27 \cdot b_i \cdot \frac{R \cdot T_{\text{krit},i}}{8} \qquad b_i = \frac{R \cdot T_{\text{krit},i}}{8 \cdot P_{\text{krit},i}} \tag{480}$$

Es wird angenommen, daß bei $P = 0$ die molare Kohäsionsenergie $a_i \cdot \xi_i^0$ für unpolare Substanzen eine stoffunabhängige Funktion der reduzierten Temperatur T_r ist. Für polare Substanzen ist die Einführung eines individuellen Gliedes erforderlich. Der Ansatz für die Temperaturabhängigkeit des Attraktionskoeffizienten ξ_i^0 bei $P = 0$ lautet:

$$\xi_i^0 = A_1 + \frac{A_2}{T_{r,i}} - \frac{A_3}{T_{r,i}^2} + \frac{A_4}{T_{r,i}^3} + \frac{64}{27} \cdot \frac{A_5}{T_{r,i}^m} \tag{481}$$

A_1, A_2, A_3, A_4 — stoffunabhängige Konstanten
A_5 — stoffabhängige, individuelle Konstante

Für unpolare Substanzen werden nur die ersten 4 Glieder von Gleichung (481) benötigt, während für polare Substanzen entweder ein individueller Wert A_4 oder individuelle Werte für A_5 und die Potenz m zu verwenden sind. Zur Berücksichtigung der Druckabhängigkeit des Attraktionskoeffizienten ist die Ergänzung von Gleichung (481) um weitere Glieder erforderlich, die sowohl die reduzierte Temperatur $T_{r,i}$ als auch den reduzierten Druck $P_{r,i}$ bzw. das Verhältnis von Gesamtdruck P zum Dampfdruck p_i^0

der Substanz i enthalten.

$$\xi_i = \xi_i^0 + A_6 \cdot \frac{P_{r,i}}{T_{r,i}^4} + A_7 \frac{P_{r,i}^2}{T_{r,i}^5} + A_8 \frac{P_{r,i}^3}{T_{r,i}^6} + A_9 \left(\frac{P}{p_i^0}\right)^3 \tag{482}$$

Für $T_{r,i} > 1$ ist das letzte Glied auf der rechten Seite von Gleichung (482) null zu setzen. Die Berücksichtigung des Dampfdruckes im letzten Glied von Gleichung (482) gewährleistet individuelle Werte des Molvolumens der dampfförmigen Substanz bei dem Sättigungsdruck. Gleichung (482) ist gültig bis $(0{,}90 \cdots 0{,}95) \cdot P_{\text{krit}}$. Der Wert $\xi_{i,\text{krit}}$ unpolarer Substanzen kann näherungsweise über folgende empirische Beziehung berechnet werden:

$$\xi_{i,\text{krit}} = 1{,}9374 + 0{,}0001892 \cdot T_{\text{krit},i} \tag{483}$$

Ausgehend von experimentellen Werten ermittelte BLACK [71] folgende allgemeingültigen Werte der Konstanten

$A_1 = 0{,}396$	$A_5 = 0{,}000$	$A_6 = 0{,}148$
$A_2 = 1{,}181$	(für unpolare	$A_7 = 0{,}103$
$A_3 = 0{,}864$	Substanzen).	$A_8 = 0{,}091$
$A_4 = 0{,}384$		$A_9 = 0{,}177$

Einige individuelle Konstanten für schwach polare Substanzen A_5 und m bzw. A_4 sind in Tab. 34 angegeben. Für höhere Alkohole können die individuellen Konstanten A_5 über folgende von BLACK [105] angegebene empirische Beziehung ermittelt werden:

$$A_5 = 0{,}06 + \frac{0{,}06}{n_c} \tag{484}$$

n_c — Anzahl der Kohlenstoffatome

Die zugehörige Potenz für die Berechnung von ξ_i^0 über Gleichung (481) ist wie bei den in Tab. 34 für Alkohole angegebenen Werten $m = 4{,}75$.

Die Abhängigkeit des durch Gleichung (481) gegebenen Attraktionskoeffizienten bei $P = 0$ von der reduzierten Temperatur ist für unpolare Substanzen (Kurve 1) und für einige polare Substanzen in Abb. 40 dargestellt. Wie Abb. 40 zeigt, nehmen sowohl der Attraktionskoeffizient als auch die polaren Effekte — Abweichung von Kurve 1 für unpolare Gase — mit steigender Temperatur rapide ab und werden bei $T_r \geqq 1{,}3$ vernachlässigbar klein. Der Fakt, daß die Realfaktoren sowohl polarer als auch unpolarer Gase bei hohen Temperaturen dem Prinzip korrespondierender Zustände gehorchen, wird somit durch die Funktion (481) richtig wiedergegeben.

Sind für eine polare Substanz die individuellen Konstanten A_5 und m nicht bekannt, dann ist eine gute Näherung erzielbar, indem $m = 4{,}75$ angenommen und A_5 aus einem bekannten Wert der Dampfdichte bzw. des Molvolumens berechnet wird.

Tabelle 34

Individuelle Konstanten für die Ermittlung des Attraktionskoeffizienten schwach polarer Stoffe über Gleichung (481)

Verbindung	T_{krit}[°K]	P_{krit}[atm]	A_4	A_5	m
Allylalkohol	545,2	56,4	0,384	0,080	4,75
Azeton	508,16	47,0	0,384	0,053	4,75
Azetaldehyd	416,16	63,2	0,384	0,092	4,7
Azetonitril	547,86	47,7	0,384	0,123	4,94
Ammoniak	405,6	112,75	0,384	0,051	4,45
Methanol	513,16	78,6	0,384	0,120	4,75
Äthanol	516,3	63,1	0,384	0,089	4,75
Isopropanol	508,2	53,0	0,384	0,080	4,75
n-Propanol	536,88	50,0	0,384	0,080	4,75
n-Butanol	560,0	48,4	0,384	0,075	4,75
n-Pentanol	586,1	44,0	0,384	0,072	4,75
Wasser	647	218	0,384	0,026	4,75
Dimethyläther	400	51,99	0,474	0	—
Diäthyläther	467,8	36,7	0,425	0	—
Methylchlorid	416,0	65,9	0,456	0	—
Äthylchlorid	460	51,99	0,440	0	—
Methylfluorid	317,6	58,0	0,520	0	—
Chloroform	533,17	54,9	0,447	0	—
Schwefeldioxid	430,6	77,78	0,470	0	—

Für unpolare Substanzen liefert die Verbindung der Ausgangsgleichung (479) mit den Beziehungen (480) bis (482) und den Konstanten A_1 bis A_4 und A_6 bis A_9 bzw. mit der Beziehung (483) den folgenden Ausdruck für das kritische Verhältnis

$$\frac{P_{krit} \cdot v_{krit}}{R \cdot T_{krit}} = \frac{27}{64} \cdot (0{,}7293 - 0{,}0001892 \cdot T_{krit}) \tag{485}$$

Der von Black [71] durchgeführte Vergleich berechneter Werte mit Literaturwerten zeigt sowohl für organische als auch für anorganische Substanzen eine zufriedenstellende Übereinstimmung. Gleichung (485) ist geeignet zur Vorausberechnung des kritischen Volumens.

Kombinationsregeln für Gemische: Die van der Waals-Konstante b eines Gemisches ist durch Summierung über die Molanteile y_j aller im Gemisch enthaltenen Komponenten j zu ermitteln.

$$b = \sum_j y_j \cdot b_j \tag{486}$$

Zur Ermittlung der molaren Kohäsionsenergie $a \cdot \xi$ von Gemischen ist es erforderlich, Gleichung (482) in den unpolaren Anteil und den polaren Anteil aufzuspalten [61]:

$$\xi_i = \overset{*}{\xi}_i + \bar{\xi}_i^0 \tag{482a}$$

$$\overset{*}{\xi}_i = A_1 + \frac{A_2}{T_{r,i}} - \frac{A_3}{T_{r,i}^2} + \frac{A^4}{T_{r,i}^3} + A_6 \frac{P_{r,i}}{T_{r,i}^4} + A_7 \frac{P_{r,i}^2}{T_{r,i}^5} + A_8 \frac{P_{r,i}^3}{T_{r,i}^6} + A_9 \left(\frac{P}{p_i^0}\right)^3 \tag{482b}$$

$$\bar{\xi}_i^0 = \frac{64}{27} \cdot \frac{A_5}{T_{r,i}^m} \tag{482c}$$

Für Gasgemische ist das geometrische Mittel getrennt für den unpolaren Anteil $a \cdot \overset{*}{\xi}_j$ und für den polaren Anteil $a \cdot \bar{\xi}_j^0$ über alle im Gemisch ent-

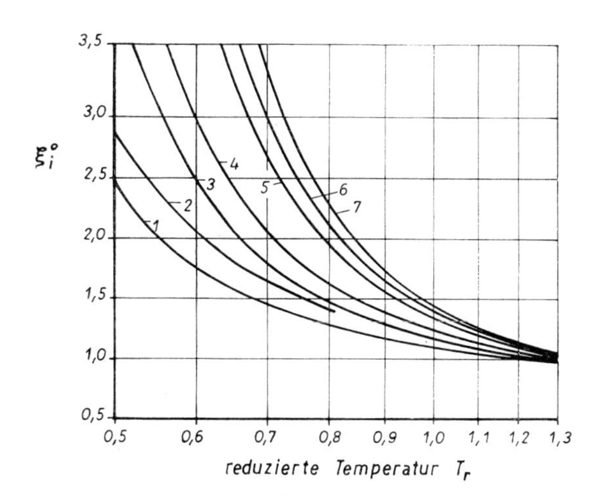

Kurve 1 unpolare Substanzen
2 Chloroform, A_4 = 0,447
3 Wasser, A_5 = 0,026, m = 4,75
4 Ammoniak, A_5 = 0,051, m = 4,45
5 Azetaldehyd, A_5 = 0,092, m = 4,7
6 Methanol, A_5 = 0,120, m = 4,75
7 Azetonitril, A_5 = 0,123, m = 4,94

Abb. 40: Temperaturabhängigkeit des Attraktionskoeffizienten ξ_i^0 bei $P = 0$

haltenen Komponenten j zu bilden.

$$(a \cdot \overset{*}{\xi})^{0,5} = \sum_j y_j (a_j \cdot \overset{*}{\xi}_j)^{0,5} \tag{487}$$

$$(a \cdot \bar{\xi}^0)^{0,5} = \sum_j y_j (a_j \cdot \bar{\xi}_j^0)^{0,5} \tag{488}$$

Bei Gemischen polarer Gase können spezielle chemische Effekte auftreten. Ein Beispiel hierfür ist das binäre Gemisch Diäthyläther—Chloroform. Zur Berücksichtigung derartiger Effekte fügt BLACK [61] noch ein Glied mit einer binären Konstanten E_{jk} und der Potenz m' zur VAN DER WAALSschen Gleichung (479) für Gemische hinzu. Die binären Konstanten und m' sind aus experimentell ermittelten Werten des binären Gemischs der Komponenten j und k zu bestimmen. Für Vielstoffgemische werden die binären Konstanten E_{jk} über alle binären Gemische, in denen chemische Effekte auftreten, summiert. Unter Berücksichtigung der binären Konstanten und deren Kombinationsregel lautet die erweiterte VAN DER WAALSsche Gleichung für Gemische:

$$v = \frac{R \cdot T}{P} + \sum_j y_j b_j - \frac{\left[\sum_j y_j (a_j \cdot \overset{*}{\xi}_j)^{0,5}\right]^2}{RT} - \frac{\left[\sum_j y_j (a_j \cdot \bar{\xi}_j^0)^{0,5}\right]^2}{RT}$$

$$+ 0,5 \sum_{jk} y_j y_k \frac{E_{jk}}{T_{r,jk}^{m'}} \tag{489}$$

mit

$$T_{r,jk} = (T_{r,j} \cdot T_{r,k})^{0,5}$$

Bei der Formulierung des letzten Gliedes auf der rechten Seite von Gleichung (489) wurde $j \neq k$ oder $E_{jj} = 0$ und $E_{kk} = 0$ vorausgesetzt.

Gleichung (489) hat gegenüber anderen bisher behandelten Gleichungen den Vorteil, daß sie volumenexplizit ist und daß somit der Fugazitätskoeffizient $\bar{\varphi}_i$ der Gemischkomponente i über das ebenfalls ermittelbare partielle molare Volumen $\bar{v}_i$ und Gleichung (178) direkt bestimmt werden kann.

4.5.2. *Berechnung des partiellen molaren Volumens, der Fugazitätskoeffizienten φ_i und $\bar{\varphi}_i$ und des Druckimperfektionskoeffizienten θ_i*

Der Fugazitätskoeffizient φ_i des reinen dampfförmigen Stoffes kann direkt durch Einsetzen von Gleichung (479) mit (480) bis (482) in Gleichung (168) und anschließender Integration über den Druck ermittelt werden. Das von

Black [61] angegebene Ergebnis lautet:

$$\ln \varphi_i = \frac{P_{r,i}}{8 \cdot T_{r,i}} \cdot \left\{1 - \frac{27}{8} \cdot T_{r,i} \cdot \left[\xi_i^0 + \frac{A_6}{2} \cdot \frac{P_{r,i}}{T_{r,i}^4} + \frac{A_7}{3} \cdot \frac{P_{r,i}^2}{T_{r,i}^5} + \frac{A_8}{4} \cdot \frac{P_{r,i}^3}{T_{r,i}^6} + \frac{A_9}{4} \cdot \left(\frac{P}{p_i^0}\right)^3\right]\right\} \tag{490}$$

Gleichung (490) gilt bis zu $(0{,}90 \cdots 0{,}95) \cdot P_{\text{krit},i}$. Das partielle molare Volumen $\bar{v}_i$ der Komponente i in einem dampfförmigen Gemisch wird durch partielle Differentiation von Gleichung (489) entsprechend dem Ansatz

$$\bar{v}_i = v + \frac{\partial v}{\partial y_i} - \sum_j y_j \frac{\partial v}{\partial y_j} \tag{143a}$$

ermittelt, wobei v das Molvolumen des dampfförmigen Gemischs ist. Die Summierung erfolgt über alle Komponenten einschließlich der Komponenten i. Bei Vernachlässigung des nur bei auftretender chemischer Wechselwirkung erforderlichen letzten Gliedes von Gleichung (489) lautet das Ergebnis [61]

$$\bar{v}_i = \frac{R \cdot T}{P} + b_i - \frac{a_i \cdot \xi_i}{RT} + \frac{1}{RT}\left(\sum_j y_j \overset{*}{D}_{ij}\right)^2 + \frac{1}{RT}\left(\sum_j y_j \overset{*}{D}{}_{ij}^0\right)^2 \tag{491}$$

mit

$$\overset{*}{D}_{ij} = (a_i \overset{*}{\xi}_i)^{0,5} - (a_j \cdot \overset{*}{\xi}_j)^{0,5}$$
$$\bar{D}_{ij}^0 = (a_i \cdot \bar{\xi}_i^0)^{0,5} - (a_j \cdot \bar{\xi}_j^0)^{0,5} \tag{492}$$

Der Fugazitätskoeffizient $\bar{\varphi}_i$ der Komponente i im Gemisch kann durch Einsetzen von Gleichung (491) mit (492) in Gleichung (178) und anschließende Integration über den Druck ermittelt werden. Zur Vereinfachung wurde von Black [61] mit $\xi_i = \xi_i^0$ für die Integration angenommen, daß das Zusammensetzungsglied unabhängig vom Druck ist. Der hierdurch entstehende Fehler ist gering, da das Zusammensetzungsglied im Vergleich zum Gesamtwert klein ist. Bei der Ableitung des Ausdrucks für $\bar{\varphi}_i$ von Black [61] wurde ergänzend zur angegebenen Gleichung für das partielle molare Volumen $\bar{v}_i$, Gleichung (491), das aus Gleichung (489) folgende zusätzliche Glied mit den binären Konstanten E_{jk} zur Berücksichtigung chemischer Effekte bei Gemischen mit polaren Substanzen mit einbezogen.

$$\ln \bar{\varphi}_i = \frac{P}{RT} \cdot \left[b_i - \frac{a_i \cdot \mu_i^*}{RT} + \frac{\left(\sum_j y_j \cdot \overset{*}{D}{}_{ij}^0\right)^2 + \left(\sum_j y_j \bar{D}_{ij}^0\right)^2}{RT} + \sum_j y_j (1 - y_i) \frac{E_{ij}}{T_{r,ij}^{m'}} - 0{,}5 \cdot \sum_{jk} y_j y_k \cdot \frac{E_{jk}}{T_{r,jk}^{m'}}\right] \tag{493}$$

mit $\overset{*}{D}{}^0_{i,j} = (a_i \cdot \overset{*}{\xi}_i{}^0)^{0,5} - (a_j \cdot \overset{*}{\xi}_j{}^0)^{0,5}$

$$\overline{D}{}^0_{ij} = (a_i \cdot \overline{\xi}_i{}^0)^{0,5} - (a_j \cdot \overline{\xi}_j{}^0)^{0,5} \tag{494}$$

$$\overset{*}{\xi}_i{}^0 = A_1 + \frac{A_2}{T_{r,i}} - \frac{A_3}{T^2_{r,i}} + \frac{A_4}{T^3_{r,i}} \tag{495}$$

$$\mu_i{}^* = \xi_i{}^0 + \frac{A_6}{2} \cdot \frac{p_{r,i}}{T^4_{r,i}} + \frac{A_7}{3} \cdot \frac{p^2_{r,i}}{T^5_{r,i}} + \frac{A_8}{4} \cdot \frac{p^3_{r,i}}{T^6_{r,i}} + \frac{A_9}{4} \cdot \left(\frac{y_1 \cdot P}{p_i{}^0}\right)^3 \tag{496}$$

Bei der Summierung über die binären Gemische mit chemischen Effekten im 4. Glied und 5. Glied innerhalb der []-Klammer von Gleichung (493) sind $i \neq j$ bzw. $j \neq k$, $j \neq i$ und $k \neq i$ zu beachten. Die binäre Konstante E_{ij} gilt für Gemische der Komponente i mit den anderen Komponenten j, bei denen chemische Effekte auftreten. Die analoge Aussage gilt für E_{jk}, wobei j und k jeden Wert außer i annehmen können. Die für diese Glieder erforderlichen reduzierten Temperaturen $T_{r,ij}$ und $T_{r,jk}$ sind über das geometrische Mittel — siehe Gleichung (489) für $T_{r,jk}$ — zu ermitteln. Treten in den binären Gemischen mit polaren Komponenten keine chemischen Effekte auf bzw. besteht das Gemisch nur auf unpolaren Komponenten, dann entfallen das 4. und das 5. Glied innerhalb der letzten Klammer. Für ein Gemisch aus unpolaren Komponenten entfällt weiterhin $\overline{D}_{ij}$, da $A_5 = 0{,}000$ für alle Komponenten wird. Zu beachten ist, daß in Gleichung (496) für $\mu_i{}^*$ der reduzierte Druck $p_{r,i}$ der Komponente i mit dem Partialdruck der Komponente i im Gemisch $y_i \cdot P$ zu bilden ist:

$$p_{r,i} = \frac{y_i \cdot P}{P_{\text{krit},i}} \quad \text{in Gleichung (496).}$$

Mit den Gleichungen (490) und (493) mit den ergänzenden Beziehungen sind die Voraussetzungen gegeben, um eine allgemeine Beziehung für den Druckimperfektionskoeffizienten θ_i aufzustellen, wenn das Molvolumen der Komponente i im flüssigen Gemisch $v_i^{\text{flüssig}}$ als bekannt vorausgesetzt wird und mit ausreichender Genauigkeit gleich dem partiellen molaren Volumen $\overline{v}_i^{\text{flüssig}}$ der Komponente i im flüssigen Gemisch ist. Die letztgenannte Voraussetzung ist dann immer erfüllt, wenn das Zusatzvolumen v^E des flüssigen Gemisches vernachlässigbar klein ist. Weiterhin werden vorausgesetzt, daß $v_i^{\text{flüssig}}$ unabhängig vom Druck ist und daß der Partialdruck $p_i{}^0$ der Komponente i und der Gemischdruck P sich nur um wenige Atmosphären unterscheiden. Das mit diesen Voraussetzungen von Black [61] ermittelte Ergebnis lautet:

$$\ln \theta_i = \frac{P - p_i{}^0}{RT} \cdot \left[b_i - v_i^{\text{flüssig}} - \frac{a_i \cdot \mu_i{}^*}{RT} + \frac{\left(\sum_j y_j \overset{*}{D}{}^0_{ij}\right)^2}{RT} + \frac{\left(\sum_j y_j \overline{D}{}^0_{ij}\right)^2}{RT} \right.$$

$$\left. + \sum_j y_j (1 - y_i) \frac{E_{ij}}{T^{m'}_{r,ij}} - 0{,}5 \sum_{jk} y_j y_k \frac{E_{jk}}{T^{m'}_{r,jk}} \right] \tag{497}$$

Die Bezeichnungsweise ist analog zu Gleichung (493). Für die Summation gelten ebenfalls die in Zusammenhang mit Gleichung (493) gemachten Aussagen. Für die Berechnung von Dampf-Flüssigkeits-Gleichewichten bei Normaldruck oder wenigen Atmosphären Überdruck kann μ_i^* mit guter Näherung durch ξ_i^0 ersetzt werden. Binäre Koeffizienten sind dann erforderlich, wenn Assoziation infolge Wasserstoffbrückenbildung zwischen gleichartigen

Tabelle 35

Konstanten für die Berechnung des Druckimperfektionskoeffizienten über Gleichung (498)

p_r°	$-A_1'$	A_2'	$-A_3'$	A_4'	$-A_5'$	A_6'
0,001	4,40	2,20	0,95	0,30	0,55	0,0060
0,002	3,70	1,83	0,70	0,18	0,034	0,00370
0,005	2,90	1,40	0,47	0,096	0,018	0,00195
0,01	2,43	1,14	0,34	0,060	0,011	0,0012
0,02	2,00	0,91	0,24	0,037	0,007	0,00074
0,05	1,53	0,63	0,15	0,0187	0,0037	0,00039
0,1	1,23	0,445	0,10	0,0110	0,0022	0,00022
0,2	0,97	0,290	0,056	0,0064	0,0013	0,00013
0,5	0,69	0,137	0,0256	0,0031	0,00063	0,000066
1,0	0,51	0,072	0,0140	0,0018	0,00037	0,000038
2	0,372	0,0385	0,0075	0,00106	0,00022	0,000023
5	0,238	0,0160	0,0034	0,00052	0,000110	0,000011
10	0,159	0,0079	0,0018	0,00030	0,000063	0,000006
20	0,108	0,0038	0,00095	0,000175	0,000037	0,0000035
50	0,060	0,00136	0,00039	0,000086	0,000018	0,0000016
100	0,041	0,00060	0,00020	0,000050	0,000010	0,0000010

Molekülen eines Stoffes auftritt oder wenn infolge Wasserstoffbrückenbildung zwischen den ungleichartigen Molekülen der beiden Komponenten des binären Gemisches sehr starke Wechselwirkungskräfte vorhanden sind. Ein Beispiel für den zweiten Fall ist das Gemisch Chloroform—Diäthyläther, für das folgende Konstanten gelten [71]:

$$E_{12} = -7{,}34$$

$$m' = 12$$

E ist allgemein negativ und nimmt bei niedrigen Temperaturen bedeutende Werte an. Binäre Koeffizienten werden erforderlich für Gemische zwischen einem Äther oder einem Keton und Halogenkohlenwasserstoffen wie Chloroform, die „aktiven“ Wasserstoff enthalten.

Eine durch Rekorrelation bekannter Werte gewonnene Gleichung zur Berechnung des Druckimperfektionskoeffizienten θ_i wird von EDMISTER

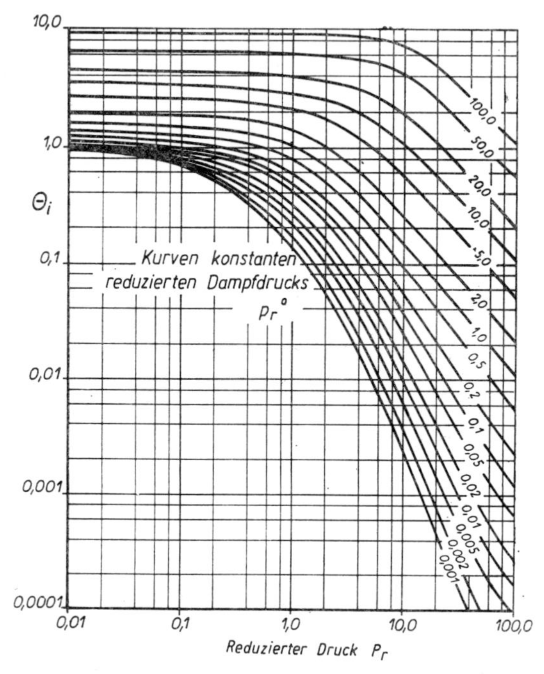

Abb. 41: Druckimperfektionskoeffizient θ_i als Funktion des reduzierten Druckes P_r und des reduzierten Dampfdrucks p_r^0

[106] angegeben.

$$\ln \theta_i = A_1'[P_r - p_r^0] + A_2'[P_r^2 - (p_r^0)^2] + A_3'[P_r^3 - (p_r^0)^3] + A_4'[P_r^4 - (p_r^0)^4] + A_5'[P_r^5 - (p_r^0)^5] + A_6[P_r^6 - (p_r^0)^6] \quad (498)$$

P_r — reduzierter Druck
p_r^0 — reduzierter Dampfdruck

Die Konstanten A_1' bis A_6' sind Funktionen nur des reduzierten Dampfdruckes p_r^0. Diese Konstanten sind in Tab. 35 angegeben. Die Abhängigkeit von der reduzierten Temperatur konnte eliminiert werden, da die Dampfdrücke selbst Funktionen der reduzierten Temperatur und des azentrischen

Faktors sind. Die Gültigkeit von Gleichung (498) ist begrenzt auf Kohlenwasserstoffe, deren Dampfdrücke als Funktion der reduzierten Temperatur und des azentrischen Faktors dargestellt werden können.

Zur Ermittlung des Druckimperfektionskoeffizienten für Handrechnungen zur Bestimmung der Dampf-Flüssigkeits-Gleichgewichtskonstante K_i erarbeitete EDMISTER [106] ebenfalls ein Diagramm für $\theta_i = f(P_r)$ mit $p_r{}^0$ als Parameter, das in Abb. 41 dargestellt ist. Voraussetzung für die Gültigkeit von Abb. 41 ist ebenfalls, daß die Dampfdrücke als Funktion der reduzierten Temperatur und des azentrischen Faktors ermittelt wurden (Gleichung (14)).

5. Methoden der Korrelation und Berechnung des Flüssigkeitsphasenaktivitätskoeffizienten und der Gleichgewichtskonstanten K_i

5.1. Anwendung der Theorie regulärer Lösungen

5.1.1. *Berechnung des Zusatzbetrages der freien Enthalpie und des Aktivitätskoeffizienten über den Löslichkeitsparameter — ursprüngliche Theorie*

Nur wenn sowohl das Zusatzvolumen als auch der Zusatzbetrag der freien Enthalpie g^E gleich null sind, sind die Voraussetzungen für ein ideales Gemisch und damit — unter anderem — auch für das RAOULTsche Gesetz erfüllt. Jedoch bilden nur sehr wenige Substanzen ideale Gemische. Dem gegenüber bilden viele unpolare Stoffe reguläre Gemische. Reguläre Gemische sind insofern nichtideal, als die Mischungswärme ungleich null ist, während das Zusatzvolumen und die Zusatzentropie bei konstantem Volumen weiterhin gleich null sind. Die Mischungswärme repräsentiert somit bei regulären Gemischen die gesamte Nichtidealität. Die beiden Voraussetzungen, daß das Zusatzvolumen und die Zusatzentropie bei der Theorie regulärer Lösungen gleich null sind, haben nur geringen Einfluß auf den Zusatzbetrag der freien Enthalpie [60]. Somit können auch dann, wenn diese beiden Voraussetzungen durch das Experiment nur sehr grob oder ungenügend erfüllt sind, noch zufriedenstellende Ergebnisse von der Theorie regulärer Lösungen erwartet werden. Die Theorie regulärer Lösungen liefert folgende Beziehung zwischen dem Zusatzbetrag der freien Enthalpie g^E und der molaren kohäsiven Energiedichte $\Delta u^v/v$ eines binären Gemisches:

$$g^E = (x_1 \cdot v_1 + x_2 \cdot v_2) \cdot \Phi_1 \cdot \Phi_2 \cdot \left[\left(\frac{\Delta u^v}{v}\right)_{11} + \left(\frac{\Delta u^v}{v}\right)_{22} - 2\left(\frac{\Delta u^v}{v}\right)_{12}\right] \quad (499)$$

g^E — Zusatzbetrag der freien Enthalpie
x_1, x_2 — Molanteile der Komponenten 1 und 2
v — Molvolumen

$$\Phi_1 = \frac{x_1 \cdot v_1}{x_1 \cdot v_1 + x_2 \cdot v_2} \qquad \Phi_2 = \frac{x_2 \cdot v_2}{x_1 \cdot v_1 + x_2 \cdot v_2} \quad (500)$$

$\Phi_{1.2}$ — Volumenanteile
$\frac{\Delta u^v}{v}$ — molare kohäsive Energiedichte

Δu^v ist die Änderung der inneren Energie, die mit der isothermen Verdampfung der siedenden Flüssigkeit in den Idealgaszustand verbunden ist. HILDEBRAND und SCOTT [58] geben für Δu^v folgende Gleichung an, die zur

Berechnung für einen reinen Stoff herangezogen werden kann:

$$\Delta u^v = \left(RT^2 \frac{d \ln p_i^0}{dT} - RT \right) z \tag{501}$$

p_i^0 — Dampfdruck der siedenden Flüssigkeit
z — Realfaktor des gesättigten Dampfes

Die ursprüngliche Theorie regulärer Lösungen von SCATCHARD und HILDEBRAND macht die bedeutende Annahme, daß die kohäsive Energiedichte für die Wechselwirkung zwischen ungleichen Molekülen gleich dem geometrischen Mittel der kohäsiven Energiedichten für die Wechselwirkung zwischen gleichartigen Molekülen jeder der beiden Komponenten des binären Gemisches ist.

$$\left(\frac{\Delta u^v}{v} \right)_{12} = \left[\left(\frac{\Delta u^v}{v} \right)_{11} \cdot \left(\frac{\Delta u^v}{v} \right)_{22} \right]^{0,5} \tag{502}$$

Der *Löslichkeitsparameter* δ ist definiert als Quadratwurzel der molaren kohäsiven Energiedichte.

$$\delta_i = \left(\frac{\Delta u^v}{v} \right)_{ii}^{0,5} \tag{503}$$

Unter Verwendung der Kombinationsregel Gleichung (502) und der Definitionsgleichung (503) für den Löslichkeitsparameter der Komponente i folgt aus Gleichung (499) die gesuchte Beziehung zwischen dem Zusatzbetrag der freien Enthalpie g^E des binären Gemisches mit den Volumenanteilen Φ_1 und Φ_2 und den Molanteilen x_1 und x_2 und den Löslichkeitsparametern δ_1 und δ_2 der Gemischkomponenten.

$$g^E = (x_1 v_1 + x_2 v_2) \cdot \Phi_1 \cdot \Phi_2 \cdot (\delta_1 - \delta_2)^2 \tag{504}$$

δ_1, δ_2 — Löslichkeitsparameter der reinen Stoffe 1 und 2

Nach der ursprünglichen Theorie regulärer Gemische sind zur Berechnung des Zusatzbetrages der freien Enthalpie eines Gemisches neben den Konzentrationsmaßen x_1 und Φ_1 nur das Molvolumen v und der Löslichkeitsparameter δ als Eigenschaften der reinen Stoffe erforderlich. Löslichkeitsparameter für eine Anzahl reiner Stoffe sind in den Tab. 3, 20 und 36 angegeben. In den beiden letztgenannten Tabellen sind ebenfalls die Molvolumina der reinen Stoffe mit angegeben. Weitere Löslichkeitsparameter für nicht erfaßte Stoffe können über Gleichung (501) berechnet werden. Für die Temperaturabhängigkeit des Löslichkeitsparameters geben HILDEBRAND und SCOTT [58] folgende Gleichung an:

$$\frac{d \ln \delta}{dT} \approx -1{,}25 \cdot \alpha_P^* \tag{505}$$

α_P^* — thermischer Ausdehnungskoeffizient

Tabelle 36

Löslichkeitsparameter und Molvolumina verzweigter und Ringkohlenwasserstoffe

Substanz	T [°C]	$v^{\text{flüssig}}$ [l/kmol]	δ [kcal/l]^{0,5}
Benzol	25	89,24	9,16
	50	92,26	8,78
	75	95,29	8,43
Toluol	25	106,85	8,93
	50	109,76	8,61
	75	113,01	8,29
n-Pentan	25	105,77	7,05
	50	121,93	6,65
	75	127,76	6,25
Neopentan	25	123,31	6,29
	50	129,46	5,84
	75	135,61	5,38
Isopentan	25	117,43	6,78
	50	122,68	6,40
	75	128,58	6,00
Zyklopentan	25	94,69	8,12
	50	97,90	7,77
	75	101,31	7,42
n-Hexan	25	131,50	7,28
	50	136,38	6,94
	75	141,95	6,60
2-Methylpentan	25	132,73	7,04
	50	137,38	6,72
	75	142,32	6,39
3-Methylpentan	25	130,62	7,14
	50	135,32	6,82
	75	140,49	6,49
2,2-Dimethylbutan	25	133,74	6,72
	50	139,11	6,39
	75	145,16	6,04
2,3-Dimethylbutan	25	133,74	6,92
	50	139,07	6,60
	75	145,05	6,27
Methylzyklopentan	25	113,12	7,85
	50	116,56	7,54
	75	120,01	7,22
Zyklohexan	25	108,75	8,20
	50	112,19	7,87
	75	115,96	7,54

Tabelle 36 (Fortsetzung)

Substanz	T [°C]	$v^{\text{flüssig}}$ [l/kmol]	δ [kcal/l]^{0,5}
n-Heptan	25	147,41	7,44
	50	152,30	7,13
	75	157,70	6,82
2-Methylhexan	25	148,53	7,22
	50	153,23	6,92
	75	159,32	6,63
3-Methylhexan	25	146,87	7,29
	50	151,19	6,98
	75	158,98	6,64
2,4-Dimethylpentan	25	149,82	6,98
	50	154,06	6,69
	75	157,98	6,42
2,3-Dimethylpentan	25	146,01	7,21
	50	150,11	6,94
	75	156,02	6,62
3,3-Dimethylpentan	25	145,40	7,09
	50	149,91	6,80
	75	154,42	6,52
2,2-Dimehtylpentan	25	149,66	6,92
	50	154,65	6,62
	75	160,01	6,34
2,2,3-Trimethylbutan	25	146,10	6,96
	50	151,37	6,66
	75	157,63	6,36
Methylzyklohexan	25	128,40	8,13
	50	132,12	7,86
	75	136,22	7,59
n-Oktan	25	163,99	7,52
	50	168,44	7,27
	75	174,09	6,99
2,2,4-Trimethylpentan	25	166,06	6,86
	50	171,27	6,59
	75	176,99	6,31
2,2,3-Trimethylpentan	25	160,38	7,12
	50	164,88	6,90
	75	169,38	6,63
2,3,3-Trimethylpentan	25	158,13	7,26
	50	162,38	6,99
	75	166,63	6,73

In Gleichung (504) geht ebenso wie in die Gleichungen für die Aktivitätskoeffizienten die Differenz der Löslichkeitsparameter ein. Ein Vergleich der in Tab. 36 angegebenen Löslichkeitsparameter für so unterschiedliche Stoffe wie Benzol und Hexan für die Temperaturen 25 °C und 75 °C zeigt, daß sich deren Differenz über das Temperaturintervall von 50 grd nur um 0,05 oder 3% von 1,88 bei 25 °C auf 1,83 bei 75 °C ändert. Aus diesem Grund ist es zulässig, über weite Temperaturbereiche mit konstanten Werten der Löslichkeitsparameter zu rechnen.

Eine der Grundlagen der Theorie regulärer Lösungen ist die Annahme, daß die Zusatzentropie s^E gleich null ist. Aus dieser Annahme folgt, daß der Zusatzbetrag der freien Enthalpie g^E und die Mischungswärme oder Zusatzenthalpie h^E gleich sein müssen, so daß mit $h^E = g^E$ über Gleichung (504) auch die Mischungswärme berechnet werden könnte. Die Übereinstimmung solcherart berechneter Werte mit experimentell ermittelten Werten ist jedoch nicht zufriedenstellend. Eine Überarbeitung der Theorie regulärer Lösungen von HILDEBRAND und SCOTT [58] führte zu der verbesserten Gleichung (206), die bereits angegeben wurde.

Gleichung (504) ist der Ausgangspunkt zur Ermittlung von Beziehungen für die Aktivitätskoeffizienten der Komponenten eines binären Gemischs durch partielle Differentiation nach Gleichung (214). Die Ergebnisse der partiellen Differentiation nach den Molanteilen x_1 und x_2 lauten:

$$\ln \gamma_1 = \frac{v_1 \cdot \Phi_2^2}{R \cdot T} \cdot (\delta_1 - \delta_2)^2 \tag{506}$$

$$\ln \gamma_2 = \frac{v_2 \cdot \Phi_1^2}{R \cdot T} \cdot (\delta_1 - \delta_2)^2 \tag{507}$$

Die Gleichungen für die Aktivitätskoeffizienten können ohne Schwierigkeit auf Vielstoffgemische erweitert werden.

$$\ln \gamma_i = \frac{v_i \cdot (\delta_i - \delta^m)^2}{RT} \tag{508}$$

mit
$$\delta^m = \frac{\sum_j x_j v_j \delta_j}{\sum_j x_j v_j} \tag{509}$$

δ^m — mittlerer Löslichkeitskoeffizient des Gemisches

Auch für die Berechnung der Aktivitätskoeffizienten in einem Vielstoffgemisch sind nach der ursprünglichen Theorie regulärer Lösungen nur die Löslichkeitsparameter der Gemischkomponenten erforderlich, wobei über Gleichung (509) der mittlere Löslichkeitsparameter zu berechnen ist.

5.1.2. Berechnung der van Laar-Konstanten über den Löslichkeitsparameter

Die Gleichungen (506) und (507) beschreiben die funktionelle Abhängigkeit der Aktivitätskoeffizienten γ_1 und γ_2 von Löslichkeitsparametern δ_1 und δ_2, den Molvolumina v_1 und v_2 der flüssigen Komponenten 1 und 2 und der Zusammensetzung des binären Gemischs, gekennzeichnet durch die Volumenanteile Φ_1 und Φ_2. Eine für binäre Gemische ebenfalls oft angewandte Gleichung für den funktionellen Zusammenhang zwischen Aktivitätskoeffizienten und Zusammensetzung ist die VAN LAAR-Gleichung.

$$\ln \gamma_1 = \frac{A}{\left[\frac{A}{B} \cdot \frac{x_1}{x_2} + 1\right]^2} \tag{510}$$

$$\ln \gamma_2 = \frac{B}{\left[\frac{B}{A} \cdot \frac{x_2}{x_1} + 1\right]^2} \tag{511}$$

A, B — VAN LAAR-Konstanten

In der VAN LAAR-Gleichung werden die Molanteile x_1 und x_2 statt der Volumenanteile Φ_1 und Φ_2 der Komponenten zur Beschreibung der Zusammensetzung verwendet. Ungeachtet dessen müssen für gleiche Werte der Aktivitätskoeffizienten auch die linken Seiten der Gleichungen (506) und (510) bzw. (507) und (511) gleich sein. Diese Bedingung liefert den Zusammenhang zwischen den VAN LAAR-Konstanten und den Löslichkeitsparametern.

$$A = \frac{v_1}{RT} \cdot (\delta_1 - \delta_2)^2 \tag{512}$$

$$B = \frac{v_2}{RT} \cdot (\delta_2 - \delta_1)^2 \tag{513}$$

Die Gleichungen (512) und (513) sagen aus, daß die VAN LAAR-Konstanten quadratische Funktionen der Differenz der molaren kohäsiven Energiedichten der Gemischkomponenten sind.
(Beachte: $(\delta_1 - \delta_2)^2 = (\delta_2 - \delta_1)^2$!).

Bei bekannten VAN LAAR-Konstanten können die Nenner der VAN LAAR-Gleichungen (510) und (511) als Funktion der Molanteile über das von EDMISTER [107] angegebene Diagramm Abb. 42 ermittelt werden. Abb. 43 ermöglicht dann die Bestimmung der Aktivitätskoeffizienten für die jeweilige Flüssigkeitszusammensetzung.

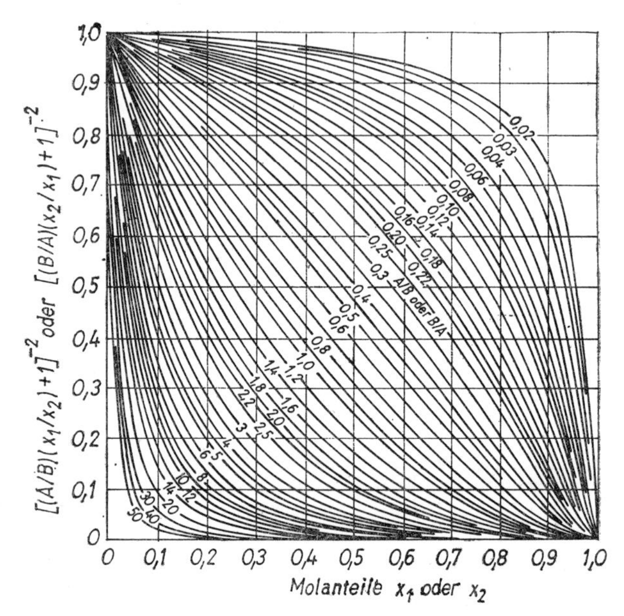

Abb. 42: Darstellung der Konzentrationsfunktion der VAN LAAR-Gleichung

5.1.3. *Berechnung der Dampf-Flüssigkeits-Gleichgewichtskonstanten nach Chao und Seader*

Die Berechnung der Gleichgewichtszusammensetzung der zu einem vorgegebenen flüssigen Gemisch zugehörigen Dampfphase bzw. der zu einem vorgegebenen dampfförmigen Gemisch zugehörigen flüssigen Phase erfordert die Berechnung der Dampf-Flüssigkeits-Gleichgewichtskonstanten K_i für jede Komponente. Die ursprünglich von CHAO und SEADER [43] vorgeschlagene Methode basiert auf folgender Gleichung für K_i:

$$K_i = \frac{\varphi_i^{\text{flüssig}} \cdot \gamma_i}{\overline{\varphi}_i^{\text{dampf}}} \tag{322}$$

$\varphi_i^{\text{flüssig}}$ — Flüssigphasenfugazitätskoeffizient des reinen Stoffes i
γ_i — Aktivitätskoeffizient der Komponente i im flüssigen Gemisch
$\overline{\varphi}_i$ — Fugazitätskoeffizient der Komponente i im dampfförmigen Gemisch

$$K_i = \frac{y_i}{x_i} \tag{311}$$

y_i — Molanteile der Komponente i im dampfförmigen Gemisch
x_i — Molanteile der Komponente i im flüssigen Gemisch

Nach der Methode von CHAO und SEADER wird der Dampfphasenfugazitätskoeffizient $_i$ der Komponente $\bar{\varphi}i$ über die aus der Zustandsgleichung von REDLICH und KWONG [83] gewonnenen Beziehung (383) — siehe Abschnitt 4.1.2. — berechnet. Die Verwendung dieser Beziehung ist jedoch nicht Bedingung, so daß auch eine andere unter Punkt 4. angegebene Beziehung für $\bar{\varphi}_i$ angewandt werden kann.

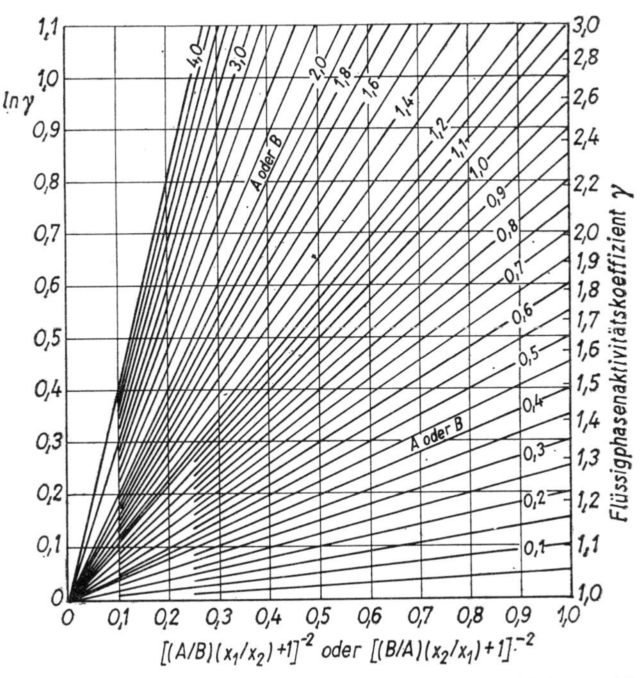

Abb. 43: Darstellung der Flüssigphasenaktivitätskoeffizienten binärer Gemische über die VAN LAAR-Gleichung

Der Flüssigphasenfugazitätskoeffizient $\varphi_i^{\text{flüssig}}$ ist über die Gleichung (171) zu berechnen. Die in dieser Gleichung zu verwendenden angepaßten azentrischen Faktoren ω_i sind in Tab. 20 angegeben. Infolge der Anpassung an experimentell ermittelte Gleichgewichtsdaten weichen die in Tab. 20 angegebenen Werte für ω_i teilweise von den in anderen Tabellen angegebenen Werten ab. Die Werte der Konstanten in der zugehörigen Gleichung (174) sind in Tab. 18 angegeben. Zur Ermittlung von P_r in Gleichung (174) ist der Gemischdruck zu verwenden. Diese von CHAO und SEADER [43] vorgeschlagene Korrelation ist auch für überkritische Gemischkomponenten gültig. Eine weitere Möglichkeit zur Berechnung des Flüssigphasenfugazitätskoeffizienten ist über den reduzierten Fugazitätskoeffizienten und Gleichung (308) nach LYCKMAN, ECKERT und PRAUSNITZ [70] gegeben.

Kennzeichnend für die von CHAO und SEADER vorgeschlagene Methode zur Berechnung von K_i ist die Berechnung des Aktivitätskoeffizienten γ_i über die Gleichung (508), d. h. auf der Basis der Theorie regulärer Lösungen. Damit ist die Gültigkeit dieser Methode auf unpolare Stoffe eingeschränkt, wobei die mit höheren Konzentrationen im Gemisch enthaltenen Komponenten eine möglichst ähnliche Struktur haben sollten. Obwohl die Theorie regulärer Lösungen ursprünglich für kugelförmige Moleküle entwickelt wurde, hat sich die CHAO-SEADER-Methode auch bei unverzweigten und verzweigten Kettenkohlenwasserstoffen gut bewährt. CHAO und SEADER geben folgende Gültigkeitsgrenzen ihrer Methode an:

1. $0{,}5 \leqq T_{r,i} \leqq 1{,}3$
2. Drücke bis 200 at, jedoch $P_r \leqq 0{,}8$
3. Für methan- und wasserstoffhaltige Gemische:
   - $T_r < 0{,}93$
   - $-70 \leqq T \leqq 260$ [°C]
   - $P \leqq 800$ at
   - für andere gelöste Gase $x_i \leqq 0{,}2$

Eine von LENOIR und KOPPANY [108] durchgeführte Fehleranalyse führt zu weiteren Gültigkeitsgrenzen bzw. zu einer teilweisen Korrektur der von CHAO und SEADER angegebenen Gültigkeitsgrenzen:

4. Molanteile von Methan im flüssigen Gemisch $x_{\text{Methan}} < 0{,}3$
5. Korrektur zu Punkt 2: Druck $P < 100$ at
6. Aromatengehalt $x < 0{,}5$ bei Berechnung von K_i für Paraffine oder Olefine
7. Aromatengehalt $x > 0{,}5$ bei Berechnung von K_i für Aromaten
8. Ergänzung zu 1: $T < 260$ [°C]

Innerhalb dieser Grenzen liefert die CHAO-SEADER-Methode zufriedenstellende Werte für unpolare Gemische.

5.1.4. *Einführung binärer Konstanten*

Obwohl die Theorie regulärer Lösungen in vielen Fällen zu zufriedenstellenden bzw. brauchbaren Ergebnissen führt, war es im vorangegangenen Punkt — selbst bei Beschränkung auf unpolare Stoffe — erforderlich, noch zusätzliche Einschränkungen hinsichtlich der Gemischzusammensetzung zu machen. Die Ursache hierfür liegt in der Unfähigkeit der Theorie regulärer Lösungen — diese Aussage gilt auch für alle anderen Lösungstheorien — eine theoretisch fundierte Beziehung für die Wechselwirkungskräfte zwischen ungleichen Molekülen als Funktion der Wechselwirkungskräfte zwischen gleichen Molekülen zu liefern. Dieser Mangel wurde von SCATCHARD und HILDEBRAND überbrückt durch die Annahme der Kombinationsregel Gleichung (502). Eine Verbesserung dieser Situation ist auf zwei Wegen möglich:

a) Verwendung eines theoretisch fundierten Ansatzes zur Berechnung der Wechselwirkungspotentiale auf der Basis der statistischen Thermodynamik;

b) Anpassung berechneter an experimentell ermittelte Aktivitätskoeffizienten für binäre Gemische durch Verwendung einer empirischen binären Konstanten.

Eine Vorgehensweise entsprechend a) kompliziert die Rechnung außerordentlich. Darüber hinaus ist bei dem heutigen Stand der theoretischen Entwicklung für nichtkugelförmige Moleküle bzw. auch nur schwach polare Stoffe die Einführung eines empirischen Anpassungsparameters erforderlich. Insbesondere aus dem letztgenannten Grund ist eine Prüfung der Gangbarkeit des Weges b) naheliegend. Der Weg b) ist dann brauchbar, wenn ein zusätzlicher konzentrationsunabhängiger Parameter bereits eine ausreichende Genauigkeit gewährleistet und wenn darüber hinaus eine Möglichkeit zur Korrelation dieses Parameters gefunden werden kann. FUNK und PRAUSNITZ [60] erweitern die Kombinationsregel Gleichung (502) durch Einführung der binären Konstanten l_{12} wie folgt:

$$\left(\frac{\Delta u^v}{v}\right)_{12} = \left[\left(\frac{\Delta u^v}{v}\right)_{11} \cdot \left(\frac{\Delta u^v}{v}\right)_{22}\right]^{0,5} \cdot (1 - l_{12}) \tag{514}$$

l_{12} — binäre Konstante

Durch l_{12} kann in Gleichung (514) eine Abweichung vom geometrischen Mittel der molaren kohäsiven Energiedichten der reinen Flüssigkeiten berücksichtigt werden. Für die meisten unpolaren binären Gemische ist l_{12} unabhängig von der Zusammensetzung. Für Gemische chemisch unähnlicher Stoffe ist die Berücksichtigung von l_{12} besonders von Bedeutung, jedoch kann l_{12} auch bei Gemischen chemisch ähnlicher Stoffe von null verschieden sein. Sind beide Komponenten des binären Gemisches deutlich unterkritisch, dann ist l_{12} in den meisten Fällen in erster Näherung unabhängig von der Temperatur.

Unter Berücksichtigung der binären Konstanten l_{12} geben FUNK und PRAUSNITZ [60] folgende Gleichungen für den Zusatzbetrag der freien Enthalpie g^E, die Mischungswärme h^E und die Aktivitätskoeffizienten γ_i an:

Binäre Gemische

$$g^E = (x_1 v_1 + x_2 v_2) \cdot \Phi_1 \cdot \Phi_2 \cdot [(\delta_1 - \delta_2)^2 + 2 \cdot l_{12} \cdot \delta_1 \cdot \delta_2] \tag{515}$$

$$h^E = (x_1 v_1 + x_2 v_2) \cdot \Phi_1 \cdot \Phi_2 \cdot [(\delta_1 - \delta_2)^2 + 2 \cdot l_{12} \cdot \delta_1 \cdot \delta_2] + v^E \left(\frac{\alpha_P{}^* \cdot T}{\beta_T}\right)^{\text{Gem}} \tag{516}$$

$$\ln \gamma_1 = \frac{v_1 \cdot \Phi_2^2}{RT} \cdot [(\delta_1 - \delta_2)^2 + 2 \cdot l_{12} \cdot \delta_1 \cdot \delta_2] \tag{517}$$

$$\ln \gamma_2 = \frac{v_2 \cdot \Phi_1^2}{RT} \cdot [(\delta_1 - \delta_2)^2 + 2 \cdot l_{12} \cdot \delta_1 \cdot \delta_2] \tag{518}$$

Vielstoffgemische

$$R \cdot T \cdot \ln \gamma_i = v_i \cdot \sum_j \sum_k \Phi_j \Phi_k \cdot \left[D_{ji} - \frac{1}{2} D_{jk} \right] \tag{519}$$

$$\text{mit} \quad D_{jk} = (\delta_j - \delta_k)^2 + 2 \cdot l_{jk} \delta_j \delta_k \tag{520}$$

$$\text{und} \quad l_{jj} = D_{jj} = 0$$

Zur Bestimmung der Mischungswärme h^E ist es zuvor erforderlich, die Ergebnisse für jedes binäre Gemisch in der folgenden Form darzustellen:

$$h^E = (x_1 \cdot v_1 + x_2 \cdot v_2) \cdot \Phi_1 \cdot \Phi_2 \cdot J_{12} \tag{521}$$

Die molare Mischungswärme eines flüssigen Vielstoffgemischs ist dann gegeben durch

$$h^E = \left(\sum_j x_j v_j \right) \cdot \left[\frac{1}{2} \cdot \sum_j \sum_k \Phi_j \Phi_k \cdot J_{jk} \right] \tag{522}$$

Der zugehörige Ausdruck für die partielle molare Zusatzenthalpie (Mischungswärme) der Komponente i lautet

$$\overline{h}_i^E = v_i \cdot \sum_j \sum_k \Phi_j \Phi_k \cdot \left[J_{ji} - \frac{1}{2} J_{jk} \right] \tag{523}$$

Die Summationen über j und k sind jeweils über alle im flüssigen Gemisch enthaltenen Komponenten durchzuführen. Für die Wechselwirkung zwischen zwei aromatischen Komponenten kann $l_{jk} = 0$ angenommen werden. Für Paraffingemische ist D_{jk} angenähert gleich null. Die Berechnung des Zusatzvolumens v^E für binäre Gemische wird im folgenden Abschnitt behandelt. Der isotherme Kompressibilitätskoeffizient β_T kann für reine Flüssigkeiten über Gleichung (207) berechnet werden. Der thermische Ausdehnungskoeffizient α_P^* ist für reine flüssige Stoffe aus den Werten des Molvolumens v bei verschiedenen Temperaturen zu bestimmen. Für Gemische sind für α_P^* und β_T die Mittelwerte über die Volumenanteile zu bilden.

Funk und Prausnitz [60] berechneten l_{12}-Werte aus bekannten Werten des Zusatzbetrages der freien Enthalpie g^E über Gleichung (515) und aus bekannten Mischungswärmen h^E über Gleichung (516) für Temperaturen von 25 °C, 50 °C und 75 °C. Die Änderung der binären Konstanten l_{12} mit der Konzentration war in allen Fällen vernachlässigbar klein. Bei jeder

Temperatur wurde l_{12} gegen den Verzweigungsgrad r im gesättigten Kohlenwasserstoff aufgetragen.

$$r = \frac{\text{Zahl der } CH_3\text{-Gruppen im gesättigten Kohlenwasserstoff}}{\text{Gesamtzahl der C-Atome im gesättigten Kohlenwasserstoff}}$$

r variiert zwischen null für Zyklohexan und 0,80 für Neopentan. Abb. 44 zeigt die über g^E bei 50 °C ermittelten Werte l_{12} als Funktion von r. Die Zahlen an den Punkten entsprechen der Nummer des binären Gemischs in Tab. 22. Die Änderung von l_{12} über r ist angenähert linear. Die über die

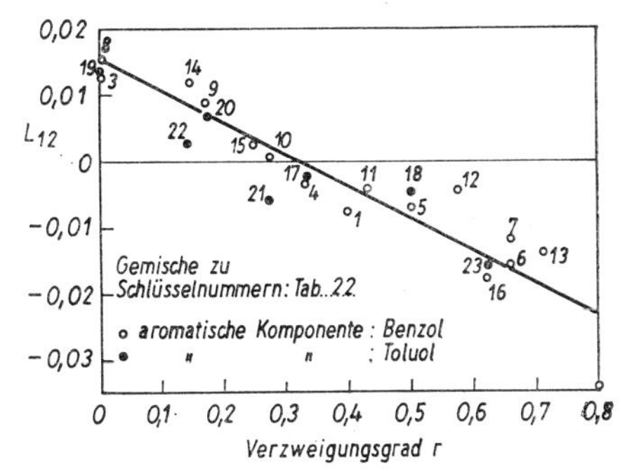

Abb. 44: Binäre Konstanten l_{12} für Gemische von Aromaten mit gesättigten Kohlenwasserstoffen bei 50 °C als Funktion des Verzweigungsgrades r, berechnet über den Zusatzbetrag der freien Enthalpie g^E

minimale Summe der Fehlerquadrate ermittelten Ausgleichsgeraden für die o.g. drei Temperaturen stimmen annähernd überein. Für Toluol als aromatische Komponente im binären Gemisch liegt die Gerade etwas unter der für Benzol. Die in Abb. 44 dargestellte Korrelation kann zur Berechnung von g^E für binäre Gemische aus Aromaten und gesättigten Kohlenwasserstoffen herangezogen werden, jedoch sind unbedingt die in Tab. 36 angegebenen Werte für das Molvolumen v und den Löslichkeitsparameter δ zu verwenden.

Abb. 45 zeigt die über die Mischungswärme h^E bei 25 °C berechneten Werte l_{12} als Funktion von r. Die zu den Nummern an den Punkten zugehörigen Gemische sind in Tab. 37 zusammen mit den verwendeten Werten h^E für $x_1 = x_2 = 0{,}5$ und den ermittelten Werten l_{12} angegeben. Die ermittelte Ausgleichsgerade ist geringfügig unterschiedlich gegenüber der in Abb. 44. Auch in Abb. 45 liegen die Werte l_{12} für Gemische mit Toluol als aromatischer Komponente unter denen der Gemische mit Benzol als oromatischer Komponente.

Tabelle 37

Zusatzenthalpien und berechnete binäre Konstanten l_{12} für Gemische von Aromaten und gesättigten Kohlenwasserstoffen

Gemisch	Nr.	h^E [kcal/kmol] bei $x = 0{,}5$; 25 °C	l_{12}
Zyklopentan—Benzol	1	152	0,0151
Hexan—Benzol	2	205	0,0031
2-Methylpentan—Benzol	3	243	0,0014
2,2-Dimethylbutan—Benzol	4	235	−0,0110
2,3-Dimethylbutan—Benzol	5	215	−0,0045
Zyklohexan—Benzol	6	190	0,0201
Heptan—Benzol	7	224	0,0085
3-Methylhexan—Benzol	8	200	0,0013
2,2,4-Trimethylpentan—Benzol	9	237	−0,0082
Zyklopentan—Toluol	10	86	0,0073
Hexan—Toluol	11	110	−0,0061
3-Methylpentan—Toluol	12	152	−0,0042
Heptan—Toluol	13	132	−0,0005
Zyklohexan—Toluol	14	142	0,0139

Bei Verwendung der Korrelation Abb. 45 zur Berechnung der Mischungswärme h^E für Gemische von Aromaten mit gesättigten Kohlenwasserstoffen geben Funk und Prausnitz eine Genauigkeit von ±20 [kcal/kmol] an, wenn die berechneten Zusatzvolumina positiv sind. Für die wenigen Kohlenwasserstoffgemische mit negativen Zusatzvolumina wie Neopentan—Benzol ist die Genauigkeit unbefriedigend.

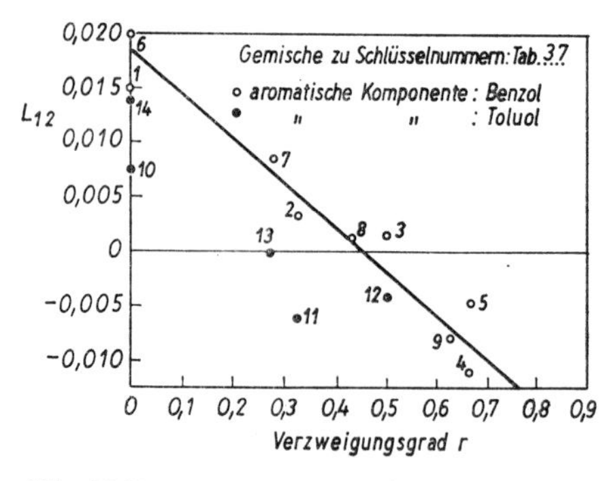

Abb. 45 Binäre Konstanten l_{12} für Gemische von Aromaten mit gesättigten Kohlenwasserstoffen bei 25°C als Funktion des Verzweigungsgrades r, berechnet über die Zusatzenthalpie h^E.

Abb. 46 zeigt berechnete Werte des Zusatzbetrages der freien Enthalpie g^E im Vergleich mit experimentell ermittelten Werten für die binären Gemische Zyklohexan—Benzol und Dimethylbutan—Benzol. Die Übereinstimmung bei $l_{12} \neq 0$, jedoch l_{12} = konst. ist über den gesamten Konzentrationsbereich sehr gut.

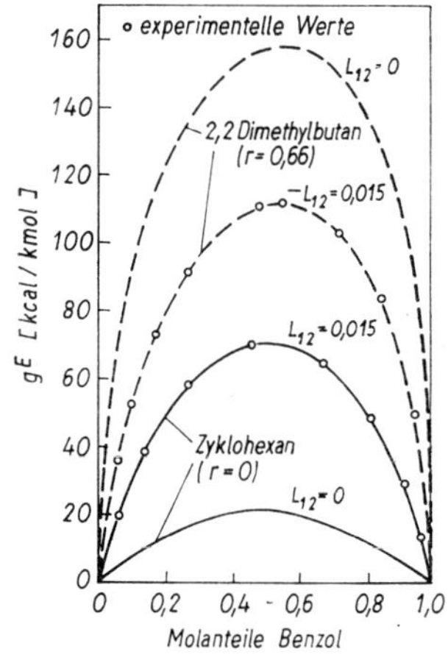

Abb. 46: Vergleich berechneter und experimentell ermittelter Werte des Zusatzbetrages der freien Enthalpie der Gemische Benzol—Zyklohexan bzw. Benzol—Dimethylbutan bei 50 °C

5.1.5. *Berechnung des Zusatzvolumens v^E*

Das molare Zusatzvolumen v^E ist gleich der Summe der partiellen molaren Zusatzvolumina

$$v^E = x_1 \cdot \bar{v}_1{}^E + x_2 \cdot \bar{v}_2{}^E$$

Zur Beschreibung des Zusammenhangs zwischen partiellem molarem Zusatzvolumen und der Konzentration ist ein VAN LAAR-Ansatz geeignet.

$$\bar{v}_1{}^E = \frac{A}{\dfrac{A x_1{}^2}{B x_2} + 1} \tag{524}$$

$$\bar{v}_2{}^E = \frac{B}{\dfrac{B x_2{}^2}{A x_1} + 1} \tag{525}$$

Die Koeffizienten A und B sind gleich den partiellen molaren Volumina der Komponenten bei unendlicher Verdünnung, $\bar{v}_1^{\infty E}$ und $\bar{v}_2^{\infty E}$.

$$A = \bar{v}_1^{\infty E} \quad B = \bar{v}_2^{\infty E}$$

In Erweiterung der Methode von LINFORD und HILDEBRAND [109] beziehen FUNK und PRAUSNITZ [60] die binäre Konstante l_{12} in den Zusammenhang zwischen den partiellen molaren Zusatzvolumina bei unendlicher Verdünnung $\bar{v}_i^{\infty E}$ und dem Löslichkeitsparameter ein

$$\bar{v}_1^{\infty E} = \frac{v_1[(\delta_1 - \delta_2)^2 + 2 \cdot l_{12} \cdot \delta_1\delta_2]}{\left(\frac{\alpha_P^* \cdot T}{\beta_T}\right)_2} \tag{526}$$

$$\bar{v}_2^{\infty E} = \frac{v_2[(\delta_1 - \delta_2)^2 + 2 \cdot l_{12} \cdot \delta_1\delta_2]}{\left(\frac{\alpha_P^* \cdot T}{\beta_T}\right)_1} \tag{527}$$

Für die reinen Komponenten 1 und 2 sind der thermische Ausdehnungskoeffizient α_P^* aus volumetrischen Werten der Flüssigkeiten und der isotherme Kompressibilitätskoeffizient der Flüssigkeit β_T über Gleichung (207) zu bestimmen. Die für die binären Konstanten l_{12} zu verwendenden Werte sind Tab. 37 oder der Abb. 45 zu entnehmen. Für Gemische gesättigter Kohlenwasserstoffe von nicht zu verschiedener Molekülstruktur und -größe bzw. für Gemische aromatischer Kohlenwasserstoffe kann mit guter Näherung $l_{12} = 0$ verwendet werden.

5.1.6. *Berechnung des Aktivitätskoeffizienten bei unendlicher Verdünnung für binäre Gemische unpolarer und polarer Kohlenwasserstoffe*

Die Gleichungen zur Berechnung der Aktivitätskoeffizienten bei unendlicher Verdünnung für unpolare Gemische nach der ursprünglichen Theorie regulärer Lösungen können durch Übergang von $\Phi_2 \to 1$ in Gleichung (506) und $\Phi_1 \to 1$ in Gleichung (507) leicht ermittelt werden.

$$\ln \gamma_1^\infty = \frac{v_1}{RT} \cdot (\delta_1 - \delta_2)^2 \tag{528}$$

$$\ln \gamma_2^\infty = \frac{v_2}{RT} \cdot (\delta_1 - \delta_2)^2 \tag{529}$$

Untersuchungen darüber, inwieweit für binäre Gemische von Aromaten mit gesättigten Kohlenwasserstoffen durch Einbeziehung des binären Parameters l_{12} in Analogie zu den Gleichungen (517) und (518) eine Verbesserung der Ergebnisgenauigkeit erzielt werden kann, sind bisher nicht bekannt. Wie Abb. 46 zeigt, wird durch die Berücksichtigung des binären Parameters l_{12} auch die Steigung der Kurve von g^E über x in den Endpunkten beeinflußt, so daß die Berechnung von γ_i^∞ unter Berücksichtigung von l_{12} für Gemische von Aromaten mit gesättigten Kohlenwasserstoffen exaktere Werte liefern sollte.

Zur Berechnung des Aktivitätskoeffizienten γ_1^∞ eines unpolaren Kohlenwasserstoffs (1) in einem polaren Lösungsmittel (2) zerlegen WEIMER und PRAUSNITZ [62] die molare kohäsive Energiedichte des unpolaren Lösungsmittels in einen unpolaren und einen polaren Anteil. Damit folgt aus der Definitionsgleichung des Löslichkeitsparameters (503) eine Zerlegung von δ in einen unpolaren und einen polaren Löslichkeitsparameter.

$$\left(\frac{\Delta u^v}{v}\right)_{22} = \frac{(\Delta u^v)_{22}^{\text{unpolar}}}{v_2} + \frac{(\Delta u^v)_{22}^{\text{polar}}}{v_2} \tag{530}$$

$$\delta_2^2 = \lambda_2^2 + \tau_2^2 \tag{531}$$

λ_2 — unpolarer Löslichkeitsparameter des reinen polaren Lösungsmittels
τ_2 — polarer Löslichkeitsparameter des reinen polaren Lösungsmittels

Weiterhin wird in der Gleichung für den Zusatzbetrag der freien Enthalpie noch ein Energieglied ψ_{12} zur Berücksichtigung des Induktionseffektes zwischen polaren und unpolaren Molekülen berücksichtigt.

$$g^E = \Phi_1 \cdot \Phi_2(x_1 v_1 + x_2 v_2) \cdot [(\delta_1 - \lambda_2)^2 + \tau_2^2 - 2\psi_{12}] \tag{532}$$

Differentiation und Übergang $\Phi_2 \to 1$ liefert den Wert für den Aktivitätskoeffizient bei unendlicher Verdünnung des unpolaren gelösten Kohlenwasserstoffs. Weiterhin wurde zu Gleichung (532) noch ein Glied zur Korrektur der Volumenveränderung hinzugefügt, die aus der Vermischung der reinen Stoffe resultiert.

$$\ln \gamma_1^\infty = \frac{v_1}{RT} \cdot [(\delta_1 - \lambda_2)^2 + \tau_2^2 - 2\psi_{12}] + \left[\ln \frac{v_1}{v_2} + \left(1 - \frac{v_1}{v_2}\right)\right] \tag{533}$$

HELPINSTILL und VAN WINKLE [110] erweitern Gleichung (532) auf ein Gemisch zweier unpolarer Kohlenwasserstoffe und erhalten:

$$g^E = (x_1 v_1 + x_2 v_2)\, \Phi_1 \Phi_2\, [(\lambda_1 - \lambda_2)^2 + (\tau_1 - \tau_2)^2 - 2\psi_{12}] + RT\left(x_1 \ln \frac{\Phi_1}{x_1} + x_2 \ln \frac{\Phi_2}{x_2}\right) \tag{534}$$

Die resultierende Gleichung für den Aktivitätskoeffizienten bei unendlicher Verdünnung beinhaltet Gleichung (533) als Sonderfall mit.

$$\ln \gamma_1^\infty = \frac{v_1}{RT} [(\lambda_1 - \lambda_2)^2 + (\tau_1 - \tau_2)^2 - 2\psi_{12}] + \left[\ln \frac{v_1}{v_2} + \left(1 - \frac{v_1}{v_2}\right)\right] \tag{535}$$

Gleichung (535) ist ebenfalls geeignet, um den Aktivitätskoeffizienten bei unendlicher Verdünnung eines polaren Kohlenwasserstoffes im Gemisch mit einem unpolaren Kohlenwasserstoff zu berechnen.

Experimentelle Untersuchungen haben gezeigt, daß sich die Eigenschaften von Paraffinkohlenwasserstoffen, Olefinen usw. gut mit dem Molvolumen korrelieren lassen. Dieses charakteristische Verhalten ermöglicht die Verwendung von graphischen Darstellungen der interessierenden Eigenschaften als Funktion des Molvolumens für Berechnungszwecke. Ausgehend hiervon verwenden HELPINSTILL und VAN WINKLE die Homomorphenstellung zur Korrelation der zur Anwendung von Gleichung (535) erforderlichen Parameter. Unter einem Homomorphen verstehen sie abweichend von der Definition von BONDI und SIMKIN [111]:

> „*Das Homomorphe eines Kohlenwasserstoffs ist eine Verbindung mit gleichem Molvolumen und darüber hinaus ähnlicher Struktur*".

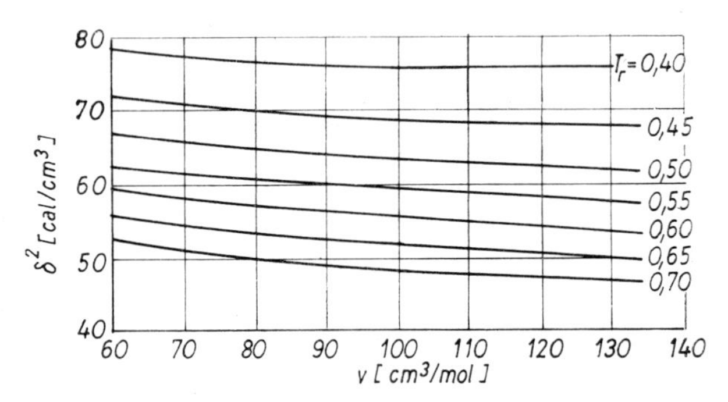

Abb. 47: Darstellung des Löslichkeitsparameters von Paraffinkohlenwasserstoffen nach HELPINSTILL und VAN WINKLE [110]

Unter Verwendung von Gleichung (501) mit $z = 1$, experimenteller Dampfdruckwerte und der ANTOINE-Dampfdruckgleichung wurden die Löslichkeitsparameter unpolarer Kohlenwasserstoffe $\delta^2 = \lambda^2$ (da $\tau^2 = 0$ für Unpolare) berechnet. Die Ergebnisse sind in Abb. 47 für Paraffine, in Abb. 48 für Zykloparaffine und in Abb. 49 für Aromaten als Funktion des Molvolumens und der reduzierten Temperatur als Parameter dargestellt. Diese Abbildungen können zur Bestimmung von δ^2 für unpolare Kohlenwasserstoffe verwendet werden. Auf gleiche Art wurden die Werte $(\lambda^2 + \tau^2)$ für polare Kohlenwasserstoffe berechnet. Das Quadrat des polaren Löslichkeitsparameters τ^2 konnte ermittelt werden, indem von der Summe das Quadrat des Löslichkeitsparameters für den zugehörigen homomorphen unpolaren Kohlenwasserstoff subtrahiert wurde. Letzteres wurde über Abb. 47 bis 49 bestimmt. Die ermittelten Werte für λ und τ — für unpolare

Kohlenwasserstoffe ist $\delta = \lambda$ wegen $\tau = 0$ — sind zusammen mit den Molvolumina in den Tab. 38 bis 40 für verschiedene Temperaturen angegeben. Die Werte ψ_{12} schließlich wurden unter Verwendung von Literaturwerten für γ_1^∞ ermittelt. ψ_{12} ändert sich nur für polare Lösungsmittel bei Übergang von einer der folgenden drei Kohlenwasserstoffklassen in eine andere: Gesättigte Kohlenwasserstoffe, ungesättigte Kohlenwasserstoffe und Aromaten. Trägt man die Ergebnisse in Form $v_1[(\tau_1 - \tau_2)^2 - 2\psi_{12}]$ über $v_1(\tau_1 - \tau_2)^2$ auf — wie in Abb. 50 bis 52 für die drei Klassen dargestellt, dann erhält man Geraden.

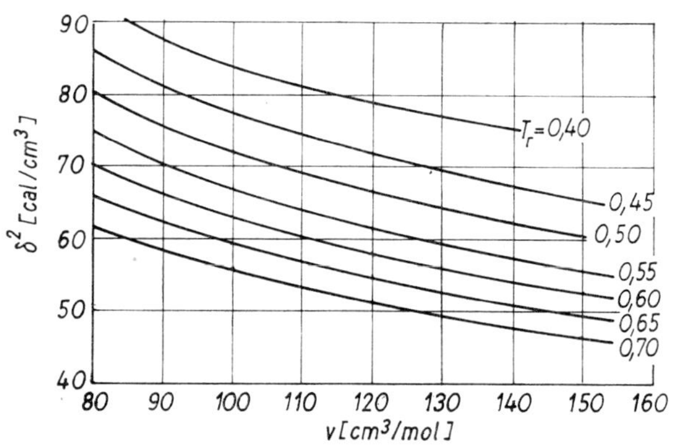

Abb. 48: Darstellung des Löslichkeitsparameters von Zykloparaffinen nach Helpinstill und van Winkle [110]

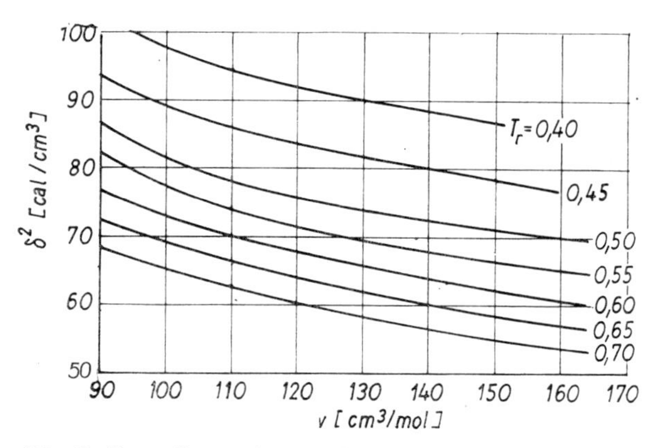

Abb. 49: Darstellung des Löslichkeitsparameters von Aromaten nach Helpinstill und van Winkle [110]

Die zugehörigen Gleichungen lauten:

Gesättigte Kohlenwasserstoffe in polaren Lösungsmitteln

$\psi_{12} = 0{,}399(\tau_1 - \tau_2)^2$ Mittlerer Fehler von γ_1^∞: 11,6% (536)

Ungesättigte Kohlenwasserstoffe in polaren Lösungsmitteln

$\psi_{12} = 0{,}388(\tau_1 - \tau_2)^2$ Mittlerer Fehler von γ_1^∞: 8,5% (537)

Aromaten in polaren Lösungsmitteln

$\psi_{12} = 0{,}447(\tau_1 - \tau_2)^2$ Mittlerer Fehler von γ_1^∞: 13,5% (538)

WEIMER und PRAUSNITZ [62] geben ebenfalls graphische Darstellungen für λ_2 und Korrelationen für ψ_{12} an.

Weder die Korrelation von WEIMER und PRAUSNITZ noch die von HEL-

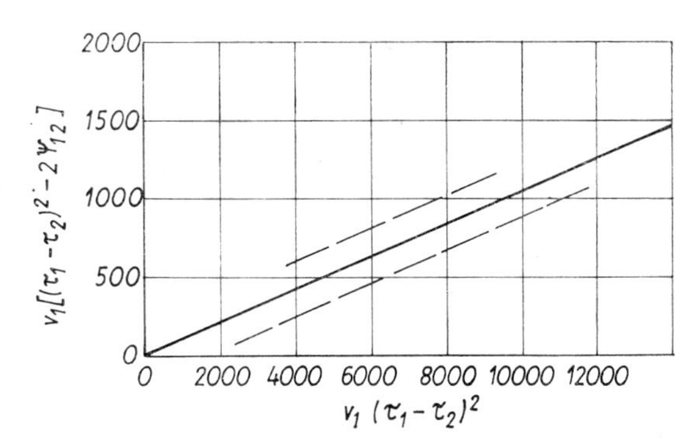

Abb. 50: Gesättigte Kohlenwasserstoffe in polaren Lösungsmitteln bei $0 \leqq T \leqq 125\,°C$

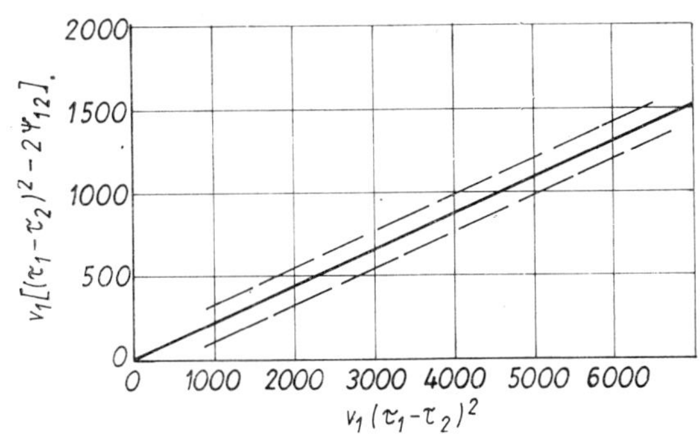

Abb. 51: Ungesättigte Kohlenwasserstoffe in polaren Lösungsmitteln bei $0 \leqq T \leqq 45\,°C$

Tabelle 38

Löslichkeitsparameter und Molvolumina von Kohlenwasserstoffen

Kohlenwasserstoff	$v^{\text{flüssig}}$ $\left[\frac{l}{\text{kmol}}\right]$	λ $\left[\frac{\text{kcal}}{l}\right]^{0,5}$	τ $\left[\frac{\text{kcal}}{l}\right]^{0,5}$
0 °C			
n-Propan	83,1	6,92	0,00
n-Butan	96,7	7,25	0,00
1-Buten	90,3	7,24	1,43
n-Pentan	111,8	7,49	0,00
1-Penten	106,0	7,52	1,20
n-Hexan	127,3	7,60	0,00
1-Hexen	121,6	7,68	1,02
n-Heptan	143,8	7,77	0,00
Zyklopentan	91,9	8,50	0,00
Zyklohexan	105,5	8,45	0,00
Benzol	86,9	9,56	0,00
p-Xylol	121,0	9,20	0,00
1,3,5-Trimethylbenzol	136,5	9,33	0,00
1,4-Diäthylbenzol	153,1	9,15	0,00
Toluol	104,0	9,27	0,82
25 °C			
n-Propan	89,4	6,54	0,00
n-Butan	101,4	6,95	0,00
1-Buten	95,3	6,90	1,32
n-Pentan	116,1	7,16	0,00
1-Penten	110,1	7,23	1,09
n-Hexan	131,6	7,34	0,00
1-Hexen	125,9	7,40	0,91
n-Heptan	147,4	7,46	0,00
n-Dekan	195,8	7,72	0,00
Zyklopentan	94,7	8,20	0,00
Zyklohexan	108,7	8,12	0,00
Äthylzyklohexan	143,3	7,94	0,35
Butylzyklohexan	176,4	7,85	0,27
Benzol	89,4	9,19	0,00
Äthylbenzol	123,1	8,84	0,18
Butylbenzol	156,8	8,78	0,15
p-Xylol	123,9	8,84	0,00
1,3,5-Trimethylbenzol	139,8	8,81	0,00
1,4-Diäthylbenzol	156,9	8,76	0,00
Toluol	106,8	8,90	0,20
45 °C			
n-Butan	106,0	6,77	0,00
n-Pentan	120,3	6,94	0,00

Tabelle 38 (Fortsetzung)

Kohlenwasserstoff	$v^{\text{flüssig}}$ $\left[\frac{l}{\text{kmol}}\right]$	λ $\left[\frac{\text{kcal}}{l}\right]^{0,5}$	τ $\left[\frac{\text{kcal}}{l}\right]^{0,5}$
1-Penten	113,0	7,02	1,00
n-Hexan	135,4	7,10	0,00
1-Hexen	129,5	7,18	0,83
n-Heptan	151,9	7,23	0,00
1-Hepten	145,5	7,25	0,69
Zyklopentan	97,4	7,89	0,00
Zyklohexan	111,5	7,86	0,00
Benzol	91,6	8,91	0,00
p-Xylol	126,8	8,56	0,00
1,3,5-Trimethylbenzol	142,7	8,54	0,00
1,4-Diäthylbenzol	159,8	8,50	0,00
Toluol	109,2	8,72	0,61
60 °C			
n-Pentan	122,9	6,80	0,00
1-Penten	115,9	6,84	0,93
n-Hexan	138,7	6,94	0,00
1-Hexen	132,4	7,00	0,76
n-Heptan	154,3	7,09	0,00
1-Hepten	148,4	7,14	0,62
Zyklopentan	99,4	7,71	0,00
Zyklohexan	113,6	7,70	0,00
Benzol	93,4	8,94	0,00
p-Xylol	128,7	8,38	0,00
1,3,5-Trimethylbenzol	144,8	8,36	0,00
1,4-Diäthylbenzol	162,0	8,32	0,00
Toluol	110,8	8,52	0,57
100 °C			
n-Pentan	122,9	6,80	0,00
1-Penten	115,9	6,84	0,93
n-Hexan	138,7	6,94	0,00
1-Hexen	132,4	7,00	0,76
n-Heptan	154,3	7,09	0,00
1-Hepten	148,4	7,14	0,62
Zyklopentan	99,4	7,71	0,00
Zyklohexan	113,6	7,70	0,00
Benzol	93,4	8,94	0,00
p-Xylol	128,7	8,38	0,00
1,3,5-Trimethylbenzol	144,8	8,36	0,00
1,4-Diäthylbenzol	162,0	8,32	0,00
Toluol	110,8	8,52	0,57

Tabelle 39

Löslichkeitsparameter und Molvolumina polarer Lösungsmittel bei 25 °C

Nr.	Polares Lösungsmittel 25 °C	$v^{\text{flüssig}}$ $\left[\frac{l}{\text{kmol}}\right]$	λ $\left[\frac{\text{kcal}}{l}\right]^{0,5}$	τ $\left[\frac{\text{kcal}}{l}\right]^{0,5}$
1	Azeton	74,0	7,68	6,00
2	Azetonitril	52,6	8,02	8,90
3	Azetophenon	117,4	9,57	3,94
4	Anilin	91,5	9,83	6,62
5	Butanol	92,8	7,79	8,40
6	Butylazetat	131,5	7,65	3,40
7	Butyrolakton	77,0	9,59	7,54
8	Butyronitril	87,9	7,98	6,07
9	Chlorpropionitril	77,7	8,41	9,12
10	Zyklopentanon	89,2	8,88	4,58
11	Diäthylcarbonat	121,9	7,86	4,38
12	Diäthylketon	106,4	7,72	4,77
13	Diäthyloxalat	136,2	8,14	6,45
14	Diisopropylketon	161,9	6,74	4,57
15	Dimethylazetamid	93,2	8,28	7,25
16	Dimethylcyanamid	80,3	8,06	7,49
17	Dimethylformamid	77,4	8,35	7,57
18	Dimethylsulfoxid	71,3	8,46	9,40
19	Äthanol	58,7	7,80	10,70
20	Äthylazetat	98,5	7,60	4,52
21	Äthyl-n-butylketon	139,8	7,88	3,63
22	Äthylenchlorhydrin	66,9	8,05	9,36
23	Äthylendiamin	67,3	8,13	9,32
24	Äthylenglykol	56,0	8,44	15,30
25	Furfurol	83,2	9,12	7,53
26	Methylzellosolve	79,4	7,89	7,69
27	Methyläthylketon	90,1	7,70	5,36
28	n-Methylpyrrolidon	96,6	9,02	
29	Nitrobenzol	102,7	9,84	4,62
30	Nitromethan	54,3	8,22	9,77
31	Pentandion	103,1	8,54	5,28
32	1-Pentanol	108,7	7,87	7,18
33	Phenol	89,3	9,88	6,36
34	1-Propanol	75,2	7,79	9,22
35	2-Propanol	77,0	7,63	9,30
36	Propionitril	70,9	7,98	7,18
37	Pyridin	80,9	9,90	3,87
38	Pyrrolidin	76,5	9,82	6,89
39	Tetrahydrofuran	81,8	8,36	3,64

Tabelle 40

Löslichkeitsparameter und Molvolumina polarer Lösungsmittel

Nr.	Polares Lösungsmittel	$v^{\text{flüssig}}$ $\left[\frac{l}{\text{kmol}}\right]$	λ $\left[\frac{\text{kcal}}{l}\right]^{0,5}$	τ $\left[\frac{\text{kcal}}{l}\right]^{0,5}$
	0 °C			
1	Azeton	72,3	7,88	6,32
2	Azetonitril	51,1	8,28	9,29
3	Azetophenon	115,0	9,91	4,92
8	Butyronitril	85,4	8,25	6,28
9	Chlorpropionitril	75,5	8,70	9,67
11	Diäthylcarbonat	118,6	8,16	4,67
12	Diäthylketon	103,3	8,00	5,10
13	Diäthyloxalat	132,7	8,73	6,34
15	Diäthylazetamid	90,7	8,59	7,88
17	Dimethylformamid	75,5	8,64	7,89
23	Äthylendiamin	65,6	8,34	9,71
25	Furfural	81,4	9,46	7,88
27	Methyläthylketon	87,3	7,98	5,56
28	n-Methylpyrrolidon	94,5	9,39	
30	Nitromethan	53,1	8,47	10,14
36	Propionitril	68,7	8,24	7,40
37	Pyridin	78,7	10,16	4,53
39	Tetrahydrofuran	79,3	8,65	3,95
	45 °C			
1	Azeton	76,2	7,44	5,82
2	Azetonitril	54,4	7,83	8,55
3	Azetophenon	119,8	9,30	3,90
8	Butyronitril	90,1	7,77	5,90
9	Chlorpropionitril	79,7	8,20	8,79
11	Diäthylcarbonat	124,8	7,63	4,29
12	Diäthylketon	108,9	7,52	4,61
13	Diäthyloxalat	139,3	7,88	6,28
15	Dimethylazetamid	95,3	8,07	6,95
17	Dimethylformamid	79,0	8,14	7,26
23	Äthylendiamin	68,7	7,94	8,98
25	Furfural	84,8	8,91	7,27
27	Methyläthylketon	92,6	7,36	5,15
28	n-Methylpyrrolidon	98,6	8,75	3,73
30	Nitromethan	55,3	8,04	9,48
36	Propionitril	72,9	7,75	7,06
37	Pyridin	82,9	9,57	3,20
38	Pyrrolidon	77,4	9,90	6,52

Tabelle 40 (Fortsetzung)

Nr.	Polares Lösungsmittel	$v^{\text{flüssig}}$ $\left[\frac{l}{\text{kmol}}\right]$	λ $\left[\frac{\text{kcal}}{l}\right]^{0,5}$	τ $\left[\frac{\text{kcal}}{l}\right]^{0,5}$
	60 °C			
1	Azeton	78,1	7,28	6,28
2	Azetonitril	55,5	7,70	8,46
4	Anilin	94,3	9,36	6,39
17	Dimethylformamid	80,2	7,96	7,42
18	Dimethylsulfoxid	73,8	8,10	9,15
20	Äthylazetat	103,3	7,24	4,32
21	Äthyl-n-butylketon	146,0	7,48	3,65
22	Äthylenchlorhydrin	68,6	7,75	9,28
23	Äthylendiamin	69,7	7,76	8,86
25	Furfural	86,9	8,76	7,35
26	Methylcellosolve	82,3	7,59	7,50
27	Methyläthylketon	94,5	7,34	5,16
28	n-Methylpyrrolidon	99,6	8,70	6,37
29	Nitrobenzol	105,5	9,42	4,27
30	Nitromethan	56,3	7,88	8,99
34	1-Propanol	77,8	7,46	8,76
35	2-Propanol	80,5	7,26	8,97
36	Propionitril	74,4	7,62	6,88
37	Pyridin	83,9	9,37	3,04
	100 °C			
1	Azeton	83,4	6,94	5,81
2	Azetonitril	58,9	7,36	7,98
4	Anilin	97,9	8,92	5,96
17	Dimethylformamid	83,8	7,64	6,92
18	Dimethylsulfoxid	77,2	7,78	9,01
22	Äthylenchlorhydrin	77,9	7,37	8,46
23	Äthylendiamin	72,9	7,43	8,53
25	Furfural	89,4	8,28	7,05
26	Methylcellosolve	86,0	7,22	7,86
27	Methyläthylketon	100,0	6,93	4,88
28	n-Methylpyrrolidon	103,3	8,28	6,00
29	Nitrobenzol	109,1	8,90	4,43
30	Nitromethan	59,3	7,54	8,23
33	Phenol	95,2	8,92	6,78
36	Propionitril	79,0	7,24	6,71
27	Pyridin	87,4	8,84	3,23
	116 °C			
5	1-Butanol	101,7	6,94	6,87
6	Butylazetat	147,5	6,72	2,66
	125 °C			
14	Diisopropylketon	161,9	6,74	4,57
32	1-Pentanol	123,2	6,88	6,87

PINSTILL und VAN WINKLE ist auf stark polare gelöste Stoffe oder stark assozierende Verbindungen wie Alkohole als gelöste Stoffe anwendbar. Eine für diese Fälle geeignete Korrelation wird von NULL und PALMER [112] angegeben, deren theoretische Grundlagen jedoch den Rahmen dieses Buches übersteigen. Für zwei stark polare, jedoch nicht assoziierende Komponenten des binären Gemisches lautet die von NULL und PALMER angegebene Gleichung:

$$\ln \gamma_1^\infty = \frac{v_1}{RT}\left[(\lambda_1 - \lambda_2)^2 + \eta_{12}(\tau_1 - \tau_2)^2\right] + \ln\frac{v_1}{v_2} + 1 - \frac{v_1}{v_2} \tag{539}$$

mit

$$\eta_{12} = d - e(\lambda_1 - \lambda_2)^2$$

d, e — charakteristische Parameter des gelösten Stoffs

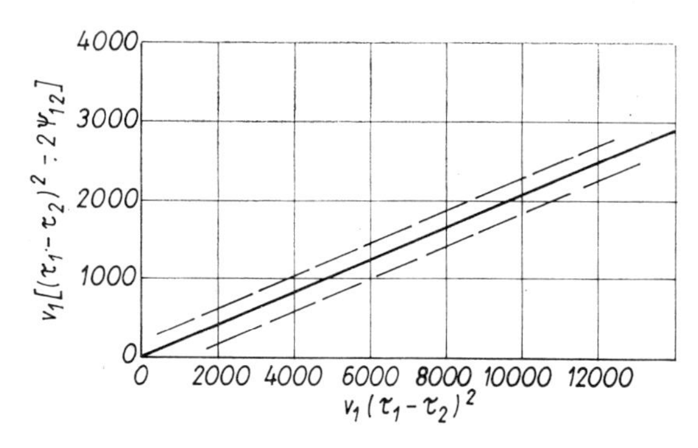

Abb. 52: Aromatische Kohlenwasserstoffe in polaren Lösungsmitteln bei $25 \leqq T \leqq 100\,°C$

λ und τ haben die gleiche Bedeutung wie bei den vorgenannten Korrelationen. Da λ und τ jedoch zusammen mit den charakteristischen Parametern d und e durch Regressionsanalyse aus experimentell ermittelten Aktivitätskoeffizienten bei unendlicher Verdünnung gewonnen wurden, empfiehlt es sich, nur die von NULL in dem Buch „*Phase equilibrium in Process Design*" [113] angegebenen Gleichungen mit den zugehörigen Konstanten zu verwenden.

Die additiven Beiträge zum Aufbau einer Gleichung für ein binäres Gemisch, bestehend aus einer oder zwei assoziierenden Komponenten, sind in Tab. 41 angegeben. Zu beachten ist, daß das zur assoziierenden Komponente zugehörige Glied für die athermale Vermischung gegen das entsprechende für die nicht assoziierende Komponente in Gleichung (539) aus-

Tabelle 41

Additive Glieder zur Berechnung des Aktivitätskoeffizienten bei unendlicher Verdünnung nach NULL und PALMER [112]

Effekt	Beitrag zu $\ln \gamma_1^\infty$	Einzubeziehen wenn
Mischungswärme	$\frac{v_1}{RT}(\lambda_1-\lambda_2)^2$	Keine Komponente polar
	$\frac{v_1}{RT}[(\lambda_1-\lambda_2)^2+\eta_{12}\tau_1^2]$	Komponente 1 polar Komponente 2 unpolar
	$\frac{v_1}{RT}[(\lambda_1-\lambda_2)^2+\eta_{12}\tau_2^2]$	Komponente 1 unpolar Komponente 2 polar
	$\frac{v_1}{RT}[(\lambda_1-\lambda_2)^2+\eta_{12}(\tau_1-\tau_2)^2]$	Beide Komponenten polar
Freie Enthalpie gelöster Assoziationsbindungen	$-\frac{\Delta g_1}{RT}\left[1-\frac{\ln(1+D_1)}{D_1}\right]$	Komponente 1 assoziierend
	$-\frac{\Delta g_2}{RT}\left[\frac{\ln(1+D_2)}{D_2}-\frac{1}{1+D_2}\right]\frac{v_1}{v_2}$	Komponente 2 assoziierend
Athermale Mischung Komponente 1	$1+\ln\frac{v_1}{v_2}+\frac{\ln D_1}{D_1}[\ln(1+D_1)-D_1]$	Komponente 1 assoziierend
	$1+\ln\frac{v_1}{v_2}$	Komponente 1 nicht assoziierend
Athermale Mischung Komponente 2	$-\frac{v_1}{v_2}\left\{\frac{1}{1+D_2}+\frac{\ln D_2}{D_2}\times\left[\ln(1+D_2)-\frac{D_2}{1+D_2}\right]\right\}$	Komponente 2 assoziierend
	$-\frac{v_1}{v_2}$	Komponente 2 nicht assoziierend

Komponente 1 unendlich verdünnt in Komponente 2 (Lösungsmittel)

zutauschen ist.

$$D = \exp\left(1-\frac{\Delta s^a}{R}+\frac{\Delta h^a}{RT}\right) \tag{540}$$

Δs^a — Assoziationsentropie

Δh^a — Assoziationswärme

Außer speziellen Stoffkonstanten zur Ermittlung von λ (Gleichungen hier nicht angegeben) sind die Stoffkonstanten d und e des gelösten Stoffes und bei assoziierenden Komponenten noch Δs^a und Δh^a zur Berechnung des Aktivitätskoeffizienten bei unendlicher Verdünnung erforderlich. Diese Parameter werden von NULL [113] für 84 Verbindungen angegeben.

5.1.7. *Berechnung der Löslichkeit von Wasser in Paraffinkohlenwasserstoffen*

Die Berechnung der gegenseitigen Löslichkeit von Wasser und Kohlenwasserstoffen hat bisher wenig Aufmerksamkeit gefunden. Ein einfaches Verfahren zur Berechnung der Löslichkeit von Wasser in C_7- bis C_{16}-Paraf-

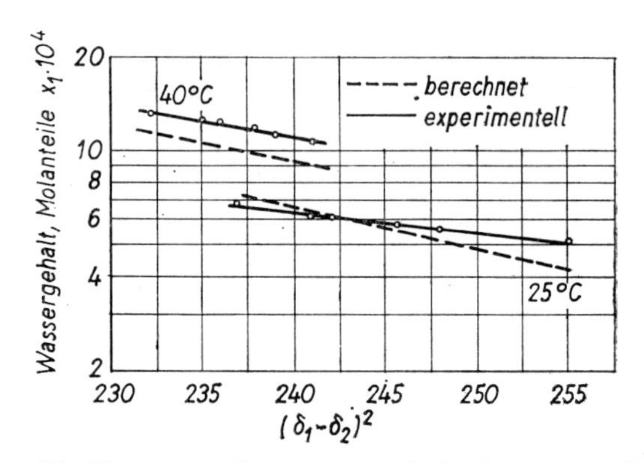

Abb. 53: Wassergehalt von Paraffinkohlenwasserstoffen als Funktion von $(\delta_1 - \delta_2)^2$

δ = Löslichkeitsparameter

finen wurde von SCHATZBERG [114] getestet. In Gleichung (506) wird der Aktivitätskoeffizient durch das Verhältnis von Aktivität zu den Molanteilen $\gamma_1 = a_1/x_1$ ersetzt. Mit Übergang von $\Phi_2^2 \to 1$ wird angenommen, daß die Aktivität des gelösten Wassers den Wert 1 hat. Die resultierende Gleichung lautet

$$\ln x_1 = -\frac{v_1}{RT} \cdot (\delta_1 - \delta_2)^2 \tag{541}$$

Fußnote 1: Wasser
Fußnote 2: Paraffinkohlenwasserstoff

Die Annahme des Wertes 1 für die Aktivität des gelösten Wassers stellt natürlich eine grobe Näherung dar. Wie der in Abb. 53 dargestellte Vergleich zwischen berechneten und experimentell ermittelten Werten zeigt, ist die Übereinstimmung überraschend gut.

5.1.8. *Berechnung der partiellen molaren Zusatzenthalpie, der Zusatzenthalpie und der Enthalpie flüssiger Gemische*

Die partielle molare Zusatzenthalpie (Mischungswärme) kann nach Gleichung (233) durch partielle Differentiation von $\ln \gamma_i$ nach der Temperatur bestimmt werden. Wird für die aus der ursprünglichen Theorie regulärer Flüssigkeiten folgende Gleichung (508) angenommen, daß die Differenz zwischen dem Löslichkeitskoeffizienten der Komponente i und dem mittleren Löslichkeitskoeffizienten unabhängig von der Temperatur ist, dann lautet das Ergebnis:

$$\bar{h}_i^E = v_i(\delta_i - \delta^m)^2 \tag{542}$$

Die molare Zusatzenthalpie (Mischungswärme) des flüssigen Vielstoffgemischs kann durch Summierung über die partiellen molaren Zusatzenthalpien aller j Komponenten bestimmt werden.

$$h^E = \sum_j x_j \bar{h}_j^E$$

Unter Beachtung von Gleichung (509) erhält man für die partiellen molaren Zusatzenthalpien der Komponenten 1 und 2 eines binären Gemisches

$$\bar{h}_1^E = v_1 \Phi_2^2 (\delta_1 - \delta_2)^2 \tag{543}$$

$$\bar{h}_2^E = v_2 \Phi_2^2 (\delta_2 - \delta_1)^2 \tag{544}$$

Bei der Summierung zur Ermittlung der molaren Mischungswärme des binären Gemisches kann von

$$(\delta_1 - \delta_2)^2 = (\delta_2 - \delta_1)^2$$

Gebrauch gemacht werden.

$$h^E = (v_1 \Phi_2^2 + v_2 \Phi_1^2)\,(\delta_1 - \delta_2)^2 \tag{545}$$

Wie unter Punkt 5.1.1. dargelegt, sollte Gleichung (504) auch für die molare Mischungswärme in einem binären Gemisch gelten. Ein Vergleich der Gleichungen (545) mit Gleichung (504) zeigt jedoch, daß diese Gleichungen nicht übereinstimmen. Ersetzt man Φ_1 und Φ_2 durch die Definition (500), dann sind die Nenner der Konzentrationsglieder gleich; die Zähler der Konzentrationsglieder lauten jedoch

Gleichung (504): $(x_1^2 x_2 v_1 + x_2^2 x_1 v_2) \cdot v_1 \cdot v_2$

Gleichung (545): $(x_1^2 v_1 + x_2^2 v_2) \cdot v_1 \cdot v_2$

Unter Punkt 5.1.1. wurde bereits darauf hingewiesen, daß die Übereinstimmung der über Gleichung (504) ermittelten Ergebnisse mit experimentell ermittelten Werten unbefriedigend ist. Interessant wird damit die Frage, ob sich eine bessere Übereinstimmung zwischen experimentell ermittelten Werten und den über Gleichung (545) berechneten Werten ergibt. Edmister, Persyn und Erbar [42] führen jedoch nicht diesen Vergleich durch, sondern verwenden Gleichungen (546) zur Berechnung der Enthalpie flüssiger Gemische und vergleichen diese mit experimentellen Werten. Hierzu berechnen sie die Differenz zwischen der Enthalpie einer idealen Flüssigkeit und der Idealgasenthalpie über die Gleichungen (241) bis (243). Die Summierung über die Idealgasenthalpie, die o. g. Enthalpiedifferenz und die Mischungswärme des Gemisches bei vorgegebenen Werten von Druck und Temperatur ergibt die Enthalpie des flüssigen Gemischs.

$$h^{\text{Gem., flüssig}} = \sum_j x_j h_j^{\text{ideal}} + R \cdot \sum_j T_{\text{krit},j} \cdot x_j \left(\frac{h_j - h_j^{\text{ideal}}}{R \cdot T_{j,\text{krit}}} \right) + \sum_j x_j \bar{h}_j^E \tag{546}$$

Gleichung (546) wurde nur auf Flüssigkeiten am Siedepunkt angewandt, sollte jedoch auch für unterkühlte Flüssigkeiten gültig sein. Der Vergleich mit experimentellen Werten zeigt eine befriedigende Übereinstimmung für niedrigsiedende Paraffinkohlenwasserstoffe. Für höher siedende Komponenten treten größere Abweichungen auf. Gleichung (542) kann ebenfalls zur Berechnung der partiellen molaren Verdampfungswärme einer Komponente herangezogen werden. Wird Gleichung (270) auf ein ideales flüssiges Gemisch und ein ideales dampfförmiges Gemisch angewandt, und die Differenz gebildet, dann erhält man die Verdampfungswärme für den Fall, daß Flüssigkeits- und Dampfphase ideale Gemische sind. Zur Ermittlung der partiellen molaren Verdampfungswärme sind sowohl für die Dampf- als auch die flüssige Phase die Differenzen zwischen der partiellen molaren Enthalpie und der molaren Enthalpie des reinen Stoffes noch über Gleichung (233) zu bestimmen und zu subtrahieren bzw. addieren.

$$\Delta \bar{h}_i^{\text{verd}} = \bar{h}_i^{\text{dampf}} - \bar{h}_i^{\text{flüssig}}$$

$$\Delta \bar{h}_i^{\text{verd}} = RT^2 \left[\left(\frac{\partial \ln K_i^{\text{ideal}}}{\partial T} \right)_P - \left(\frac{\partial \ln \gamma_i^{\text{dampf}}}{\partial T} \right)_{P,y} + \left(\frac{\partial \ln \gamma_i^{\text{flüssig}}}{\partial T} \right)_{P,x} \right] \tag{547}$$

Für reguläre Gemische ist Gleichung (542) identisch mit dem letzten Glied in der eckigen Klammer. Das mittlere Glied kann über $\gamma = \bar{\varphi}_i/\varphi_i$ mit bekannten Beziehungen für $\bar{\varphi}_i$ und φ_i ermittelt werden. Die Bestimmung des ersten Gliedes ist für Kohlenwasserstoffe über die unter Punkt 3.7.1. behandelte Methode möglich. Bei der Anwendung von Gleichung (547) ist zu beachten, daß im Gleichgewicht die Molanteile y_i im Dampf und x_i

in der Flüssigkeit verschieden sind, so daß die molare Verdampfungswärme des Gemisches nicht durch Summierung über die partiellen molaren Verdampfungswärmen bestimmt werden kann.

5.2. Korrelation der Aktivitätskoeffizienten über eine erweiterte van Laar-Gleichung nach Black [63]

5.2.1. *Formulierung für binäre Gemische*

Die van Laar-Gleichung (510) mit zwei Konstanten für binäre Gemische ist für assoziierende Gemische nicht brauchbar, gibt aber für unsymmetrische Gemische den Verlauf der Kurven für die Aktivitätskoeffizienten besser wieder als die Margulesgleichung. Durch Assoziation gleicher Moleküle werden sowohl der Absolutwert des Aktivitätskoeffizienten als auch dessen Kurvensteigerung bei niedrigen Konzentrationen erhöht. Assoziation zwischen ungleichen Molekülen wirkt in der Gegenrichtung. Um diese Effekte mit einbeziehen zu können, erweiterte Black die van Laar-Gleichung um ein Konzentrationsglied, das eine zusätzliche Konstante c_{ij} enthält [63]. Die Formulierung der erweiterten van Laar-Gleichung lautet jeweils für Komponente 1 und Komponente i eines binären Gemisches [115]:

$$\log \gamma_1 = \frac{a_{12}^2}{\left(\dfrac{a_{12}^2 \cdot x_1}{a_{21}^2 \cdot x_2} + 1\right)^2} + E_1 \tag{548}$$

$$\log \gamma_i = \frac{a_{ij}^2}{\left(\dfrac{a_{ij}^2 \cdot x_i}{a_{ji}^2 \cdot x_j} + 1\right)^2} + E_i \tag{549}$$

$$E_1 = c_{12} \cdot x_2(x_1 - x_2)\,[3(x_1 - x_2)\,(1 - x_1) + 2x_2] \tag{550}$$

$$E_i = c_{ij} \cdot x_j(x_i - x_j)\,[3(x_i - x_j)\,(1 - x_i) + 2x_j] \tag{551}$$

Die Konstante c_{ij} kann einfach graphisch bestimmt werden. Durch Kombination der Gleichungen für $\log \gamma_1$ und $\log \gamma_2$ wird das Konzentrationsglied eliminiert.

$$(\log \gamma_1 - E_1)^{0,5} = a_{12} - \frac{a_{12}}{a_{21}} (\log \gamma_2 - E_2)^{0,5} \tag{552}$$

Bei $x_1 = x_2 = 0{,}5$ werden $E_1 = E_2 = 0$. Trägt man $(\log \gamma_1)^{0,5}$ über $(\log \gamma_2)^{0,5}$ auf, so erhält man — siehe Abb. 26 — entweder eine Gerade oder eine schwach gekrümmte Kurve. Der Ausdruck (552) mit $E_1 = E_2 = 0$ ist identisch mit der Geradengleichung für die Tangente bei $x_1 = x_2 = 0{,}5$

in o. g. Darstellung. Erhält man in dieser Darstellung eine Gerade, dann fallen Gerade und Tangente zusammen und $c_{ij} = 0$ als Bedingung für $E_1 = E_2 = 0$ über den gesamten Konzentrationsbereich. Erhält man eine Kurve, dann ist die Tangente bis zu den Achsen zu verlängern. Die Schnittpunkte der Kurve und der Tangente mit den Achsen und die Differenz der Schnittpunktsquadrate sind für jede Achse zu bestimmen. Die Bedingung $\log \gamma_2 = 0$ bei $x_2 = 1$ und $x_1 = 0$ liefert c_{12} und die Bedingung $\log \gamma_1 = 0$ bei $x_1 = 1$ und $x_2 = 0$ liefert c_{21}. Die ermittelten Werte müssen die Bedingung

$$c_{12} = c_{21}$$

erfüllen. Ist das nicht der Fall, dann ist die Lage der Tangente so zu korrigieren, daß o. g. Bedingung erfüllt wird.

Die Konstanten a_{12} und a_{21} können auf zwei Wegen bestimmt werden. Für unpolare und mäßig polare Kohlenwasserstoffe ist bei $c_{ij} = 0$ bzw. bei bekannter Konstante c_{ij} die Ermittlung über den Aktivitätskoeffizienten bei unendlicher Verdünnung möglich. Bei unendlicher Verdünnung der Komponente i in der Komponente j gilt

$$a_{ij}^2 = \log \gamma_{ij}^\infty - c_{ij} \tag{553}$$

Der Aktivitätskoeffizient bei unendlicher Verdünnung kann entweder über die unter Punkt 2.10. behandelte empirische Korrelation oder über den Löslichkeitsparameter — Punkt 5.1.6. — berechnet werden.

Der zweite Weg zur Ermittlung von a_{ij} und a_{ji} führt über die Verwendung experimentell ermittelter Werte. Für binäre Gemische gilt

$$a_{ij}^2 = (\log \gamma_i - E_i) \left[1 + \frac{x_j(\log \gamma_j - E_j)}{x_i(\log \gamma_i - E_i)}\right] \quad i \neq j \tag{554}$$

E_i ist durch Gleichung (551) gegeben. Für E_j sind in Gleichung (551) die Fußindizes i und j zu vertauschen. Zur Vereinfachung der Handrechnung werden von Black [63] tabellierte Werte $(E/c) = f(x)$ in Abständen von $\Delta x = 0{,}01$ angegeben. Eine Vereinfachung der Rechnung kann noch erreicht werden, indem mit den zu $\lg(\gamma_1/\gamma_2) = 0$ zugehörigen Molanteilen gerechnet wird, die unmittelbar aus der Konsistenzprüfungsdarstellung von $\lg(\gamma_1/\gamma_2)$ über x_1 — siehe Abb. 16 — abgelesen werden können. Die zugehörigen Werte der Aktivitätskoeffizienten werden über den Schnittpunkt der Kurve mit der 45°-Geraden in der Darstellung von $(\log \gamma_1)^{0,5}$ über $(\log \gamma_2)^{0,5}$ — siehe Abb. 26 — ermittelt.

$$\log\left(\frac{\gamma_i}{\gamma_j}\right) = a_{ij}^2 \cdot a_{ji}^2 \cdot \frac{a_{ji}^2 \cdot x_j^2 - a_{ij}^2 \cdot x_i^2}{(a_{ij}^2 \cdot x_i + a_{ji}^2 \cdot x_j)^2} + E_i - E_j \tag{555}$$

Für eine wenig flüchtige Komponente ergibt die VAN LAAR-Gleichung in der Darstellung

$$(\log \gamma_i)^{-0,5} \quad \text{über} \quad \frac{x_i}{1 - x_i}$$

nach WHITE [116] eine Gerade. Die Geradengleichung für die erweiterte VAN LAAR-Gleichung lautet

$$(\log \gamma_i - E_i)^{-0,5} = \frac{1}{a_{ij}} + \frac{a_{ij}}{a_{ji}^2} \cdot \frac{x_i}{1 - x_i} \tag{556}$$

Über diese Darstellung können für ein binäres Gemisch einer flüchtigen und einer relativ wenig flüchtigen Komponente alle drei Konstanten bestimmt werden.

Wie gezeigt wurde, ist es — unabhängig von der gewählten Methode — relativ einfach möglich, die Konstanten der erweiterten VAN LAAR-Gleichung für binäre Gemische bei bekannten Aktivitätskoeffizienten zu ermitteln. Für Gemische gesättigter Kohlenwasserstoffe ist fast ausnahmslos $c_{ij} = 0$ zu erwarten, so daß unter Verzicht auf experimentelle Werte die Konstanten über die Aktivitätskoeffizienten bei unendlicher Verdünnung berechnet werden können (Ausnahmen: Stark unterschiedliche Molekülgrößen). Dagegen ist bei Gemischen polarer Kohlenwasserstoffe bzw. eines polaren mit einem unpolaren Kohlenwasserstoff — von wenigen Ausnahmen abgesehen — $c_{ij} \neq 0$. Werte a_{ij}, a_{ji} und c_{ij} für binäre Gemische der C_1 bis C_5-n-Alkohole mit Benzol, Toluol, n-Heptan und Methylzyklohexan als Funktion der Temperatur werden von BLACK [105] angegeben. Bei n-Alkohol (1) — Benzol (2) Gemischen nimmt die Temperaturabhängigkeit von a_{12} und c_{12} mit wachsender Kettenlänge des Alkohols ab. Dagegen scheint die Kettenlänge auf die Temperaturabhängigkeit von a_{21} keinen Einfluß zu haben. Für einen bestimmten Alkohol ist die Temperaturabhängigkeit aller drei Konstanten für Ringkohlenwasserstoffe einschließlich Methylzyklohexan gleich. Die Temperaturabhängigkeit von a_{21} und c_{12} für Heptan ist etwas stärker als für die Ringkohlenwasserstoffe. In allen Fällen konnte mit befriedigender Genauigkeit eine Gerade durch die Meßwerte bei unterschiedlichen Temperaturen in der Darstellung über $1/T$ gelegt werden. Die von BLACK [105] angegebenen Werte mit den zugehörigen graphischen Darstellungen können so einer Abschätzung des Temperatureinflusses bzw. der Extrapolation bekannter Werte als Grundlage dienen. Die ermittelten Temperaturabhängigkeiten wurden von BLACK [105] verwendet, um ausgehend von den Aktivitätskoeffizienten die Mischungswärme für unterschiedliche Konzentrationen zu berechnen. Da die Mischungswärme über das partielle Differential des Aktivitätskoeffizienten nach der Temperatur ermittelt wird — Gleichung (203) —, führen geringe

Fehler bei der Temperaturabhängigkeit der Konstanten zu erheblichen Fehlern der berechneten Ergebnisse. Der Vergleich berechneter mit experimentell ermittelten Werten der Mischungswärme zeigt jedoch eine Abweichung nur um wenige Prozent.

5.2.2. *Erweiterung auf Vielstoffgemische*

Die auf der erweiterten VAN LAAR-Gleichung fußende Gleichung von BLACK [63] zur Berechnung des Aktivitätskoeffizienten in Vielstoffgemischen beinhaltet nur die Konstanten der binären Gemische. Die Kenntnis der Konstanten aller oder nur eines Teils der binären Gemische, die die Komponenten des Vielstoffgemischs bilden können, genügt somit zur Berechnung des Aktivitätskoeffizienten jeder Komponente des Vielstoffgemischs. Bei der Erarbeitung der Gleichung wurde berücksichtigt, daß die Komponenten unterschiedlichen homologen Reihen angehören können. Die Zugehörigkeit zu einer homologen Reihe wird durch die Fußindizes R, M und S gekennzeichnet. Die Summe der Molanteile der Komponenten, die einer homologen Reihe angehören, wird mit X bezeichnet. Weiterhin sind x_r, x_m und x_s die Molanteile der einzelnen Komponenten in den homologen Reihen R, M und S.

$$X_R = \sum_r x_r \qquad X_M = \sum_m x_m \qquad X_S = \sum_s x_s \tag{557}$$

Die Zahl der Komponenten, die einer homologen Reihe angehören, ist beliebig. Zur Summierung werden die Komponenten i, j und k benötigt, die ebenfalls einer oder mehreren beliebigen homologen Reihen angehören können. Bei der Zählfolge muß jedoch die Bedingung

$$k > j > i$$

in der Kreisfolge beachtet werden. Bei der Benummerung der Komponenten in einem Gemisch aus n Komponenten ist zu beachten, daß die höchste Zahl n der am stärksten polaren Substanz zuzuteilen ist. Die Komponente mit der geringsten Ähnlichkeit mit der Komponente n erhält die Nummer 1. Die anderen Komponenten werden so nummeriert, daß mit wachsender Zählgröße die Ähnlichkeit mit der Komponente n zunimmt. Im Anschluß an die Benummerung ist ein Vorzeichentest durchzuführen. Die Beziehung

$$a_{ik} = a_{ij} - a_{jk} \cdot R_{ij}^{0,5} \tag{558}$$

muß erfüllt werden, wenn a_{ij}, a_{jk} und a_{ik} negative und a_{ji}, a_{kj} und a_{ki} positive Vorzeichen haben. Die Vorzeichenbedingung ist unbedingt einzuhalten, auch wenn die Zahlenwerte die Gleichung (558) nicht erfüllen. Ist die Vorzeichenbedingung nicht erfüllt, dann ist die Nummerierung der Komponenten zu ändern. In Gleichung (558) wurde für das Verhältnis der VAN LAAR-Konstanten eines binären Gemisches eingeführt:

$$R_{ij} = \frac{a_{ij}^2}{a_{ji}^2}$$

Mit diesen Bedingungen lautet die Gleichung für den Aktivitätskoeffizienten der Komponente i, wobei die Komponente i der homologen Reihe S angehört [63, 61]:

$$\log \gamma_i = \frac{\sum\limits_j a_{ij}^2 \cdot R_{j2}^2 \cdot x_j^2 + 0{,}5 \sum\limits_{j \neq k} x_j x_k R_{j2} R_{k2} (a_{ij}^2 + a_{ik}^2 - a_{jk}^2 R_{ij})}{\left(\sum\limits_j x_j \cdot R_{j2}\right)^2} + E_{si} \tag{559}$$

$$E_{si} = \sum_R \left[(X_S - X_R)^2 \left(\sum_r c_{ir} x_r\right)\right] + 2 \sum_R \left[(X_S - X_R) \left(\sum_{sr} c_{sr} \cdot x_s \cdot x_r\right)\right]$$
$$- \frac{3}{2} \sum_{RM} \left[(X_R - X_M)^2 \cdot \left(\sum_{rm} c_{rm} \cdot x_r \cdot x_m\right)\right] \tag{560}$$

Die Summierung über $j \neq k$ in Gleichung (559) besagt, daß j und k jeden beliebigen Wert außer $j = k$ annehmen dürfen. Die drei Glieder von Gleichung (560) sind über vorgeschriebene binäre Gemische zu summieren:

Erstes Glied:	Binäre Gemische der Komponente i mit den Komponenten der homologen Reihe R
Zweites Glied:	Binäre Gemische von Komponenten der homologen Reihe S mit Komponenten der homologen Reihe R
Drittes Glied:	Binäre Gemische von Komponenten der homologen Reihe R mit Komponenten der homologen Reihe M.

Für das Verhältnis der VAN LAAR-Konstanten in einem ternären Gemisch gilt:

$$R_{13} = R_{12} \cdot R_{23} \tag{561}$$

Da Gemische mit mehr als drei Komponenten in mehrere ternäre Gemische zerlegt werden können, ist es möglich, über die Beziehung (561) unbekannte R_{ij} bzw. R_{jk}-Werte zu ermitteln. Für die Konstante c_{ij} existiert jedoch eine analoge Beziehung nicht, so daß von dieser Möglichkeit nur bei bekannten c_{ij}-Werten wie z. B. $c_{ij} = 0$ bei einem Gemisch zweier Paraffinkohlenwasserstoffe Gebrauch gemacht werden kann.

Erfüllt ein Gemisch von drei oder mehr Komponenten außer der Gleichung (561) noch die Bedingung

$$a_{13} = a_{12} - a_{23} \cdot R_{12}^{0,5} \tag{562}$$

dann kann Gleichung (559) zu dem folgenden Ausdruck vereinfacht werden:

$$\log \gamma_i = \left[\frac{\sum_j a_{ij} \cdot R_{j2} \cdot x_j}{\sum_k x_k \cdot R_{k2}} \right]^2 + E_{si} \tag{563}$$

Die Bedingung (562) resultiert aus bestimmten Voraussetzungen hinsichtlich der Wechselwirkungsenergien. Für binäre Gemische sind die Gleichungen (559) und (563) identisch. E_{si} in Gleichung (563) ist ebenfalls durch Gleichung (560) gegeben.

Die Anwendung der Gleichungen (559) und (563) zur Berechnung von Vielstoff-Dampf/Flüssigkeits-Gleichgewichten wird von BLACK [119] ausführlich diskutiert.

5.2.3. *Anwendung auf begrenzt mischbare Flüssigkeiten*

Zur Ermittlung der Gleichgewichtsbedingung für zwei flüssige Phasen und in Hinblick auf deren Anwendung wird ein Gemisch einer polaren und einer unpolaren Flüssigkeit betrachtet, das in zwei flüssige Phasen zerfällt.

x_i — Molanteile einer beliebigen Komponente i in der unpolaren Phase;
x_i^{polar} — Molanteile der gleichen Komponente i in der polaren Phase;
γ_i — Aktivitätskoeffizient der Komponente i in der unpolaren Phase;
γ_i^{polar} — Aktivitätskoeffizient der Komponente i in der polaren Phase.

Zur Anwendung der allgemeinen Gleichgewichtsbedingung (290) auf das Gleichgewicht zwischen zwei nur teilweise mischbare Flüssigkeiten ist zu beachten, daß Gleichung (193) nicht nur den erforderlichen Zusammenhang zwischen der Fugazität einer Komponente i im Gemisch und den Molanteilen diese Komponente angibt, sondern daß Gleichung (193) auf beide flüssigen Phasen anzuwenden ist. Nach Kürzung der auf beiden Seiten gleichen Größen erhält man als Gleichgewichtsbedingung, daß die Aktivität der Komponente i in beiden Phasen gleich sein muß. Auf unser Beispiel angewandt, lautet diese Bedingung

$$x_i^{\text{polar}} \cdot \gamma_i^{\text{polar}} = x_i \cdot \gamma_i \tag{564}$$

Die Kombination mit der VAN LAAR-Gleichung für binäre Gemische (549) mit (551) zur Eliminierung der beiden Aktivitätskoeffizienten ermöglicht die Bestimmung der VAN LAAR-Konstanten a_{12}^2 und a_{21}^2 bei Kenntnis der Löslichkeitsgrenzen bei P und T.

$$\frac{a_{12}^2}{a_{21}^2} = \frac{\left(\frac{x_1}{x_2} + \frac{x_1^{\text{polar}}}{x_2^{\text{polar}}}\right) \cdot L - 2}{\left(\frac{x_1}{x_2} + \frac{x_1^{\text{polar}}}{x_2^{\text{polar}}}\right) - 2\,\frac{x_1 \cdot x_1^{\text{polar}}}{x_2 \cdot x_2^{\text{polar}}} \cdot L} \tag{565}$$

$$a_{12}^2 = \frac{\log \frac{x_1^{\text{polar}}}{x_1} + E_1 - E_1^{\text{polar}}}{\left(1 + \frac{a_{12}^2}{a_{21}^2} \cdot \frac{x_1^{\text{polar}}}{x_2^{\text{polar}}}\right)^{-2} - \left(1 + \frac{a_{12}^2}{a_{21}^2} \cdot \frac{x_1}{x_2}\right)^{-2}} \tag{566}$$

$$L = \frac{\log \frac{x_1}{x_1^{\text{polar}}} + E_1 - E_1^{\text{polar}}}{\log \frac{x_2^{\text{polar}}}{x_2} - (E_2 - E_2^{\text{polar}})} \tag{567}$$

Die Lösung der Gleichungen (565) bis (567) setzt die Kenntnis der Konstanten c_{12} und c_{12}^{polar} voraus. Für E_1, E_2, E_1^{polar} und E_2^{polar} gilt Gleichung (551). Mit $c_{12} = 0$ und $c_{12}^{\text{polar}} = 0$ gehen die Gleichungen (565) und (566) in die von CARLSON und COLBURN [117] angegebenen VAN LAAR-Beziehungen über.

Zur Bestimmung der Löslichkeitsgrenzen bei bekannten VAN LAAR-Konstanten wählt man am besten eine graphische Methode.

Darstellung 1: $\gamma_1 \cdot x_1$ über x_1
Darstellung 2: $\gamma_1 \cdot x_1$ über $\gamma_2 \cdot x_2$

Bei Zerfall des Gemisches in zwei flüssige Phasen schneidet die in der Darstellung 2 ermittelte Kurve sich selbst. Der Schnittpunkt gibt die Aktivität $\gamma_1 x_1$ in der unpolaren Phase und $\gamma_1^{\text{polar}} \cdot x_1^{\text{polar}}$ in der polaren Phase, bei denen Entmischung auftritt. Diesen Punkt trägt man auf Darstellung 1 ein und kann damit unmittelbar die zugehörigen Molanteile x_1 und x_1^{polar} ablesen. Diese Methode wurde bereits von SCATCHARD [118] angegeben.

Entstehen bei der Vermischung einer polaren und einer unpolaren Flüssigkeit zwei flüssige Phasen, die jede ebenfalls ein binäres flüssiges Gemisch bilden, dann ist die im Siedezustand mit diesen Phasen im Gleichgewicht stehende Dampfphase ebenfalls ein binäres Gemisch. Die relative Flüchtigkeit α_{ij}^* der Komponenten i und j zueinander ist sowohl von den Molanteilen der Komponente i bezogen auf die Gesamtzusammensetzung x_i^{ges} als auch von den Molanteilen x_i und x_i^{polar} in den beiden flüssigen Phasen abhängig. Die von BLACK [63] für diesen Fall unter Verwendung des Dampfphasenimperfektionskoeffizienten θ ermittelte Gleichung lautet:

$$\alpha_{ij}^* = \frac{\gamma_i \cdot \gamma_i^{\text{polar}}}{\gamma_j \cdot \gamma_j^{\text{polar}}} \cdot \frac{(x_i - x_i^{\text{ges}}) \cdot \gamma_j^{\text{polar}} + (x_i^{\text{ges}} - x_i^{\text{polar}}) \cdot \gamma_j}{(x_i - x_i^{\text{ges}}) \cdot \gamma_i^{\text{polar}} + (x_i^{\text{ges}} - x_i^{\text{polar}}) \cdot \gamma_i} \cdot \frac{p_i^0 \cdot \theta_j}{p_j^0 \cdot \theta_i} \tag{568}$$

$$\alpha_{ij}^* = \frac{K_i}{K_j}$$

Zur Anwendung von Gleichung (568) ist die Kenntnis der VAN LAAR-Konstanten a_{ij}^2, a_{ji}^2 und c_{ij} erforderlich.

5.3. Die Wilson-Gleichung

5.3.1. Die Wilson-Gleichung für athermische Gemische in der Formulierung von Orye und Prausnitz [120]

Theoretische Grundlage der WILSON-Gleichung für den Zusatzbetrag der freien Enthalpie g^E und der abgeleiteten Gleichungen für die Aktivitätskoeffizienten ist die Annahme, daß die Zusatzenthalpie des Gemisches gleich null ist.

$$g^E = h^E - T \cdot s^E \tag{210}$$

Annahme:
- $g^E = 0$: liefert Beziehungen für ideale Gemische;
- $s^E = 0$: liefert Beziehungen für reguläre Gemische;
- $h^E = 0$: liefert Beziehungen für athermische Gemische.

In Zusammenhang mit der Untersuchung von Polymergemischen entwickelten FLORY [121] und HUGGINS [122] eine theoretische Gleichung für den Zusatzbetrag der freien Enthalpie athermischer Gemische.

$$\frac{g^E}{RT} = \sum_j x_j \ln \frac{\Phi_j}{x_j} \qquad \text{(alle } j \text{ einschließlich } i\text{)} \tag{569}$$

$$\Phi_i = \frac{x_i \cdot v_i^{\text{flüssig}}}{\sum_j x_j v_j^{\text{flüssig}}} \tag{500a}$$

Φ_i — Volumenanteile der Komponente i im flüssigen Gemisch
x_i — Molanteile der Komponente i im flüssigen Gemisch
$v_i^{\text{flüssig}}$ — Molvolumen des reinen flüssigen Stoffes i

Die WILSON-Gleichung ist eine halbempirische Erweiterung der FLORY-HUGGINS-Gleichung. Durch die Einbeziehung der Volumenanteile in die FLORY-HUGGINS-Gleichung wird nur die unterschiedliche Molekülgröße der Gemischkomponenten berücksichtigt, während gleiche Wechselwirkungskräfte zwischen gleichartigen und verschiedenartigen Molekülen vorausgesetzt werden. Zur Einbeziehung auch der unterschiedlichen Wechselwirkungskräfte geht WILSON [123] von folgender Vorstellung aus: Ein Zentralmolekül einer beliebigen Komponente 1 ist umgeben von Molekülen aller Gemischkomponenten einschließlich der Komponente 1. In einem binären Gemisch ist die Wahrscheinlichkeit, daß ein Molekül der Komponent 2 mit der Komponente 1 in Wechselwirkung steht, gegeben durch

$$\frac{x_{12}}{x_{11}} = \frac{x_2 \cdot \exp\left(-\frac{\lambda_{12}^*}{RT}\right)}{x_1 \cdot \exp\left(-\frac{\lambda_{11}^*}{RT}\right)} \tag{570}$$

Nach Gleichung (570) ist das Mengenverhältnis zwischen den Molekülen der Komponenten 2 und 1 um das Zentralmolekül 1 gleich dem Verhältnis der Molanteile x_2 zu x_1 gewogen mit den BOLTZMANN-Faktoren exp $(-\lambda_{12}^*/RT)$ und exp $(-\lambda_{11}^*/RT)$. λ_{12}^* bzw. λ_{11}^* sind proportional den Wechselwirkungskräften zwischen den verschiedenartigen Molekülen der Komponenten 1 und 2 bzw. den gleichartigen Molekülen der Komponente 1, so daß $\lambda_{12}^* = \lambda_{21}^*$.

$$\frac{x_{21}}{x_{22}} = \frac{x_1 \exp\left(-\frac{\lambda_{12}^*}{RT}\right)}{x_2 \exp\left(-\frac{\lambda_{22}^*}{RT}\right)} \tag{571}$$

Unter Einbeziehung der durch die Beziehungen (570) und (571) gegebenen Mengenverhältnisse definierte WILSON „lokale" Volumenanteile ξ_1 und ξ_2 der Komponenten 1 und 2 eines binären Gemischs.

$$\xi_1 = \frac{x_1 \cdot v_1^{\text{flüssig}} \exp\left(-\frac{\lambda_{11}^*}{RT}\right)}{x_1 v_1^{\text{flüssig}} \exp\left(-\frac{\lambda_{11}^*}{RT}\right) + x_2 v_2^{\text{flüssig}} \exp\left(-\frac{\lambda_{12}^*}{RT}\right)} \tag{572}$$

$$\xi_2 = \frac{x_2 \cdot v_2^{\text{flüssig}} \exp\left(-\frac{\lambda_{22}^*}{RT}\right)}{x_2 v_2^{\text{flüssig}} \exp\left(-\frac{\lambda_{22}^*}{RT}\right) + x_1 v_1^{\text{flüssig}} \exp\left(-\frac{\lambda_{12}^*}{RT}\right)} \tag{573}$$

Für ein binäres Gemisch wäre es möglich ξ_1 und ξ_2 an Stelle von Φ_1 und Φ_2 in die FLORY-HUGGINS-Gleichung direkt einzusetzen. In Hinblick auf die Erweiterung auf Vielstoffgemische ist es jedoch günstiger, die „lokalen" Volumenanteile in Kombination mit neudefinierten Parametern λ_i zu verwenden, die dem Verhältnis der Molvolumina und dem Verhältnis der

BOLTZMANN-Faktoren für 1—2-Wechselwirkungen zu 1—1-Wechselwirkungen bzw. 2—2-Wechselwirkungen proportional sind.

$$\lambda_{12} = \frac{v_2^{\text{flüssig}}}{v_1^{\text{flüssig}}} \exp\left(-\frac{\lambda_{12}^* - \lambda_{11}^*}{RT}\right) \tag{574}$$

$$\lambda_{21} = \frac{v_1^{\text{flüssig}}}{v_2^{\text{flüssig}}} \exp\left(-\frac{\lambda_{12}^* - \lambda_{22}^*}{RT}\right) \tag{575}$$

Binäre Gemische

$$\frac{g^E}{RT} = -x_1 \cdot \ln(x_1 + \lambda_{12}x_2) - x_2 \cdot \ln(x_2 + \lambda_{21}x_1) \tag{576}$$

Vielstoffgemische

$$\lambda_{ij} = \frac{v_j^{\text{flüssig}}}{v_i^{\text{flüssig}}} \exp\left(-\frac{\lambda_{ij}^* - \lambda_{ii}^*}{RT}\right) \tag{577}$$

$$\lambda_{ji} = \frac{v_i^{\text{flüssig}}}{v_j^{\text{flüssig}}} \exp\left(-\frac{\lambda_{ji}^* - \lambda_{jj}^*}{RT}\right) \tag{578}$$

$$\frac{g^E}{RT} = -\sum_i x_i \ln\left(\sum_j x_j \lambda_{ij}\right) \tag{579}$$

In Gleichung (579) ist sowohl für i als auch für j über alle Gemischkomponenten zu summieren.

Nomogramme zur Ermittlung von g^E/RT für binäre Gemische wurden von KRUG, HABERLAND und BITTRICH [124] erarbeitet. Hierzu wurden die Hilfsbeziehungen

$$e^d = (\lambda_{21} - 1) \cdot x_1 + 1 \tag{576b}$$

$$e^w = (1 - \lambda_{12}) \cdot x_1 + \lambda_{12} \tag{576c}$$

$$(1 - x_1) \cdot d = r \tag{576d}$$

$$x_1 \cdot w = t \tag{576e}$$

eingeführt, so daß Gleichung (576) folgende Form annimmt:

$$\frac{g^E}{RT} = -(s + t) \tag{576a}$$

Abb. 54 liefert als Lösungen der Gleichungen (576b) und (576c) die Größen d und w für vorgegebene Werte x_1 und λ_{12} bzw. $(1 - x_1) = x_2$ und λ_{21}. Mit diesen Werten können auf der rechten Leiter von Abb. 55 als Lösungen der Gleichungen (576a) und (576e) die Größen r und t ermittelt werden. Durch Einzeichnen der Verbindungsgeraden des Wertes r auf der rechten Leiter mit dem Wert t auf der unbezeichneten parallelen Leiter bzw. umgekehrt kann g^E/RT in Abb. 55 unmittelbar abgelesen werden. Die eingezeichneten Linien entsprechen dem Beispiel

$$x_1 = 0{,}40 \quad \lambda_{12} = 0{,}35 \quad \lambda_{21} = 0{,}32$$

Die ermittelten Werte stimmen im Rahmen der Ablesegenauigkeit mit den berechneten Werten gut überein und können zumindest als 1. Näherung Anwendung finden.

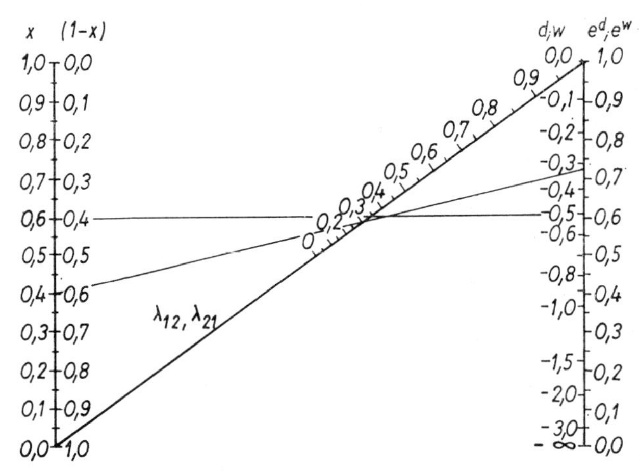

Abb. 54: Nomogramm der WILSON-Gleichung zur Ermittlung der Argumente in den Logarithmen für $0 \leqq \lambda_{ij} \leqq 1$

Die Gleichungen für die Aktivitätskoeffizienten werden durch partielle Differentiation des Zusatzbetrages der freien Enthalpie nach den Molanteilen ermittelt.

Binäre Gemische

$$\ln \gamma_1 = -\ln(x_1 + \lambda_{12}x_2) + x_2 \left(\frac{\lambda_{12}}{x_1 + \lambda_{12}x_2} - \frac{\lambda_{21}}{x_2 + \lambda_{21}x_1}\right) \tag{580}$$

$$\ln \gamma_2 = -\ln(x_2 + \lambda_{21}x_1) - x_1 \left(\frac{\lambda_{12}}{x_1 + \lambda_{12}x_2} - \frac{\lambda_{21}}{x_2 + \lambda_{21}x_1}\right) \tag{581}$$

Vielstoffgemische

$$\ln \gamma_i = -\ln \left(\sum_j x_j\lambda_{ij}\right) + 1 - \sum_k \frac{x_k\lambda_{ki}}{\sum\limits_j (x_j\lambda_{kj})} \tag{582}$$

In Gleichung (582) ist sowohl für j als auch für k die Summierung über alle Gemischkomponenten durchzuführen, wobei gemäß Definition $\lambda_{11} = \lambda_{22} = \ldots = 1$ ist. Die WILSON-Gleichung hat zwei wesentliche Vorteile gegenüber früheren Gleichungen. Erstens sind in den Gleichungen für Vielstoffgemische nur binäre Parameter enthalten, deren Bestimmung ent-

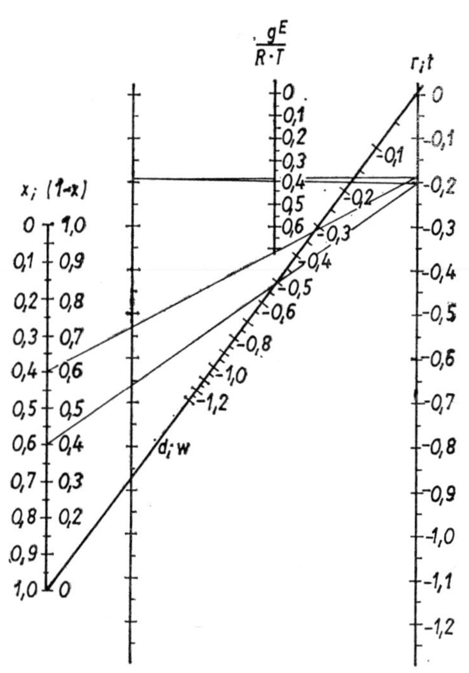

Abb. 55: Nomogramm der WILSON-Gleichung zur Ermittlung von g^E/RT für $(g^E/RT) > 0$

weder unter Verwendung experimenteller Werte der binären Gemische oder über vorausberechnete Aktivitätskoeffizienten bei unendlicher Verdünnung leicht möglich ist. Der zweite Vorteil liegt in der „eingebauten" Temperaturabhängigkeit mit näherungsweise theoretischer Bedeutung. Mit guter Näherung können die Differenzen $(\lambda_{ij}^* - \lambda_{ii}^*)$ und $(\lambda_{ij}^* - \lambda_{jj}^*)$ zumindest über begrenzte Temperaturbereiche als unabhängig von der Temperatur angenommen werden. Dieser Vorteil hat vor allem für die Berechnung isobarer Destillationskolonnen Bedeutung. Darüber hinaus ist es jedoch auch möglich, die Mischungswärme aus isobaren Werten des Zusatzbetrages der freien Enthalpie zu berechnen.

ORYE [120] rechnete ca. 95 vollständig mischbare binäre Gemische nach, für die experimentell ermittelte Werte zum Vergleich mit den rechnerisch ermittelten Werten zur Verfügung standen. Diese Gemische beinhalteten Kohlenwasserstoffe, Alkohole, Äther, Ester, Ketone, Wasser und stickstoff-, schwefel- und chlorhaltige Verbindungen. In allen Fällen war es möglich, die experimentell ermittelten Werte durch die WILSON-Gleichung gut wiederzugeben. Für weitere 400 binäre Gemische mit ca. 1200 Meßreihen wurden von KRUG, HABERLAND und BITTRICH [124] eine nichtlineare Regression vorgenommen. Bei nur zwei Konstanten der WILSON-Gleichung kam die erzielte Genauigkeit bei der Wiedergabe der experimentell ermittelten Werte etwa der mit einer REDLICH-KISTER-Gleichung mit 11 Konstanten erzielten gleich. Die gleichen Autoren geben ebenfalls eine Darstellung der $\Delta\lambda^*$-Werte für binäre Gemische von Methanol, Äthanol, Propanol oder Butanol mit verschiedenen Kohlenwasserstoffen an. Nach Untersuchungen von SCHREIBER und ECKERT [125] ist die WILSON-Gleichung den Gleichungen von VAN LAAR, MARGULES und SCATCHARD-HAMER insbesondere für assoziierende binäre Gemische und im Gebiet geringer Konzentrationen überlegen, wo Entropieeffekte dominieren. Die WILSON-Gleichung hat sich speziell für Alkohol-Kohlenwasserstoff-Gemische sehr gut bewährt [126]. Bereits in der Originalveröffentlichung wies WILSON [123] darauf hin, daß die WILSON-Gleichung auf nichtmischbare flüssige Phasen nicht anwendbar ist. Weiterhin ist die WILSON-Gleichung nicht anwendbar auf Gemische mit Maxima oder Minima der Aktivitätskoeffizienten.

5.3.2. *Aktivitätskoeffizienten bei unendlicher Verdünnung*

Als Ausgangspunkt zur Ermittlung der Beziehungen für die Aktivitätskoeffizienten bei unendlicher Verdünnung für die Komponenten 1 und 2 eines binären Gemisches wurde die für Gemische mit einer beliebigen Zahl von Komponenten gültige Gleichung (582) gewählt. Für ein binäres Gemisch liefert diese Gleichung:

$$\ln \gamma_1 = 1 - \ln (x_1 + \lambda_{12} \cdot x_2) - \frac{x_1}{x_1 + x_2\lambda_{12}} - \frac{x_2\lambda_{21}}{x_1\lambda_{21} + x_2} \tag{583}$$

$$\ln \gamma_2 = 1 - \ln (x_1 \cdot \lambda_{21} + x_2) - \frac{x_1 \cdot \lambda_{12}}{x_1 + x_2\lambda_{12}} - \frac{x_2}{x_1\lambda_{21} + x_2} \tag{584}$$

Die Gleichungen (580) bzw. (581) erhält man durch Umformung der Gleichungen (583) bzw. (584). Zur Ermittlung der gesuchten Beziehungen für die Aktivitätskoeffizienten bei unendlicher Verdünnung sind folgende Übergänge durchzuführen:

$\ln \gamma_1^\infty$ bei $x_1 \to 0$ und $x_2 \to 1$ in Gleichung (583)

$\ln \gamma_2^\infty$ bei $x_2 \to 0$ und $x_1 \to 1$ in Gleichung (584)

Die im Ergebnis der genannten Übergänge ermittelten Beziehungen lauten:

$$\ln \gamma_1^\infty = 1 - \ln \lambda_{12} - \lambda_{21} \tag{585}$$

$$\ln \gamma_2^\infty = 1 - \ln \lambda_{21} - \lambda_{12} \tag{586}$$

Für die Temperaturabhängigkeit der Aktivitätskoeffizienten gilt die exakte thermodynamische Beziehung (278)

$$\left[\frac{\partial (\ln \gamma_i)}{\partial \left(\frac{1}{T}\right)}\right]_{P,x} = -\frac{h_i - \bar{h}_i}{R} \qquad \begin{matrix} P = \text{konst.} \\ x = \text{konst.} \end{matrix} \tag{278a}$$

h_i — molare Enthalpie der reinen Komponente i bei T und P

$\bar{h}_i$ — partielle molare Enthalpie der Komponente i bei T und x

Diese Beziehung gilt auch für den Sonderfall einer unendlich verdünnten Komponente in einem binären Gemisch. Ist die Temperaturabhängigkeit des Aktivitätskoeffizienten bei unendlicher Verdünnung bekannt, dann ist über Gleichung (278a) die Berechnung der partiellen molaren Enthalpie der unendlich verdünnten Komponente möglich.

Für die Differentiation der Gleichungen (585) und (586) gemäß der linken Seite von Gleichung (278a) ist zu beachten, daß λ_{11}^*, $\lambda_{12}^* = \lambda_{21}^*$, λ_{22}^* in weiten Bereichen unabhängig von der Temperatur sind. Das von Bruin [41] angegebene Ergebnis lautet:

$$\left[\frac{\partial (\ln \gamma_1^\infty)}{\partial \left(\frac{1}{T}\right)}\right]_{P,x} = \frac{\lambda_{12}^* - \lambda_{11}^*}{R} + \frac{v_1}{v_2} \cdot \frac{\lambda_{12}^* - \lambda_{22}^*}{R} \exp\left(-\frac{\lambda_{12}^* - \lambda_{22}^*}{RT}\right) \tag{587}$$

Die Gleichung für $[\partial(\ln \gamma_2^\infty)/\partial(1/T)]_{P,x}$ erhält man durch Vertauschung der Indizes: $1 \to 2 \to 1$.

Bestimmung der Wilson-Parameter bei bekannten γ_1^∞ und γ_2^∞

Die Bestimmung der Wilson-Parameter erfordert die Durchführung von zwei getrennten mathematischen Schritten. Als *Schritt 1* sind die Wilson-Parameter bei der Temperatur zu bestimmen, für die die Aktivitätskoeffizienten bei unendlicher Verdünnung bekannt sind. Die Ermittlung von λ_{21} und λ_{12} über die Beziehungen (585) und (586) erfolgt am günstigsten iterativ. Eine mögliche 1. Näherung für λ_{21} erhält man über die Annahme, daß $\ln \lambda_{12}$ in Gleichung (585) vernachlässigbar ist. Der ermittelte erste Näherungswert für λ_{21} wird verwendet, um λ_{12} über Gleichung (586) zu bestimmen. Mit diesem Wert wird erneut λ_{21} über Gleichung (585) bestimmt. Die Rechnung nach diesem Schema ist solange fortzuführen, bis sich die Parameter

λ_{12} und λ_{21} nur noch unwesentlich ändern. Danach können über die Definitionsgleichungen (574) und (575) die Differenzen $(\lambda_{12}^* - \lambda_{11}^*)$ und $(\lambda_{12}^* - \lambda_{22}^*)$ ermittelt werden. Als *Schritt 2* ist danach die Umrechnung der Aktivitätskoeffizienten bei unendlicher Verdünnung auf Systemtemperatur erforderlich. Bei nicht zu großen Temperaturspannen können die Definitionsgleichungen (574) und (575) für λ_{21} und λ_{12} direkt zur Umrechnung auf die Systemtemperatur herangezogen werden, da voraussetzungsgemäß $(\lambda_{12}^* - \lambda_{11}^*)$ und $(\lambda_{12}^* - \lambda_{22}^*)$ unabhängig von der Temperatur sein sollen.

SCHREIBER und ECKERT [125] verglichen berechnete und experimentell ermittelte Aktivitätskoeffizienten bei unendlicher Verdünnung und fanden gute Übereinstimmung. Das läßt den Schluß zu, daß umgekehrt auch mit den über die Aktivitätskoeffizienten bei unendlicher Verdünnung ermittelten Parameter λ_{12} und λ_{21} eine zufriedenstellende Wiedergabe experimentell ermittelter Aktivitätskoeffizienten möglich sein sollte, wenn die Aktivitätskoeffizienten bei unendlicher Verdünnung über eine geeignete Korrelation bestimmt wurden.

5.3.3. *Die enthalpische Wilson-Gleichung*

Die WILSON-Gleichung (579) fußt auf der Voraussetzung, daß die Zusatzenthalpie h^E null ist. Dem gegenüber wurden bei der Theorie regulärer Lösungen und der VAN LAAR-Gleichung die Annahmen $h^E \neq 0$, jedoch $s^E = 0$ getroffen. Die Theorie regulärer Gemische lieferte brauchbare Gleichungen für Gemische unpolarer Kohlenwasserstoffe, wobei bereits für binäre Gemische von geradkettigen mit Ringkohlenwasserstoffen ein dritter Parameter neben den beiden Löslichkeitsparametern eingeführt werden mußte. Für binäre Gemische mit einer, oder zwei polaren Komponenten ist bei der VAN LAAR-Gleichung ebenfalls eine spezielle binäre Konstante erforderlich. In beiden Fällen war die Erweiterung auf Vielstoffgemische unter ausschließlicher Verwendung nur der binären Parameter möglich.

Mit der unter der Voraussetzung $h^E = 0$ abgeleiteten WILSON-Gleichung für athermische Gemische ist es möglich, das Verhalten binärer Gemische mit ein oder zwei polaren Komponenten ohne Einführung eines dritten Parameters (Gemischkonstante) zu beschreiben. Die WILSON-Gleichung (579) ist nicht anwendbar auf stark assoziierende Komponenten und versagt bei Entmischung. Insbesondere der letzte Punkt war der Grund für die Untersuchung weiterer Gleichungen unter Verwendung der von WILSON definierten „lokalen“ Volumenanteile.

Aufbauend auf einem quasi-Gitterstruktur-Modell ermittelte BRUIN [41] eine enthalpische WILSON-Gleichung für $h^E \neq 0$, jedoch $s^E = 0$ unter Beibehaltung der von WILSON definierten „lokalen“ Volumenanteile. Die Definitionsgleichungen (577) und (578) bleiben ebenfalls gültig. Die von BRUIN für die Aktivitätskoeffizienten angegebenen Gleichungen lauten:

Binäre Gemische

$$\ln \gamma_1 = -\frac{x_2 \ln (\lambda_{12}\lambda_{21})}{(x_1 + \lambda_{12}x_2)(x_2 + \lambda_{21}x_1)} \cdot \left[1 + x_1\left(1 - \frac{1}{x_1 + \lambda_{12}x_2} - \frac{\lambda_{21}}{x_2 + \lambda_{21}x_1}\right)\right] \tag{588}$$

$$\ln \gamma_2 = -\frac{x_1 \ln (\lambda_{21} \cdot \lambda_{12})}{(x_1 + \lambda_{12}x_2)(x_2 + \lambda_{21}x_1)} \cdot \left[1 + x_2\left(1 - \frac{\lambda_{12}}{x_1 + \lambda_{12}x_2} - \frac{1}{x_2 + \lambda_{21}x_1}\right)\right] \tag{589}$$

Vielstoffgemische

$$\ln \gamma_i = -\sum_j \frac{x_j \ln (\lambda_{ij}\lambda_{ji})}{\left(\sum_k \lambda_{ik}x_k\right)\left(\sum_k \lambda_{jk}x_k\right)} \cdot \alpha_{ij} - \sum_{\substack{p,j \\ i \neq j \neq p}} \frac{x_j x_p \ln (\lambda_{jp}\lambda_{pj})}{\left(\sum_k \lambda_{jk}x_k\right)\left(\sum_k \lambda_{pk}x_k\right)} \cdot \alpha_{ijp} \tag{590}$$

mit

$$\alpha_{ij} = 1 + x_i \cdot \left(1 - \frac{1}{\sum_k \lambda_{ik}x_k} - \frac{\lambda_{ij}}{\sum_k \lambda_{jk}x_k}\right) \tag{591}$$

$$\alpha_{ijp} = 1 - \frac{\lambda_{ji}}{\sum_k \lambda_{jk}x_k} - \frac{\lambda_{pi}}{\sum_k \lambda_{pk}x_k} \tag{592}$$

Die Summierung ist in den Gleichungen (590) bis (592) über sämtliche Gemischkomponenten j bzw. k bzw. p durchzuführen, wobei nur im zweiten Glied von Gleichung (590) die Zusatzbedingungen $j \neq i$, $p \neq i$ und $j \neq p$ zu beachten sind.

Durch Übergang auf die Grenzwerte des binären Gemisches $x_1 \to 0$ und $x_2 \to 1$ in Gleichung (588) und $x_2 \to 0$ und $x_1 \to 1$ in Gleichung (589) werden die zur Ermittlung der binären Parameter λ_{12} und λ_{21} aus den Aktivitätskoeffizienten bei unendlicher Verdünnung erforderlichen Gleichungen ermittelt.

$$\ln \gamma_1^{\infty} = -\frac{\ln (\lambda_{12} \cdot \lambda_{21})}{\lambda_{12}} \tag{593}$$

$$\ln \gamma_2^{\infty} = -\frac{\ln (\lambda_{21} \cdot \lambda_{12})}{\lambda_{21}} \tag{594}$$

Zur Ermittlung der Parameter λ_{12} und λ_{21} bei bekannten Aktivitätskoeffizienten gibt Bruin [41] das in Abb. 56 dargestellte Nomogramm an. Abb. 56 gilt für Gemische mit positiven Abweichungen vom Idealverhalten. Die eingetragenen Linienzüge entsprechen dem Beispiel Methanol (1)—Wasser (2) mit $\ln \gamma_1^\infty = 0{,}521$ und $\ln \gamma_2^\infty = 0{,}865$. Zu diesen Werten werden an den Punkten 1 und 2 die Parameterwerte $\lambda_{12} = 0{,}60$ und — bei Vertauschung der Fußnoten an den Koordinaten — $\lambda_{21} = 1{,}00$ abgelesen.

Auf dem bereits unter Punkt 5.3.2. beschriebenen Wege wurden die folgende Gleichung für die Temperaturabhängigkeit des Aktivitätskoeffizienten bei unendlicher Verdünnung ermittelt.

$$\left[\frac{\partial(\ln \gamma_1^\infty)}{\partial\left(\frac{1}{T}\right)}\right]_{P,x} = \frac{2\lambda_{12}^* - \lambda_{11}^* - \lambda_{22}^*}{R} \cdot \frac{v_1}{v_2} \cdot \left(1 + \frac{\lambda_{12}^* - \lambda_{11}^*}{RT}\right) \cdot \exp\left(\frac{\lambda_{12}^* - \lambda_{11}^*}{RT}\right) \tag{595}$$

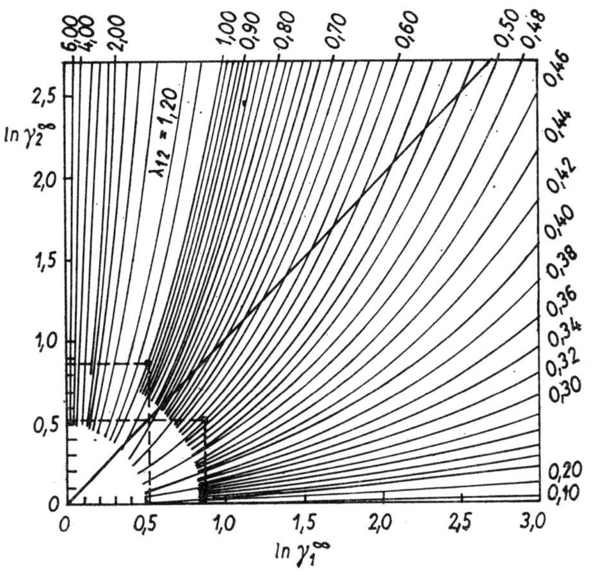

Abb. 56: Diagramm zur Ermittlung der Parameter λ_{12} bzw. λ_{21} der enthalpischen WILSON-Gleichung aus $\ln \gamma_1^\infty$ und $\ln \gamma_2^\infty$

Die entsprechende Gleichung für $[\partial(\ln \gamma_2^\infty)/\partial(1/T)]_{P,x}$ erhält man durch Vertauschung der Indizes. In der Regel genügt jedoch die Temperaturkorrektur von λ_{12} und λ_{21} über die „eingebaute" Temperaturabhängigkeit, zumal die Übereinstimmung zwischen experimentell ermittelten und berechneten Werten für das von BRUIN [41] zum Vergleich untersuchte binäre Gemisch Methanol—Wasser nicht sehr befriedigend ist.

Der von BRUIN [41] durchgeführte Vergleich berechneter mit experimentell ermittelten Werten für 16 binäre Gemische, davon 5 mit begrenzter Mischbarkeit, und 4 ternäre Gemische führte zu folgendem Ergebnis: Die enthalpische WILSON-Gleichung ist im Gegensatz zur athermischen WILSON-Gleichung anwendbar auch für begrenzt mischbare Systeme. Bei binären und ternären Gemischen ohne Mischungslücke ist die athermische WILSON-Gleichung teilweise der enthalpischen WILSON-Gleichung hinsichtlich der Genauigkeit überlegen, zumindest aber in jedem Falle gleichwertig.

5.3.4. *Kombination der athermischen mit der enthalpischen Wilson-Gleichung*

Durch Kombination der athermischen mit der enthalpischen WILSON-Gleichung läßt sich eine weitere Gleichung ermitteln, für die die einschränkenden Annahmen der beiden Teilgleichungen entfallen, d. h. für $h^E \neq 0$ und $s^E \neq 0$. BRUIN [41] bezeichnet diese Gleichung als ORYE-Gleichung. Diese Gleichung ist ebenso wie die enthalpische WILSON-Gleichung auch für begrenzt mischbare Systeme anwendbar. Der von BRUIN durchgeführte Vergleich berechneter und experimentell ermittelter Werte — siehe Punkt 5.3.4. — ergab jedoch, daß diese kompliziertere Gleichung hinsichtlich der Genauigkeit in vielen Fällen sowohl der athermischen als auch der enthalpischen WILSON-Gleichung unterlegen war. Darüber hinaus ist die Ermittlung der Parameter λ_{12} und λ_{21} für die binären Gemische schwieriger und erfordert bei Berechnung ausgehend von bekannten Aktivitätskoeffizienten bei unendlicher Verdünnung eine doppelte Iteration. Aus den genannten Gründen werden hier nur die Ergebnisgleichungen angegeben.

Aktivitätskoeffizienten binärer Gemische

$$\ln \gamma_1 = 1 - \ln (x_1 + \lambda_{12} x_2) + x_2 \left(\frac{\lambda_{12}}{x_1 + \lambda_{12} x_2} - \frac{\lambda_{21}}{x_1 \lambda_{21} + x_2} \right)$$
$$- \frac{x_2 \ln (\lambda_{12} \lambda_{21})}{(x_1 + \lambda_{12} x_2)(x_1 \lambda_{21} + x_2)} \cdot \left[1 + x_1 \left(1 - \frac{1}{x_1 + \lambda_{12} x_2} - \frac{\lambda_{21}}{x_2 + \lambda_{21} x_1} \right) \right] \quad (596)$$

Aktivitätskoeffizienten binärer Gemische bei unendlicher Verdünnung

$$\ln \gamma_1^\infty = 1 - \ln \lambda_{12} - \lambda_{21} - \frac{\ln (\lambda_{12} \lambda_{21})}{\lambda_{21}} \quad (597)$$

Die entsprechenden Gleichungen für die Komponente 2 erhält man durch Vertauschen der Indizes $1 \to 2 \to 1$. Auf die Gleichung für die Temperaturabhängigkeit des Aktivitätskoeffizienten wird verzichtet, da die Ergebnisse noch weniger befriedigend als bei der enthalpischen WILSON-Gleichung waren.

Aktivitätskoeffizienten in Vielstoffgemischen

$$\ln \gamma_i = 1 - \ln\left(\sum_k \lambda_{ik} x_k\right) - \sum_p \left(\frac{x_p \lambda_{pi}}{\sum_k \lambda_{pk} x_k}\right)$$

$$- \sum_j \frac{x_i \ln(\lambda_{ij}\lambda_{ji})}{\left(\sum_k \lambda_{ik} x_k\right)\left(\sum_k \lambda_{jk} x_k\right)} \alpha_{ij} - \sum_{\substack{p,j \\ i \neq j \neq p}} \frac{x_j x_p \ln(\lambda_{pj}\lambda_{jp})}{\left(\sum_k \lambda_{jk} x_k\right)\left(\sum_k \lambda_{pk} x_k\right)} \cdot \alpha_{ijp} \tag{598}$$

Für α_{ij} und α_{ijp} gelten die Gleichungen (591) und (592) unverändert, da eine mit Gleichung (590) übereinstimmende Bezeichnungsweise verwendet wurde.

5.4. Die *NRTL*-Gleichung

5.4.1. *Formulierung für binäre Gemische*

Die Theorie regulärer Lösungen und die im Abschnitt 5.1. angegebenen Gleichungen fußen auf der Voraussetzung, daß die Zusatzentropie flüssiger Gemische vernachlässigbar klein ist. Für reguläre Lösungen sind somit der Zusatzbetrag der freien Enthalpie und die Zusatzenthalpie identisch. Demgegenüber wurde für die unter 5.3.1. behandelte entropische WILSON-Gleichung vorausgesetzt, daß die Zusatzenthalpie vernachlässigt werden kann und daß das nichtideale Verhalten flüssiger Gemische nur auf Entropie-Effekte zurückgeführt werden kann. Unter der Voraussetzung vollständiger Mischbarkeit wurde mit dieser Annahme insbesondere im Gebiet geringer Konzentrationen eine verbesserte Wiedergabe experimenteller Werte erreicht. Die Erweiterung der WILSON-Gleichung zur Einbeziehung enthalpischer Effekte führte überraschenderweise zu einer schlechteren Übereinstimmung der berechneten mit experimentell ermittelten Werten. Damit ist die Schlußfolgerung naheliegend, daß für eine weitere Verbesserung, insbesondere für die Ermittlung einer auch auf den Fall beschränkten gegenseitigen Löslichkeit der flüssigen Komponenten anwendbare Gleichung eine Überprüfung der von WILSON zugrunde gelegten Modellvorstellungen erforderlich ist. Die von RENON und PRAUSNITZ [126] angegebenen *NRTL*-(„*non-random, two liquid*")-Gleichung fußt auf der Zwei-Flüssigkeiten-Theorie von SCOTT [127], die die Existenz von zwei Arten von Zellen um die beiden Moleküle 1 und 2 eines binären Gemisches postuliert. Die für diese Zellmodelle gültigen Ansätze für die Differenz der freien Enthalpie zwischen dem flüssigen Gemisch und einem idealen Gas mit gleicher Zusammensetzung bei gleicher Temperatur und gleichem Druck werden zur Formulierung der *NRTL*-Gleichung herangezogen. Für eine

Zelle — Kernmolekül mit den umgebenden Molekülen — ist diese Differenz gleich der Summe der Einzeldifferenzen für die Wechselwirkung zwischen dem Kernmolekül und jedem benachbarten Molekül.

Differenz der freien Enthalpie $g^{(1)}$ für eine Zelle mit einem Molekül der Komponente 1 als Kernmolekül und ein binäres Gemisch:

$$g^{(1)} = x_{11} \cdot g_{11} + x_{21} \cdot g_{21} \tag{599}$$

Für die reine Flüssigkeit 1 ($x_{11} = 1$, $x_{21} = 0$) geht dieser Ansatz über in

$$g^{(1)}_{\text{rein}} = g_{11} \tag{599a}$$

Differenz der freien Enthalpie $g^{(2)}$ für eine Zelle mit einem Molekül der Komponente 2 als Kernmolekül und ein binäres Gemisch:

$$g^{(2)} = x_{12} \cdot g_{12} + x_{22} \cdot g_{22} \tag{600}$$

Reine Flüssigkeit 2 ($x_{22} = 1$, $x_{12} = 0$):

$$g^{(2)}_{\text{rein}} = g_{22} \tag{600a}$$

Der molare Zusatzbetrag der freien Enthalpie eines binären Gemisches ist gleich der Summe der mit den folgenden beiden Schritten verbundenen Änderungen der Differenzen der freien Enthalpie zwischen dem flüssigen Gemisch und dem gleichen Gemisch als ideales Gas bei gleichen Bedingungen, d. h. der für

— den Transport von x_1 Molekülen aus einer Zelle der reinen Flüssigkeit 1 in eine Zelle 1 des Gemisches, $(g^{(1)} - g^{(1)}_{\text{rein}})x_1$
— den Transport von x_2 Molekülen aus einer Zelle der reinen Flüssigkeit 2 in eine Zelle 2 des Gemisches, $(g^{(2)} - g^{(2)}_{\text{rein}})\, x_2$.

$$g^E = x_1(g^{(1)} - g^{(1)}_{\text{rein}}) + x_2(g^{(2)} - g^{(2)}_{\text{rein}}) \tag{601}$$

Die Kombination mit den Gleichungen (599a) und (600a) liefert

$$g^E = x_1 \cdot x_{21}(g_{21} - g_{11}) + x_2 \cdot x_{12} \cdot (g_{12} - g_{22}) \tag{602}$$

In dieser Gleichung sind x_{21} und x_{12} die „lokalen" Molanteile der Zellen 1 und 2. Für die „lokalen" Molanteile gilt in einem binären Gemisch:

$$\begin{aligned} x_{21} + x_{11} &= 1 \\ x_{12} + x_{22} &= 1 \end{aligned} \tag{603}$$

In Anlehnung an die Wilsonschen Ansätze für die Wechselwirkungs-Wahrscheinlichkeiten — Gleichungen (570) und (571) — verwenden Renon und PRAUSNITZ folgende analoge Ansätze

$$\frac{x_{21}}{x_{11}} = \frac{x_2 \exp(-\alpha_{12} \cdot g_{21}/RT)}{x_1 \exp(-\alpha_{12} \cdot g_{11}/RT)} \tag{604}$$

$$\frac{x_{12}}{x_{22}} = \frac{x_1 \exp(-\alpha_{12} \cdot g_{12}/RT)}{x_2 \exp(-\alpha_{12} \cdot g_{22}/RT)} \tag{605}$$

α_{12} — charakteristische Konstante für die Nicht-Zufälligkeit des Gemisches

Die gesuchten „lokalen" Molanteile lassen sich durch Kombination der Gleichungen (604) und (605) mit den Bedingungen (603) ermitteln.

$$x_{21} = \frac{x_2 \exp[-\alpha_{12}(g_{21} - g_{11})/RT]}{x_1 + x_2 \exp[-\alpha_{12}(g_{21} - g_{11})/RT]} \tag{606}$$

$$x_{12} = \frac{x_1 \exp[-\alpha_{12}(g_{12} - g_{22})/RT]}{x_2 + x_1 \exp[-\alpha_{12}(g_{12} - g_{22})/RT)} \tag{607}$$

Gleichung (602) mit den durch die Gleichungen (606) und (607) definierten „lokalen" Molanteilen x_{21} und x_{12} ist die *NRTL*-Gleichung für den Zusatzbetrag der freien Enthalpie eines binären flüssigen Gemisches. Die *NRTL*-Gleichung enthält drei Konstanten $(g_{21} - g_{11})$; $(g_{12} - g_{22})$ und α_{12}. Bei Verwendung der durch Vergleich experimentell gefundener mit berechneten Werten für verschiedene Typen von binären Gemischen von RENON und PRAUSNITZ [126] ermittelten günstigsten α_{12}-Werten verbleiben nur zwei Konstanten. Diese α_{12}-Werte werden unten angegeben. RENON und PRAUSNITZ fanden weiterhin, daß auftretende Phasentrennung nur bei $\alpha_{12} < 0{,}426$ richtig berechnet wird. Bei größeren α_{12}-Werten werden wie bei der WILSON-Gleichung die Nicht-Zufälligkeiten der Komponentenverteilung in den Zellen überbetont. Soweit für Phasentrennung der α_{12}-Wert nicht aus bekannten experimentell ermittelten Werten bestimmt werden kann, wird der Wert $\alpha_{12} = 0{,}20$ empfohlen. Da flüssig-flüssig-Gleichgewichte empfindlicher in bezug auf die α_{12}-Werte sind, ist für diese die Verwendung an die Entmischungskurve angepaßter α_{12}-Werte vorzuziehen (bei genügend exakten Werten: Anpassung aller 3 Konstanten). Diese Sensitivität wurde von Renon und Prausnitz zur Untersuchung der Temperaturabhängigkeit der Parameter verwendet. Die Ergebnisse deuten darauf hin, daß bei konstanten α_{12}-Werten die Parameter $(g_{21} - g_{11})$ und $(g_{12} - g_{22})$ linear von der Temperatur abhängig sind. Bei geringen Temperaturbereichen genügt die in die *NRTL*-Gleichung „eingebaute" Temperaturabhängigkeit ebenso wie bei der WILSON-Gleichung. α_{12} ist mit guter Näherung unabhängig von der Temperatur.

Die durch partielle Differentiation der *NRTL*-Gleichung ermittelten Beziehungen für die Aktivitätskoeffizienten eines binären Gemisches lauten:

$$\ln \gamma_1 = x_2^2 \left(\frac{g_{21} - g_{11}}{RT} \cdot \frac{\exp \cdot \left(-2\alpha_{12} \frac{g_{21} - g_{11}}{RT}\right)}{\left[x_1 + x_2 \exp\left(-\alpha_{12} \frac{g_{21} - g_{11}}{RT}\right)\right]^2} + \frac{g_{12} - g_{22}}{RT} \frac{\exp\left(-2\alpha_{12} \frac{g_{12} - g_{22}}{RT}\right)}{\left[x_2 + x_1 \exp\left(-\alpha_{12} \frac{g_{12} - g_{22}}{RT}\right)\right]^2} \right) \tag{608}$$

$$\ln \gamma_2 = x_1^2 \left(\frac{g_{12} - g_{22}}{RT} \cdot \frac{\exp\left(-2\alpha_{12} \frac{g_{12} - g_{22}}{RT}\right)}{\left[x_2 + x_1 \exp\left(-\alpha_{12} \frac{g_{12} - g_{22}}{RT}\right)\right]^2} + \frac{g_{21} - g_{11}}{RT} \frac{\exp\left(-2\alpha_{12} \frac{g_{21} - g_{11}}{RT}\right)}{\left[x_1 + x_2 \exp\left(-\alpha_{12} \frac{g_{21} - g_{11}}{RT}\right)\right]^2} \right) \tag{609}$$

Empfohlene α_{12}-Werte:

Gemischtyp	*I*	*II*	*III*	*IV*	*V*	*VI*	*VII*
α_{12}	0,30	0,20	0,40	$0{,}40 \leqq \alpha_{12} \leqq 0{,}55$; (0,47)	0,47	0,30	0,47

Typ I:

Gemische mit mäßigen, positiven oder negativen Abweichungen vom Idealverhalten:

$$|g^E|_{\max} < 0{,}35 \cdot RT$$

Hierzu gehören:

Ia: Die Mehrzahl der Gemische unpolarer Substanzen wie Kohlenwasserstoffe und Tetrachlorkohlenstoff, jedoch ohne Gemische von Fluorkarbonen mit Paraffinen;

Ib: Einige Gemische unpolarer mit polaren nichtassoziierten Flüssigkeiten, z. B. n-Heptan—Methyläthylketon, Benzol—Azeton, Tetrachlorkohlenstoff—Nitroäthan;

Ic: Einige Gemische polarer Flüssigkeiten wie Azeton—Chloroform, Chloroform—Dioxan, Azeton—Methylazetat, Äthanol—Wasser;

Typ II:

Gemische gesättigter Kohlenwasserstoffe mit polaren nicht assoziierten Flüssigkeiten wie n-Hexan—Azeton, Isooktan—Nitroäthan.
Phasentrennung tritt bei einem relativ niedrigen Grad von Nichtidealität auf;

Typ III:

Gemische gesättigter Kohlenwasserstoffe mit den homologen Perfluorkarbonen wie n-Hexan—Perfluor—n-Hexan;

Typ IV:

Gemische von stark selbst-assoziierenden Substanzen wie Alkoholen mit unpolaren Substanzen wie gesättigten Kohlenwasserstoffen oder Tetrachlorkohlenstoff. Phasentrennung tritt nur bei sehr großen Aktivitätskoeffizienten auf. Die Übereinstimmung der berechneten mit den experimentell ermittelten Werten ist stark von α_{12} abhängig, so daß bei verfügbaren experimentellen Werten α_{12} als Anpassungsparameter verwendet werden sollte;

Typ V:

Bisher nur die Gemische Azetonitril—Tetrachlorkohlenstoff und Nitromethan—Tetrachlorkohlenstoff, d. h. Gemische von Tetrachlorkohlenstoff mit polaren Substanzen;

Typ VI:

Bisher nur die Gemische Wasser—Azeton und Wasser—Dioxan, d. h. Wasser mit einer polaren, nichtassoziierten Substanz;

Typ VII:

Bisher nur die Gemische Wasser—Butylglykol und Wasser—Pyridin, d. h. Wasser mit einer polaren selbstassoziierenden Substanz.

5.4.2. *Bestimmung der NRTL-Parameter über die Aktivitätskoeffizienten bei unendlicher Verdünnung*

Methoden zur Bestimmung der Aktivitätskoeffizienten bei unendlicher Verdünnung wurden unter den Punkten 2.10. und 5.1.6. behandelt. Die auf diesen unabhängigen Wegen ermittelten Werte für γ_1^∞ und γ_2^∞ können zur Ermittlung der *NRTL*-Parameter herangezogen werden. Die Ausgangsgleichungen für die aus der *NRTL*-Gleichung folgenden Beziehungen für die Aktivitätskoeffizienten bei unendlicher Verdünnung erhält man durch Übergang zu $x_1 = 0$ und $x_2 = 1$ in Gleichung (608) und zu $x_1 = 1$ und $x_2 = 0$ in Gleichung (609).

$$\ln \gamma_1^\infty = \frac{g_{21} - g_{11}}{RT} + \frac{g_{12} - g_{22}}{RT} \exp\left(-2\alpha_{12} \cdot \frac{g_{12} - g_{22}}{RT}\right) \tag{610}$$

$$\ln \gamma_2^\infty = \frac{g_{12} - g_{22}}{RT} + \frac{g_{21} - g_{11}}{RT} \exp\left(-2\alpha_{12} \cdot \frac{g_{21} - g_{11}}{RT}\right) \tag{611}$$

Die Parameter $(g_{12} - g_{22})$ und $(g_{21} - g_{11})$ können für bekannte Werte $\ln \gamma_1^\infty$ und $\ln \gamma_2^\infty$ nur durch iterative Lösung dieser Gleichungen ermittelt werden.

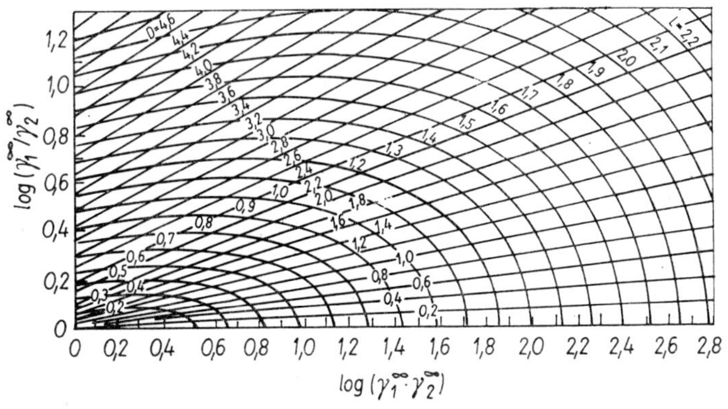

Abb. 57: Diagramm zur Ermittlung der *NRTL*-Parameter aus den Aktivitätskoeffizienten bei unendlicher Verdünnung für $\alpha_{12} = 0{,}20$

Eine einfache und schnelle Parameterbestimmung ist bei Verwendung der von Renon und Prausnitz [128] ermittelten und in den Abb. 57 bis 60 dargestellten Diagramme möglich. Für die graphische Darstellung wurden die Hilfsgrößen

$$L = \frac{1}{2}\left(\frac{g_{21} - g_{11}}{RT} + \frac{g_{12} - g_{22}}{RT}\right) \tag{612}$$

$$D = \frac{1}{2}\left(\frac{g_{21} - g_{11}}{RT} - \frac{g_{12} - g_{22}}{RT}\right) \tag{613}$$

eingeführt, die in den Diagrammen abgelesen werden. Durch Kombination dieser beiden Hilfsgrößen erhält man die $NRTL$-Parameter.

$$\frac{g_{21} - g_{11}}{RT} = L + D \tag{614}$$

$$\frac{g_{12} - g_{22}}{RT} = L - D \tag{615}$$

Die $NRTL$-Parameter $(g_{12} - g_{22})$ und $(g_{21} - g_{11})$ haben die Dimension [kcal/kmol], so daß die Hilfsgrößen L und D dimensionslos sind. RENON

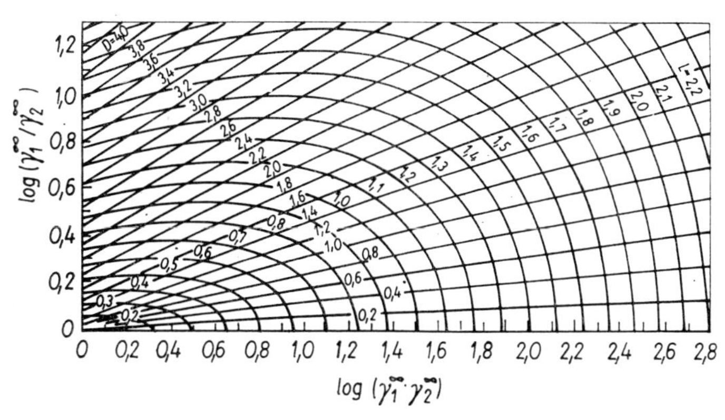

Abb. 58: Diagramm zur Ermittlung der $NRTL$-Parameter aus den Aktivitätskoeffizienten bei unendlicher Verdünnung für $\alpha_{12} = 0{,}30$

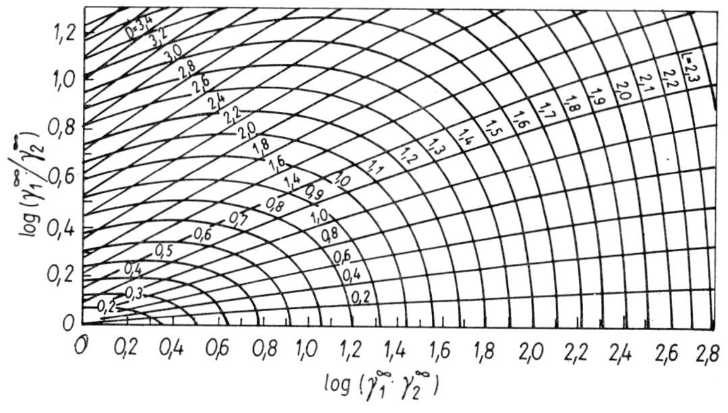

Abb. 59: Diagramm zur Ermittlung der $NRTL$-Parameter aus den Aktivitätskoeffizienten bei unendlicher Verdünnung für $\alpha_{12} = 0{,}40$

und PRAUSNITZ [128] geben drei Beispiele an, für die die Aktivitätskoeffizienten bei unendlicher Verdünnung über die im Abschnitt 2.10. behandelte Korrelation von PIEROTTI, DEAL und DERR [55] ermittelt wurden. Die ermittelten *NRTL*-Parameter wurden zur Berechnung des Siededruckes und der Dampfphasenzusammensetzung herangezogen. Die mittleren Quadratwurzelabweichungen gegenüber experimentell ermittelten Werten betrugen für den Siededruck 0,8 bis 1,7% und für die Dampfphasenmolanteile 0,012 bis 0,021 (absolut).

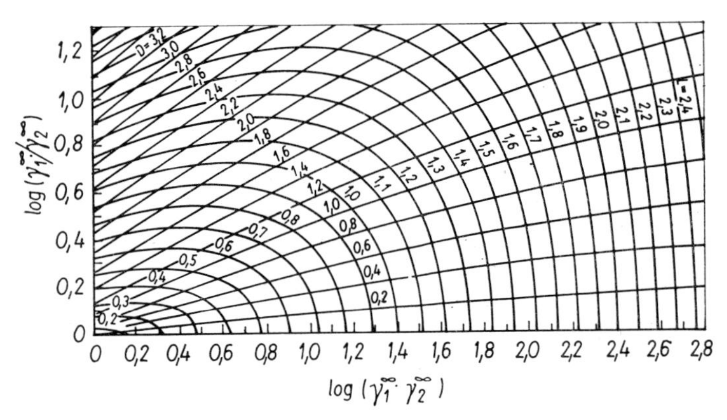

Abb. 60: Diagramm zur Ermittlung der *NRTL*-Parameter aus den Aktivitätskoeffizienten bei unendlicher Verdünnung für $\alpha_{12} = 0{,}47$

5.4.3. *Bestimmung der NRTL-Parameter aus den Löslichkeitsgrenzen*

Die *NRTL*-Parameter können ebenfalls aus den Löslichkeitsgrenzen binärer Gemische ermittelt werden. Bei eingestelltem Löslichkeitsgleichgewicht ist die Aktivität jeder Komponente in den beiden flüssigen Phasen *a* und *b* gleich. Die Bezeichnung für die beiden Phasen wird so gewählt, daß $x_1^a/x_2^b \leqq 1$ ist. Durch gleichzeitige Lösung der Gleichgewichtsbedingungen

$$\gamma_1^a \cdot x_1^a = \gamma_1^b \cdot x_1^b \tag{616}$$

$$\gamma_2^a \cdot x_2^a = \gamma_2^b \cdot x_2^b \tag{617}$$

mit den stöchiometrischen Beziehungen

$$\begin{aligned} x_1^a + x_2^a &= 1 \\ x_1^b + x_2^b &= 1 \end{aligned} \tag{618}$$

ermittelten Renon und Prausnitz [128] Diagramme, die in den Abb. 61 bis 63 angegeben sind. Als Hilfsgrößen werden ebenfalls L und D verwendet, die durch die Gleichungen (612) und (613) definiert wurden. Die aus den Diagrammen ermittelten Werte für L und D werden verwendet, um über die Beziehungen (614) und (615) die $NRTL$-Parameter zu ermitteln. Der von Renon und Prausnitz durchgeführte Vergleich berechneter Werte für das binäre Gemisch mit begrenzter Löslichkeit n-Hexan—Nitroäthan, für das die $NRTL$-Parameter aus den Löslichkeitsgrenzen ermittelt wurden, mit experimentell ermittelten Werten ergab mittlere Quadratwurzelabweichungen für den Siededruck von 0,6% und für die Dampfphasenmolanteile von 0,002 (absolut).

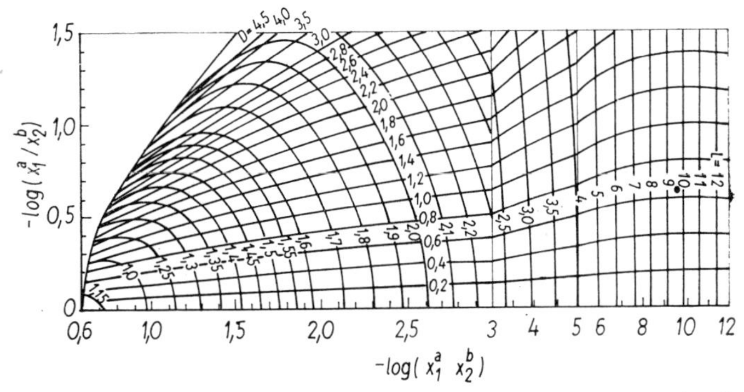

Abb. 61: Diagramm zur Ermittlung der $NRTL$-Parameter aus den Löslichkeitsgrenzen für $\alpha_{12} = 0,20$

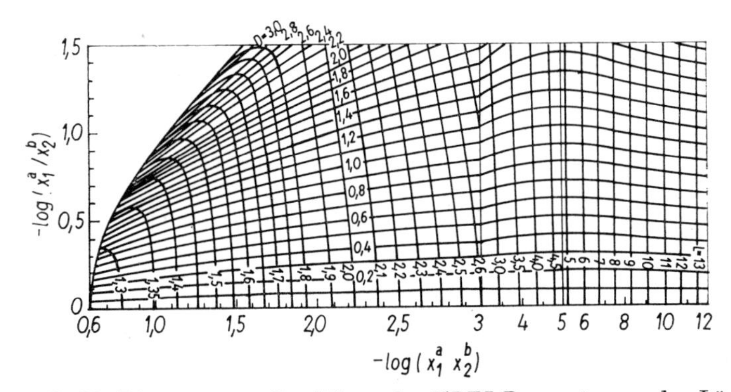

Abb. 62: Diagramm zur Ermittlung der $NRTL$-Parameter aus den Löslichkeitsgrenzen für $\alpha_{12} = 0,30$

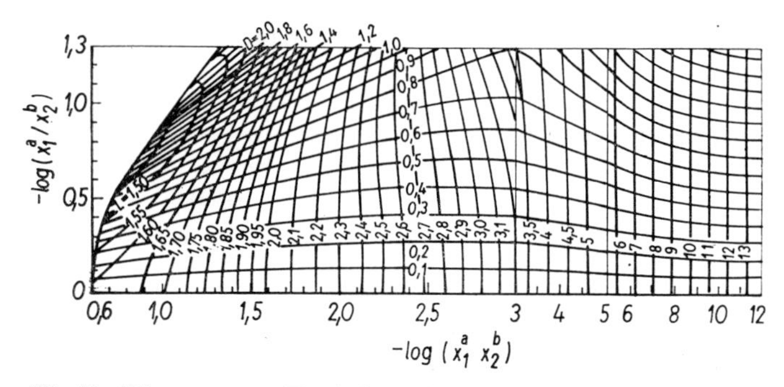

Abb. 63: Diagramm zur Ermittlung der *NRTL*-Parameter aus den Löslichkeitsgrenzen für $\alpha_{12} = 0{,}40$

5.4.4. *NRTL-Beziehungen für den Zusatzbetrag der freien Enthalpie und die Aktivitätskoeffizienten in Vielkomponentengemischen*

Sowohl die für binäre Gemische angegebene *NRTL*-Gleichung als auch die zugehörigen Beziehungen für die Aktivitätskoeffizienten können ohne Schwierigkeiten auf Vielstoffgemische erweitert werden. Den Beziehungen für die „lokalen" Molanteile werden für alle weiteren Komponenten die gleichen Annahmen wie für die Komponenten 1 und 2 zugrunde gelegt. Die von Renon und Prausnitz [126] angegebenen Beziehungen lauten:

$$\frac{g^E}{RT} = \sum_i x_i \cdot \frac{\sum_j x_j \frac{g_{ji} - g_{ii}}{RT} \exp\left(-\alpha_{ji} \frac{g_{ji} - g_{ii}}{RT}\right)}{\sum_k x_k \exp\left(-\alpha_{ki} \frac{g_{ki} - g_{ii}}{RT}\right)} \tag{619}$$

$$\ln \gamma_i = \frac{\sum_j x_j \frac{g_{ji} - g_{ii}}{RT} \exp\left(-\alpha_{ji} \frac{g_{ji} - g_{ii}}{RT}\right)}{\sum_k x_k \exp\left(-\alpha_{ki} \frac{g_{ki} - g_{ii}}{RT}\right)} + \sum_j \frac{x_j \exp\left(-\alpha_{ij} \frac{g_{ij} - g_{jj}}{RT}\right)}{\sum_k x_k \exp\left(-\alpha_{kj} \frac{g_{kj} - g_{jj}}{RT}\right)} \cdot \left(\frac{g_{ij} - g_{jj}}{RT} - \frac{\sum_l x_l \frac{g_{lj} - g_{jj}}{RT} \exp\left(-\alpha_{lj} \cdot \frac{g_{lj} - g_{jj}}{RT}\right)}{\sum_k x_k \exp\left(-\alpha_{kj} \frac{g_{kj} - g_{jj}}{RT}\right)}\right) \tag{620}$$

In der Gleichung (619) sind die Summationen für i und j über alle Gemischkomponenten durchzuführen. Das gleiche gilt für j, k und l in Gleichung (620). Weiterhin gilt für die binären Gemische $\alpha_{ij} = \alpha_{ji}$, $\alpha_{ik} = \alpha_{ki}$, $\alpha_{kj} = \alpha_{jk}$ nnd $\alpha_{lj} = \alpha_{jl}$.

5.4.5. *Molvolumen — korrigierte NRTL-Gleichung*

Die Verwendung „lokaler" Molanteile in der *NRTL*-Gleichung ist gleichbedeutend mit der Voraussetzung, daß die Molekülvolumina der beiden Stoffe eines binären Gemisches etwa gleich sind. Ausdruck für unterschiedliche Molekülvolumina sind unterschiedliche Molvolumina der reinen Flüssigkeiten. Die Voraussetzung, daß die Molvolumina der Komponenten etwa gleich sein sollen, ist insbesondere bei binären Gemischen von Wasser mit längerkettigen organischen Substanzen nicht erfüllt. Um den Einfluß unterschiedlicher Molvolumina in der Gleichung zu berücksichtigen, verwendet Bruin [129] „lokale" Volumenanteile ξ_{12}^* und ξ_{21}^* anstelle der „lokalen" Molanteile. Weiterhin wird das Renonsche Modell etwas modifiziert und so die Möglichkeit zur physikalischen Interpretation der Wechselwirkungsenergien g^* geschaffen. Bei Vorausberechnung der Wechselwirkungsenergien g_{11}^* und g_{22}^* der reinen Stoffe über die Energieänderung für isotherme Verdampfung in den Idealgaszustand und bei Verwendung der von Renon und Prausnitz angegebenen α_{12}-Werte — siehe Punkt 5.4.1. — enthält die resultierende Gleichung für den Zusatzbetrag der freien Enthalpie g^E nur einen Parameter.

„Lokale" Volumenanteile:

$$\frac{\xi_{21}^*}{\xi_{11}^*} = \frac{\xi_{21}^*}{1 - \xi_{21}^*} = \frac{v_2 x_2 \exp\left(-\dfrac{g_{12}^*}{RT}\right)}{v_1 x_1 \exp\left(-\dfrac{g_{11}^*}{RT}\right)} \tag{621}$$

$$\frac{\xi_{12}^*}{\xi_{22}^*} = \frac{\xi_{12}^*}{1 - \xi_{12}^*} = \frac{v_1 x_1 \exp\left(-\dfrac{g_{12}^*}{RT}\right)}{v_2 x_2 \exp\left(-\dfrac{g_{22}^*}{RT}\right)} \tag{622}$$

$$\xi_{12}^* = \frac{v_1 x_1 \left(-\dfrac{g_{12}^* - g_{22}^*}{RT}\right)}{v_2 x_2 + v_1 x_1 \exp\left(-\dfrac{g_{12}^* - g_{22}^*}{RT}\right)} \tag{623}$$

$$\xi_{21}^* = \frac{v_2 x_2 \left(-\dfrac{g_{12}^* - g_{11}^*}{RT}\right)}{v_1 x_1 + v_2 x_2 \exp\left(-\dfrac{g_{12}^* - g_{11}^*}{RT}\right)} \tag{624}$$

In die analog zur $NRTL$-Gleichung ermittelte Beziehung für den Zusatzbetrag der freien Enthalpie g^E werden die Größenfaktoren q_{12} bzw. q_{21} eingeführt, über die die Zahl der von den Molekülen 1 bzw. 2 eingenommenen Plätze im pseudo-Gitter berücksichtigt wird. q_{12} und q_{21} können größer oder gleich eins sein. Ausgehend vom Vergleich berechneter und experimentell ermittelter Werte schlägt BRUIN [129] q_{12}- und q_{21}-Werte vor.

$$\frac{g^E}{RT} = q_{12} \cdot x_1 \cdot \xi_{21}^* \cdot \tau_{21} + q_{21} \cdot x_2 \cdot \xi_{12}^* \cdot \tau_{12} \tag{625}$$

$$\tau_{21} = \frac{q_{12}}{\alpha_{12}} \cdot \frac{g_{12}^* - g_{11}^*}{RT} \tag{626}$$

$$\tau_{12} = \frac{q_{21}}{\alpha_{21}} \cdot \frac{g_{12}^* - g_{22}^*}{RT} \tag{627}$$

$$\begin{aligned} &v_1 > v_2 \qquad q_{12} = \left(\frac{v_1}{v_2}\right)^{1/2} \qquad q_{21} = 1 \\ &v_1 = v_2 \qquad q_{12} = 1 \qquad q_{21} = 1 \\ &v_1 < v_2 \qquad q_{12} = 1 \qquad q_{21} = \left(\frac{v_2}{v_1}\right)^{1/2} \end{aligned} \tag{628}$$

Gleichung (625) mit den zugehörigen Beziehungen (623), (624) und (626) bis (628) ist die modifizierte $NRTL$-Gleichung. Die Gleichungen für die Aktivitätskoeffizienten in einem binären Gemisch erhält man durch partielle Differentiation nach der Zusammensetzung.

$$\ln \gamma_1 = q_{12} (\xi_{21}^*)^2 \cdot \tau_{21} + q_{21} \cdot \frac{x_2}{x_1} \xi_{12}^* (1 - \xi_{12}^*) \tau_{12} \tag{629}$$

$$\ln \gamma_2 = q_{21} (\xi_{12}^*)^2 \cdot \tau_{12} + q_{12} \cdot \frac{x_1}{x_2} \xi_{21}^* (1 - \xi_{21}^*) \tau_{21} \tag{630}$$

Die bisher ermittelten Gleichungen enthalten bei Verwendung der von RENON und PRAUSNITZ angegebenen α_{12}-Werte die anzupassenden Parameter $(g_{12}^* - g_{11}^*)$ und $(g_{12}^* - g_{22}^*)$. In den von BRUIN eingeführten Ausdrücken besteht folgender Zusammenhang zwischen der Wechselwirkungsenergie reiner Stoffe g_{ii}^* und der Energieänderung bei isothermer Verdampfung der gesättigten Flüssigkeit in den Idealgaszustand Δu_i^v:

$$g_{ii}^* = -\frac{\alpha_{12}}{2q_{ij}} \cdot \beta \cdot \Delta u_i^v \qquad \beta = 0{,}20 \tag{631}$$

$$\Delta u_i^v = \left(T \cdot \frac{d \ln p_i^0}{dT} - 1\right) \cdot z_i^s \cdot RT \tag{501 a}$$

p_i^0 — Dampfdruck der Komponente i
z_i^s — Realfaktor des gesättigten Dampfes bei T

Bei Berechnung von g_{ii}^* über die Gleichungen (631) und (501 a) enthalten die modifizierte *NRTL*-Gleichung und die Gleichungen (629) und (630) nur noch g_{12}^* als anzupassenden Parameter. Für die Anpassung ist es jedoch günstiger g_{12}^* durch die folgende Beziehung als Funktion von $\Delta u_1{}^v$ und $\Delta u_2{}^v$ auszudrücken und ψ_{12} als anzupassenden Parameter zu verwenden:

$$g_{12}^* = -\frac{1}{2}\beta \cdot \alpha_{12} \cdot (1 - \psi_{12}) \cdot \left(\left|\frac{\Delta u_1{}^v \cdot \Delta u_2{}^v}{q_{12} \cdot q_{21}}\right|\right)^{1/2}$$
$$0 \leqq \psi_{12} \leqq 1 \quad \beta = 0{,}20 \tag{632}$$

ψ_{12}-Werte für binäre Gemische polarer organischer Flüssigkeiten mit Wasser können über die in den Abb. 64 bis 70 angegebenen Ausgleichs-

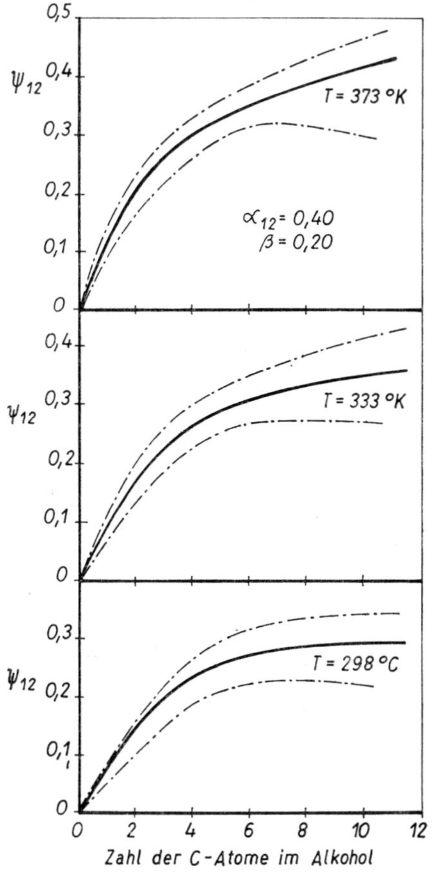

Abb. 64: Parameter ψ_{12} für Gemische von Normal-Alkoholen (*1*) mit Wasser (*2*)

kurven in Abhängigkeit von der Zahl der Kohlenstoffatome in der organischen Komponente ermittelt werden. Die Ausgleichskurve durch die überwiegend über die Aktivitätskoeffizienten bei unendlicher Verdünnung berechneten Punkte wurde stark ausgezogen. Extrapolierte Kurven wurden gestrichelt eingetragen. Den durch strichpunktierte Linien angegebenen Fehlerbereichen liegt eine Vertrauensgrenze von $\pm 5\%$ bis $\pm 7\%$ für die Aktivitätskoeffizienten bei unendlicher Verdünnung zugrunde. Der Para-

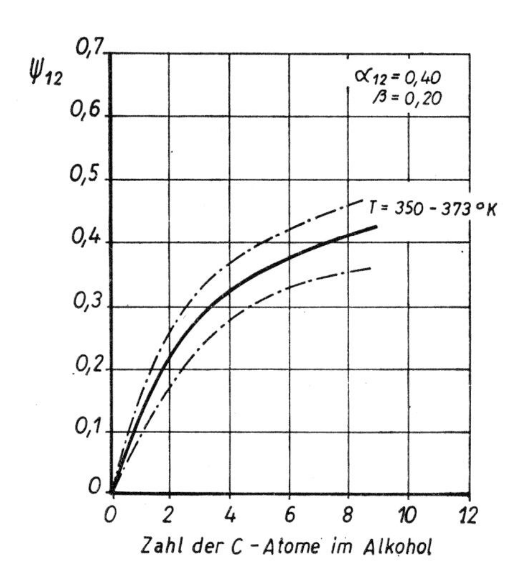

Abb. 65: Parameter ψ_{12} für Gemische sekundärer Alkohole (*1*) mit Wasser (*2*)

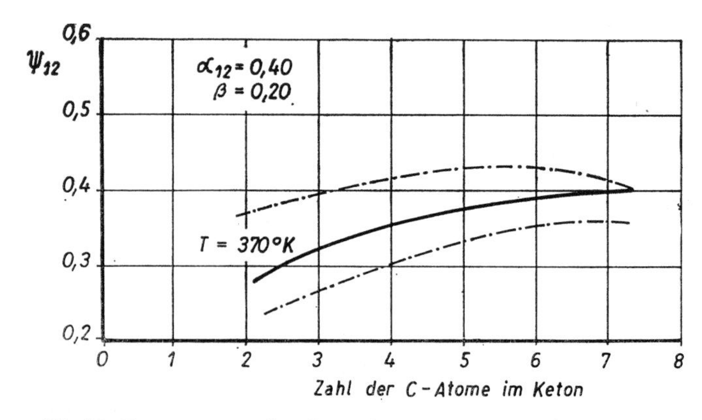

Abb. 66: Parameter ψ_{12} für Gemische von 2-Ketonen (*1*) mit Wasser (*2*)

meter ψ_{12} wächst sowohl mit der Kettenlänge der organischen Komponente als auch mit der Temperatur.

Für Gemische organischer Komponenten sind die Molvolumina im allgemeinen nur wenig unterschiedlich. Aus diesem Grund wurden von BRUIN [129] für diese Gemische ψ_{12}-Parameter mit den Annahmen $v_2 = v_1$ und

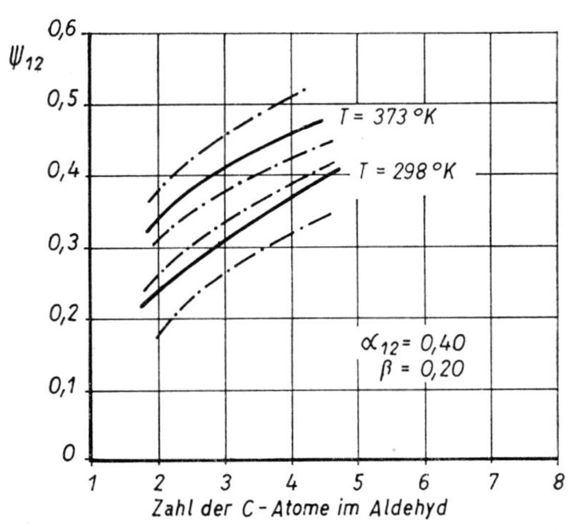

Abb. 67: Parameter ψ_{12} für Gemische von Aldehyden (*1*) mit Wasser (*2*)

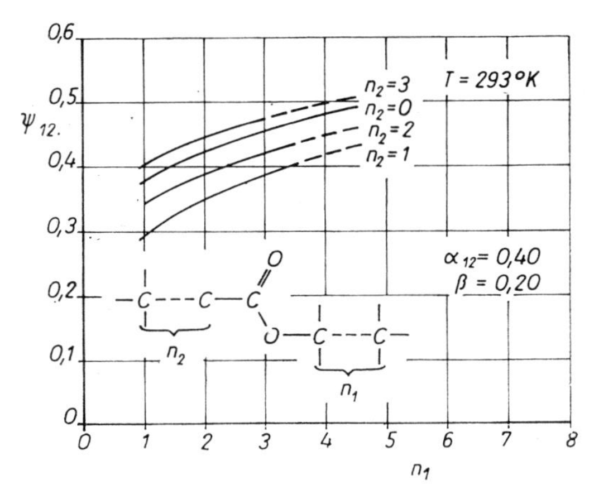

Abb. 68: Parameter ψ_{12} für Gemische von Estern (*1*) mit Wasser (*2*)

n_1 = Zahl der C-Atome in der Alkylgruppe des Alkohol-Teils
n_2 = Zahl der C-Atome in der Alkylgruppe des Säure-Teils

$q_{12} = q_{21} = 1$ berechnet. Die Abb. 71 bis 75 zeigen die ermittelten Kurven für ψ_{12} als Funktion der Zahl der C-Atome einer der Komponenten.

Für einige Gemische nimmt ψ_{12} einen geringen negativen Wert an. Beispiele sind Hydrazin—Wasser, Methanol—Äthanol und Ketone—Chloro-

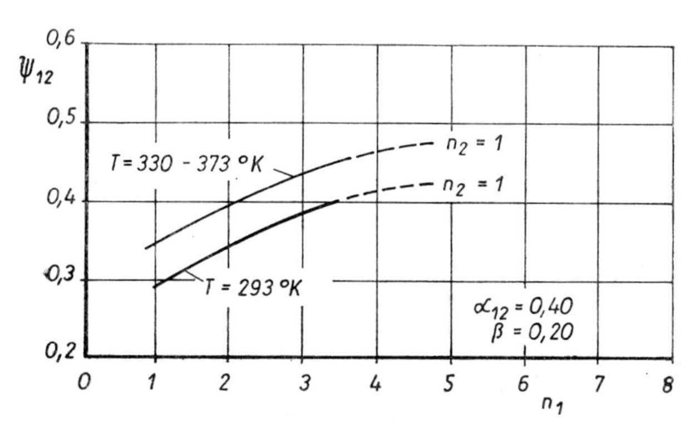

Abb. 69: Temperaturabhängigkeit der Parameter ψ_{12} für Gemische von Azetat—Estern (*1*) mit Wasser (*2*)

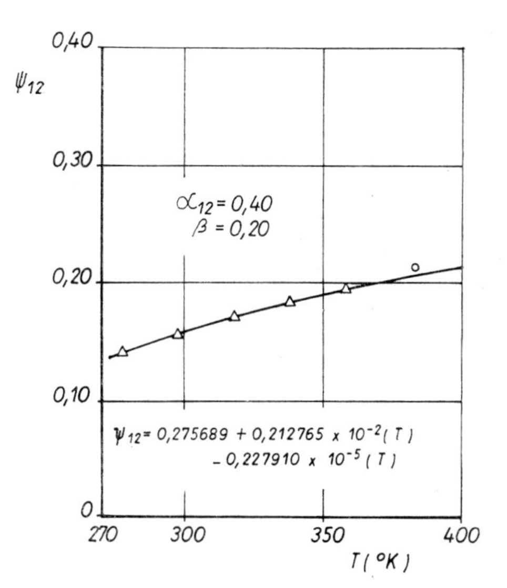

Abb. 70: Temperaturabhängigkeit des Parameters ψ_{12} für das Gemisch Butylglykol (*2*)—Wasser (*1*)
(experimentell ermittelte Werte)

form. Allgemein ausgedrückt sind das Gemische, die sich entweder nahezu ideal verhalten oder geringe negative Abweichungen vom Idealverhalten aufweisen.

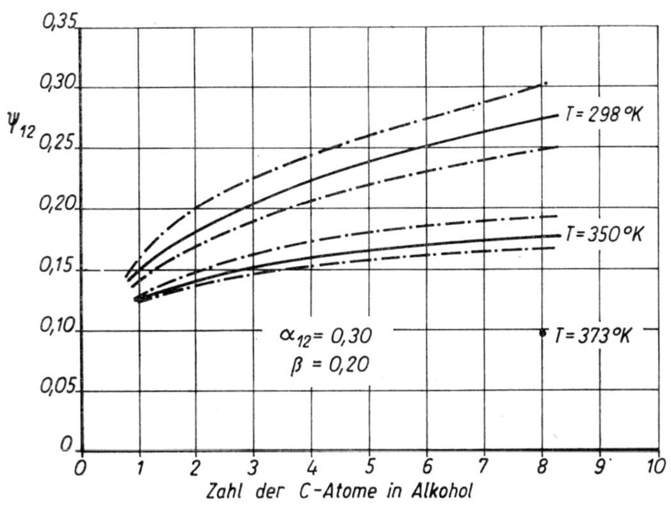

Abb. 71: Parameter ψ_{12} für Gemische von Azeton (*1*) mit Normalalkoholen (*2*)

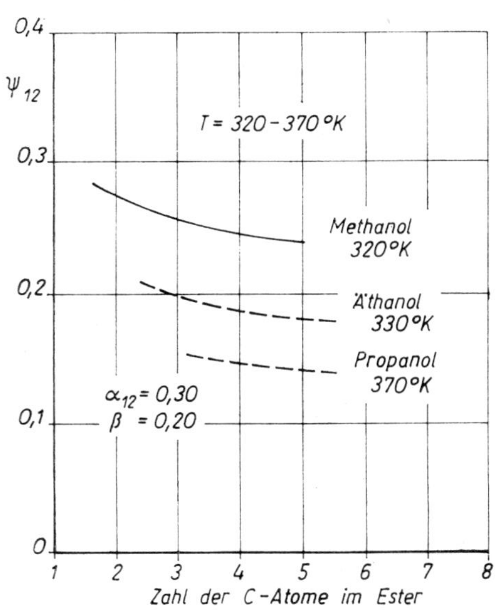

Abb. 72: Parameter ψ_{12} für Gemische von Alkoholen (*1*) mit Estern (*2*)

Aktivitätskoeffizienten bei unendlicher Verdünnung

$$\ln \gamma_1^{\infty} = q_{12}\tau_{21} + q_{21}\left(\frac{v_1}{v_2}\right)\tau_{12}\exp\left(-\frac{g_{12}^* - g_{22}^*}{RT}\right) \tag{633}$$

$$\ln \gamma_2^{\infty} = q_{21}\tau_{12} + q_{12}\left(\frac{v_2}{v_1}\right)\tau_{21}\exp\left(-\frac{g_{12}^* - g_{22}^*}{RT}\right) \tag{634}$$

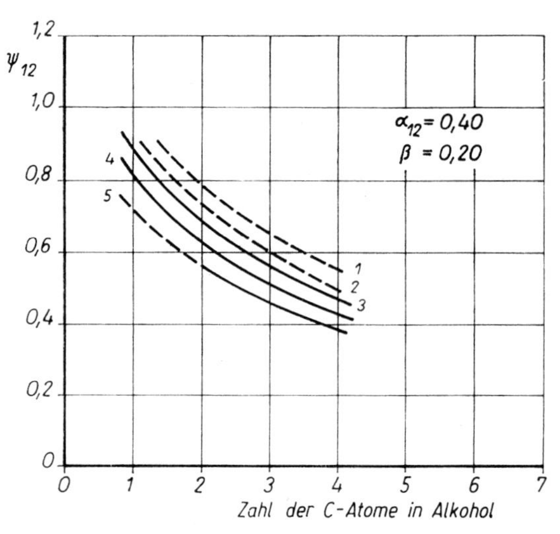

Abb. 73: Parameter ψ_{12} für Gemische von n-Alkoholen mit n-Alkanen

Kurve 1 : n – Butan; Kurve 2 : n – Pentan, 273°k;
Kurve 3 : n – Hexan, 1 atm; Kurve 4 : n – Heptan, 1 atm;
Kurve 5 : n – Nonan, 273°k, und n – Dekan, 1 atm.

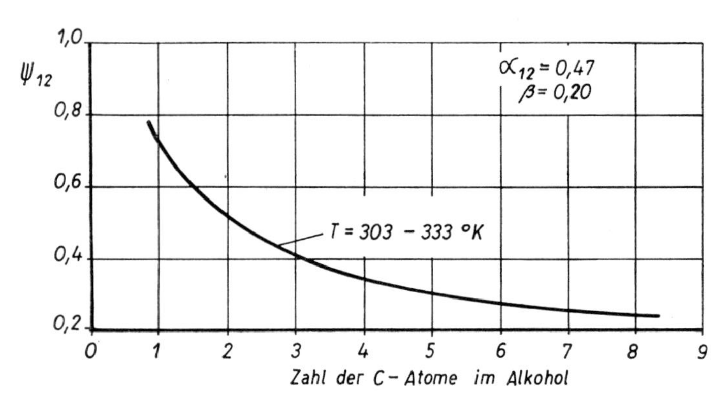

Abb. 74: Parameter ψ_{12} für Gemische von Tetrachlorkohlenstoff (*1*) mit n-Alkoholen (*2*)

Zur Ermittlung der Wechselwirkungsenergie g_{12}^* genügt die Lösung einer der beiden Gleichungen. Hierzu wird in Gleichung (632) ein Wert $0 \leqq |\psi_{12}| \leqq 1$ angenommen und der Eingangswert g_{12}^* für die erste Iteration bestimmt. Der iterativ ermittelte Wert g_{12}^* kann zur Bestimmung von ψ_{12} herangezogen werden. Sind sowohl $\ln \gamma_1^\infty$ als auch $\ln \gamma_2^\infty$ bekannt bzw. berechnet worden,

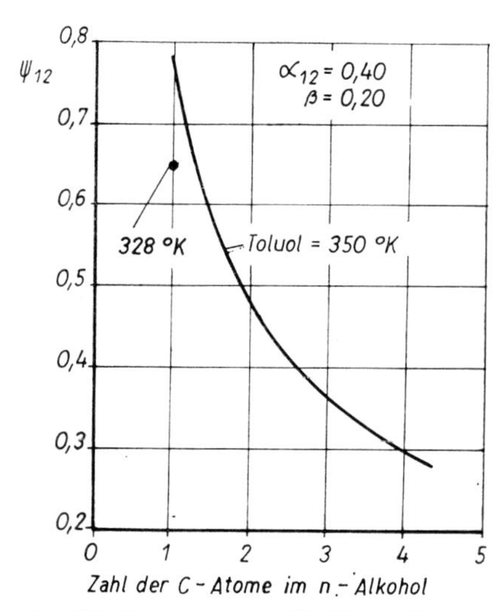

Abb. 75: Parameter ψ_{12} für Gemische von n-Alkoholen (*1*) mit Benzol bzw. Toluol (*2*)

dann ist es empfehlenswert, g_{12}^* ausgehend von beiden Werten zu berechnen und bei gleicher Fehlerwahrscheinlichkeit den Mittelwert zu bilden.

Vielkomponentengemische

$$\frac{g^E}{RT} = \sum_i x_i \sum_j q_{ij}\, \xi_{ji}^* \tau_{ji} \quad (\tau_{ii} = 0) \tag{635}$$

$$\ln \gamma_i = \sum_j \xi_{ji}^* q_{ij} \tau_{ji} + \sum_j \frac{x_j \xi_{ij}^*}{x_i} \left(q_{ji} \tau_{ij} - \sum_l q_{j,l} \xi_{l,j}^* \tau_{lj} \right) \tag{636}$$

$$\xi_{ij}^* = \frac{v_i x_i \exp\left(- \frac{g_{ij}^* - g_{jj}^*}{RT} \right)}{\sum_k v_k x_k \exp\left(- \frac{g_{jk}^* - g_{jj}^*}{RT} \right)} \tag{637}$$

$$\tau_{ij} = \frac{q_{ji}}{\alpha_{ji}} \cdot \frac{g_{ji}^* - g_{jj}^*}{RT} \qquad \begin{aligned} \alpha_{ij} &= \alpha_{ji} \\ g_{ij}^* &= g_{ji}^* \end{aligned} \tag{638}$$

Die Genauigkeit der Ein-Parameter-Gleichung ist selbstverständlich etwas geringer als die Genauigkeit der Zwei-Parameter-Gleichung, jedoch trotzdem zufriedenstellend. Lediglich für Gemische mit starker Solvatation oder Assoziation, wie

Gemische von n-Alkoholen mit Paraffinen

Gemische von n-Alkoholen mit Aromaten

Gemische von n-Alkoholen mit Tetrachlorkohlenstoff

Gemische von n-Alkoholen mit Chloroform

führt die molvolumenkorrigierte Ein-Parameter-Gleichung zu weniger zufriedenstellenden Ergebnissen. Zufriedenstellende Ergebnisse für dieses Gemisch werden mit der unkorrigierten Ein-Parameter-Gleichung ($v_2 = v_1$; $q_{12} = q_{21} = 1$) erhalten, wobei der Verlust an Genauigkeit gegenüber der unkorrigierten *NRTL*-Gleichung nur gering ist. Die mit der unkorrigierten Ein-Paramter-Gleichung erzielten Ergebnisse sind für Gemische organischer Komponenten allgemein etwas genauer als die mit der korrigierten Ein-Parameter-Gleichung erzielten. Wird die molvolumenkorrigierte *NRTL*-Gleichung als Zwei-Parameter-Gleichung auf Gemische einer organischen Komponente mit Wasser angewandt, dann ist die Genauigkeit in den meisten Fällen besser als die Genauigkeit der unkorrigierten *NRTL*-Gleichung. Die korrigierte Form ist unabhängig von der Zahl der Parameter auf Gemische mit Phasentrennung anwendbar.

5.5. Berechnung von Dampf/Gas-Flüssigkeitsgleichgewichten bei hohem Druck

5.5.1. Die unsymmetrische Konvention der Flüssigphasenaktivitätskoeffizienten

Betrachtet man ein binäres Dampf-Flüssigkeits-Gleichgewicht bei hohem Druck, dann ist allgemein die Gemischtemperatur höher als die kritische Temperatur der niedriger siedenden Komponente. Erhält die höher siedende Komponente die Fußnote 1 und die niedriger siedende Komponente die Fußnote 2, dann gilt

$$T < T_{1,\mathrm{krit}}$$

$$T > T_{2,\mathrm{krit}}$$

Im Gleichgewichtszustand sind die Gemischfugazitäten in der Dampf- und der flüssigen Phase für jede Komponente gleich, wobei bisher der folgende Zusammenhang zwischen der Gemischfugazität $\bar{f}_i$ und der Fugazität

f_i^{rein} der betrachteten Komponente im reinen Zustand verwendet wurde:

$$\bar{f}_i = \gamma_i \cdot x_i \cdot f_i^{\text{rein}} \tag{193}$$

d. h., die Fugazität f_i^{rein} der reinen Komponente wurde als Bezugsfugazität bei der Siedetemperatur des Gemischs verwendet. Gleichung (193) setzt voraus, daß die betrachtete Komponente bei Gemischtemperatur und -druck im reinen Zustand auch als Flüssigkeit existiert. Kann die betrachtete Komponente durch Druckerhöhung kondensiert werden, dann ist die Beziehung (193) in Kombination mit einer Druckkorrektur — wie in Abschnitt 3.2.2. behandelt — anwendbar. Die höher siedende Komponente eines binären Gemisches ist bei Systembedingungen immer flüssig. Die Anwendung der Gleichung (193) mit Druckkorrektur auch auf die niedriger siedende Komponente ist nur dann möglich, wenn die Gemischtemperatur unter deren kritischer Temperatur liegt. Für eine überkritische niedriger siedende Komponente macht die Verwendung der reinen Flüssigkeit als Bezugsbasis die Annahme erforderlich, daß die Extrapolation der Fugazität der reinen Flüssigkeit in den überkritischen Bereich zulässig ist. Dieser Weg ist bei Hinnahme eines erträglichen Fehlers nur bei gering überkritischen Stoffen gangbar.

Ein auch für eine stark überkritische, niedriger siedende Komponente befriedigendes Verfahren, vorgeschlagen von PRAUSNITZ [130], verwendet die Fugazität der unendlichen verdünnten Komponente als Bezugsfugazität.

$$\bar{f}_2^{\infty} = \lim_{x_2 \to 0} \left(\frac{f_2}{x_2} \right) \equiv H^*_{2(1)} \tag{639}$$

$H^*_{2(1)}$ — HENRY-Konstante der Komponente 2 im Lösungsmittel 1

Die durch (639) definierte Bezugsfugazität ist identisch mit der HENRYschen Konstante. Der Vorteil der Verwendung der HENRYschen Konstante als Bezugsfugazität besteht darin, daß diese klar definiert ist und aus physikalischen Daten bzw. experimentell ermittelt werden kann. Als Nachteil muß hingenommen werden, daß die Henrysche Konstante außer von den Eigenschaften der überkritischen, niedriger siedenden Komponente auch von den Eigenschaften der unterkritischen Komponente, d. h. des Lösungsmittels abhängt.

Die Druckabhängigkeit der Henryschen Konstante ist gegeben durch

$$\left[\frac{\partial \ln H^*_{2(1)}}{\partial P} \right]_T = \frac{\bar{v}_2^{\infty}}{RT} \tag{640}$$

$\bar{v}_2^{\infty}$ — partielles molares Volumen der Komponente 2 bei unendlicher Verdünnung im flüssigen Gemisch

Die Integration der Gleichung (640) ist bei $\bar{v}_2^{\infty}$ = konst. durchzuführen.

Einige Werte der HENRYschen Konstanten sind in Tab. 42 angegeben. Für Wasserstoff in verschiedenen Lösungsmitteln und für die binären Ge-

Tabelle 42

Henry-Konstanten $H^*_{2(1)}$, Dilationskonstanten $\eta_{2(1)}$ und Eigenwechselwirkungskonstanten $\alpha_{22(1)}$ einiger Hochdruck-Gemische (gerundete Umrechnungswerte von [33])

Gemisch	T [°K]	H_2^* [ata]	$\eta_{2(1)}$	$\alpha_{22(1)}$
Methan(2)—Äthan(1)	172			0,305
	200	48,4	0,90	0,182
	228	72	1,29	0,210
	258	93,1	3,06	0,333
	283	105	27,1	0,680
Methan(2)—Propan(1)	172			0,322
	200	61		0,322
	226		0,31	
	228	95,4		0,355
	258	126		0,415
	274	144		0,462
	278		1,46	
	283	149		0,498
	311	150	4,12	0,593
	344	129	28,35	0,936
Methan(2)—n-Pentan(1)	311	198	1,19	0,548
	344	223	1,62	0,706
	378	228	2,25	0,939
	410	208	8,39	1,230
Äthan(2)—Azetylen(1)	236			0,538
	258			0,490
	278			0,365
	289			0,277
Äthan(2)-Propan(1)	172			0,059
	200			0,051
	228			0,043
	258			0,034
	283			0,026
	311	31,4	1,30	0,025
	322	35,2		0,029
	333	40,1	4,41	0,038
	344	43,2	12,28	0,053
	356	44,2	43,54	0,099
Äthylen(2)—Äthan(1)	200			0,075
	233			0,058
	248			0,039
	278			0,053
	289			0,069

Tabelle 42 (Fortsetzung)

Gemisch	T [°K]	H_2^* [ata]	$\eta_{2(1)}$	$\alpha_{22(1)}$
Äthylen(2)—Azetylen(1)	236			0,305
	258			0,270
	278			0,244
Propan(2)—n-Pentan(1)	311			0,023
	344	20,2		0,032
	378	31,4	0,27	0,049
	410	47,0	1,23	0,080
	445	52,5	26,24	0,141

mische $N_2(2)—C_2H_6(1)$, $CH_4(2)—C_3H_8(1)$, $He(2)—CH_4(1)$ und $Ne(2)—Ar(1)$ geben PRAUSNITZ und MILLER [131] Kurven für die Temperaturabhängigkeit der HENRY-Konstanten in Zusammenhang mit der Anwendung der statistischen Thermodynamik einfacher flüssiger Gemische (in Kombination mit einem modifizierten VAN DER WAALS-Modell) zu deren Berechnung an.

Bei der Berechnung von Hochdruckgleichgewichten ist es nicht mehr möglich — wie bei niedrigen Drücken üblich — den Druckeffekt auf den Aktivitätskoeffizienten zu vernachlässigen. Voraussetzung für die exakte Anwendung der GIBBS-DUHEM-Gleichung (280) entlang einer Isotherme ist bei hohem Druck die Korrektur auf einen einheitlichen Bezugsdruck P^+.

Der auf einen Bezugsdruck P^+ korrigierte Aktivitätskoeffizient $\gamma_1^{(P^+)}$ der höher siedenden Komponente wird über die für unterkritische Komponenten übliche Beziehung (189) definiert. Der auf den gleichen Bezugsdruck P^+ korrigierte Aktivitätskoeffizient $\gamma_2^{*(P^+)}$ der niedriger siedenden, überkritischen Komponente wird unter Verwendung der HENRY-Konstanten H^* als Bezugsfugazität definiert. Die resultierenden Definitionsgleichungen lauten

$$\gamma_1^{(P^+)} = \frac{\bar{f}_1}{x_1 \cdot f_1^{\text{rein},(P^+)}} \exp\left(-\int_{P^+}^{P} \frac{\bar{v}_1}{RT}\, dP\right) \tag{641}$$

$$\gamma_2^{*(P^+)} = \frac{\bar{f}_2}{x_2 \cdot H_{2(1)}^{*(P^+)}} \exp\left(-\int_{P^+}^{P} \frac{\bar{v}_2}{RT}\, dP\right) \tag{642}$$

$f_1^{\text{rein},(P^+)}$ — Fugazität der reinen schwerer siedenden Komponente bei Systemtemperatur und dem Bezugsdruck P^+

$H_{2(1)}^{*(P^+)}$ — HENRY-Koeffizient der Komponente 2 im Lösungsmittel 1 bei Systemtemperatur und dem Bezugsdruck P^+

$\bar{f}_1$ — Fugazität der Komponente 1 im Gemisch mit den Molanteilen x_1, bei Systemtemperatur und dem Gesamtdruck P

$\bar{f}_2$ — Fugazität der Komponente 2 im Gemisch mit den Molanteilen x_2, bei Systemtemperatur und dem Gesamtdruck P

Die partiellen molaren Volumina $\bar{v}_1$ und $\bar{v}_2$ können über die aus der REDLICH-KWONG-Gleichung abgeleitete Beziehung (409) mit den zugehörigen Mischungsregeln bestimmt werden.

Die Aktivitätskoeffizienten $\gamma_1^{(P+)}$ und $\gamma_2^{*(P+)}$ sind unabhängig vom Gesamtdruck P. Sie hängen nur von der Gemischzusammensetzung ab und sind auf die Systemtemperatur und den Bezugsdruck P^+ bezogen. Entsprechend den unterschiedlichen Definitionen der Bezugsfugazitäten gehen beide Aktivitätskoeffizienten gegen 1 für x_1 gegen 1.

$$\gamma_1^{(P+)} \to 1 \quad \text{für} \quad x_1 \to 1$$

$$\gamma_2^{*(P+)} \to 1 \quad \text{für} \quad x_1 \to 1$$

Obwohl die durch die Gleichungen (641) und (642) gegebenen Definitionen damit unsymmetrisch sind, erfüllen sie die GIBBS-DUHEM-Gleichung (280) für T = konst. und P^+ = konst. [130] und sind damit thermodynamisch konsistent. Diese Gleichungen können zur Berechnung der auf den Bezugsdruck korrigierten Aktivitätskoeffizienten aus experimentell ermittelten Gleichgewichtsdaten verwendet werden.

5.5.2. *Korrelation der Aktivitätskoeffizienten für Hochdruckgleichgewichte über ein erweitertes van Laar-Modell für binäre flüssige Gemische*

Für die Vorausberechnung von Hochdruckgleichgewichten ist Voraussetzung, daß die Aktivitätskoeffizienten über eine unabhängige Korrelation mit bekannten Konstanten ermittelt werden können. PRAUSNITZ [33, 130] schlägt hierfür ein erweitertes und auf die unsymmetrische Konvention der Aktivitätskoeffizienten korrigiertes VAN LAAR-Modell vor. Die aus dem Ansatz für den Zusatzbetrag der freien Enthalpie g^E resultierenden Beziehungen für die Aktivitätskoeffizienten bei einem Bezugsdruck P^+ lauten:

$$\ln \gamma_1^{(P+)} = A \cdot (\Phi_{2,\mathrm{krit}})^2 + D \cdot (\Phi_{2,\mathrm{krit}})^4 \tag{643}$$

$$\ln \gamma_2^{*,(P+)} = A \cdot \frac{v_{\mathrm{krit},2}}{v_{\mathrm{krit},1}} \cdot [(\Phi_{2,\mathrm{krit}})^2 - 2\Phi_{2,\mathrm{krit}}] + D \frac{v_{\mathrm{krit},2}}{v_{\mathrm{krit},1}} \times \left[(\Phi_{2,\mathrm{krit}})^4 - \frac{4}{3}(\Phi_{2,\mathrm{krit}})^3\right] \tag{644}$$

$$\Phi_{2,\mathrm{krit}} = \frac{x_2 \cdot v_{2,\mathrm{krit}}}{x_1 \cdot v_{1,\mathrm{krit}} + x_2 \cdot v_{2,\mathrm{krit}}} \tag{645}$$

$$A = \alpha_{22(1)} \cdot v_{1,\mathrm{krit}} \tag{646}$$

$$D = 3\eta_{2(1)} \cdot \alpha_{22(1)} \cdot v_{1,\mathrm{krit}} \tag{647}$$

$v_{1,\mathrm{krit}}$ — molares kritisches Volumen der reinen Komponente 1
$v_{2,\mathrm{krit}}$ — molares kritisches Volumen der reinen Komponente 2
$\Phi_{2,\mathrm{krit}}$ — kritische Volumenanteile der Komponente 2
$\alpha_{22(1)}$ — Eigenwechselwirkungskonstante der Komponente 2 im Lösungsmittel 1
$\eta_{2(1)}$ — Dilatationskonstante der flüssigen Lösung von 2 in 1

Die Gleichungen (643) und (644) stellen die gesuchten 2-Parameter-Beziehungen für die Aktivitätskoeffizienten dar. Die Dilatationskonstante $\eta_{2(1)}$ ist ein Maß für die Dilatation der flüssigen Lösung unter dem Einfluß der Komponente 2. Sowohl $\eta_{2(1)}$ als auch $\alpha_{22(1)}$ sind von der Charakteristik des binären Gemischs und der Temperatur abhängig. Einige von PRAUSNITZ [33] ermittelten Werte sind in Tab. 42 angegeben. Darstellungen von $(\eta_{2(1)})^{0,5}$ über $1/T$ haben für alle binären Gemische den gleichen Verlauf. Bei Verwendung einer für das binäre Gemisch charakteristischen Temperatur T^+ und einer charakteristischen Dilatationskonstante kann dieser Verlauf vereinheitlicht und durch folgende Korrelation [3] wiedergegeben werden:

$$\ln\left(\frac{\eta_{2(1)}}{\eta_2{}^+}\right)^{0,5} = -30{,}2925 + 39{,}1396\left(\frac{T^+}{T}\right) - 17{,}2182 \cdot \left(\frac{T^+}{T}\right)^2 + 2{,}81464\left(\frac{T^+}{T}\right)^3 - 2{,}78571\left(\frac{T^+}{T}\right) - 5{,}26736 \cdot \ln\left(\frac{T^+}{T} - 0{,}9\right) \tag{648}$$

Der vereinheitlichte Verlauf ist in Abb. 76 dargestellt. PRAUSNITZ [33] gibt folgende charakteristische Konstanten an:

Methan(2)—Äthan(1)	$T^+ = 313$ [°K]
Methan(2)—Propan(1)	$T^+ = 376$ [°K]
Methan(2)—n-Pentan(1)	$T^+ = 473$ [°K]
Methan(2)—n-Heptan(1)	$T^+ = 547$ [°K]
Äthylen(2)—Äthan(1)	$T^+ = 322$ [°K]
Äthan(2)—Propan(1)	$T^+ = 370$ [°K]
Äthan(2)—n-Pentan(1)	$T^+ = 465$ [°K]
Propan(2)—n-Pentan(1)	$T^+ = 459$ [°K]
Stickstoff(2)—Methan(1)	$T_+ = 212$ [°K]

	$(\eta_2{}^+)^{0,5}$
Methan	$= 1{,}0$
Äthylen	0,60
Stickstoff	0,60
Äthan	0,50
Propan	0,27

Die zugehörigen Gleichungen für Vielstoffgemische werden zusammen mit Programmablaufplänen von PRAUSNITZ [33] angegeben. Mit wenigen Ausnahmen ist die Übereinstimmung der berechneten mit experimentell ermittelten Werten sehr gut.

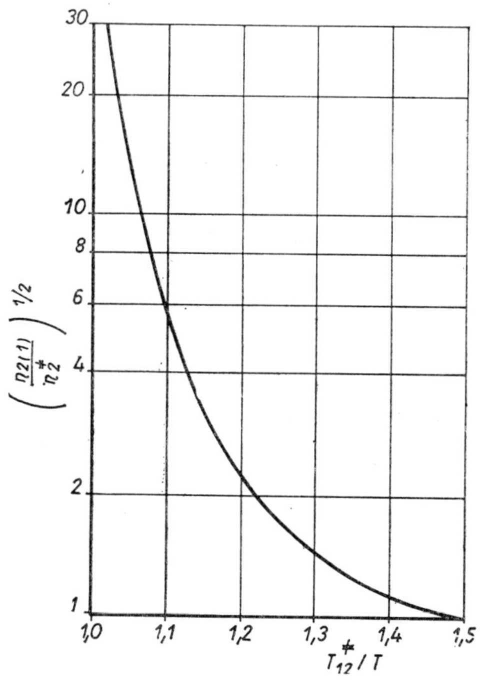

Abb. 76: Korrelation der Dilatationskonstanten $\eta_{2(1)}$ für binäre Gemische nach PRAUSNITZ [33]

6. Adsorption — Thermodynamische Grundlagen und deren Anwendung

6.1. Besonderheiten der Thermodynamik der Adsorption

Die thermodynamische Behandlung von Adsorbat—Mischgas-Gleichgewichten hat große Ähnlichkeit mit der Behandlung von Dampf—Flüssigkeits-Gleichgewichten. Die Ursache hierfür liegt in der Analogie zwischen der Thermodynamik der Mischadsorbate und der Thermodynamik der Lösungen. Diese Ähnlichkeit wird auch nicht durch eine Reihe von Besonderheiten zerstört, die bei der Adsorption zu beachten sind.

Die erste Besonderheit liegt in der Notwendigkeit, die Grenze der Adsorbatphase zu definieren. In der Nachbarschaft des Feststoffs ändern sich die Eigenschaften der Gasphase. Die Gradienten der Eigenschaften nach dem Abstand von der Feststoffoberfläche können zwar sehr groß, jedoch nicht unendlich groß sein. Der Abstand von der Feststoffoberfläche, innerhalb dessen sich der Oberflächeneinfluß auf die Gaseigenschaften bemerkbar macht, ist nicht bekannt. Dieses reale Bild wird durch folgende hypothetische Vorstellung ersetzt:

Die Gasphase hat bis zur Grenzfläche unveränderte Eigenschaften. Alle Abnormalitäten werden einer imaginären Fläche zugeschrieben, die als zweidimensionale Phase mit eigenen thermodynamischen Eigenschaften behandelt wird.

Diese hypothetische Vorstellung schließt alle Abnormalitäten von der dreidimensionalen Gasphase aus, so daß diese ebenfalls präzise beschrieben werden kann. Abnormalitäten innerhalb bzw. nahe der Oberfläche des Feststoffs werden als unveränderlich während des Adsorptionsvorgangs angenommen und auf diese Art aus der Betrachtung ausgeschlossen.

Eine weitere Besonderheit ist dadurch gegeben, daß die Adsorbatphase ohne Feststoffoberfläche nicht existieren kann. Ungeachtet dessen wird die Annahme getroffen, daß der Feststoff — thermodynamisch — keinen Einfluß auf die Adsorbatphase haben soll und demzufolge Gleichgewicht zwischen Adsorbatphase und Gasphase ohne Berücksichtigung des Feststoffs angesetzt werden darf. Diese tatsächlich bedeutende Annahme ist die Voraussetzung für die Ähnlichkeit zu anderen Zweiphasengleichgewichten wie z. B. dem Dampf-Flüssigkeits-Gleichgewicht.

Als dritte Besonderheit hat die Adsorbat-Phase einen eigenen Druck — den Spreizungsdruck π —, der vom Gasdruck P verschieden ist. Abweichend von der bisher üblichen Gleichgewichtsbehandlung — Druck und Temperatur für beide Phasen gleich und bekannt — ist für Adsorptionsgleichgewichte nur die Temperatur für beide Phasen gleich und bekannt. Der Druck ist nur für die Gasphase bekannt. Der Spreizungsdruck π der Adsorbatphase ist als zusätzliche Aufgabe aus geeigneten experimentell zu ermittelnden Werten für das Adsorptionsgleichgewicht zu berechnen. Ungeachtet dessen behält der Spreizungsdruck seine Bedeutung als thermodynamische Koordinate.

Auf Grund der behandelten Besonderheiten sind folgende abweichende Größen einzuführen:

Adsorbatphase		dreidimensionale Phasen
a — molare Adsorbatfläche	anstelle	v — Molvolumen
π — Spreizungsdruck	von	P — Gesamtdruck

Ausgehend von der Analogie zwischen Adsorbatfläche und Molvolumen wird die Annahme gemacht, daß die Adsorbatfläche eine unabhängige Variable ist, unbeeinflußt von Temperatur, Druck, Zusammensetzung oder Masse des adsorbierten Materials.

6.2. Einige thermodynamische Grundgleichungen für eine zweidimensionale Mischphase

Die zu (114) analoge *Grundgleichung für die Adsorbatphase* lautet:

$$d(n \cdot u) = T \cdot d(n \cdot s) - \pi \cdot d(n \cdot a) + \sum_i \mu_i \cdot dn_i \tag{A1}$$

n — Molzahl
u — molare innere Energie
s — molare Entropie
a — molare Adsorbatfläche (Molfläche)
μ_i — chemisches Potential der Gemischkomponente i
T — Temperatur
π — Spreizungsdruck

Durch Einführung der Definitionen für die Enthalpie h und die freie Enthalpie g erhält man die zugehörigen Gleichungen für die Enthalpie und die freie Enthalpie der Adsorbatphase.

$$h = u + \pi \cdot a \tag{A2}$$

$$g = h - T \cdot s \tag{A3}$$

$$d(n \cdot h) = T \cdot d(n \cdot s) + (n \cdot a)\, d\pi + \sum_i \mu_i\, dn_i \tag{A4}$$

$$d(n \cdot g) = -(n \cdot s)\, dT + (n \cdot a)\, d\pi + \sum_i \mu_i\, dn_i \tag{A5}$$

h — molare Enthalpie
g — molare freie Enthalpie

Für die Zusammenhänge zwischen molarer freier Enthalpie g, partieller molarer freier Enthalpie $\bar{g}_i$ einer Gemischkomponente und dem chemischen Potential μ_i gelten die bereits bekannten Beziehungen.

$$g = \sum_i x_i \cdot \bar{g}_i \tag{A6}$$

$$\mu_i = \bar{g}_i \tag{A7}$$

$$\bar{g}_i = \left[\frac{\partial(n \cdot g)}{\partial n_i}\right]_{T,\pi,n_j} \tag{A8}$$

g_i — partielle molare freie Enthalpie der Komponentn i

Die Differentiation nach Gleichung (A8) ist für alle $j \neq i$ konstant durchzuführen.

Die zugehörigen *Beziehungen für* 1 [mol] *bzw.* 1 [kmol] des Adsorbatphasengemischs erhält man durch Ausführung der Differentation, wie am Beispiel von Gleichung (A 1) gezeigt wird.

$$n \cdot \left(du - T \cdot ds + \pi \cdot da - \sum_i \mu_i \, dx_i\right)$$

$$+ \left(u - T \cdot s + \pi \cdot a - \sum_i \mu_i x_i\right) dn = 0 \tag{A9}$$

$$du = T \cdot ds - \pi \cdot da + \sum_i \mu_i \, dx_i \tag{A10}$$

$$u = T \cdot s - \pi \cdot a + \sum_i \mu_i \cdot x_i \tag{A11}$$

Die für $\sum_i x_i = 1$ [kmol] gültige Beziehung ist Gleichung (A10). Die zugehörige Gleichung für die molare Enthalpie und eine durch Einführung des Nenners $R \cdot T$ dimensionslos gemachte Gleichung für die molare freie Enthalpie werden nachfolgend angegeben.

$$dh = T ds + a \cdot d\pi + \sum_i \mu_i \, dx_i \tag{A12}$$

$$d\left(\frac{g}{RT}\right) = \frac{a}{RT} \, d\pi - \frac{h}{RT^2} \, dT + \sum_i \left(\frac{\mu_i}{RT} \, dx_i\right) \tag{A13}$$

Die Gibbs-Helmholtz-Gleichung folgt für konstante Zusammensetzung und konstanten Spreizungsdruck aus Gleichung (A13). Sie gilt somit für die Adsorbatphase unverändert.

$$\left[\frac{\partial\left(\frac{g}{RT}\right)}{\partial T}\right]_{T,x} = -\frac{h}{RT^2} \tag{A14}$$

Die Kombination der Beziehungen (A6) und (A7) liefert:

$$n \cdot g = \sum_i (\mu_i \cdot n_i) \tag{A15}$$

$$d(n \cdot g) = \sum_i [\mu_i dn_i + n_i d\mu_i] \tag{A16}$$

Durch Einsetzen von (A16) in (A5) erhält man die GIBBS-DUHEM-Gleichung in den zwei Formulierungen (A17) und (A18)

$$(n \cdot s) \cdot dT - (n \cdot a) \cdot d\pi + \sum_i (n_i d\mu_i) = 0 \tag{A17}$$

$$s \cdot dT - a \cdot d\pi + \sum_i (x_i d\mu_i) = 0 \tag{A18}$$

6.3. Gibbs'sche Adsorptionsisotherme und Adsorptionsgleichgewicht

Gleichung (A18) mit der Bedingung $T =$ konst. ist die Gleichung für die GIBBS'sche Adsorptionsisotherme.

$$-a d\pi + \sum_i (x_i d\mu_i) = 0 \quad \text{für } T = \text{konst.} \tag{A19}$$

Die GIBBS'sche Adsorbtionsisotherme muß bei eingestelltem Gleichgewicht zwischen der zweidimensionalen Adsorbatphase und der Gasphase erfüllt sein, so daß mit Hilfe von (A19) für Gleichgewichtsbedingungen die Eigenschaften der Adsorbatphase berechnet werden können. Im Gleichgewicht sind die chemischen Potentiale jeder Komponente in beiden Phasen gleich. Aus dieser Aussage folgt, daß zu einer differentiell kleinen Änderung des chemischen Potentials einer Komponente in einer Phase eine ebensolche differentiell kleine Änderung in der zweiten Phase gehört.

$$\mu_i^A = \mu_i^G \tag{A20}$$

$$d\mu_i^A = d\mu_i^G \tag{A21}$$

Die Kopfnoten A und G beziehen die chemischen Potentiale auf die Adsorbat- bzw. Gasphase. Gleichgewichtsbedingung (A21) eingesetzt in (A19) liefert (A22) als neue Schreibweise der GIBBS'schen Adsorbtionsisotherme.

$$-a \cdot d\pi + \sum_i (x_i d\mu_i^G) = 0 \tag{A22}$$

Diese Form der GIBBS'schen Adsorbtionsisotherme ist Ausgangspunkt für die *Berechnung des Spreizungsdruckes* π. Zur — nicht notwendig erforderlichen — Vereinfachung wird angenommen, daß sich die Gasphase ideal verhält, so daß die Gemischfugazität einer beliebigen Gaskomponente gleich deren Partialdruck $p_i = y_i \cdot P$ ist. Für ein ideales Gas folgt aus dem Zusammenhang zwischen dem chemischen Potential und der Fugazität

$$d\mu_i{}^G = R \cdot T \cdot d \ln (y_i \cdot P) \quad \text{ideale Gasphase} \tag{A23}$$

y_i — Molanteile der Komponente i in der Gasphase
P — Gasdruck

$$-a\, d\pi + RT \sum_i [x_i \cdot d \ln (y_i P)] = 0 \tag{A24}$$

$$-\frac{a}{RT}\, d\pi + d \ln P + \sum_i (x_i\, d \ln y_i) = 0 \tag{A25}$$

Zur Berechnung des Spreizungsdrucks π über Gleichung (A25) sind experimentelle Werte für die Adsorbatmasse als Funktion des Druckes erforderlich, die bei konstanter Temperatur und konstanter Gaszusammensetzung ermittelt wurden. Die Integration von (A25) für T = konst. und y_i = konst. liefert:

$$\frac{\pi}{R \cdot T} = \int_0^P \frac{(n/A)}{P}\, dP \tag{A26}$$

A — $n \cdot a$
A — Gesamtoberfläche des Adsorbens

Bei der Anwendung einer volumetrischen Methode zur experimentellen Bestimmung von n/A ist es schwierig, die Zusammensetzung konstant zu halten. Aus diesem Grund ist eine gravimetrische Methode vorzuziehen. Da im Ergebnis der gravimetrischen Untersuchung die Adsorbatmasse ermittelt wird, muß die Molzahl n über die mittlere Molmasse M_m berechnet werden. Die mittlere Molmasse muß zunächst angenommen werden, um einen Anfangswert für den Spreizungsdruck π zu erhalten. Danach ist über das nachfolgend behandelte Verfahren die Adsorbatzusammensetzung zu ermitteln und der angenommene Wert M_m zu korrigieren. Die Iteration ist solange durchzuführen, bis sich die ermittelten Werte für π und x_i nicht mehr ändern. Die Auswertung des Integrals (A26) kann sowohl graphisch als auch numerisch erfolgen. In Abb. A1 links ist der prinzipielle Verlauf der Kurven $(n/A) = f(P)$ für T = konst. und y_i = konst. dargestellt. Für die Auswertung ist jedoch die Darstellung Abb. A1 rechts vorzuziehen, da das Integral hier gleich der Fläche unter den einzelnen Kurven ist.

Die *Berechnung der Adsorbatzusammensetzung* wird am Beispiel eines binären Gemisches gezeigt. Gleichung (A25) kann für ein binäres Gemisch wie folgt geschrieben werden,

$$-\frac{a}{RT}\,d\pi + d\ln P + \frac{x_1}{y_1}\,dy_1 + \frac{x_2}{y_2}\,dy_2 = 0 \tag{A27}$$

$$-\frac{A/n}{R\cdot T}\,d\pi + d\ln P + \frac{x_1 - y_1}{y_1(1-y_1)}\cdot dy_1 = 0 \tag{A28}$$

da $x_1 + x_2 = 1$ und $y_1 + y_2 = 1$. Gleichung (A28) ist die GIBBS'sche Adsorptionsisotherme für ein binäres Adsorbat im Gleichgewicht mit einem idealen Gas. Die Molanteile x_1 der Komponente 1 im Adsorbat können aus experimentellen Werten, die für T = konst. und P = konst. ($d\ln P = 0$) über folgende Beziehung bestimmt wurden, ermittelt werden:

$$x_1 = y_1 + \frac{y_1\,(1-y_1)}{n/A}\cdot\left[\frac{\partial(\pi/RT)}{\partial y_1}\right]_{T,P} \tag{A29}$$

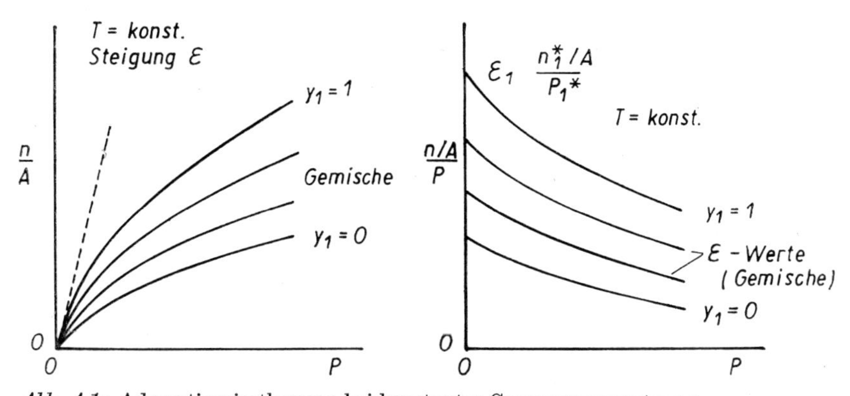

Abb. A1: Adsorptionsisothermen bei konstanter Gaszusammensetzung

Gleichung (A29) wurde mit $d\ln P = 0$ durch Umformung von Gleichung (A28) ermittelt. Das partielle Differential in (A29) kann für einen vorgegebenen Druck — siehe gestrichelte Linie in Abb. A1 — wie folgt ermittelt werden: Die Auswertung der Flächen unter den Kurven für jeden Wert y_i in Abb. A1 rechts liefern zu jedem Wert y_i einen zugehörigen Wert (π/RT). Diese Werte (π/RT) werden als Funktion von y graphisch oder analytisch dargestellt. Die Steigung dieser Funktion bei dem vorgegebenen Wert y_1 ist der gesuchte Betrag des partiellen Differentials. Dieses Verfahren wird von VAN NESS [132] angegeben. Wegen der für die Auswertung gravimetrisch gewonnener experimenteller Werte unumgänglichen Iteration — Annahme und Überprüfung der mittleren Molmasse — ist die Rechnung vorteilhaft auf einem Elektronenrechner durchzuführen. Anfangswerte für x_1 und x_2 können aus den Isothermen der reinen Komponenten ermittelt werden, wie unten gezeigt wird.

6.4. Thermodynamische Beschreibung des realen und des idealen Verhaltens der Adsorbatphase

In Analogie zum PVT-Verhalten einer dreidimensionalen Phase wird für die zweidimensionale Adsorbatphase folgender Ansatz gemacht:

$$\pi \cdot a = z \cdot R \cdot T \tag{A30}$$

z — Realfaktor

$$z = \frac{a}{\left(\frac{R \cdot T}{\pi}\right)} = \frac{a}{a^{\pi \to 0}} \tag{A31}$$

$a^{\pi \to 0}$ — Molfläche für ideales $\pi - a - T$-Verhalten bei $\pi \to 0$, d. h. für ein Adsorbat mit Idealgasverhalten

Gleichung (A30) ist die einfachste Zustandsgleichung für das $\pi - a - T$-Verhalten der Adsorbatphase. Gleichung (A30) liefert mit $z = 1$ die Basis für die Definierung thermodynamischer Größen für einen hypothetischen Zustand des Adsorbats bei $\pi \to 0$, d. h. für hypothetisches Idealgasverhalten des Adsorbats. Für dieses hypothetische — willkürlich eingeführte — Idealgasverhalten werden auch die Enthalpie $h^{\pi \to 0}$, die Entropie $s^{\pi \to 0}$ und die freie Enthalpie $g^{\pi \to 0}$ definiert.

Die Definitionsgleichungen lauten:

$$a^{\pi \to 0} - a = \Delta a^{\pi \neq 0} \tag{A32}$$

$$h^{\pi \to 0} - h = \Delta h^{\pi \neq 0} \tag{A33}$$

$$s^{\pi \to 0} - s = \Delta s^{\pi \neq 0} \tag{A34}$$

$$g^{\pi \to 0} - g = \Delta g^{\pi \neq 0} \tag{A35}$$

$\Delta a^{\pi \to 0}$ — Differenz der Molflächen eines Adsorbats mit Idealgasverhalten bei $\pi \to 0$ und eines realen Adsorbats bei $\pi \neq 0$

$\Delta h^{\pi \to 0}$ — Differenz der molaren Enthalpien eines Adsorbats mit Idealgasverhalten bei $\pi \to 0$ und eines realen Adsorbats bei $\pi \neq 0$

$\Delta s^{\pi \to 0}$ — Differenz der molaren Entropien eines Adsorbats mit Idealgasverhalten bei $\pi \to 0$ und eines realen Adsorbats bei $\pi \neq 0$

$\Delta g^{\pi \to 0}$ — Differenz der molaren freien Enthalpien eines Adsorbats mit Idealgasverhalten bei $\pi \to 0$ und eines realen Adsorbats bei $\pi \neq 0$

Die Fugazitäten können für die Adsorbatphase völlig analog zu einer dreidimensionalen Phase definiert werden.

Fugazität eines reinen Adsorbats

$$dg_i = R \cdot T \cdot d \ln f_i \quad (T = \text{konst.}) \tag{A36}$$

$$\lim_{\pi_i \to 0} \left(\frac{f_i}{\pi_i}\right) = 1 \tag{A37}$$

Fugazität eines Adsorbat-Gemisches

$$dg = R \cdot T \cdot d \ln f \quad (T = \text{konst.}) \tag{A38}$$

$$\lim_{\pi \to 0} \left(\frac{f}{\pi}\right) = 1 \tag{A39}$$

Fugazität einer Komponente in einem Adsorbat-Gemisch

$$d\bar{g}_i = d\mu_i = R \cdot T \cdot d \ln \bar{f}_i \quad (T = \text{konst.}) \tag{A40}$$

$$\lim_{\pi \to 0} \left(\frac{\bar{f}_i}{x_i \cdot \pi}\right) = 1 \tag{A41}$$

f_i — Fugazität der reinen adsorbierten Substanz i bei π_i und T
f — Fugazität des Adsorbatgemisches bei π und T
$\bar{f}_i$ — Fugazität der Komponente i im Adsorbatgemisch bei x_i, π und T

Bei $\pi \to 0$ d. h. Idealgasverhalten der Adsorbatphase gehen die Fugazitäten in die zugehörigen Drücke über. Die Fugazität $\bar{f}_i$ selbst ist keine partielle molare Größe, jedoch der Ausdruck $\ln(\bar{f}_i/x_i)$ [132], so daß die Gemischfugazität durch Summierung über diese Ausdrücke ermittelt werden kann.

$$\left[\frac{\partial(n \cdot \ln f)}{\partial n_i}\right]_{T,\pi,n_j} = \ln \left(\frac{\bar{f}_i}{x_i}\right) \tag{A42}$$

$$\ln f = \sum_i x_i \ln \left(\frac{\bar{f}_i}{x_i}\right) \tag{A43}$$

Das Produkt $(n \cdot \ln f)$ ist eine extensive thermodynamische Größe, für deren Abhängigkeit von den Zustandsgrößen der Adsorbatphase — Temperatur, Spreizungsdruck und Zusammensetzung — der folgende Ansatz gemacht werden darf:

$$d(n \cdot \ln f) = \left[\frac{\partial(n \cdot \ln f)}{\partial T}\right]_{\pi,n} \cdot dT + \left[\frac{\partial(n \cdot \ln f)}{\partial \pi}\right]_{T,n} d\pi + \sum_i \left[\frac{\partial(n \cdot \ln f)}{\partial n_i}\right]_{T,\pi,n_j} dn_i \tag{A44}$$

Durch Ansetzen der Gleichung (A38) für Real- und Idealgasverhalten des Adsorbats und nachfolgende Kombination mit Gleichung (A14) erhält man den Temperaturkoeffizienten von $(n \cdot \ln f)$.

$$g - g^{\pi \to 0} = R \cdot T \cdot \ln f - R \cdot T \cdot \ln \pi \tag{A45}$$

$$\ln f = \frac{g}{RT} - \frac{g^{\pi \to 0}}{RT} + \ln \pi \tag{A46}$$

$$\left(\frac{\partial \ln f}{\partial T}\right)_{x,\pi} = \left[\frac{\partial (g/RT)}{\partial T}\right]_{\pi,x} - \left[\frac{\partial (g^{\pi \to 0}/RT}{\partial T}\right]_{\pi,x}$$

$$\left(\frac{\partial \ln f}{\partial T}\right)_{\pi,x} = -\frac{h}{RT^2} + \frac{h^{\pi \to 0}}{RT^2} = \frac{\Delta h^{\pi \neq 0}}{RT^2} \tag{A47}$$

Der Druckkoeffizient wird durch Kombination von Gleichung (A38) mit Gleichung (A5) für $n = 1$, konstante Temperatur und konstante Zusammensetzung ermittelt.

$$\left(\frac{\partial \ln f}{\partial \pi}\right)_{T,x} = \frac{a}{RT} \tag{A48}$$

Die Zusammensetzungskoeffizienten sind mit Gleichung (A42) bereits bekannt. Die resultierende Beziehung lautet

$$d(n \cdot \ln f) = \frac{n \cdot \Delta h^{\pi \neq 0}}{RT^2}\, dT + \frac{n \cdot a}{RT}\, d\pi + \sum_i \left[\ln\left(\frac{\bar{f}_i}{x_i}\right) dn_i\right] \tag{A49}$$

Die in Gleichung (A44) für die einzelnen Koeffizienten angegebenen Bedingungen sind bei der Anwendung von Gleichung (A49) zu beachten. Die Transformation auf eine Schreibweise mit (f/π) ergibt

$$d\left(n \cdot \ln \frac{f}{\pi}\right) = \frac{n \cdot \Delta h^{\pi \neq 0}}{RT^2}\, dT - \frac{n \cdot \Delta a^{\pi \neq 0}}{RT}\, d\pi + \sum_i \left[\ln\left(\frac{\bar{f}_i}{x_i \cdot \pi}\right) dn_i\right] \tag{A50}$$

Aktivitätskoeffizient einer Komponente in einem Adsorbatgemisch

$$\gamma_i = \frac{\bar{f}_i}{x_i \cdot f_i} \tag{A51}$$

$$\lim_{\pi \to 0} \gamma_i = 1 \tag{A52}$$

Die Ermittlung des Aktivitätskoeffizienten γ_i über die Definitionsgleichung (A52) setzt voraus, daß die Gemischfugazität $\bar{f}_i$ der Komponente i und die Fugazität f_i des reinen Stoffes i bei gleicher Temperatur und gleichem Spreizungsdruck ermittelt wurden.

6.5. Adsorptionsgleichgewicht bei sehr niedrigen Spreizungsdrücken

Die Anwendung der unter Punkt 6.4. ermittelten Gleichung auf sehr niedrige π, bezeichnet als π^+, liefert einige wertvolle Aussagen für die Auswertung experimenteller Ergebnisse und insbesondere die Startwerte x_1 bzw. x_2 zur Bestimmung der mittleren Molmasse für das unter Punkt 6.3. beschriebene Verfahren zur Ermittlung von π und der Adsorbatzusammensetzung.

Die Kombination der Gleichgewichtsbedingung (A21) mit der auf die Adsorbat- und auf die Gasphase angewandten Gleichung (A40) liefert als neue Gleichgewichtsbedingung:

$$d \ln (\bar{f}_i)^A = d \ln (\bar{f}_i)^G \tag{A53}$$

Durch Integration bei konstanter Temperatur in den Grenzen π^+ (für $\pi \to 0$) und π für die Adsorbatphase und P^+ (für $P \to 0$) und P für die Gasphase, wobei die unteren Grenzen in beiden Fällen für die reine Substanz i (Idealgasverhalten) und die oberen Grenzen für die Molanteile x_i in der Adsorbatphase bzw. für die Molanteile y_i in der Gasphase angesetzt werden, läßt sich ein Ausdruck für die Gemischfugazität $\bar{f}_i^A$ als Funktion der Fugazität der Komponente i in der Gasphase ermitteln.

Mit $f_i^A(\pi_i^+) \to \pi_i^+$ und $f_i^G(P^+) \to P^+$ lautet das Ergebnis:

$$\bar{f}_i^A(\pi) = \frac{\pi_i^+}{P^+} \cdot \bar{f}_i^G(P) \tag{A54}$$

Verhält sich die Gasphase ideal, dann kann die Fugazität der Komponente i im Gasgemisch $\bar{f}_i^G(P)$ durch den Partialdruck $p_i = y_i \cdot P$ ersetzt werden.

$$\bar{f}_i^A(\pi) = \frac{\pi_i^+}{P^+} \cdot y_i \cdot P(\pi)^{\text{Gemisch}} \tag{A55}$$

Für einen reinen Stoff lautet die zugehörige Gleichung

$$f_i^A(\pi_i) = \frac{\pi_i^+}{P^+} \cdot P(\pi_i)^{\text{rein}} \tag{A56}$$

Das sowohl in Gleichung (A55) als auch in Gleichung (A56) enthaltene Verhältnis π_i^+/P^+ ist für den reinen Stoff i zu ermitteln.

Dieses Verhältnis kann aus der Steigung der Adsorptionsisotherme bei $P \to 0$ bestimmt werden. In Abb. A1 ist die Tangente für $P \to 0$ an die Adsorptionsisotherme des reinen Stoffes 1 ($y_1 = 1$) eingetragen. Für diese Tangente gilt

$$\varepsilon_i = \frac{1}{A} \lim_{P \to 0} \left(\frac{n_i}{P}\right) = \frac{1}{A} \cdot \left(\frac{n_i^+}{P^+}\right) \tag{A57}$$

ε_i — tg des Steigungswinkels der Tangente bei $P \to 0$ an die Adsorptionsisotherme in der Darstellung $(n/A) = f(P)$

Für $P \to 0$ kann Idealgasverhalten der Adsorbatphase vorausgesetzt werden, so daß Gleichung (A30) für $z = 1$ und $(A/n) = a$ geschrieben werden kann als

$$\frac{n_i^+}{A} = \frac{\pi_i^+}{RT} \tag{A58}$$

so daß für ε_i aus Gleichung (A57) folgt:

$$\varepsilon_i = \frac{1}{RT} \cdot \left(\frac{\pi_i^+}{P^+}\right) \tag{A59}$$

Die Gleichungen (A55) und (A56) lauten unter Verwendung von (A59):

$$\bar{f}_i(\pi) = \varepsilon_i \cdot RT \cdot y_i \cdot P(\pi)^{\text{Gemisch}} \tag{A60}$$

$$f_i(\pi_i) = \varepsilon_i \cdot RT \cdot P(\pi_i)^{\text{rein}} \tag{A61}$$

Für ein gegebenes Adsorbens und ein gegebenes Adsorbat ist ε_i nur eine Funktion der Temperatur. ε_i charakterisiert die Wechselwirkung zwischen Adsorbat und Adsorbens. Bei Kenntnis experimentell ermittelter Werte von ε_i können über die Gleichungen (A60) und (A61) die Fugazität $\bar{f}_i$ der Komponente i im Gemisch und die Fugazität f_i des reinen Stoffes i ermittelt werden, wobei $P(\pi)$ der Gemischgasdruck bzw. der Reingasdruck sind, bei denen sich jeweils der gleiche Spreizungsdruck π in den zugehörigen Adsorbaten einstellt ($\pi_i = \pi$).

Die Abhängigkeit des Aktivitätskoeffizienten γ_i einer Komponente i im Adsorbatgemisch von $P(\pi)^{\text{Gemisch}}$ und $P(\pi_i)^{\text{rein}}$ kann durch Kombination der Gleichungen (A60) und (A61) mit der Definitionsgleichung (A52) für γ_i ermittelt werden.

$$\gamma_i = \frac{y_i \cdot P(\pi)^{\text{Gemisch}}}{x_i \cdot P(\pi_i)^{\text{rein}}}\,; \quad \pi_i = \pi \tag{A62}$$

Gleichung (A62) ermöglicht die Berechnung der Aktivitätskoeffizienten aus den Adsorptionsisothermen. Die Berechnung von x_i über (A62) setzt für ein reales Gemisch voraus, daß γ_i über einen unabhängigen Weg ermittelt werden kann. Für ein ideales Gemisch ist $\gamma_i = 1$, so daß Gleichung (A62) für ein ideales Gemisch die Berechnung von Mischgasgleichgewichten aus den Adsorptionsisothermen der reinen Stoffe erlaubt. Für ein ideales Gemisch geht Gleichung (A62) in die zum RAOULT'schen Gesetz für die Adsorption analoge Idealgleichung über. Dieser Spezialfall wurde eingehend von MYERS und PRAUSNITZ [133] behandelt.

Für ideale Gemische läßt sich nachweisen, daß die Steigung der Adsorptionsisotherme für konstante Gasgemischzusammensetzung ε bei $P \to 0$ aus der Steigung der Adsorptionsisothermen der reinen Gase bei gleicher Temperatur ermittelt werden kann.

$$\varepsilon = \sum_i (y_i \cdot \varepsilon_i) \tag{A63}$$

Ausgehend von (A63) können *Anfangswerte x_1^+ und x_2^+ zur Ermittlung der mittleren Molmasse M_m eines idealen Adsorbates* ermittelt werden. Mit (A64) als Formulierung von (A63) für ein binäres Gemisch

$$\varepsilon = y_1 \cdot \varepsilon_1 + y_2 \cdot \varepsilon_2 \tag{A64}$$

folgt aus Gleichung (A26) für P^+, d. h. $P \to 0$ mit (A57):

$$\frac{\pi^+}{R \cdot T} = (y_1 \cdot \varepsilon_1 + y_2 \cdot \varepsilon_2) \cdot P^+ \tag{A65}$$

Mit $y_2 = 1 - y_1$ liefert die Differenzierung nach y_1

$$\left[\frac{\partial(\pi^+/RT)}{\partial y_1}\right]_{T,P^+} = (\varepsilon_1 - \varepsilon_2) \cdot P^+ \tag{A66}$$

Dieser Ausdruck kann in (A29) eingesetzt werden, wobei gleichzeitig $(n^+/A)/P^+] = \varepsilon = y_1 \cdot \varepsilon_1 + y_2 \cdot \varepsilon_2$ eingesetzt wird. Das Ergebnis lautet:

$$x_1^+ = \frac{y_1 \cdot \varepsilon_1}{y_1 \cdot \varepsilon_1 + y_2 \cdot \varepsilon_2} \tag{A67}$$

Gleichung (A67) ermöglicht die *Berechnung der Molanteile x_1^+ in einem idealen Mischadsorbat.* Über x_1^+ und die analog ermittelten Molanteile x_2^+ der Komponente 2 kann die mittlere Molmasse des idealen Adsorbats berechnet werden. Diese mittlere Molmasse ist als Anfangswert der zur Bestimmung des Spreizungsdruckes π und der Zusammensetzung des realen Adsorbates durchzuführenden Iteration erforderlich.

Mit den bisher erarbeiteten Grundgleichungen können ebenfalls Beziehungen zur *Berechnung der molaren Enthalpie* des Adsorbats ermittelt werden. Gleichung (A5) lautet für 1 [mol] bzw. [kmol] eines reinen Adsorbats:

$$dg_i = -s_i dT + a_i d\pi \qquad n = 1 \tag{A5a}$$

Für 1 [mol] bzw. [kmol] eines reinen idealen Gases gilt entsprechend

$$dg_i^{G,\text{ideal}} = -s_i^{G,\text{ideal}} \cdot dT + v_i^{G,\text{ideal}}\, dP$$

$$dg_i^{G,\text{ideal}} = -s_i^{G,\text{ideal}}\, dT + \frac{R \cdot T}{P}\, dP \tag{A68}$$

Für einen reinen Stoff sind im Gleichgewichtszustand dessen molare freie Enthalpien im Adsorbatzustand und im idealen Gaszustand gleich. Mit der Definitionsgleichung der freien Enthalpie (A3), angewandt sowohl auf das Adsorbat (ohne Kopfnote) als auch die ideale Gasphase, folgt die Beziehung (A70) aus der Gleichgewichtsbedingung (A69).

$$g_i = g_i^{G,\text{ideal}} \tag{A69}$$

$$s_i^{G,\text{ideal}} - s_i = \frac{h_i^{G,\text{ideal}} - h_i}{T} \tag{A70}$$

Gleichung (A70) ermöglicht die Berechnung der molaren Entropie s_i bei bekannter molarer Enthalpie h_i eines reinen Adsorbats. Aus (A69) folgt für eine differentielle Änderung der Gleichgewichtsbedingungen Gleichung (69a),

$$dg_i = dg_i^{G,\text{ideal}} \tag{A69a}$$

deren Kombination mit (A5a) und (A68) die Beziehung (A71) liefert. (A72) folgt aus der weiteren Kombination mit (A70) und dem Übergang zu der Bedingung π = konst.

$$(s_i^{G,\text{ideal}} - s_i)\, dT = \frac{R \cdot T}{P}\, dP - a_i d\pi \tag{A71}$$

$$\frac{h_i^{G,\text{ideal}} - h_i}{RT^2} = \left(\frac{\partial \ln P}{\partial T}\right)_\pi \tag{A72}$$

Das partielle Differential bei π = konst. auf der rechten Seite von Gleichung (A72) kann aus Gleichung (A61) ermittelt werden,

$$\ln P = \ln f_i - \ln \varepsilon_i - \ln R - \ln T \tag{A61a}$$

$$\left(\frac{\partial \ln P}{\partial T}\right)_\pi = \left(\frac{\partial \ln f_i}{\partial T}\right)_\pi - \frac{d \ln \varepsilon_i}{dT} - \frac{1}{T} \tag{A73}$$

wobei für das partielle Differential der Fugazität nach der Temperatur bei π = konst. und Übergang auf eine reine Komponente Gleichung (A47a) aus Gleichung (A47) folgt.

$$\left(\frac{\partial \ln f_i}{\partial T}\right)_\pi = \frac{h_i^{A,\pi\to 0} - h_i}{RT^2} \tag{A47a}$$

$h_i^{A,\pi\to 0}$ — molare Enthalpie des reinen Adsorbats mit Idealgasverhalten ($\pi \to 0$).

Durch Kombination der Gleichungen (A72), (A73) und (A48a) erhält man eine Beziehung zwischen der molaren Enthalpie des reinen Adsorbats mit Idealgasverhalten, der molaren Enthalpie des reinen idealen Gases und der Neigung ε_i der Tangente an die Gibbs'sche Adsorptionsisotherme bei $P \to 0$ in der Darstellung $(n/A) = f(P)$:

$$h_i^{A,\pi\to 0} = h_i^{G,\text{ideal}} + RT\left(T \cdot \frac{d\ln\varepsilon_i}{dT} + 1\right) \tag{A74}$$

Die molare Enthalpie eines gemischten Adsorbats mit Idealgasverhalten kann über das molare Mittel der zugehörigen Enthalpien der reinen Komponenten ermittelt werden.

$$h^{A,\pi\to 0} = \sum_i x_i h_i^{A,\pi\to 0} \tag{A75}$$

$$h^{A,\pi\to 0} = \sum_i x_i \cdot h_i^{G,\text{ideal}} + R \cdot T \cdot \sum_i x_i \left(T\,\frac{d\ln\varepsilon_i}{dT} + 1\right) \tag{A76}$$

Die Enthalpie des realen gemischten Adsorbats erhält man durch Kombination von Gleichung (A74) mit Gleichung (A33). Die dimensionslose Form der gesuchten Gleichung für die molare Enthalpie des realen gemischten Adsorbats lautet:

$$\frac{h}{RT} = \sum_i x_i \left(\frac{h_i^{G,\text{ideal}}}{RT} + T\,\frac{d\ln\varepsilon_i}{dT} + 1\right) - \frac{\Delta h^{\pi\neq 0}}{RT} \tag{A77}$$

Voraussetzung für die Anwendung von Gleichung (A77) ist die Aufnahme von Adsorptionsisothermen des reinen Stoffes bei so vielen unterschiedlichen Temperaturen, daß die Funktion $\ln\varepsilon_i = f(T)$ graphisch oder rechnerisch eindeutig festgelegt werden können. Bei graphischer Auswertung ist der Differentialquotient in der Klammer von (A76) gleich der Neigung der Tangente bei der Temperatur T. Die Enthalpiedifferenz zum Idealgaszustand des adsorbierten Gemisches kann über eine Zustandsgleichung berechnet werden, wie unter Punkt 6.6. gezeigt wird.

6.6. Anwendung einer Zustandsgleichung

Zur Berechnung

- der Fugazität eines Mischadsorbats f,
- der Differenz zwischen den molaren Enthalpien eines Adsorbats mit Idealgasverhalten ($\pi \to 0$) und eines realen Adsorbats ($\pi \neq 0$), $\Delta h^{\pi \neq 0}$ und
- der Fugazität $\bar{f}_i$ einer Komponente in einem Misch-Adsorbat

sind ausgehend von den bekannten theoretischen Grundgleichungen zunächst geeignete Formulierungen für die Einführung der gewählten Zustandsgleichung zu ermitteln. Als Ausgangsgleichung für die Berechnung der Fugazität eines Misch-Adsorbat wird (A50) in der folgenden Formulierung für konstante Temperatur und konstante Zusammensetzung gewählt:

$$d \ln \frac{f}{\pi} = \frac{-\Delta a^{\pi \neq 0}}{RT} \, d\pi \quad \text{für } T = \text{konst. } n_i = \text{konst.} \tag{A50a}$$

Zur Berechnung des Integrals in den Grenzen $\pi^+ \to 0$ bis π,

$$\ln \frac{f}{\pi} - \ln \frac{f^+}{\pi^+} = -\int_0^{\pi} \frac{\Delta a^{\pi \neq 0}}{RT} \, d\pi \tag{A78}$$

wobei definitionsgemäß $(f^+/\pi^+) = 1$ ist, muß die Differenz $\Delta a^{\pi \neq 0}$ zwischen den Molflächen eines Adsorbats bei $\pi \to 0$ mit Idealgasverhalten und eines realen Adsorbats durch den Realfaktor z ausgedrückt werden.

$$\frac{\Delta a^{\pi \neq 0}}{RT} = \frac{a^{\pi \to 0}}{RT} - \frac{a}{RT} = \frac{RT/\pi}{RT} - \frac{z}{\pi} = \frac{1-z}{\pi} \tag{A79}$$

$$\ln \frac{f}{\pi} = \int_0^{\pi} (z-1) \frac{d\pi}{\pi} \qquad \text{für } T = \text{konst. und } n_i = \text{konst.} \tag{A80}$$

Gleichung (A80) ist zur Berechnung der Fugazität f dann geeignet, wenn eine Zustandsgleichung zur Verfügung steht, die den Realfaktor z explizit als Funktion des Spreizungsdrucks π darstellt. Soweit bekannt, stehen bisher nur solche Zustandsgleichungen zur Verfügung, in denen der Realfaktor z als explizite Funktion der Molfläche a dargestellt ist. Voraussetzung für die Verwendung einer Zustandsgleichung für $z = \Phi(a)$ ist die Überführung von Gleichung (A80) in eine Form für $f = \Phi'(a)$. Durch Differenzieren der Gleichung (A30) bei $T = \text{konst.}$ und $n_i = \text{konst.}$ (konstante Zusammensetzung), erhält man

$$\pi \cdot da + a \cdot d\pi = R \cdot T \cdot dz \tag{A81}$$

Gleichung (A81) kann wie folgt umgeformt werden:

$$a \cdot d\pi = R \cdot T \cdot dz - \pi \cdot da \qquad \text{(A81a)}$$

$$d\pi = \frac{RT}{a}\, dz - \frac{\pi}{a}\, da \qquad \text{(A81b)}$$

$$\frac{d\pi}{\pi} = \frac{R \cdot T}{a \cdot \pi}\, dz - \frac{da}{a} \qquad \text{(A81c)}$$

$$\frac{d\pi}{\pi} = \frac{dz}{z} - \frac{da}{a} \qquad \text{(A81d)}$$

$$(z-1) \cdot \frac{d\pi}{\pi} = (z-1) \cdot \frac{dz}{z} - (z-1) \cdot \frac{da}{a} \qquad \text{(A82)}$$

Nach Einsetzen der Beziehung (A82) nimmt Gleichung (A80) die folgende Form an:

$$\ln \frac{f}{\pi} = \int\limits_{1}^{z} (z-1) \frac{dz}{z} - \int\limits_{\infty}^{a} (z-1) \frac{da}{a} \qquad \text{(A83)}$$

Das erste Integral auf der rechten Seite von Gleichung (A83) kann analytisch gelöst werden.

$$\ln \frac{f}{\pi} = \int\limits_{a}^{\infty} (z-1) \frac{da}{a} + z - 1 - \ln z$$

$$\ln f = \int\limits_{a}^{\infty} (z-1) \frac{da}{a} + z - 1 + \ln \frac{R \cdot T}{a} \qquad \begin{matrix} T = \text{konst.} \\ n_i = \text{konst.} \end{matrix} \qquad \text{(A84)}$$

(A84) ist die gesuchte Gleichung zur Berechnung der Fugazität eines Misch-Adsorbats über eine nach z explizite Zustandsgleichung für $z = \varphi(a)$. Das Integral ist für konstante Temperatur und konstante Adsorbatzusammensetzung zu ermitteln.

Eine zur VAN DER WAALS'schen Gleichung analoge Zustandsgleichung für eine zweidimensionale Adsorbatphase wird von ROSS und OLIVIER [134] angegeben:

$$\pi = \frac{R \cdot T}{a - \beta} - \frac{\alpha^*}{a^2} \qquad \text{(A85)}$$

α^*, β — Konstanten

$$z = \frac{\pi \cdot a}{RT} = \frac{a}{a - \beta} - \frac{\alpha^*}{a \cdot R \cdot T} \qquad \text{(A85a)}$$

Zur Lösung des Integrals in (A 84) wird Gleichung (A 85a) auf die folgende Form gebracht.

$$z - 1 = \frac{\beta}{a - \beta} - \frac{\alpha^*}{aRT} \tag{A 86}$$

Nach Einsetzen von (A 86) lautet Gleichung (A 84)

$$\ln f = \int_a^\infty \frac{\beta}{a - \beta} \cdot \frac{da}{a} - \int_a^\infty \frac{\alpha^*}{a \cdot RT} \cdot \frac{da}{a} + z - 1 + \ln \frac{RT}{a} \tag{A 87}$$

α^*, β — Konstanten

Die Integrale können für die vorliegenden Bedingungen $T =$ konst. und $n_i =$ konst. gelöst werden. Nach Umformung lautet das Ergebnis:

$$\ln f = \ln \frac{RT}{a - \beta} - \frac{2\alpha^*}{aRT} + \frac{\beta}{a - \beta} \tag{A 88}$$

Gleichung (A 88) ist die gesuchte Beziehung zur *Berechnung der Fugazität eines Misch-Adsorbats* für vorgegebene Werte der Temperatur und der Molfläche. Voraussetzung für die Anwendbarkeit von Gleichung (A 88) ist die Kenntnis der Konstanten α^* und β.

Soll die Fugazität eines Mischadsorbats ausgehend von experimentell ermittelten Werten bestimmt werden, dann ist Gleichung (A 61) anzuwenden. Für ein Mischadsorbat lautet Gleichung (A 61):

$$f(\pi) = \varepsilon \cdot RT \cdot P(\pi)^{\text{Gemisch}} \tag{A 61 a}$$

Durch Kombination der Gleichungen (A 88) und (A 61 a) erhält man eine Beziehung für den Gleichgewichtsdruck der Gasphase.

$$\ln P = -\ln \varepsilon - \ln (a - \beta) - \frac{2\alpha^*}{aRT} + \frac{\beta}{a - \beta} \tag{A 89}$$

Gleichung (A 89) ist auch für die Bestimmung der Konstanten α^* und β ausgehend von experimentell ermittelten Werten geeignet. Die Anwendung ist unkompliziert für reine Adsorbate. Auszugehen ist hierzu ebenfalls von der GIBBS'schen Adsorptionsisotherme. Die Molfläche kann über $a = (A/n)$ ermittelt werden. Für ein reines Adsorbat gilt weiterhin $\varepsilon = \varepsilon_i$. Für die GIBBS'sche Adsorbtionsisotherme bei der Temperatur T ist außer der Temperatur auch die Neigung ε_i bei $\pi \to 0$ konstant. Die Konstanten α^* und β sind an die zu den vorgegebenen Drücken experimentell ermittelten Werte der Molfläche a so anzupassen, daß die Summe der Fehlerquadrate ein Minimum wird. Die Anwendung der Gleichung (A 89) auf reine Adsorbate wurde von HOORY und PRAUSNITZ [135] behandelt.

Für Gemische ist ε über Gleichung (A63) aus den ε_i-Werten der reinen Komponenten zu ermitteln. Für binäre Gemische haben sich folgende Mischungsregeln für die Konstanten bewährt [132]:

$$\beta = x_1 \cdot \beta_1 + x_2 \cdot \beta_2 \tag{A90a}$$

$$\alpha^* = x_1^2 \cdot \alpha_1^* + 2x_1x_2\alpha_{12}^* + x_2^2\alpha_2^* \tag{A90b}$$

$$\alpha_{12}^* = \sqrt{\alpha_1^* \cdot \alpha_2^*} \tag{A90c}$$

Die unmittelbare Bestimmung der Gemischkonstanten α^* und β scheitert an der Bedingung $n_i =$ konst. bzw. $x_i =$ konst., d. h. konstanter Zusammensetzung der Adsorbatphase.

Zur *Bestimmung der Enthalpiedifferenz $\Delta h^{\pi \div 0}$ zwischen einem Adsorbat bei $\pi \to 0$ mit Idealgasverhalten und einem realen Adsorbat* geht man von Gleichung (A49) aus, die für 1 [mol] bzw. [kmol] Adsorbat und konstante Zusammensetzung der Adsorbatphase lautet:

$$d \ln f = \frac{\Delta h^{\pi \div 0}}{RT^2} \cdot dT + \frac{a}{RT} d\pi \quad n_i = \text{konst.}\ (x_i = \text{konst.}) \tag{A49a}$$

Als weitere Bedingung soll neben der Zusammensetzung auch die Molfläche a konstant gehalten werden, so daß die folgende Umformung möglich wird:

$$\frac{\Delta h^{\pi \div 0}}{RT^2} = \left(\frac{\partial \ln f}{\partial T}\right)_a - \frac{a}{RT} \cdot \left(\frac{\partial \pi}{\partial T}\right)_a \tag{A91}$$

Das partielle Differential von $\ln f$ nach der Temperatur bei $a =$ konst. kann durch Differentiation von Gleichung (A84) ermittelt werden.

$$\left(\frac{\partial \ln f}{\partial T}\right)_a = \int_a^\infty \left(\frac{\partial z}{\partial T}\right)_a \frac{da}{a} + \left(\frac{\partial z}{\partial T}\right)_a + \frac{1}{T} \tag{A92}$$

Das partielle Differential des Spreizungsdrucks π nach der Temperatur bei $a =$ konst. wird durch Differentiation von Gleichung (A30) bestimmt.

$$\left(\frac{\partial \pi}{\partial T}\right)_a = \frac{R}{a}\left[z + T \cdot \left(\frac{\partial z}{\partial T}\right)_a\right] \tag{A93}$$

Diese Ausdrücke für die beiden partiellen Differentiale werden in Gleichung (A 91) eingesetzt.

$$\frac{\Delta h^{\pi \neq 0}}{RT^2} = \int\limits_a^\infty \left(\frac{\partial z}{\partial T}\right)_a \cdot \frac{da}{a} + \left(\frac{\partial z}{\partial T}\right)_a + \frac{1}{T} - \frac{z}{T} - \left(\frac{\partial z}{\partial T}\right)_a \qquad \text{(A 94a)}$$

$$\frac{\Delta h^{\pi \neq 0}}{RT} = T \int\limits_a^\infty \left(\frac{\partial z}{\partial T}\right)_a \frac{da}{a} + 1 - z \qquad \begin{array}{l} T = \text{konst.} \\ x_i = \text{konst.} \end{array} \qquad \text{(A 94b)}$$

Das Integral in Gleichung (A 94b) muß für konstante Temperatur und konstante Zusammensetzung gelöst werden. Zur Lösung des Integrals ist ein Ausdruck für das partielle Differential des Realfaktors z nach der Temperatur bei a = konst. über eine geeignete Zustandsgleichung zu ermitteln. Bei Verwendung der zur VAN DER WAALS'schen Gleichung analogen Zustandsgleichung für die zweidimensionale Adsorbatphase (A 85a) erhält man:

$$\left(\frac{\partial z}{\partial T}\right)_a = \frac{\alpha^*}{aRT^2} \qquad \text{(A 95)}$$

Mit (A 95) kann (A 94b) analytisch integriert werden. Das unter Verwendung von (A 86) ermittelte Ergebnis lautet:

$$\frac{\Delta h^{\pi \to 0}}{RT} = \frac{2\alpha^*}{aRT} - \frac{\beta}{a - \beta} \qquad \text{(A 96)}$$

Mit Hilfe von Gleichung (A 96) kann das letzte Glied auf der rechten Seite von Gleichung (A 77) berechnet werden. Für ein reines Adsorbat ist hierzu die Kenntnis der Konstanten α_i^* und β_i bei der Temperatur T erforderlich. Für Gemische sind die Konstanten α^* und β über die Mischungsregeln (A 90a) bis (A 90c) zu ermitteln. Die Ermittlung der Konstanten α_i^* und β_i der reinen Stoffe wurde in Zusammenhang mit Gleichung (A 89) behandelt.

Ausgangspunkt für die *Berechnung der Fugazität $\bar{f}_i$ einer Komponente eines Mischadsorbats* ist Gleichung (A 49). Mit $A = n \cdot a$ und für konstante Temperatur lautet diese Gleichung

$$d(n \ln f) = \frac{A}{RT} d\pi + \sum_i \left[\ln\left(\frac{\bar{f}_i}{x_i}\right) dn_i\right] \qquad T = \text{konst.} \qquad \text{(A 49b)}$$

Als weitere Bedingungen werden eingeführt:

- konstante Oberfläche, d. h. A = konst.;
- konstante Molzahlen aller Komponenten $j \neq i$, d. h. n_j = konst.

Die verbleibenden Variablen sind n_i, die Molzahl der Komponente i, der Spreizungsdruck π (und die Molfläche a). Unter Verwendung von Gleichung (A30) in der Formulierung

$$\pi = \frac{R \cdot T}{A} \cdot (n \cdot z) \tag{A30a}$$

wird folgende Umformung ausgehend von (A49b) durchgeführt:

$$\ln \bar{f}_i = \left[\frac{\partial(n \cdot \ln f)}{\partial n_i}\right]_{T,A,n_j} - \frac{A}{RT}\left(\frac{\partial \pi}{\partial n_i}\right)_{T,A,n_j} + \ln x_i \tag{A97}$$

$$\left(\frac{\partial \pi}{\partial n_i}\right)_{T,A,n_j} = \frac{R \cdot T}{A}\left[\frac{\partial(n \cdot z)}{\partial n_i}\right]_{T,A,n_j} \tag{A98}$$

$$\ln \bar{f}_i = \left[\frac{\partial(n \cdot \ln f)}{\partial n_i}\right]_{T,A,n_j} - \left[\frac{\partial(n \cdot z)}{\partial n_i}\right]_{T,A,n_j} + \ln x_i \tag{A99}$$

$$\ln \bar{f}_i = \left[\frac{\partial(n \cdot \ln f - n \cdot z)}{\partial n_i}\right]_{T,A,n_j} + \ln x_i \tag{A99a}$$

Das partielle Differential auf der rechten Seite von Gleichung (A99a) kann ausgehend von Gleichung (A84) in der Formulierung für n [mol] bzw. [kmol] ermittelt werden.

$$n \cdot \ln f = \int_a^\infty (n \cdot z - n)\,\frac{da}{a} + n \cdot z - n + n \cdot \ln \frac{R \cdot T}{a} \tag{A84a}$$

$$\left[\frac{\partial(n \cdot \ln f - n \cdot z)}{\partial n_i}\right]_{T,A,n_j} = \int_a^\infty \left\{\left[\frac{\partial(n \cdot z)}{\partial n_i}\right]_{T,A,n_j} - 1\right\}\frac{da}{a} + \ln \frac{R \cdot T}{a} \tag{A100}$$

Für die Differentiation wurde von $(RT/a) = (nRT/A)$ Gebrauch gemacht. Durch Einsetzen von (A100) in (A99a) erhält man Gleichung (A101).

$$\ln \bar{f}_i = \int_a^\infty \left\{\left[\frac{\partial(n \cdot z)}{\partial n_i}\right]_{T,A,n_j} - 1\right\}\frac{da}{a} + \ln \frac{x_i \cdot RT}{a} \tag{A101}$$

Das Integral in Gleichung (A101) ist bei konstanter Temperatur und konstanter Zusammensetzung zu lösen. Ein Ausdruck für das partielle Differential von $n \cdot z$ nach n_i, der Molzahl der Komponente i, muß über eine für ein Mischadsorbat geeignete Zustandsgleichung ermittelt werden. Gewählt wird auch hier die zur VAN DER WAALS'schen Gleichung analoge Zustandsgleichung (A85) für die zweidimensionale Adsorbatphase in der Formulierung (A86). Für ein Mischadsorbat sind bei konstanter Temperatur die Parameter α^* und β-Funktionen nur der Zusammensetzung, die durch die Mischungsregeln (A90a) bis (A90c) festgelegt wurden. Die durch Erweiterung mit n mit $A = n \cdot a$ ermittelte Form von Gleichung (A86) lautet:

$$n \cdot z - n = \frac{n^2 \cdot \beta}{A - n \cdot \beta} - \frac{n^2 \alpha^*}{ART} \tag{A86a}$$

$$\left[\frac{\partial(n \cdot z)}{\partial n_i}\right]_{T,A,n_j} - 1 = \frac{n \cdot \beta + n \dfrac{\partial(n \cdot \beta)}{\partial n_i}}{A - n \cdot \beta} + \frac{n^2 \beta \dfrac{\partial(n \cdot \beta)}{\partial n_i}}{(A - n \cdot \beta)^2} - \frac{\dfrac{\partial(n^2 \alpha^*)}{\partial n_i}}{ART} \tag{A102}$$

$$\left[\frac{\partial(n \cdot z)}{\partial n_i}\right]_{T,A,n_j} - 1 = \frac{n \cdot \beta}{A - n \cdot \beta} + \frac{n \cdot A}{(A - n \cdot \beta)^2} \cdot \frac{\partial(n \cdot \beta)}{\partial n_i} - \frac{\dfrac{\partial(n^2 \alpha^*)}{\partial n_i}}{ART} \tag{A102a}$$

$$\left[\frac{\partial(n \cdot z)}{\partial n_i}\right]_{T,A,n_j} - 1 = \frac{\beta}{a - \beta} + \frac{a}{(a - \beta)^2} \cdot \frac{\partial(n \cdot \beta)}{\partial n_i} - \frac{\dfrac{\partial(n^2 \alpha^*)}{\partial n_i}}{n \cdot a \cdot RT} \tag{A102b}$$

Die für ein binäres Gemisch geltenden Mischungsregeln (A90a) und (A90b) lauten nach Multiplikation mit n bzw. n^2:

$$n \cdot \beta = n_1 \cdot \beta_1 + n_2 \cdot \beta_2 \tag{A90d}$$

$$n^2 \cdot \alpha^* = n_1{}^2 \cdot \alpha_1{}^* + 2 n_1 n_2 \cdot \alpha_{12}^* + n_2{}^2 \alpha_2{}^* \tag{A90e}$$

$\alpha_1{}^*$, $\alpha_2{}^*$, β_1 und β_2 sind die Konstanten der reinen Stoffe und α_{12}^* ist eine spezielle binäre Konstante. Durch Differentiation von (A90d) und (A90e) erhält man:

$$\frac{\partial(n \cdot \beta)}{\partial n_1} = \beta_1$$

$$\frac{\partial(n \cdot \beta)}{\partial n_2} = \beta_2 \tag{A103b}$$

$$\frac{\partial(n^2 \alpha^*)}{\partial n_1} = 2 \alpha_1{}^* n_1 + 2 \alpha_{12}^* n_2 \tag{A104a}$$

$$\frac{\partial(n^2 \alpha^*)}{\partial n_2} = 2 \alpha_2{}^* n_2 + 2 \alpha_{12}^* n_1 \tag{A104b}$$

Diese Ausdrücke für die partiellen Differentiale nach den Molzahlen n_1 bzw. n_2 werden in Gleichung (A 102b) eingesetzt.

$$\left[\frac{\partial(n \cdot z)}{\partial n_1}\right]_{T,A,n_j} - 1 = \frac{\beta}{a - \beta} + \frac{a \cdot \beta_1}{(a - \beta)^2} - \frac{2\alpha_1{}^* x_1 + 2\alpha_{12}^* x_2}{aRT} \tag{A 105a}$$

$$\left[\frac{\partial(n \cdot z)}{\partial n_2}\right]_{T,A,n_j} - 1 = \frac{\beta}{a - \beta} + \frac{a \cdot \beta_2}{(a - \beta)^2} - \frac{2\alpha_2{}^* x_2 + 2\alpha_{12}^* x_1}{aRT} \tag{A 105b}$$

Mit den Beziehungen (A 105a) und (A 105b) können über Gleichung (A 101) die gesuchten Gleichungen für die Fugazitäten $\bar{f}_1$ der Komponente 1 und $\bar{f}_2$ der Komponente 2 des binären Mischadsorbats ermittelt werden.

$$\ln \bar{f}_1 = \int_a^\infty \frac{\beta}{a - \beta} \cdot \frac{da}{a} + \int_a^\infty \frac{\beta_1}{(a - \beta)^2}\, da - \int_a^\infty \frac{2\alpha_1{}^* x_1 + 2\alpha_{12}^* x_2}{RT} \frac{da}{a^2} + \ln \frac{x_1 RT}{a} \tag{A 106}$$

$$\ln \bar{f}_1 = \ln \frac{x_1 RT}{a - \beta} + \frac{\beta_1}{a - \beta} - \frac{2}{aRT} (\alpha_1{}^* x_1 + \alpha_{12}^* x_2) \tag{A 107a}$$

$$\ln \bar{f}_2 = \ln \frac{x_2 RT}{a - \beta} + \frac{\beta_2}{a - \beta} - \frac{2}{aRT} (\alpha_2{}^* x_2 + \alpha_{12}^* x_1) \tag{A 107b}$$

Gleichung (A 106) wurde bei T = konst. und x_i = konst. integriert. Für bekannte oder vorgegebene Zusammensetzung des binären Mischadsorbats können bei bekannten Konstanten $\alpha_i{}^*$ und β_i der reinen Stoffe über die Gleichungen (A 107a) und (A 107b) die Fugazitäten der Komponenten 1 und 2 des adsorbierten binären Gemischs berechnet werden. Die Gemischkonstanten α^*, β und α_{12}^* sind über die Mischungsregeln (A 90a) bis (A 90c) zu ermitteln.

Im Gleichgewicht sind die Fugazitäten der Komponenten eines Mischadsorbats mit denen der gleichen Komponenten in dem zugehörigen Gasgemisch gleich. Mit dieser Gleichgewichtsbedingung können über Gleichung (A 60) Gas- und Adsorbatzusammensetzung unmittelbar miteinander verbunden werden. Die aus dieser Bedingung für ein binäres Gemisch folgenden Gleichungen lauten:

$$\ln y_1 = \ln \frac{x_1}{\varepsilon_1 \cdot P(a - \beta)} + \frac{\beta_1}{a - \beta} - \frac{2}{aRT} (\alpha_1{}^* x_1 + \alpha_{12}^* x_2) \tag{A 108 a}$$

$$\ln y_2 = \ln \frac{x_2}{\varepsilon_2 \cdot P(a - \beta)} + \frac{\beta_2}{a - \beta} - \frac{2}{aRT} (\alpha_2{}^* x_2 + \alpha_{12}^* x_1) \tag{A 108b}$$

Vorausgehend zur Lösung der Gleichungen (A108a) und (A108b) sind zunächst der Spreizungsdruck π für das Mischadsorbat auf dem beschriebenen Wege und danach über die Zustandsgleichung (A85) die Molfläche a für die vorgegebenen Molanteile x_1 und x_2 der Komponenten 1 und 2 im binären Mischadsorbat zu bestimmen. Die Gleichungen können ebenfalls zur Ermittlung von x_1, x_2 und a für beliebige Werte y_1, y_2 und P bei einer festgelegten Temperatur T verwendet werden. Die Anwendung der Gleichungen (A108a) und (A108b) wurde von Hoory und Prausnitz [136] gezeigt, die von Ross und Olivier [134] angegebene Werte für die Konstanten α_i^* und β_i der reinen Stoffe verwendeten.

Die zur van der Waals'schen Gleichung analoge Zustandsgleichung für eine zweidimensionale Adsorbatphase ist am besten für eine monoatomare Bedeckung der Adsorbensoberfläche mit Adsorbat geeignet. Sie ist auf diesen Anwendungsfall begrenzt, wenn die Konstanten über die Moleküldimensionen und die Annahme, daß β gleich der Molfläche bei 100%iger Bedeckung der Oberfläche ist, berechnet wurden.

7. Literatur

[1] SCHMIDT, E.: „*Einführung in die technische Thermodynamik*“, Springer-Verlag Berlin/Göttingen/Heidelberg, 6. Auflage 1956, Seiten 209/210

[2] FALTIN, H.: „*Technische Wärmelehre*“, Knapp-Verlag Halle, 3. Auflage 1956, Abschnitt II C 5

[3] CANJAR, L. N., R. F. SMITH, E. VOLIANTIS, J. F. GALLUZO, M. CARBARCOR: Ind. Eng. Chem. **47** (5/1955), 1018

[4] CANJAR, L. N.: Hydrocarb. Proc. Petrol. Refiner **35** (2/1956), 113

[5] EDMISTER, W. C.: Ind. Eng. Chem. **30** (1938), 352

[6] LYDERSEN, A. L., R. A. GREENKORN, O. A. HOUGEN: Chem. Eng. Dept., Univ. of Wisconsin, Eng. Exp. St. Report Nr. 4 (Okt. 1955)

[7] MEISSNER, H. P., R. SEFERIAN: Chem. Eng. Progr. **47** (1951), 579

[8] RIEDEL, L.: Chem.-Ing.-Technik **26** (1954), 83

[9] REID, R. C., J. R. VALBERT: Ind. Eng. Chem. Fundament. **1** (4/1962), 292

[10] ELLIS, J. A., H.-M. LIN, K.-C. CHAO: Chem. Eng. Sci **27** (7/1972), 1395–1399

[11] HALM, R. L., L. I. STIEL: A. I. Ch. E. Journal **16** (1970), 3

[12] „*Lehrbriefe für physikalische Chemie*“, herausgegeben von K. SCHWABE, Techn. Univ. Dresden, Verlag Technik, Berlin 1957

[13] GUNN, R. D., T. YAMADA: A. I. Ch. E. Journal **17** (6/1971), 1341–45

[14] RENON, H., C. A. ECKERT, J. M. PRAUSNITZ: Ind. Eng. Chem. Fundament. **6** (1957), 52

[15] STOCKMAYER, W. H., J. A. BEATTIE: J. Chem. Phys. **10** (1942), 476

[16] O'CONNELL, J. P., J. M. PRAUSNITZ: Ind. Eng. Chem. Proc. Des. Dev. **6** (2/1967), 245–250

[17] BENSON, P. R., J. M. PRAUSNITZ: A. I. Ch. E. Journal **5** (1959), 301

[18] HALM, R. L., L. I. STIEL: A. I. Ch. E. Journal **17** (2/1971), 259–265

[19] THODOS, G.: A. I. Ch. E. Journal **1** (1955), 168–173

[20] THODOS, G.: A. I. Ch. E. Journal **3** (3/1957), 428–431

[21] STIEL, L. I., G. THODOS: A. I. Ch. E. Journal **8** (4/1962), 527–529

[22] WIENER, H.: J. Am. Chem. Soc. **69** (1947), 17

[23] PLATT, J. R.: J. Phys. Chem. **56** (1952), 328

[24] LYDERSEN, A. L.: Univ. of Wisconsin Eng. Exp. St. Report 3, 1955

[25] LEWIS, K., W. C. KAY: Oil and Gas Journal (März 1934), 40

[26] NEWTON, R. H.: Ind. Eng. Chem. **27** (1935), 302

[27] EDMISTER, W. C.: Ind. Eng. Chem. **30** (1938), 352

[28] PITZER, K. S., D. Z. LIPPMANN, R. F. CURL, C. M. HUGGINS, D. E. PATERSON: J. Am. Chem. Soc. **77** (1955), 3427

[29] PITZER, K. S., R. F. CURL: J. Am. Chem. Soc. **79** (1957), 2369

[30] Curl, R. F., K. S. Pitzer: Ind. Eng. Chem. **50** (1958), 265
[31] Prausnitz, J. M.: A. I. Ch. E. Journal **6** (1/1960), 78
[32] Edmister, W. C.: „*Applied Hydrocarbon Thermodynamics*", Gulf Publishing Comp., Houston, Texas, 1961
[33] Chueh, P. L., J. M. Prausnitz: Ind. Eng. Chem. **60** (3/1968), 34–52
[34] Beattie, J. A.: Chem. Rev. **44** (1949), 141
[35] Prausnitz, J. M.: A. I. Ch. E. Journal **5** (1959), 3
[36] Redlich, O., A. L. Kister: Ind. Eng. Chem. **40** (1948), 345
[37] Prausnitz, J. M., S. A. Shain: Chem. Eng. Sci **18** (1963), 243–246
[38] McGlashan, M. L.: J. Chem. Education **40** (10/1963), 516–518
[39] Redlich, O., E. L. Derr, G. J. Pierotti: J. Am. Chem. Soc. **81** (1959), 2283
[40] Papadopoulos, M. N., E. L. Derr: J. Am. Chem. Soc. **81** (1959), 2285
[41] Bruin, S.: Ind. Eng. Chem. Fundament **9** (3/1970), 305–314
[42] Edmister, W. C., Ch. L. Persyn, J. H. Erbar: Vortrag auf der 42. NPGA-Annual Convention, 20.–22. 3. 1963, Houston
[43] Chao, K. C., J. D. Seader: A. I. Ch. E. Journal **7** (4/1961), 598–605
[44] Cooper, H. W.: Hydrocarb. Proc. Petrol. Refiner **46** (2/1967), 159–160
[45] Shaw, H. R., D. R. Wones: Am. J. Sci. **262** (1964), 918
[46] Lenoir, J. M.: Hydrocarb. Proc. Petrol. Refiner **39** (1960), 135
[47] Sugie, H., B. C.-Y. Lu: Ind. Eng. Chem. Fundament. **9** (3/1970), 428–436
[48] Barner, H. E., S. B. Adler: Ind. Eng. Chem. Fundament **9** (4/1970), 521–530
[49] Guerreri, G.: Brit. Chem. Engng. **15** (8/1970), 1049–1052
[50] Butler, J. A. V., C. N. Ramchandi, D. W. Thompson: J. Chem. Soc. **280** (1935), 952
[51] Broensted, J. N., J. Koefoed: Kgl. Danske vidensk. Selsk. **22** (17/1946), 1
[52] Hijmans, J.: Mol. Physics **1** (1958), 307
[53] Hijmans, J. Th. Holleman: Mol. Physics **4** (1961), 91
[54] Bellemans, A., P. Mat: Mol. Physics. **6** (6/1961), 637–39
[55] Pierotti, G. J., C. H. Deal, E. L. Derr: Ind. Eng. Chem. **51** (1/1959), 95–102
[56] van der Waals, J. H., J. J. Hermans: Rec. trav. chim. **68** (1949), 181
[57] van der Waals, J. H., J. J. Hermans: Rec. trav. chim. **69** (1950), 949
[58] Hildebrand, J. H., R. L. Scott: „*The solubility of Nonelectrolytes*", Dover Publications Inc., New York, 1964
[59] Chueh, P. L., J. M. Prausnitz: A. I. Ch. E. Journal **15** (1969), 471
[60] Funk, E. W., J. M. Prausnitz: Ind. Eng. Chem. **62** (9/1970), 8–15
[61] Black, C., E. L. Derr, M. N. Papadopoulos: Ind. Eng. Chem. **55** (8/1963), 40–49
[62] Weimer, R. F., J. M. Prausnitz: Hydrocarb. Proc. Petrol. Refiner **44** (1965), 237
[63] Black, C.: Ind. Eng. Chem. **50** (3/1958), 403–412
[64] Deshpande, A. K., B. C.-Y. Lu: Can. J. Chem. Engng. **41** (4/1963), 84–85
[65] Kretschmer, C. B., R. Wiebe: J. Am. Chem. Soc. **71** (1949), 3176
[66] Ibl, N. V., B. F. Dodge: Chem. Eng. Sci. **2** (1953), 120
[67] Dodge, B. F.: „*Chemical Engineering Thermodynamics*" McGraw-Hill, 1944
[68] van Ness, H. C.: „*Classical Themodynamics of Nonelectrolyte-Solutions*" Pergamon Press, 1964
[69] Tao, L. C.: A. I. Ch. E. Journal **15** (3/1969), 362–366
[70] Lyckman, E. W., C. A. Eckert, J. M. Prausnitz: Chem. Eng. Sci **20** (1965), 685–691
[71] Black, C.: Ind. Eng. Chem. **50** (3/1958), 391–402

[72] LEWIS, G. N., M. RANDALL, K. S. PITZER, L. BREWER: „*Thermodynamics*“ Mc-Graw-Hill 1961
[73] VAN WIJK, W. R., M. W. GEERLINGS: Chem. Eng. Sci. **17** (1962), 585–589
[74] MEHRA, V. S., G. M. BROWN, G. THODOS: Chem. Eng. Sci **17** (1962), 33–46
[75] ELLIS, S. R. M., D. A. JONAH: Chem. Eng. Sci **17** (1962), 971–976
[76] TAO, L. C.: A. I. Ch. E. Journal **15** (3/1969), 460
[77] GAUTREAUX, M. F., J. COATES: A. I. Ch. E. Journal **1** (1955), 496
[78] TAO, L. C.: Ind. Eng. Chem. **56** (2/1964), 36–41
[79] BROWN, I., W. FOCK, F. SMITH: Australian J. Chem. **7** (1954), 265
[80] WATSON, K. M., E. F. NELSON: Ind. Eng. Chem. **25** (1933), 880
[81] VAUGHAN, W. E., F. C. COLLINS: Ind. Eng. Chem. **34** (1942), 885
[82] EDMISTER, W. C., R. E. THOMPSON, L. YARBOROUGH: A. I. Ch. E. Journal **9** (1/1963), 116–120
[83] REDLICH, O., J. N. S. KWONG: Chem. Rev. **44** (1949), 233
[84] CHUEH, P. L., J. M. PRAUSNITZ: Ind. Eng. Chem. Fundament. **6** (1967), 492
[85] PRAUSNITZ, J. M., R. D. GUNN: A. I. Ch. E. Journal **4** (1958), 430
[86] PRAUSNITZ, J. M., P. L. CHUEH: „*Computer Calculations for High-Pressure Vapor-Liquid Equilibria*“ Verlag Prentice-Hall
[87] PITZER, K. S., D. Z. LIPPMANN, R. F. CURL, C. M. HUGGINS, D. E. PETERSON: J. Am. Chem. Soc. **77** (1955), 3433
[88] LYCKMAN, E. W., C. A. ECKERT, J. M. PRAUSNITZ: Chem. Eng. Sci **20** (1965), 703
[89] CHUEH, P. L., J. M. PRAUSNITZ: A. I. Ch. E. Journal **13** (1967), 1099
[90] REDLICH, O., A. K. DUNLOP: Chem. Eng. Progr. Symp. Ser. Nr. **44**, **59** (1963), 95
[91] REDLICH, O., F. J. ACKERMANN, R. D. GUNN, M. JACOBSON, S. LAU: Ind. Eng. Chem. Fundament 4 (1965), 369
[92] GRAY, R. D., N. H. RENT, D. ZUDKEVICH: A. I. Ch. E. Journal **16** (1970)
[93] GUNN, R. D., P. L. CHUEH, J. M. PRAUSNITZ: A. I. Ch. E. Journal **12** (1966), 937
[94] YEN, L. C., R. E. ALECANDER: A. I. Ch. E. Journal **11** (1965), 334
[95] BENEDICT, M., G. B. WEBB, L. C. RUBIN: J. Chem. Phys. 8 (1940), 334; J. Chem. Phys. **10** (1942), 747
[96] JOFFE, J.: J. Am. Chem. Soc. **69** (1947), 540
[97] BARNER, H. E., C. W. QUINLAN: Ind. Eng. Chem. Proc. Des. Dev. 8 (1969), 407
[98] LELAND, T. W., P. S. CHAPPELEAR: Ind. Eng. Chem. **60** (7/1968), 15
[99] LEE, B.-I., W. C. EDMISTER: Ind. Eng. Chem. Fundament. **10** (1/1971), 32–35
[100] EDMISTER, W. C., J. VAIROGS, A. J. KLEKERS: A. I. Ch. E. Journal **14** (1968), 479
[101] BREWER, J., J. M. GEIST: Paper presented at ACS Christmas Symposium, St. Louis 1960
[102] HIRSCHFELDER, J. O., C. F. CURTISS, R. B. BIRD: „*Molecular Theorie of Gases and Liquids*“ Verlag J. Wiley a. Sons New York, 1954
[103] LEE, B.-I., W. C. EDMISTER: A. I. Ch. E. Journal **17** (6/1971), 1412–1418
[104] BARNER, H. E., R. L. PIGFORD, W. C. SCHREINER: Proc. Amer. Petrol. Inst. (Div. Ref.) **46** (1966), 244
[105] BLACK, C.: A. I. Ch. E. Journal **5** (2/1959), 249–256
[106] EDMISTER, W. C.: Hydrocarb. Proc. Petrol. Refiner **48** (6/1969), 166–172
[107] EDMISTER, W. C.: Hydrocarb. Proc. Petrol. Refiner **39** (12/1960), 159–168
[108] LENOIR, J. M., C. R. KOPPANY: Hydrocarb. Proc. Petrol. Refiner **46** (11/1967), 249–252
[109] LINFORD, R. G., J. H. HILDEBRAND: Trans. Faraday Soc. **65** (1968), 1470

[110] Helpinstill, J. G., M. van Winkle: Ind. Eng. Chem. Proc. Des. Dev. **7** (2/1968), 213
[111] Bondi, A., D. J. Simkin: J. Chem. Phys. **25** (1956), 1073
[112] Null, H. R., D. A. Palmer: Chem. Eng. Progr. **65** (9/1969), 47–51
[113] Null, H. R.: „*Phase Equilibrium in Process Design*", Verlag J. Wiley a Sons, New York
[114] Schatzberg, P.: J. Chem. Phys. **67** (4/1963), 776–779
[115] Hoffmann, D. S., J. R. Welker, R. E. Felt, J. H. Weber: A. I. Ch. E. Journal **8** (1962), 508–512
[116] White, R. R.: Trans. Am. Inst. Chem. Engrs. **41** (1945), 539
[117] Carlson, H. C., A. P. Colburn: Ind. Eng. Chem. **34** (1942), 581
[118] Scatchard, G.: J. Am. Chem. Soc. **62** (1940), 2426
[119] Black, C.: Ind. Eng. Chem. **51** (2/1959), 211–218
[120] Orye, R. V., J. M. Prausnitz: Ind. Eng. Chem. **57** (5/1965), 18–26
[121] Flory, J. P.: J. Chem. Phys. **10** (1942), 51
[122] Huggins, M. I.: Ann. N. Y. Acad. Sci **43** (1942), 1
[123] Wilson, G. M.: J. Am. Chem. Soc. **86** (2/1964), 127–130
[124] Krug, K., D. Haberland, H.-J. Bittrich: Chem. Techn. **23** (7/1971), 410–415
[125] Scheiber, L. B., Ch. E. Eckert: Ind. Eng. Chem. Proc. Des. Dev. **10** (4/1971), 572–578
[126] Renon, H., J. M. Prausnitz: A. I. Ch. E. Journal **14** (1/1968), 135–144
[127] Scott, R. L.: J. Chem. Phys. **25** (1956), 193
[128] Renon, H., J. M. Prausnitz: Ind. Eng. Chem. Proc. Des. Dev. **8** (3/1969), 413–419
[129] Bruin, S., J. M. Prausnitz: Ind. Eng. Chem. Proc. Des. Dev. **10** (4/1971), 562–572
[130] Prausnitz, J. M.: Chem. Eng. Sci **18** (1963), 613–630
[131] Miller, R. C., J. M. Prausnitz: Ind. Eng. Chem. Fundament. **8** (3/1969), 449–452
[132] van Ness, H. C.: Ind. Eng. Chem. Fundament. **8** (3/1969), 464–473
[133] Myers, A. L., J. M. Prausnitz: A. I. Ch. E. Journal **11** (1965), 121
[134] Ross, S., J. P. Olivier: „*On physical Adsorption*", Interscience Pubs., New York 1964
[135] Hoory, S. E., J. M. Prausnitz: Trans. Faraday Soc. **63** (1967), 455
[136] Hoory, S. E., J. M. Prausnitz: Chem. Eng. Sci. **22** (1967), 1025
[137] Lee, B. I., W. C. Edmister: Ind. Eng. Chem. Fundament. **10** (1971), 1971
[138] Lee, B. I., W. C. Edmister: A. I. Ch. E. Journal **17** (6/1971), 1412–1418